"十四五"普通高等教育本科部委级规划教材

制药工艺学
Pharmaceutical Technology

吴范宏　主　编

汪忠华　郑玉林　副主编

U0216822

中国纺织出版社有限公司

内 容 提 要

本书根据制药工程专业工程认证标准要求，体现应用型本科制药工程专业特点，结合现代制药企业的制药工艺要求和生产质量管理规范，以制药技术特征和共性规律为基础，对化学制药、生物制药和中药制药等的工艺原理、工艺过程和设备及质量控制进行整体设计与有机整合，并对典型产品案例如含氟药物、培南类药物及其工艺流程进行介绍。

本书既可作为制药工程、药物制剂、生物化工等专业本科生的教材，也可供医药领域的科研人员、生产企业的相关技术人员参考。

图书在版编目（CIP）数据

制药工艺学 / 吴范宏主编；汪忠华，郑玉林副主编
. --北京：中国纺织出版社有限公司，2023.1
"十四五"普通高等教育本科部委级规划教材
ISBN 978-7-5180-9553-7

Ⅰ. ①制… Ⅱ. ①吴… ②汪… ③郑… Ⅲ. ①制药工业—工艺学—高等学校—教材 Ⅳ. ①TQ460.1

中国版本图书馆CIP数据核字（2022）第086480号

ZHIYAO GONGYIXUE

责任编辑：孔会云 朱利锋 责任校对：寇晨晨
责任印制：王艳丽

中国纺织出版社有限公司出版发行
地址：北京市朝阳区百子湾东里A407号楼 邮政编码：100124
销售电话：010—67004422 传真：010—87155801
http://www.c-textilep.com
中国纺织出版社天猫旗舰店
官方微博 http://weibo.com/2119887771
三河市宏盛印务有限公司印刷 各地新华书店经销
2023年1月第1版第1次印刷
开本：787×1092 1/16 印张：22
字数：512千字 定价：68.00元

凡购本书，如有缺页、倒页、脱页，由本社图书营销中心调换

前言

　　制药工程是化学、药学（中药学）、生物学和工程学的一门交叉学科，主要解决在符合《药品生产质量管理规范》（GMP）条件下药品生产过程中的工程技术问题。制药工艺学通过探索药物制造的基本原理和工程技术，实现工业化生产的反应、分离等单元操作，包括新工艺、新设备、动态药品生产质量管理规范（cGMP）实验室改造等方面的研究开发、放大、设计、质控与优化等，实现药品的规模化生产。

　　我国教育部于1998年在化工与制药类专业下设置制药工程本科专业，授予工学学士学位，现已有280余所高校开设制药工程专业。本教材以制药技术特征和共性规律为基础，对化学制药、生物技术制药和中药制药等进行整体设计与有机整合，结合现代制药企业的制药工艺要求和生产质量管理规范，对制药工艺学进行较详细、全面的阐述，关注药品质量、安全绿色生产和"三废"治理。本教材还增加了药物的连续流合成、含氟药物、培南类药物等特色章节，力求反映现代医药行业的发展方向，体现化学制药和生物制药等领域的发展前沿。

　　通过本教材的学习，可以系统地掌握制药工艺学的基本原理和方法，掌握制药全过程的主要工艺技术和关键操作要点，运用所学知识进行制药工艺创新、仿制药生产工艺开发和新药研制等，了解制药领域的最新进展。

　　随着国家对药品质量、工艺设备、安全环保要求的大力提升，制药新技术、新方法、新设备的大量应用，制药工艺学发展突飞猛进，虽然编者进行了大量的取材并精心编写，但由于时间紧、业务水平有限，书中不妥之处在所难免，望专家、读者提出宝贵意见和建议。

编者
2022年5月

目录

第1章　绪论 ··· 1

1.1　概述 ·· 1

　1.1.1　制药工艺学的定义 ·· 1

　1.1.2　制药工艺的类别 ··· 2

　1.1.3　原料药工艺的选择标准 ·· 4

1.2　化学制药的发展史 ··· 5

　1.2.1　全合成制药 ··· 5

　1.2.2　半合成制药 ··· 6

　1.2.3　手性制药 ·· 6

1.3　生物制药的发展史 ··· 6

　1.3.1　微生物发酵制药 ··· 7

　1.3.2　酶工程制药 ··· 7

　1.3.3　细胞培养制药 ·· 7

　1.3.4　基因工程制药 ·· 8

1.4　制药工业的发展史 ··· 8

　1.4.1　世界制药工业 ·· 9

　1.4.2　中国制药工业 ··· 12

1.5　制药技术展望 ·· 14

　1.5.1　创新化学制药技术 ··· 15

　1.5.2　创新生物制药技术 ··· 17

　1.5.3　实现中药现代化 ·· 19

思考题 ·· 20

参考文献 ··· 21

第2章　制药工艺路线设计和优化 ··· 22

2.1　概述 ·· 22

　2.1.1　质量源于设计的概念 ·· 22

　2.1.2　质量源于设计的基本内容 ······································ 22

　2.1.3　质量源于设计的工作流程 ······································ 24

1

2.2　绿色制药技术 ·· 25

2.2.1　绿色制药原则 ·· 25

2.2.2　绿色制药技术与工艺 ·· 27

2.2.3　绿色制药工艺案例 ·· 32

2.3　手性制药技术 ·· 34

2.3.1　手性药物的原理 ·· 34

2.3.2　手性药物的拆分 ·· 36

2.3.3　手性药物的不对称合成 ·· 41

2.3.4　手性药物的酶催化合成 ·· 46

2.4　路线设计 ·· 55

2.4.1　逆合成分析 ·· 56

2.4.2　类型反应与分子对称 ·· 56

2.4.3　工艺路线装配 ·· 59

2.4.4　路线选择及评价 ·· 60

2.4.5　工艺路线的评价标准 ·· 60

2.4.6　化学反应类型的选择 ·· 61

2.4.7　原辅材料供应 ·· 61

2.4.8　原辅材料更换和合成步骤改变 ·· 62

2.5　制药工艺研发方法 ·· 62

2.5.1　工艺风险评估 ·· 62

2.5.2　过程分析技术 ·· 63

2.5.3　单因素试验设计 ·· 64

2.5.4　正交试验设计 ·· 64

2.5.5　均匀试验设计 ·· 66

2.6　工艺创新案例 ·· 66

2.6.1　羧苄西林钠概述 ·· 66

2.6.2　羧苄西林钠合成化学反应式 ·· 67

2.6.3　羧苄西林钠新旧合成工艺比较 ·· 68

2.6.4　羧苄西林钠生产工艺流程 ·· 69

思考题 ·· 69

参考文献 ·· 70

第3章　小试条件研究 ·· 74

3.1　概述 ·· 74

3.2　反应条件及影响因素 ·· 74

3.2.1 反应物的浓度与配料比 ··· 75

3.2.2 反应溶剂和重结晶溶剂 ··· 75

3.2.3 反应温度和压力 ··· 76

3.2.4 催化剂 ··· 76

3.3 质量控制及提升 ··· 77

3.3.1 原辅材料和中间体的质量监控 ··· 77

3.3.2 反应终点的监控 ··· 77

3.3.3 化学原料药的质量管理 ··· 78

3.4 特殊试验 ··· 78

3.4.1 工艺研究中的过渡试验 ··· 78

3.4.2 反应条件的极限试验 ·· 78

3.4.3 设备因素和设备材质 ·· 79

3.5 制药工艺安全性 ··· 79

3.5.1 危险反应种类 ··· 79

3.5.2 反应危险性分析与过程控制 ··· 86

3.5.3 连续流反应 ·· 94

思考题 ··· 100

参考文献 ··· 101

第4章 中试工艺研究与验证 ·· 103

4.1 概述 ··· 103

4.2 中试放大方法 ·· 104

4.2.1 逐级经验放大 ··· 104

4.2.2 相似模拟放大 ··· 104

4.2.3 化学反应器放大 ··· 105

4.2.4 生物反应器放大 ··· 105

4.2.5 数学模拟放大 ··· 105

4.3 研究内容 ··· 106

4.3.1 中试的前提条件 ··· 106

4.3.2 工艺路线和单元反应操作方法的验证与复审 ······················ 106

4.3.3 设备材质与形式的选择 ··· 106

4.3.4 搅拌器的形式与搅拌速度 ·· 107

4.3.5 反应条件的优化 ··· 107

4.3.6 操作方法的确定 ··· 107

4.3.7 原辅料和中间体的质量控制 ··· 107

4.4　生产工艺规程 ··· 107

4.4.1　工艺流程图 ··· 107

4.4.2　物料衡算 ··· 114

4.4.3　生产工艺规程的制定 ·· 120

4.4.4　原料药生产工艺验证 ·· 124

4.5　生产工艺优化 ··· 126

4.5.1　原料药质量标准的制定 ·· 126

4.5.2　原料药起始物料的选择 ·· 128

4.5.3　工艺参数设计空间的开发 ·· 129

4.5.4　原料药杂质的研究 ··· 132

4.5.5　原料药生产工艺的控制 ·· 134

4.5.6　生产工艺优化的策略 ·· 136

思考题 ··· 139

参考文献 ··· 139

第5章　原料药结晶工艺的优化与放大 ·· 141

5.1　概述 ··· 141

5.1.1　药物多晶型与药效关系 ·· 141

5.1.2　药物晶型研究常用分析方法 ·· 142

5.1.3　药物晶型常用制备方法 ·· 143

5.2　药物的多晶型现象 ··· 145

5.2.1　分子结构变化衍生的多晶型现象 ·· 145

5.2.2　分子周期排列规律变化产生的多晶型现象 ······································ 146

5.2.3　药物与溶剂分子作用产生的多晶型现象 ·· 146

5.2.4　药物分子成盐产生的多晶型现象 ·· 146

5.2.5　药物分子与金属离子形成配合物产生的多晶型现象 ······························ 146

5.2.6　药物分子形成共晶产生的多晶型现象 ·· 147

5.3　药品注册与申报中的多晶型问题探讨 ··· 147

5.3.1　欧美药品管理机构对晶型药物的规定 ·· 147

5.3.2　我国对晶型药物的管理现状 ·· 149

5.3.3　药品研发中多晶型问题的考虑 ·· 150

5.3.4　仿制药研发中多晶型问题的考虑 ·· 151

5.4　结晶工艺的优化与放大 ··· 152

5.4.1　以溶液为媒介的晶型转换机理 ·· 152

5.4.2　结晶工艺的重要参数 ·· 153

　　5.4.3　头孢唑林钠新型耦合结晶工艺 ┈┈┈┈┈┈┈┈┈┈┈┈┈┈┈┈┈ 153

　思考题 ┈┈┈┈┈┈┈┈┈┈┈┈┈┈┈┈┈┈┈┈┈┈┈┈┈┈┈┈┈┈┈┈┈┈┈┈ 156

　参考文献 ┈┈┈┈┈┈┈┈┈┈┈┈┈┈┈┈┈┈┈┈┈┈┈┈┈┈┈┈┈┈┈┈┈┈┈ 157

第6章　"三废"治理技术与工艺 ┈┈┈┈┈┈┈┈┈┈┈┈┈ 159

6.1　概述 ┈┈┈┈┈┈┈┈┈┈┈┈┈┈┈┈┈┈┈┈┈┈┈┈┈┈┈┈┈┈┈┈┈┈ 159

6.2　制药废水处理工艺 ┈┈┈┈┈┈┈┈┈┈┈┈┈┈┈┈┈┈┈┈┈┈┈┈┈┈ 159

　　6.2.1　制药废水的种类及特点 ┈┈┈┈┈┈┈┈┈┈┈┈┈┈┈┈┈┈┈┈┈ 159

　　6.2.2　废水的污染物检测指标及排放标准 ┈┈┈┈┈┈┈┈┈┈┈┈┈┈ 160

　　6.2.3　制药废水处理方法及常规工艺流程 ┈┈┈┈┈┈┈┈┈┈┈┈┈┈ 166

　　6.2.4　废水可生化性的评价方法 ┈┈┈┈┈┈┈┈┈┈┈┈┈┈┈┈┈┈┈ 169

　　6.2.5　制药废水预处理方法 ┈┈┈┈┈┈┈┈┈┈┈┈┈┈┈┈┈┈┈┈┈┈ 171

　　6.2.6　废水生化处理工艺 ┈┈┈┈┈┈┈┈┈┈┈┈┈┈┈┈┈┈┈┈┈┈┈ 174

　　6.2.7　废水深度处理工艺 ┈┈┈┈┈┈┈┈┈┈┈┈┈┈┈┈┈┈┈┈┈┈┈ 175

　　6.2.8　制药废水处理技术新进展 ┈┈┈┈┈┈┈┈┈┈┈┈┈┈┈┈┈┈┈ 179

　　6.2.9　制药废水处理工程实例 ┈┈┈┈┈┈┈┈┈┈┈┈┈┈┈┈┈┈┈┈ 181

　　6.2.10　废水处理智能控制系统 ┈┈┈┈┈┈┈┈┈┈┈┈┈┈┈┈┈┈┈┈ 184

6.3　制药废气处理工艺 ┈┈┈┈┈┈┈┈┈┈┈┈┈┈┈┈┈┈┈┈┈┈┈┈┈┈ 186

　　6.3.1　制药废气的种类及特点 ┈┈┈┈┈┈┈┈┈┈┈┈┈┈┈┈┈┈┈┈┈ 186

　　6.3.2　废气分类方法 ┈┈┈┈┈┈┈┈┈┈┈┈┈┈┈┈┈┈┈┈┈┈┈┈┈┈ 187

　　6.3.3　含颗粒污染物废气 ┈┈┈┈┈┈┈┈┈┈┈┈┈┈┈┈┈┈┈┈┈┈┈ 188

　　6.3.4　制药废气处理方法 ┈┈┈┈┈┈┈┈┈┈┈┈┈┈┈┈┈┈┈┈┈┈┈ 189

　　6.3.5　制药废气处理工程实例 ┈┈┈┈┈┈┈┈┈┈┈┈┈┈┈┈┈┈┈┈ 192

　　6.3.6　制药废气排放标准 ┈┈┈┈┈┈┈┈┈┈┈┈┈┈┈┈┈┈┈┈┈┈┈ 193

6.4　制药废渣处理工艺 ┈┈┈┈┈┈┈┈┈┈┈┈┈┈┈┈┈┈┈┈┈┈┈┈┈┈ 195

　　6.4.1　综合利用法 ┈┈┈┈┈┈┈┈┈┈┈┈┈┈┈┈┈┈┈┈┈┈┈┈┈┈┈ 196

　　6.4.2　焚烧法 ┈┈┈┈┈┈┈┈┈┈┈┈┈┈┈┈┈┈┈┈┈┈┈┈┈┈┈┈┈┈ 196

　　6.4.3　填土法 ┈┈┈┈┈┈┈┈┈┈┈┈┈┈┈┈┈┈┈┈┈┈┈┈┈┈┈┈┈┈ 197

　　6.4.4　高温堆肥法 ┈┈┈┈┈┈┈┈┈┈┈┈┈┈┈┈┈┈┈┈┈┈┈┈┈┈┈ 197

　　6.4.5　水泥固化法 ┈┈┈┈┈┈┈┈┈┈┈┈┈┈┈┈┈┈┈┈┈┈┈┈┈┈┈ 197

　　6.4.6　石灰固化法 ┈┈┈┈┈┈┈┈┈┈┈┈┈┈┈┈┈┈┈┈┈┈┈┈┈┈┈ 197

　　6.4.7　热裂解综合利用法 ┈┈┈┈┈┈┈┈┈┈┈┈┈┈┈┈┈┈┈┈┈┈┈ 197

　　6.4.8　塑性固化处理法 ┈┈┈┈┈┈┈┈┈┈┈┈┈┈┈┈┈┈┈┈┈┈┈┈ 197

　　6.4.9　超临界水氧化法 ┈┈┈┈┈┈┈┈┈┈┈┈┈┈┈┈┈┈┈┈┈┈┈┈ 198

　　6.4.10　生物处理法 ┈┈┈┈┈┈┈┈┈┈┈┈┈┈┈┈┈┈┈┈┈┈┈┈┈┈ 198

6.4.11　破碎技术 ··· 198

6.4.12　固体废弃物处理相关标准和政策 ····························· 198

6.4.13　结论 ·· 201

思考题 ··· 201

参考文献 ·· 202

第7章　含氟药物 ··· 205

7.1　概述 ·· 205

7.2　含氟新药研发 ·· 205

7.3　含氟仿制药工艺 ··· 211

7.3.1　阿托伐他汀钙的合成工艺 ·· 211

7.3.2　索非布韦的合成工艺 ·· 213

7.3.3　七氟醚的合成工艺 ··· 216

7.4　绿色氟代制药技术应用 ·· 217

7.4.1　单氟代技术 ··· 218

7.4.2　二氟甲基化技术 ··· 223

7.4.3　三氟甲基化技术 ··· 228

思考题 ··· 234

参考文献 ·· 234

第8章　培南类药物 ·· 240

8.1　概述 ·· 240

8.1.1　国际上主要在研培南类药物品种及开发方向 ··············· 241

8.1.2　培南类药物的特点及发展分析 ·································· 242

8.1.3　培南类药物基本知识产权概况 ·································· 243

8.1.4　国产培南类药物开发和批准情况 ······························ 244

8.1.5　碳青霉烯类抗生素的医院用药情况 ·························· 245

8.2　国内培南类药物产品工艺技术和成本分析 ··························· 246

8.2.1　法罗培南 ··· 246

8.2.2　亚胺培南 ··· 248

8.2.3　美罗培南 ··· 248

8.2.4　比阿培南 ··· 249

8.2.5　帕尼培南 ··· 249

8.2.6　厄他培南 ··· 250

8.2.7　多尼培南 ··· 251

　　　8.2.8　泰比培南 ·· 251

　8.3　关键中间体4AA工艺路线研究 ··· 252

　　　8.3.1　实验室合成法 ··· 252

　　　8.3.2　环化法 ··· 253

　　　8.3.3　手性源合成法 ·· 255

　　　8.3.4　不对称催化合成 ·· 256

　8.4　4AA产业化放大技术 ·· 257

　　　8.4.1　4AA合成的最新技术路线 ·· 257

　　　8.4.2　产业化放大研究基本方法 ·· 260

　　　8.4.3　产业化放大技术解决方案 ·· 261

　　　8.4.4　4AA有关物质的检测方法 ··· 261

　思考题 ·· 262

　参考文献 ·· 262

第9章　发酵工程制药工艺 ·· 266

　9.1　概述 ··· 266

　　　9.1.1　发酵工程制药历史 ·· 266

　　　9.1.2　发酵类型 ·· 268

　　　9.1.3　发酵工程药物 ·· 270

　9.2　发酵设备及灭菌技术 ··· 271

　　　9.2.1　发酵设备 ·· 271

　　　9.2.2　灭菌技术 ·· 273

　9.3　发酵工程制药工艺过程 ··· 275

　　　9.3.1　菌种 ··· 275

　　　9.3.2　培养基 ··· 278

　　　9.3.3　种子制备 ·· 280

　　　9.3.4　发酵过程 ·· 280

　　　9.3.5　发酵方式 ·· 281

　　　9.3.6　产物提取 ·· 282

　9.4　发酵过程控制 ··· 282

　　　9.4.1　影响发酵过程的因素 ··· 283

　　　9.4.2　营养条件的影响及其控制 ·· 284

　　　9.4.3　培养条件的影响及其控制 ·· 286

　　　9.4.4　发酵终点及其控制 ·· 290

思考题 ·· 291

参考文献 ·· 291

第10章 基因工程制药 ·· 292

10.1 概述 ·· 292

10.1.1 基因工程制药的类型 ·· 292

10.1.2 合成生物学制药 ·· 294

10.1.3 基因工程制药的基本过程 ·· 295

10.2 基因工程菌的构建 ·· 296

10.2.1 基因工程制药微生物表达系统 ·· 296

10.2.2 目的基因的克隆 ·· 301

10.2.3 目的基因的表达 ·· 305

10.2.4 基因工程菌构建的质量控制与菌种保藏 ·· 308

10.2.5 基因工程菌的遗传稳定性 ·· 309

10.3 基因工程菌的发酵培养与控制 ·· 311

10.3.1 基因工程菌发酵培养基组成 ·· 311

10.3.2 基因工程菌发酵的工艺控制 ·· 312

10.3.3 产物的表达诱导与发酵终点控制 ·· 313

思考题 ·· 314

参考文献 ·· 314

第11章 抗体药物制备工艺 ·· 315

11.1 概述 ·· 315

11.1.1 抗体和抗原 ·· 315

11.1.2 抗体的结构 ·· 316

11.1.3 抗体的生成 ·· 316

11.1.4 抗体的制备技术 ·· 317

11.2 鼠源单克隆抗体的制备 ·· 318

11.2.1 杂交瘤细胞系的建立 ·· 318

11.2.2 杂交瘤细胞的培养工艺 ·· 320

11.2.3 单克隆抗体的分离纯化工艺 ·· 320

11.3 基因工程抗体 ·· 321

11.3.1 鼠源抗体的人源化 ·· 321

11.3.2 小分子抗体 ·· 322

11.3.3 融合抗体 ·· 322

思考题 ·· 322

参考文献 ·· 322

第12章 中药制药工艺学 ··· **324**

12.1 概述 ·· 324

12.1.1 中药制药与现代化发展 ··· 324

12.1.2 中药现代化及其制药技术 ··· 324

12.1.3 中药自主创新 ·· 325

12.2 中药制药工艺的研究内容、理论基础及发展趋势 ······················ 327

12.2.1 中药制药工艺的研究内容 ··· 327

12.2.2 中药制药工艺的理论基础 ··· 327

12.2.3 中药制药工艺的发展趋势 ··· 328

12.3 现代中药制药的关键技术 ·· 329

12.3.1 超临界流体萃取技术 ··· 329

12.3.2 超声提取技术 ·· 330

12.3.3 微波技术 ·· 331

12.3.4 酶法 ·· 332

12.3.5 半仿生提取技术 ·· 332

12.3.6 超微粉碎技术 ·· 333

12.3.7 分子蒸馏技术 ·· 333

12.3.8 大孔树脂吸附技术 ·· 333

12.3.9 膜分离技术 ·· 334

思考题 ·· 334

参考文献 ·· 334

第1章 绪论

绪论

1.1 概述

药物研究开发、生产制造受到高度严格的法规监管，制药工艺及其路线要与不同药物类型相一致。现代制药的特点是技术含量高、智力密集，发展方向是全封闭、自动化、全程质量控制、在线可视化分析监测、大规模反应器生产和新型分离技术的综合应用。这就要求制药工艺的研发和生产必须通过技术创新才能达到工业化生产和临床应用。

1.1.1 制药工艺学的定义

制药工艺学（pharmaceutical technology）是研究药物制造原理、生产技术、工艺路线与过程优化、工艺放大与质量控制，从而分析和解决药物生产过程中的实际问题的科学。按制药工艺研究的规模，可分为小试、中试和工业化生产三个步骤。

（1）制药链

从药物发现、研究与开发、工业化生产到产品上市销售，要经历很多环节和过程，这就构成了制药链（pharmaceutical pipeline）。制药工艺的研发贯穿于整个制药链，在药物研发过程中和生产的不同阶段，制药工艺的研发深度也不尽相同（图1-1）。

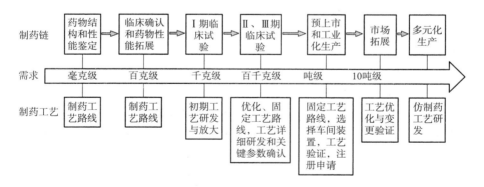

图1-1 制药链与制药工艺（以化学原料药为例）

在活性药物分子确定之后，制药工艺的开发就开始了。在临床前往往需要百克级化学原料药，这个阶段主要是工艺路线筛选和初期工艺开发，包括工艺确认、中间体和放大等问题。在临床阶段，需要千克级原料药，这个阶段主要是工艺路线的优化和确定关键参数的详细研发。完成临床试验后，进行上市注册申请，变更验证。专利期结束后，需要固定工艺路线、选择生产装置和设备、车间建设、工艺验证。在工业化生产阶段，可能需要扩产、降低成本，进行工艺优化，可能有仿制药物工艺研发和生产。

（2）制药工艺研究规模

按制药工艺研究的规模，可分为小试、中试及工业化试验三个步骤，分别在实验室、中试车间和生产车间进行（图1-2）。

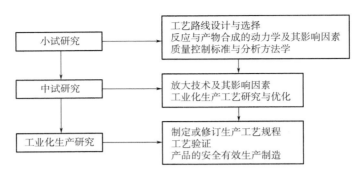

图1-2　制药工艺研究过程

①小试研究。在实验室规模的条件下进行，研究化学或生物合成反应或剂型化步骤及其规律，工艺参数与原辅料对产率、收率、质量的影响，特别关注杂质的来源与去向，估算成本。研究建立成品、半成品、中间品、原辅料的检验分析与质量控制方法。最终选择合理的工艺路线，确定质量保证的工艺参数与操作条件，为中试放大研究提供技术资料。

②中试研究。在中试车间的条件下进行工艺试验。研究放大方法及其影响因素，确定最佳工艺参数与控制。进行物料衡算、能量衡算，对工艺进行经济性评价。取得工业生产所需的资料和数据，为工程设计和工业化生产奠定基础。

③工业化工艺研究。基于中试研究成果，初步制定出生产工艺规程，在生产车间进行试生产。研究车间的工艺参数及控制，并进行工艺优化，完善生产工艺规程。对工艺进行验证，在各项指标达到预期要求后，进行正式生产。在工业生产过程中，要监测风险因素，及时根据科学技术的进步，不断研究和改进工艺，修订生产工艺规程，降低风险，提高企业的经济效益和社会效益。

（3）制药生产过程

制药属于流程工业，由若干个车间按一定的工艺流程进行药物生产。药物生产过程包括工艺过程和辅助过程。工艺过程是由直接相关的一系列操作单元与控制组成，包括化学合成反应（如配料比、温度与压力、催化剂与时间、通气与搅拌）或生物合成反应（微生物发酵、细胞培养）过程、分离纯化过程（如萃取、离心、过滤、色谱、结晶）与质量控制（如原辅料、中间体与终端产品）。辅助过程包括基础设施的设计和布局、动力供应、原料供应、包装、储运、"三废"处理等。在生产制造过程中，《中华人民共和国药典》（简称《中国药典》，*Pharmacopoeia*）和《药品生产质量管理规范》（*Good Manufacturing Practices for Drugs*，GMP）是指导性的文件，对药品安全和有效性起关键作用。

1.1.2　制药工艺的类别

（1）药物种类与制药工艺类型的关系

根据《中华人民共和国药品管理法》，药品（medicines，drugs）是指用于预防、治疗、诊断人的疾病，有目的地调节人的生理机能并规定有适应证或者功能主治、用法和用量的物质。根据上市药品注册管理办法，药物分为中药（traditional Chinese medicines）和天然药物（natural medicines）、化学药物（chemical drugs）、生物制品（biologies，biologic products）3类。中药材、中药饮片和中成药属于中药，应该在传统中医药理论的指导下研究开发和使用。化学药物和生物制品属于现代药物，以现代医学理论和方法研究开发和使用。化学药物是以结构基本清楚的化学原料为基础，通过合成、分离提取、化学修饰等方法所得到的一类药物。生物制品是指以微生物、寄生虫、动物毒素、生物组织作为起始材料，采用生物学工艺或分离纯化技术制备，并以生物学技术和分析技术控制中间产物和成品质量制成的生物活性制剂。

按照制造技术，药物可分为化学合成药物、生物合成药物。基于知识产权情况，药物可分为专利药物或原研药物和仿制药物（generics，generic drugs）。原研药物是指新分子实体首次被研发和批准注册的药物。仿制药是指与原研药在活性成分、剂型、规格、给药途径、适应证、生物等效（安全性和效力）等方面一致的替代药品，其中非活性成分可以不同。仿制药物具有降低医疗支出、普惠药品、提升医疗服务水平等重要经济和社会效益，世界各国都加强仿制药物的研发。

随着生物制品原研药的专利过期，世界各国相继开展生物类似药（biosimilars）的开发。2015年，发布了《生物类似药研发与评价技术指导原则（试行）》，生物类似药是指在质量、安全性和有效性方面与已获准上市的参照药具有相似性的治疗性生物制品。

根据起始物料的种类，制药工艺可分为化学制药工艺和生物制药工艺。起始物料含有生物性原料，如生物酶、微生物、细胞、组织器官或生物体的制药工艺，为生物制药工艺。以化学品起始但不含生物性原料的合成工艺，为化学制药工艺。中药制药工艺是以中药材为起始物料进行加工和生产。从制药生产看，药物可分为原料药和制剂。按照原料来源结合制造方法进行分类，更有利于阐明药物制造的工艺特点。为此，可根据典型的药物生产过程，把制药工艺过程分为4类：化学制药工艺、生物制药工艺、中药制药工艺和药物制剂工艺（表1-1）。

表1-1　各类制药工艺过程及其特点

类别	工艺特点	产品
化学制药工艺	连续多步化学合成反应，分离纯化后处理过程	化学药物、短肽和寡核苷酸药物等
生物制药工艺	生物合成反应（反应器，一步）生成产物，随后多步分离纯化过程	生物制品、植物源或微生物源化学药物或半合成原料、中间体、手性试剂等
中药制药工艺	提取分离单元操作组合（多步）	提取物，中成药
药物制剂工艺	制剂工程技术，使原料药剂型化，最终临床使用剂型	片剂、胶囊剂、注射剂、冻干剂等

对于原料药生产，可选择的工艺策略有天然原料的直接提取分离、化学全合成、化学半合成、微生物发酵、动物或植物细胞培养，甚至是转基因植物的种植与转基因动物的养殖，很大程度上基于工艺的经济可行性和产品的安全性考虑。对于化学原料药物，主要通过化学合成工艺生产。但是对于手性结构相对复杂、分子量较大、化学合成工艺经济性较差的药物，可选择天然原料中提取或生物制药。如葛根素、长春碱、青蒿素等植物源药物，采用提

取工艺，从葛根、长春花、青蒿植物中提取。青霉素、头孢菌素、氨基酸等微生物源药物，采用发酵制药工艺生产。有些药物的生产工艺是由化学制药和生物制药相互衔接、有机组成，如维生素C，首先是化学合成工艺，以葡萄糖为原料，高温高压下发生氢化反应，生成D-山梨醇。然后经过两步发酵工艺，生成2-酮基古龙酸，最后经过酸或碱催化合成工艺，内酯化和烯醇化，生成维生素C。有些药物经过化学半合成工艺，最后是生物发酵工艺，如氢化可的松，从薯蓣植物中分离提取薯蓣皂素，以此为原料，经过化学半合成工艺，获得醋酸化合物S，再经过梨头霉菌的发酵，对C-11位进行特异性的羟基化，生成氢化可的松。

对于生物制品，主要采用生物制药工艺生产。但由于技术的限制，有些生物制品仍然是从生物原料中直接提取分离，如血液及其制品、肝素等。

（2）化学制药工艺

化学制药工艺是化学合成药物的生产工艺原理、工艺路线的设计、选择和改造，在反应器内进行反应合成药物的过程。化学制药工艺，主要研究配料比、反应介质或溶剂、温度、压力、催化剂、时间等对反应过程和产率等的影响。工艺研究还包括各反应步骤相关的分离纯化技术及其单元组合对收率的影响。

化学制药工艺可分为全合成（total synthesis）工艺和半合成（semi synthesis）工艺两种。化学全合成工艺是由简单的化工原料经过一系列的化学合成和物理处理，生产药物的过程。由化学全合成工艺生产的药物称为全合成药物，如奥美拉唑。化学半合成工艺是由已知的具有一定基本结构的天然产物经过化学结构改造和物理处理，生产药物的过程。这些天然产物可以从天然原料中直接提取或通过生物合成途径制备，如巴卡亭Ⅲ、头孢菌素C等。由化学半合成工艺生产的药物称为半合成药物，如紫杉醇、头孢噻肟等。

（3）生物制药工艺

生物制药工艺是以生物体、生物反应和分离过程为基础生产药物的过程，包括上游过程和下游过程。上游过程是以生物材料为核心，依赖于生物机体或细胞的生长繁殖及其代谢，目的在于获得药物，包括药物研发（包括菌种或细胞的选育）、培养基的组成与制备、无菌化操作、大规模微生物发酵或细胞培养工艺的检测与控制等。上游过程属于生物加工过程，如基因工程、发酵、细胞培养等是核心技术。下游过程是以目标药物后处理为核心，属于生物分离过程，包括产物提取、分离、纯化工艺，产品的检测及质量保证等。不同类型的生物制药工艺，主要是上游过程的差异，其形成的产品不同，下游过程也具有相似性。上游过程的研究内容是菌种和细胞系的建立、pH、溶解氧、搅拌、培养基组成及其操作方式对细胞生长和产物合成及其产率的影响。细胞生长和药物生产与培养条件之间的相互关系是生物制药过程优化的理论基础。

1.1.3　原料药工艺的选择标准

确定制药工艺路线是继起始物料筛选之后进行工艺研究的第一步，也是至关重要的一步，直接决定了后续的各环节和研究内容。需要充分调研文献和理论依据，深入研究，提供试验依据，反复论证，综合评估，慎重确定。

对于工业化的原料药工艺路线，业界已经提出了要遵循的核心选择标准"SELECT"，其具体内容如下：

①安全性（safety）。包括产品质量和工艺过程的安全性。原料药纯度达到98%以上，符合质量标准。反应和操作的安全性，防热失控引发的爆炸和火灾，防止刺激、剧毒试剂和中间体等暴露对人员健康的危害性。

②环境（environment）。最大限度地利用资源，减少污染，对危害环境和禁止使用的溶剂或化学品进行替代，能解决"三废"问题（废水、废气、废渣），排放符合国家环境保护法规，绿色环保清洁生产工艺。

③合法性（legal）。包括知识产权和试剂中间体的使用。明确化合物专利及其市场前景，具有自主知识产权的工艺。避开已有的工艺路线专利，不存在知识产权纠纷，无违禁物品使用。

④经济性（economics）。制药工艺路线最短、最简，收率高，生产成本低，能满足研发和投资需要，有良好的市场经济性预期，效益最大化。

⑤控制（control）。通过工艺参数控制，能达到中间体及成品的质量稳定，满足GMP要求，工业化生产具有可行性。

⑥产出（throughput）。能适应工艺开发时间进程，进行相应规模生产，起始物料满足工艺注册的要求，并且来源和质量有保障。

1.2　化学制药的发展史

化学制药的起源可以追溯到中国古代的炼丹术。距今3000多年的周代就已经有了关于石胆（胆矾、硫酸铜）、丹砂（朱砂、硫化汞）、雄黄（硫化砷）、矾石（硫酸铝钾）、磁石（氧化铁）的制取方法和治病记录。据统计，中国古代炼丹术所涉及的化学药物有60余种，炼丹的方法大致有加热、升华、蒸馏、沐浴、溶液法等。

1.2.1　全合成制药

随着自然科学和技术的发展，19世纪末染料化学工业的发展和化学治疗学说的创立，人们对大量的化工中间体和副产物进行了药理活性研究，药物合成突破了仿制和改造天然药物的范围，转向合成与天然产物完全无关的人工合成药物，如对乙酰氨基酚（扑热息痛）、磺胺类药物，开创了化学合成制药的先河。Bayer于1867年首先合成神经传导的药物乙酰胆碱。1892年合成了可卡因的代用品，1905年合成了普鲁卡因。1896年用多元醇通过硝化成酯制备硝酸甘油酯，用于临床。

20世纪初期，化学药品生产大多是在德国。Ehrlich于1907年人工合成606，用来治疗梅毒。1927年，开始研究金黄色物质町噻类和偶氮染料的抗菌活性，开始了磺胺类药物的研究。1931年，将磺胺官能团引入偶氮染料分子上，相继合成了大量的磺胺染料。1932年，Domagk合成百浪多息（prontosil），有很强的抑菌活性，并首次将其用于临床治疗细菌感染。随后，合成了大量的磺胺化合物，研发了磺胺醋酰、磺胺嘧哇、磺胺嗜噻，总结了磺胺类药物的结构与抑菌活性的关系，并由此开发出了数十种临床应用的磺胺药。磺胺类药物的问世在化学合成药及其临床治疗上具有里程碑的意义，极大地推进了现代制药工业的发展。

1.2.2　半合成制药

20世纪60年代，新型半合成抗生素工业崛起。1959年Batchelor获得了6-氨基青霉烷酸（6-APA），并研究了半合成青霉素和头孢菌素C，得到了耐酸、耐酶、对耐药菌株有效的广谱青霉素，进入了用化学方法对已有的抗生素进行化学结构改造的新时期，开创了抗生素研制的新途径，也使大量的半合成青霉素在此期间进入临床应用，代表性药物有氨苄青霉素、羟氨苄青霉素、苯咪唑青霉素等。

20世纪70年代，随着新的有机合成试剂、新的合成技术、新的化学反应的不断应用，促进了制药工业的发展，使合成药物的品种和产量迅速增长，生产规模日益扩大。出现的一系列钙拮抗剂、血管紧张素转化酶抑制剂和3-羟基-3-甲戊二酰辅酶A还原酶抑制剂，用于治疗高血压和心血管疾病。20世纪80年代初期，诺氟沙星（氟哌酸）正式用于临床后，引发了对喹诺酮类抗菌药的研究热潮，开发出了环丙沙星、洛美沙星、氧氟沙星等一系列抗菌药物。

1.2.3　手性制药

20世纪50年代，德国Chemie Grlinen Thai公司生产的沙利度胺（thalidomide，反应停），以消旋体形式上市销售，作为镇静剂用于缓解孕妇妊娠反应。1961年，发现服用此药的孕妇产下了四肢呈海豹状的畸形儿，即反应停事件。该药致畸案例多达17000例以上，在全世界引起震惊，成为20世纪国际医药界最大的药害事件。同时，该事件引发了对手性制药的认识：反应停的一对对映体中，只有S-对映体代谢的产物具有很强的胚胎毒性和致畸作用，而其R-对映体却是安全有效的。

20世纪90年代以前，化学合成药物绝大多数是外消旋体药物。之后，手性药物因其疗效高、毒副作用小、剂量小在全世界迅猛兴起。1983～2002年全球上市730种药物，其中非手性分子（achirals）占38%，手性分子占72%（混旋体为23%，单一对映体为39%）。单一对映体中，多中心手性分子为33%，只有6%为单中心手性。1991～2002年美国食品药品监督管理局（Food and Drug Administration，FDA）批准304种新分子实体，其中非手性分子占42%，混旋体占14%，多中心单一对映体占36%，只有单手性单一对映体占8%。在世界最畅销的药物中，手性药物至少占到50%以上，而且单一对映体越来越多，混旋体越来越少。研究开发并生产单一对映体手性药物成为现代制药工艺的一项紧迫任务。

1.3　生物制药的发展史

1919年，匈牙利农业经济学家K.Erecky提出生物技术（biotechnology），并给出最早的定义：生物技术是以生物体为原料制造产品的技术。1970年以后，诞生了细胞技术和基因工程技术并获得了应用。1980年，国际经济合作与发展组织给出生物技术的定义：生物技术是应用自然科学与工程学原理，依靠生物性成分（biologicalagents）的作用将原料进行加工，以提供产品或用于服务社会的技术。其中的生物性成分包括活的或死的生物、细胞、组织及其从中提取的生物活性物质，如酶。原料可以是无机物，也可以是有机物，被生物所利用。如果生产的产品为药物，就是生物技术制药（biotechnology pharmaceutical，简称生物制药，

biopharmaceutical）。然而，在制药行业，只有采用现代生物技术（基因工程和细胞工程技术）生产制造的药物才是生物药物（bio-medicines）或生物制剂（biopharmaceutics）。

1.3.1 微生物发酵制药

微生物包括病毒、细菌和真菌，是重要的制药生物。对微生物进行培养，生产有用化学品的过程就是发酵。采用微生物进行药物生产就是微生物制药。酿酒制醋是传统的生物技术，早在公元前6世纪夏禹时代，人们就已用酒曲治胃病。19世纪后期至20世纪初，相继出现了以初级代谢产物为主体的工业发酵产品，1923年，发明了发酵生产柠檬酸的工艺。当时大多采用表面培养技术，设备要求不高，规模小。

发酵技术大规模应用于制药是在第二次世界大战期间。1940~1960年，诞生了以抗生素为代表的次级代谢产物的工业发酵，是抗生素的黄金时代。1928年，英国Alexander Fleming发现了青霉素（penicillin），1940年，英国牛津大学Howard Florey和Ernst Chain从霉菌的培养物中，过滤后提取得到青霉素，并证明了青霉素的疗效，开展了抗生素的研究。因此，他们把发酵技术应用于青霉素的生产，一举成功。1941年，报道了青霉素的生产过程、动物试验结果和临床试验报告，提高了青霉素的生产量。由于他们的发现和贡献，Fleming，Florey和Chain三人获得了1945年诺贝尔生理学和医学奖。

搅拌发酵生产青霉素，提高了供氧和通气量，同时在菌株选育、提取技术和设备的研究方面取得了突破性进展，给抗生素生产带来了革命性的变革。随后，链霉素、金霉素、红霉素等抗生素出现，抗生素工业迅速发展。抗生素生产的经验也很快应用到其他药物的发酵生产，如氨基酸、维生素、甾体激素、核苷酸和核苷（nucleotide，nucleoside）、酶（enzyme）、酶抑制剂（enzyme inhibitor）、免疫调节剂（immunomodulator）和受体拮抗剂（receptor antagonist）等。

1.3.2 酶工程制药

在20世纪20年代，就出现了酶工程（enzyme engineering），开展了自然酶制剂在工业上的大规模应用。酶工程制药的工艺简洁、条件温和，底物选择性高，产物收率高、纯度高，酶可重复使用，对环境影响小。在制药工业上的主要应用是：

①生物酶广泛用于制备手性药物，如固定化氨基酰化酶拆分化学合成的D、L-氨基酸，生产有活性的L-氨基酸。

②生物催化与转化，例如青霉素酰胺水解酶生产6-氨基青霉烷酸，青霉素酰化酶生产氨苄青霉素，酪氨酸酶生产L-多巴，乙内酰脲酶/甲氨酰化酶生产对D-羟基苯甘氨酸等。

1.3.3 细胞培养制药

细胞是生物体的最小结构单元。细胞培养（cellculture）建立在细胞学说基础之上，细胞具有全能性，即含物种所有遗传物质的细胞，在离体条件下具有发育成为个体的潜在能力。

19世纪，科学家探索细胞培养技术，先后成功培养出多种细胞和组织。1907年，Harrison在无菌条件下成功地离体培养出蛙胚神经组织，并使之生长，是现代动物细胞培养的开端。1923年，Carrel发明了卡士瓶培养法。1951年，Earle等开发了培养基，动物细胞培养技术开始形成，以后大规模细胞培养技术发展起来。

动物细胞培养制药经历了从原代细胞到异倍体细胞的发展过程。最早只有从正常组织中分离的原代细胞才能用于药物生产，如胚细胞和兔肾细胞。20世纪50年代，用原代猴肾细胞生产脊髓灰质炎（poliomyelitis）疫苗。20世纪60年代，用人二倍体的传代细胞（如W1-38）生产流行性腮腺炎（mumps）、麻疹（measles）、风疹（rubella）疫苗。在消除了人们对非二倍体细胞的疑虑和担忧之后，异倍体细胞开始用于制药。1964年，用幼仓鼠肾（babyhamsterkidney，BHK21）细胞生产口蹄疫疫苗。在干扰素及其临床价值发现后，1986年，用淋巴瘤细胞系Namalwa生产干扰素，标志着异倍体细胞用于药物生产的可能。1986年，第一个杂交瘤生产的治疗性抗体OrthocloneOKT3上市。1987年，第一个CHO细胞表达产品tPA上市。1998年，CHO细胞表达的第一个融合蛋白药物Enbrel上市。目前，动物细胞广泛应用于生产人畜病毒疫苗、单克隆抗体、重组生物制品等，批准的蛋白质药物约有70%由哺乳动物细胞系统表达制造，而且数目仍在不断增加。动物细胞培养制药是药物生产的一个新的重要领域。

1.3.4 基因工程制药

基因工程（genetic engineering，geue engineering）技术是对目的基因进行修饰、重组，构成完整的基因表达载体，然后导入合适的宿主生物细胞内，从而使目的基因在宿主细胞中大量表达。基因工程技术最早在医药领域实现产业化，美国Lilly公司在1982年推出了世界上第一个由基因工程菌生产的重组人体胰岛素优泌林，标志着基因工程药物的诞生。

基因工程制药是将编码药物的基因导入宿主生物细胞内，表达活性蛋白质和多肽等药物。通过基因工程改造微生物细胞的代谢途径，还可提高抗生素、维生素、氨基酸、核酸、辅酶、甾体激素等药物的生产能力。基因工程制药可用于生产蛋白质、多肽、核酸、抗体等生物制品，并且可通过改造生物制品的编码基因，研发疗效和安全性更好的新一代产品。此外，还可通过基因工程技术对基因组和代谢途径进行改造，提高目标生物生产抗生素、维生素、氨基酸、辅酶、甾体激素等化学药物的能力。目前已有很多种基因工程药物上市，基因工程技术在制药行业的应用改变了药物市场格局。

1973年，重组DNA技术的建立是科学技术史上的里程碑。基因工程技术首先在医药领域实现产业化，而且占主要地位的是重组生物制品的研究和商品化。到目前为止，基因工程微生物、基因工程动物细胞系、转基因植物细胞、转基因动物相继被批准，用于生产疫苗、重组蛋白质、抗体、基因药物等。

1.4 制药工业的发展史

制药是人类健康永远相伴的事业，随着科学技术的进步而不断发展。但作为一个国民经济的行业，制药工业（pharmaceutical industry）的历史较短，只有100多年，却发展很快。在全球制药行业发展过程中，企业兼并重组形成更大集团，强强联合优势互补，使制药的集中度不断提高，制药公司的地位随之发生变化。全球制药企业规模较大且分布较为集中。2021年度50强药企销售总额为8558.96亿美元，同比上年增加1270.4亿美元，其中有3家药企销售额突破500亿美元，有20家药企销售额在100亿～500亿美元，有10家药企销售额在50亿～100亿美元。另外，美国有16家药企入围全球药企50强，日本7家，中国和德国均有4家，法国和印度均有3家，英国、瑞士和爱尔兰均有2家。

1.4.1　世界制药工业

（1）现代制药工业的起源

现代制药工业首先出现在科学技术发达的欧洲，其发展可追溯到19世纪和20世纪之交，当时只有4种药物：洋地黄用于治疗各种心血管疾病，奎宁用于治疗疟疾，吐根属植物提取物（活性成分为生物碱）用于治疗痢疾，水银用于治疗梅毒，但当时安全性和有效性缺乏。随着生物学和有机化学的发展，能人工合成某些药物，如阿司匹林，从而诞生了化学制药公司，19世纪末Bayer和Hoechst公司成立。尽管如此，直到20世纪30年代，制药工业才开始大发展，发现并能化学合成磺胺类药物，用于治疗细菌性感染。20世纪40年代后，抗生素工业建立了很多现代领头制药企业，如EliLilly、Wellcome、Glaxo、Roche等。20世纪70年代以后，出现了生物制药公司，如Genentech、Amgen等。在美国FDA 1981～2006年批准的1184种新药中，生物制药占23%，化学半合成（生物制原料药）制药占23%，化学全合成制药占54%。在原料药领域，生物制药和化学制药各有千秋。

现代制药工业绝大部分是现代化生产，它同其他工业有许多共性，但又有它自己的基本特点，主要表现为：
①高度的科学性、技术性。
②生产分工细致、质量要求严格。
③生产技术复杂、品种多、剂型多。
④生产的比例性、连续性。
⑤高投入、高产出、高效益。
制药工业的特点决定了它在化学工业中的重要地位。

（2）制药工业的新药上市

2021年，美国FDA批准了59个新药上市，数量上与1996年相当。近10年，每年批准新药数量在30～50种（图1-3）。

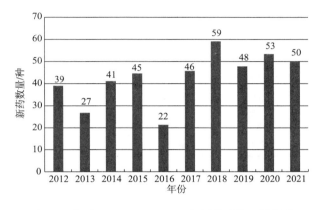

图1-3　美国FDA于2012～2021年间批准的一类新药

由于生物制药的发展，进入21世纪，美国FDA批准生物制品的数量增加，约占批准药物的20%。

（3）制药工业的畅销药品

目前，上市药物主要针对的靶标疾病是癌症、心血管、中枢神经系统、细菌和病毒感染、内肠道、代谢性疾病如糖尿病、风湿性关节炎等重大疾病。其中畅销药物中用于治疗肿瘤、糖尿病和丙肝药物的销售额最大，2020年销售额超过40亿美元的药物有20种（表1-2）。

表1-2　2020年全球最畅销药物20强排名

序号	品牌	通用名	公司	年销售/亿美元
1	修美乐	阿达木单抗	艾伯维	203.9
2	可瑞达	帕博利珠单抗	默沙东	143.8
3	瑞复美	来那度胺	百时美施贵宝	121.5
4	艾乐妥	阿哌沙班	辉瑞/百时美施贵宝	91.7
5	亿珂	伊布替尼	杨森/艾伯维	84.3
6	艾力雅	阿柏西普	拜耳/再生元	83.6
7	喜达诺	乌司奴单抗	杨森	79.4
8	欧狄沃	纳武利尤单抗	百时美施贵宝	79.2
9	必妥维	比克恩丙诺	吉利德科学	72.6
10	拜瑞妥	利伐沙班	拜耳	69.3
11	恩利	依那西普	安进/辉瑞	63.7
12	沛儿13	13价肺炎球菌多糖结合疫苗	辉瑞	59.5
13	爱博新	哌柏西利	辉瑞	53.9
14	安维汀	贝伐珠单抗	罗氏制药	53.2
15	度易达	度拉糖肽	礼来	50.7
16	Ocrevus	奥瑞珠单抗	罗氏制药	46.1
17	美罗华	利妥昔单抗	罗氏制药	45.2
18	安可坦	恩扎卢胺	辉瑞/安斯泰来	43.9
19	泰瑞沙	奥希替尼	阿斯利康	43.3
20	类克	英夫利昔单抗	杨森	41.95

（4）世界制药企业

世界医药企业的集中度高，2020年全球排名前50的制药企业其2019年度的年销售额为21亿～483亿美元，其中30家制药企业的年销售额在61亿美元以上（表1-3），大多数企业每年的研发投入达几十亿美元，占销售额的10%以上。

表1-3　2020年全球30强制药企业排行榜

排名	企业名称	所属国家	2019年度销售额/亿美元	2019年度研发费用/亿美元
1	罗氏（Roche）	瑞士	482.47	102.93
2	诺华（Novartis）	瑞士	460.85	83.86

排名	企业名称	所属国家	2019年度销售额/亿美元	2019年度研发费用/亿美元
3	辉瑞（Pfizer）	美国	436.62	79.88
4	默沙东（Merck & Co.，默克）	美国	409.03	87.30
5	百时美施贵宝（Bristol-Myers Squibb）	美国	406.89	93.81
6	强生（Johnson & Johnson）	美国	400.83	88.34
7	赛诺菲（Sanofi）	法国	349.24	60.71
8	艾伯维（Abb Vie）	美国	323.51	49.98
9	葛兰素史克（Glaxo Smith Kline）	英国	312.88	55.41
10	武田（Takeda）	日本	297.47	44.32
11	阿斯利康（Astra Zeneca）	英国	232.07	53.20
12	安进（Amgen）	美国	222.04	40.27
13	吉利德科学（Gilead Science）	美国	217.03	40.59
14	礼来（Eli Lilly）	美国	200.85	55.95
15	拜耳（Bayer）	德国	186.10	30.81
16	诺和诺德（Novo Nordisk）	丹麦	182.96	21.32
17	勃林格殷格翰（Boehringer-Ingelheim）	德国	156.29	30.38
18	艾尔建（Allergan）	美国	151.53	17.09
19	安斯泰来（Astellas Pharma）	日本	114.44	19.76
20	渤健（Biogen，百健）	美国	113.80	22.81
21	迈蓝（Mylan，迈兰）	美国	112.00	5.18
22	梯瓦（Teva Pharmaceutical Industries）	以色列	110.90	10.10
23	CSL	澳大利亚	89.51	8.57
24	第一三共（Daiichi Sankyo）	日本	79.42	18.17
25	默克集团（Merck KGaA）	德国	75.16	18.65
26	大冢（Otsuka Holdings）	日本	67.11	18.82
27	明治控股（Meiji Holdings）	日本	63.53	1.49
28	博士康（Bausch Health Companies）	加拿大	52.95	4.71
29	优时比（UCB）	比利时	51.02	14.24
30	亚力兄制药（Alexion Pharmaceuticals）	美国	49.90	7.83

注 数据来自美国《制药经理人》杂志。

（5）重磅炸弹药物发展迅速

重磅炸弹（blockbuster）药物是指年销售额达到一定标准，对医药产业具有特殊贡献的一类药物。20世纪80年代，年销售额在5亿美元以上的重磅炸弹药物有8～9种，包括雷尼替丁、头孢克洛、头孢曲松钠、卡托普利、依那普利、鲑降钙素、EPO、共轭雌激素、沙美特罗等，其中，抗溃疡药雷尼替丁年销售额达23亿美元。20世纪80年代以前重磅炸弹药物多是治疗性药物，20世纪90年代是改善生命质量的药物，而进入21世纪，将是靶向的蛋白质、多肽和核酸类治疗性药物。目前，国际上重磅炸弹药物的标准是指单品种年销售额在10亿美元以上的产品，化学药物的重磅炸弹地位正在被生物制品撼动。据统计，2016年10亿美元以上产品有113种。重磅炸弹生物制品不断出现，成为跨国制药公司的主要利润来源。可以预见，随着世界各国放开生物类似药的研发，生物药物的地位将越来越重要。

1.4.2　中国制药工业

中国医药行业包括化学制药工业、中成药工业、中药饮片工业、生物制药工业、医疗器械工业、制药机械工业、医用材料及医疗用品制造工业、其他工业。

（1）中国制药工业的初发期

中国制药工业的发展经历了从药店到厂房，再到现代化企业和集团的过程。由于制药行业的特点，决定了将永远是不断重组和兼并的发展过程。19世纪中叶以后，化学药物引入中国，开始建立了早期零售药房，经营进口药物，但未形成制药工厂或企业。

上海、广州是中国近代制药工业的发祥地，1902年广州建立梁培基药厂，1912年上海建立中华制药公司，以后逐渐扩展至其他城市。1936年上海有58家药厂，1938年广州有30余家制剂药厂，产品有100多种。总体而言，以制剂生产为主，原料药的制造很少。当时只有少数中小型制药厂，设备简陋，生产品种少，制药工业十分落后。

1949年新中国成立初期，确定了"以发展原料药为主"的方针，同时，积极发展药物制剂生产。1951年试制出第一批结晶青霉素，1958年以生产抗生素为主的华北制药厂建成投产，1960年建成太原制药厂投产磺胺药物。氯喹、伯哇、氯霉素等化学原料药和生化原料药胰岛素、胃蛋白酶等相继生产。至1959年，改造、扩建和新建了一批车间和厂房，中国的化学制药工业逐渐成熟。

20世纪60～70年代，半合成抗生素尤其是内酰胺类抗生素的研究发展十分迅速，半合成的青霉素类品种增加到十几种。生物酶裂解青霉素G以制备6-APA，头孢菌素C裂解制备7-ACA，开始了半合成头孢菌素的研发和生产，投产链霉素、金霉素、土霉素等。首次在国际上全合成胰岛素，屠呦呦发现了抗疟疾药物青蒿素，于2015年获得诺贝尔生理学和医学奖。甾体激素药物工业发展到相当规模，解决了各部位取代基的引入方法，改进工艺，合成并投产去氢氢化可的松等高效抗炎甾体激素。在地方病药物、抗肿瘤药物、维生素类药、心血管类药、神经系统药的合成研究和结构改造上都得到了很大发展。生产各种化学原料药1000多种，30多种剂型。

20世纪80年代后，制药工业走上快速发展的道路。1982年采用丙酮与乙炔工艺合成维生素E中间体——异植物醇新工艺，使原料成本大幅度下降。1983年完成了青蒿素的全合成，全合成青蒿琥酯和蒿甲醚，并制成油剂、粉针剂和搽剂供临床使用，疗效比青蒿素更好且毒性更低。

（2）中国制药工业的质量提升期

20世纪90年代以后，先后实施两轮GMP认证，加强事后监管，逐步提高制药标准和规范管理，要求制药企业对厂房进行设计和改造，建成专业化和先进的制药生产线。药品质量得到保障，企业效益得到相应提高和发展。

国家统计局数据显示，制药工业对经济增长的贡献率明显提高。从1996年以来，医药工业保持高速增长，其增长速度高于GDP的增长速度。2021年，我国医药制造业增速高于高技术制造业6.4个百分点，高于全国工业15.2个百分点。2017～2021年中国医药制造业营业收入和利润总额数据见表1-4。从表1-4中可以看到，2021年中国医药制造业营业收入为29289亿元，同比增长17.8%；2020年中国医药制造业营业收入为24857亿元，同比增长4%。随着营业收入的增加，盈利能力不断提升，2021年中国医药制造业利润总额增幅明显，达6271亿元，较2020年增加了2765亿元，同比增长78.8%。

表1-4　2017～2021年中国医药制造业营业收入和利润总额

年份	营业收入/亿元	增长率/%	利润总额/亿元	增长率/%
2017	21589	−14.7	3325	6.7
2018	24265	12.4	3094	−6.9
2019	23909	−1.5	3184	2.9
2020	24857	4.0	3506	10.1
2021	29289	17.8	6271	78.8

2021年，医药制造业出口交货值3405亿元，同比增长64.6%，增速比2020年提高28个百分点，为近三年新高。2021年，中国共有8337个医药制造业企业，较2020年增加了167个，同比增长2%。

2021年，中国医药工业六大子行业对医药工业的收入贡献方面，化学药品制剂制造对医药工业的收入贡献占30.0%；生物药品制造对医药工业的收入贡献占21.1%；中成药生产对医药工业的收入贡献占17.4%；化学药品原料药制造对医药工业的收入贡献占15.8%；卫生材料及医药用品制造对医药工业的收入贡献占8.4%；中药饮片加工对医药工业的收入贡献占7.3%。

2021年，我国CDE受理的各类新药注册申请多达11569件，其中化学药注册申请审评审批8174件，约占总申请数的70.65%；生物药注册申请审评审批2022件，约占17.48%；中药注册申请审评审批1371件，约占11.85%。

中国制药工业的国际化程度不断加强。累计600多个原料药品种和60多家制剂企业达到国际先进水平GMP要求，生产质量管理与国际接轨。产品出口稳定增长，根据中国海关数据，2021年出口额达1721亿美元。在化学原料药优势出口的基础上，制剂和医疗设备出口比重加大，面向发达国家市场的制剂销售实现突破。药品研发加快与国际接轨，国内药企的借入授权（License-in）交易总数有130多起，其中，再鼎医药以6起总价值超27.74亿美元的交易位列榜首；其次翰森制药交易总金额17.73亿美元；百济神州交易总金额11.71亿美元。2021年，国内药企共发生30起借出授权（License-out）交易，交易总金额超133亿美元，其中百济神州交易总金额达29亿美元，荣昌生物交易总金额达26亿美元，君实生物交易总金额达11.1亿美元，高诚生物交易总金额达11.25亿美元。

（3）医药产品结构

中国医药市场规模从2015年的12207亿元增长到2019年的16330亿元，复合增长率为7.5%。从2019医药市场结构来看，市场份额最大的细分领域为化学药品，市场规模达到8190亿元，占比达到50.2%；其次为中药，市场规模达5020亿元，占比为30.7%；生物制剂随后，市场规模为3120亿元，占比为19.1%。2020版《中华人民共和国药典》二部收载原料药和化学制剂2712种。

1989年重组人干扰素alb（赛诺金）申报新药，1993年获得批准试生产。rhuIFNalb采用中国人基因，是我国第一个拥有自主知识产权的上市重组蛋白药物。随后重组人p53腺病毒注射液、结合型灭活甲乙肝疫苗、流感疫苗、重组人血管内皮抑制素（恩度，rhEn-dostar）注射液等30多种生物药物被国家食品药品监督管理局（CFDA）批准上市。2015版《中华人民共和国药典》三部收载生物制品137种。

（4）中国医药工业发展规划

"十三五"以来，我国医药产业政策围绕医药卫生体制改革这一主线，以审批改革为突破口，逐渐形成以医保为枢纽的"三医联动"改革机制，并将若干重大的改革举措固化为法律法规。"十三五"期间我国医药企业主营业务收入和利润总额的增速分别为10.2%和12.5%；300个创新药获批开展临床研究，呋喹替尼、吡咯替尼、安罗替尼、丹诺瑞韦钠、贝那鲁肽注射液、特瑞普列单抗、信迪利单抗、卡瑞丽珠单抗、替雷丽珠单抗等30多个Ⅰ类创新药获批生产，150多个新化学仿制药上市，中国医药创新从仿制为主向仿创结合的方向发展；2020年全球药企前50强，我国的云南白药、中国生物制药、恒瑞医药、上海医药入围。

2021年3月11日，十三届全国人大四次会议表决通过了《中华人民共和国国民经济和社会发展第十四个五年（2021-2025年）规划和2035年远景目标纲要》（以下简称《规划纲要》），为我国"十四五"的发展指明了方向。

"十四五"期间，国家会鼓励加大对生物科学的基础研究与原始创新，支持将生物医药产业打造成战略性新兴产业、先导产业和未来产业。医药卫生体制改革是我国生物医药产业发展的政策主线，产业高质量发展、健康中国战略、疫情防控和生物安全、数字化中国建设、中医药振兴等重大战略将成为我国生物医药产业发展的重要节点。

1.5　制药技术展望

制药行业是一个集约化、国际化程度极高的产业，创新的畅销药物是与时代性疾病的治疗密切相关的。20世纪70～80年代，威胁人类健康的主要疾病为细菌感染性疾病、哮喘与高血压等，世界畅销药基本上以治疗高血压、胃及十二指肠溃疡、心血管疾病为主体。20世纪80年代以后，由于世界各国工业化进程的加快和国民生活水平的普遍提高，高血脂、糖尿病及抑郁症等逐渐成为主要疾病，而细菌感染症已下降为次要疾病，世界畅销药已出现了降血脂药、抗抑郁药与激素替代药。人口老龄化和新兴的治疗领域，如精神性疾病等，为制药带来新的市场机遇。国外公司在中国设立研发机构，并把生产制造中心向中国转移。据预测，中国医药市场将以较高速度发展，成为继美国之后的世界第二大医药市场。各制药子行业市场中，化学制药仍然保持发展优势，生物技术制药已经成为新发展领域，中药制药有很大发展空间和国际机遇。

加大制药的科研开发投入，研究并拥有自主知识产权的药物和技术。中国现有常用化学药物4000多种，其中97%属于仿制国外产品或进口药，自行创制的新药只有3%左右。中国制药处于从仿制转变为创新的关键时期。采用组合生物化学、生物芯片、细胞组织和动物模型等高通量的方法筛选天然药物，发现新型治疗药物。利用人类基因组、蛋白质组、代谢组以及病原体的基因组研究成果，把生物信息学、分子生物学、基础医药学、药物化学、药理学等结合起来，通过突变、生物展示、嵌合、质谱分析等技术，进行新型药物的辅助设计和药物筛选，研究并建立新型药物筛选模型及其新技术、新方法，获得创新药物。

1.5.1　创新化学制药技术

我国已加入WTO（世界贸易组织），1993年我国修改的专利法已经实施，这两件事对我国的医药工业产生了很大影响，它促使我国医药工业改变长期以来化学药品仿制为主的局面，促使我国医药科技与国际接轨，促进医药工业的国际合作。引进先进生产技术及专利产品，对于迅速提高我国制药工业的生产技术水平既带来压力也带来动力。针对当前我国化学药品生产所面临的新形势，首先在战略上要把化学药品研究从仿制为主转变到以创新为主的轨道上来。创制新药的指导思想是以创制新药为重点，以与国际规范接轨为导向，以国际市场为目标，坚持高起点、高技术、高效益，实现药品系列化、规范化、产业化和国际化。

目前非专利化学原料药国际市场竞争日趋激烈，要在这一市场上取得一席之地，我国的药品企业必须提高劳动生产率，拥有创新的先进技术路线、生产工艺和高效率的生产线，具备经济合理的生产规模，方能立于不败之地。

技术进步没有止境，一个产品只要有市场就应不间断地研究其生产技术。化学原料药特别是大宗化学原料药的生产技术需要合成化学、化学工程、化工设备、电子监控和环境保护诸学科通力合作才能实现。先进的化学合成方法是规模化生产的前提。化学药品不同于其他一些工业产品，虽然更新换代快，但其中一些产品生存期非常长。19世纪90年代问世的阿司匹林和扑热息痛仍保持旺盛的生命力，其他如维生素、甾体激素、青霉素也如此。我国的药品企业应不断研究改善其生产技术，使之完善。这些品种生产量大，即使细小的技术进步，也会带来可观的经济效益。

企业的规模与其经济效益、研究开发能力、更新能力、生产条件和管理水平密切相关，我国应克服目前的过于分散的生产形式，重点发展几个能与国外大制药企业竞争的大企业或紧密的企业集团，形成规模生产效应，以增强企业的开发力量，改善经营管理，提高经济效益，形成国际竞争能力，我国的化学制药工业就会出现一个新的飞跃。

（1）创新手性制药技术

加大制药的科研开发投入，研究并拥有自主知识产权的药物和技术。目前开发的化学新药中，手性化合物约占70%，在临床试验的药物中，80%为单一异构体。手性药物工业是国际化学制药的主流领域，将手性药物技术、反应合成与分离的耦合、化学与生物技术融合正成为新一代的制药技术。加强连续操作的工艺技术研究，满足未来制药对在线过程分析技术（processing analysis technology，PAT）的需求。

（2）创新化学药物的绿色生产技术

开发化学原料药合成的新技术、晶型控制、微反应连续合成等新技术，开发有毒有害原料替代、生物合成和生物催化、无溶剂分离等绿色化学药物生产工艺。

在制药工艺研究和药物生产过程中加强环境保护与污染治理，研究和提升清洁生产水平，严格强制性清洁生产审核。对于化学制药，开发药物中间体的合成新工艺，治理各个环节的污染物。对于生物制药，特别是微生物发酵制药和天然产物提取制药，仍然存在能耗高、废水和废渣排放量大的问题。研发和应用全过程控污减排技术，如循环型生产方式、规范生产和精细操作、减少污染物生成；加强末端治理技术的研发和综合利用，如发酵菌渣等固体废物的无害化处理和资源化利用技术，提高资源综合利用水平；建设绿色工厂，控制污染总量，降低消耗，实现节能减排和可持续发展。

（3）创新药物制剂技术

新型药物输送系统（DDS）可以改善药物的理化性质和体内外行为，提高药物的稳定性，改善药物的溶解度，延长药物的体内作用时间，降低药物的毒副作用，增加药物的吸收，改善药物的体内布特征，提高治疗效果或改善患者用药的顺应性等，实现安全、有效、稳定、质量可控和用药方便的目的。

研究开发新制剂在制药工业中具有重要意义。一个新药上市，往往只有1~2种剂型，若能开发一些新的剂型和释药系统如透皮吸收制剂、口服缓控释制剂、靶向制剂，可使剂量减小，疗效更好，毒副作用减小到最低限度，这些新制剂也属于创新药物，不仅开发费用少、周期短，而且可在制剂领域中率先突破。

我国目前的一些普通制剂质量还有待进一步提高。如一些普通口服制剂的溶出度和生物利用度不高，药效低。为进一步改进提高，可以进行速溶片、分散片、微胶囊技术的研究。药用辅料对制剂新品种的开发及制剂质量有重要影响。我国的药用辅料品种少，质量不稳定，对新制剂的研究和生产都有很大影响。所以我们应加大开发辅料的力度，开发出安全性、功能性、适应性和高效性的新型辅料，以满足现代制剂的需要。

大力推进的仿制药一致性评价计划对提高仿制药的质量起到了十分重要的作用，保证技术工艺路线、逆向工程、溶出曲线一致，保证原辅料来源及类型严格一致，对提高制剂水平具有不可低估的作用，为我国制剂工业的进步奠定更稳固的基石。但这显然对于打造一个创新型的制药强国远远不够，加强药物制剂领域的创新技术的研究和建设势在必行。

（4）创新生物药物的化学修饰技术

重组蛋白类药物、寡核苷酸药物、合成肽、小分子抗体等的化学修饰，改变药代动力学和生物利用度，延长半衰期，提高疗效，使之成为新一代药物。聚乙二醇（PEG）是一种无毒性、无抗原性和强生物相容性的蛋白修饰材料。经修饰过的蛋白质稳定性提高，在人体的时间延长，免疫原性降低，减少抗体产生。PEG化技术已经取得实质性成果，如PEG修饰的干扰素（Peg-IFNα-2a）、粒细胞集落刺激因子（PEG-Filgrastim）、生长素（PEG-Somatropin）拮抗剂等，FEG-Filgrastim上市当年销售额超过10亿美元。2000年，ISIS公司上市寡核苷酸药物，但一直受到体内容易降解、所需剂量大、合成成本高的困扰。2004年，美国辉瑞与Eyetech公司联合研发的哌加他尼钠（Macugen）被美国食品和药品管理局（FDA）批准上市，用于治疗年龄相关性黄斑变性（age-related macular degeneration，AMD），它是第一个由20kD的PEG修饰、含28个碱基的核酸药物（PEG-28b oligonucleotide aptamer）。Macugen 为合成药，传统上归类为化学药，但其活性药物成分（active pharmaceutical ingredient，API）为寡核苷酸，属于生物大分子。

1.5.2 创新生物制药技术

（1）合成生物制药

随着新一代测序技术和DNA化学合成能力的提升，生物技术从阅读遗传密码（测序与解码）进入编写（设计与合成）基因和基因组时代，诞生了合成生物学。合成生物学（synthetic biology）是指设计、构建自然界不存在的生物或改造已存在的生物，赋予新功能，满足人类的需要。科学家已经完成了病毒和细菌基因组合成和移植，构建了活细胞。2017年，天津大学、清华大学、华大基因研究院等单位实现了4条酿酒酵母染色体的全合成，开启了真核生物的人工再造，使我国的合成生物学研究达到国际领先水平。

合成生物学在制药中的应用主要是从两个角度进行菌株的开发。一是基因组缩减，获得功能更强大的菌株，提高工业微生物的发酵水平。采用大规模删除技术，敲除工业环境下的非必需和冗余基因。目前已经先后获得了大肠杆菌、芽孢杆菌、链霉菌、酵母等缩减基因组。二是基因组编辑，改变原有启动子和调控系统，优化密码子和编码序列，提高基因的转录和蛋白质的翻译，从而协调生长和生产之间的关系。以上两种策略都可用于设计和构建抗生素、维生素、氨基酸、甾体激素等药物生产新菌种，从而提升发酵水平，实现发酵制药的效益增长。同时，合成生物学还可构建植物源化学药物和天然药物的生产菌种，如紫杉醇、青蒿素、鬼臼毒素、丹酚酸、丹参酮、黄连素、甘草酸等，目前已实现了关键中间产物或前体的微生物合成，未来有可能实现合成微生物发酵生产这些药物。

（2）创新重组蛋白类药物改构技术

目前上市的药物约5000种，制药工业的药物靶点为483个，其中45%为细胞膜受体，28%为酶，其余为激素、离子通道、核受体和DNA等。人类基因组测序已经完成2万～3万个基因，药物靶点将增加10倍，3000～5000个潜在的基因可能成为药物的蛋白质靶点。综合运用各种新生物技术，诸如定点突变、片段嵌合、融合、基因改组等，改变重组蛋白类药物的结构，增加活性位点，提高表达生产能力，从而增强生物活性，延长体内半衰期，达到减小剂量和减少注射次数的目的。对胰岛素、生长素、白介素、表皮生长因子、干扰素、组织性纤溶酶原激活素（tPA）、促红细胞生成素（EP）等进行改构研究，上市产品有Humolog、Infergen、TNK-tPA、Aranesp和改构TNF等。

（3）创新抗体工程制药技术

抗体药家族成员多，2018年全球药品销售额前10位中，抗体药物有8个。目前，抗体类药物所占市场比例越来越大，治疗性抗体药物已经成为国内外制药企业研究和开发的热点和重点。本教材内容包括了抗体药物的分类、结构特点、生产原理，着重介绍了鼠源单克隆抗体的制备过程，并简单描述了基因工程抗体技术。

1975年，Georges Kohler和Osar Milstein成功将骨髓瘤细胞和B细胞融合，创造了杂交瘤，可以合成单克隆抗体，由此开创了单克隆抗体生产和使用的新纪元，他们获得了1984年诺贝尔生理学和医学奖。1988年，GregWinter实现了单克隆抗体的人源化，消除鼠源的免疫反应。目前，采用基因工程技术对鼠源抗体进行改造，制备嵌合抗体、改型抗体、小分子抗体，乃至完全人源抗体，是抗体工程（antibody engineering）的主要研究内容。噬菌体抗体库技术、嵌合抗体技术和核糖体抗体库技术主要用于解决人源化抗体问题。1981年，美国第一种单克隆抗体诊断试剂盒被批准进行商品化生产，至今品种已达数百种。FDA批准上市的生物药物中，抗体类药物所占比例越来越大，占整个制药工业产值比重日益增加。治疗性抗体药物成为国内外制药企业研究和开发的热点和重点。

预防、诊断与治疗性疫苗及基因治疗药物的开发。恶性肿瘤、心血管疾病、神经系统疾病、消化系统疾病及艾滋病等严重威胁人类生命健康，因此应研究这些疾病的新型疫苗、诊断试剂和血液替代品，大力开发疫苗与酶诊断试剂。基因治疗方法掀起了一场临床医学革命，我国已经有两种基因药物在全世界率先批准上市，为目前尚无理想治疗方法的大部分遗传病、重要病毒性传染病（如肝炎、艾滋病等）、恶性肿瘤等展示了良好的开发应用前景。

（4）创新细胞制药技术

2010年以来，细胞治疗、免疫细胞治疗和基因编辑等理论技术和临床医疗探索研究的发展日益完善，为了规范和指导研发，2016年12月16日国家食品药品监督管理总局药品审评中心对外发布了《细胞制品研究与评价技术指导原则》（征求意见稿）。细胞制品是指来源于符合伦理学要求的细胞（人的自体或是异体活细胞，但不包括生殖细胞及其相关于细胞），按照药品管理规范，经过体外适宜的培养和操作（包括人源细胞的体外诱导分化或进行基因改造）而制成（可能与辅助材料结合）的活细胞产品。除了化学品、生物制品可作为药物外，细胞药物特别适合于个性化治疗。从患者身体中分离出细胞，采用基因组编辑技术，如TALEN和CRISPR/Cas.进行体外基因组编辑，将工程细胞再转移到体内，用于治疗肿瘤和慢性疾病，已经引起国际上的广泛关注。最值得编程的两类细胞是T细胞和干细胞。对T细胞进行编程，使之具有嵌合抗原受体，将导致细胞毒性，可杀死靶细胞，从而应用于临床治疗中。已报道编程T细胞靶基因的HIV治疗正在进行临床试验，细胞治疗作为药品的研发已成为热点。

哺乳动物细胞已成为生物技术药物最重要的表达系统。欧美国家哺乳动物细胞表达的产品种类占60%～70%，市场份额占65%～70%。对于分子量大、二硫键多、空间结构复杂的糖蛋白，只能使用CHO等哺乳动物细胞表达系统。国外动物细胞培养技术及制药能力已经得到很大提高，达到了克级。1986年，细胞最大密度为2×10^5个/(mL·d)，比生产率为10pg/(细胞·d)，分批式培养7d的生产量为5mg/L。

国内动物细胞大规模培养工艺的表达水平有待提高。研究对动物细胞的糖基化表达，对细胞凋亡进行有效控制，实施较长生长周期。采用在线技术，研究不同培养基、不同工艺参数对细胞生长、蛋白质产物合成及其杂质生成等的影响，大幅提高蛋白质药物的产量和质量，加速产业化进程。

（5）创新生物分子修饰技术

小分子化学药物可通过生物大分子的修饰，提高生物利用度和体内活性。常用的生物大分子有白蛋白、透明质酸、几丁质等天然产物，近年来不断出现人工合成的新型生物材料。2005年2月，FDA批准了American Bioscience（AEI）公司的Abraxane，该药物是利用人白蛋白制成的纳米颗粒结合紫杉醇制成的注射制剂，代替了传统的紫杉醇制剂中容易引起患者过敏反应的有害溶剂，患者无须再注射肾上腺酮来防止溶剂过敏反应，提高了紫杉醇的临床效果和安全性。

1.5.3 实现中药现代化

近年来，植物药在国际市场上不断看好，国外特别是日本、欧洲、美国已出现多种采用新学科、新技术、新方法进行植物药的研究思路，并形成各有特点的方法，在制剂、质量控制等方面有些已走到我们的前面。而我国的中药研究和中药生产技术还有待提高，中药的出口在国际市场上所占份额很低，并多为初级产品，以出口资源为主，而出口的中成药多为一些科技含量不高的丸、丹、膏等制剂。然而，日本、韩国、德国、法国、英国等的一些产品已进入我国市场，甚至开始在我国申请专利。面对这种挑战，我们应积极吸取国外先进的科学技术和管理经验，使中药产业向科技型、现代化方向发展，提高产品的国际竞争能力，加快传统中药以合法地位进入国际医药主流市场。习近平总书记指出，要发展中医药，注重用现代科学解读中医药学原理，走中西医结合的道路。

（1）采用先进的制药技术和设备，实现中药生产现代化

中药生产技术现代化是我国中药产业面临的主要问题。先进的生产技术和设备是提高产品质量水平的重要基础条件。我国目前中药生产中相对落后的粉碎、提取、分离、精制等技术应进行改造，积极引进和吸收已经成熟的先进生产技术，如超临界CO_2萃取、双水相萃取、超微粉碎、色谱分离等技术，运用西药制剂中的新辅料、新技术、新工艺和新设备，提高中药产品的质量。

目前，在发达国家药品生产过程中已广泛采用适合现代化生产的设备和检测装置，实现了生产程控化、检测自动化、输送管道化、包装机电化。而我国现阶段使用的中药生产设备大多是企业自行研制的，达不到工艺工程化的水平，中药生产还处于从经验开发到工程化生产的过渡阶段，在工艺方法和生产技术上与先进国家还存在着一定差距。因此，需加强对适合中药生产特点，符合GMP要求的先进的、合理的工艺进行研究；对成熟的、先进的中药生产工艺进行推广；制定相关的工程化标准；明确企业工艺工程化的内涵，使中药生产技术及工艺逐渐标准化，以提高中药生产工艺工程化水平。

（2）建立科学的中药质量指标及其控制体系，实现质量管理现代化

由于中药特别是复方中药成分复杂，以及作用的多靶点，完全确定有效成分尚有困难，因此，中药质量标准化需根据中药自身特点，提出质量控制指标，以保证中药质量的可靠性。最近，美国FDA对中药的要求不再是化学结构确定的单体纯品，可以是成分固定、疗效稳定的混合物，我国的复方丹参滴丸符合美国FDA的要求，有确切的质量控制标准，按美国的新药管理程序，已直接进入新药Ⅱ、Ⅲ期临床试验。它的成功，为我国的中药现代化和中药走向世界提供了新的启示。

中药的质量标准包括中药材质量标准和中药制剂的质量标准。中药材的生产应按照《中药材生产质量管理规范》（*good agriculture practice*，GAP）来进行，中成药的生产则应按照《药品生产质量管理规范》（*good manufacture practice*，GMP）进行，这样生产的中药才能保证符合现代化中药的质量标准。

中药材是一种特殊的商品，在中药产业体系中，既是原料药，又是成品药。中药材生产规范化及质量标准化是中药产业的基础和关键。为了保证提供质量高、稳定可控的中药原

料，应在道地药材研究的基础上，选择优良品种，并在最适宜生长条件的地域种植或饲养，研究并推行规范化种植养殖技术，建立科学合理的采收加工制度。现代中药必须严格保证所用的药材原料是无污染的，农药残留和重金属含量必须保证在十分安全的范围内，药效物质的基础含量稳定可靠并有严格的质量标准，如含量测定、指纹图谱、重金属质量标准。

中药制剂不同于西药制剂，西药制剂原料成分明确，易于建立质量标准。而中药制剂所含药材成分复杂，一味药常含多种性质各异的成分，一个复方制剂的成分可能多达几十、几百种，毋庸置疑，中成药中各成分是发挥中医方剂预期疗效的物质基础，恰恰是这些复杂成分的综合作用，体现了中药制剂有别于西药的独到之处。然而，与西药制剂相比，这些成分共处于一个制剂中，加之可能存在相互作用，使结果可能更为复杂。由于复方成分的复杂性，不少方剂中各药材所含每一成分在该方剂中的中医治疗作用至今不太明确，加之测试方法和测试手段的限制，难以阐明其作用机制，这不仅给制备工艺、稳定性考察增加了难度，而且使质量标准制定增加了难度。如何建立并制定具有评价性、先进性、实用性的质量标准，从含量、鉴别、检查的量化指标来说明疗效的有无、高低；制定出既符合中药特点，又能得到国际认可的中药质量控制标准，是中药制剂现代化的目标之一。

（3）**加强现代中药新剂型的研究**

传统中药剂型多以散、膏、丹为主。随着时代的发展，对中药剂型提出了更高的要求。中药制剂应在继承、发扬传统剂型特长的基础上，借鉴西药新剂型的成功经验，开发适宜的新中药剂型，使传统中药制剂向着"三效、三小、五方便"（高效、速效、长效；剂量小、毒性小、副作用小；便于服用、携带、生产、运输、储藏）的方向发展与提高。中成药新药在剂型方面应以现代较新的剂型为主，如粉针剂、颗粒剂、软胶囊、微丸、气雾剂、控释制剂等作为研究的重点，使中成药制剂符合现代中药的要求。

中医药是我国独特的原创科技资源，在未来健康中国、科技强国建设中具有十分重要的战略意义。应进一步加深对中医药的认知，弥补短板，充分彰显中医药特色优势。我国应从健康中国、构建人类卫生健康共同体的战略定位上重新认识中医药的作用，通过科技创新驱动，促进中医药传统诊疗手段与现代科技结合，扬长避短，推进我国中医药现代化、产业化进程，让古老的中医药重新焕发青春。进一步强化中医药的作用，从体制机制上彻底解决制约中医药作用得到充分发挥的问题，让中医药与西医药有机融合，发挥中医药的优势。

思考题

1. 制药工艺学的研究内容有哪些？
2. 根据药物生产过程，制药工艺学可以分成哪四类？
3. 制药工业的特点有哪些？
4. 制药工业未来发展有哪些趋势？

参考文献

［1］元英进，赵广荣，孙铁民. 制药工艺学［M］. 2版. 北京：化学工业出版社，2017.

［2］吴剑波，张致平. 微生物制药［M］. 北京：化学工业出版社，2002.

［3］李元，陈松森，王渭池. 基因工程药物［M］. 2版. 北京：化学工业出版社，2007.

［4］张致平. 微生物药物学［M］. 北京：化学工业出版社，2004.

［5］李越中. 药物微生物技术［M］. 北京：化学工业出版社，2004.

［6］宋航，彭代银，黄文才，等. 制药工程技术概论［M］. 3版. 北京：化学工业出版社，2019.

［7］查玉琴，付映林，王杰，等. 制药工业的现状和发展趋势分析［J］. 广州化工，2020，48（6）：14-16.

［8］徐琦，张子龙. 中药制药与现代化科技的统一分析［J］. 产业科技创新，2020（10）：32-33.

［9］李天泉. 试论中药发展的现代化管理制度创新：由中药现代化转变为现代化的中药管理［J］. 中国食品药品监管，2018（12）：38-45.

第2章　制药工艺路线设计和优化

制药工艺路线设计和优化

2.1　概述

一种化学药物可通过若干种不同的途径获得，通常将具有工业生产价值的合成途径称为该药物的工艺路线。在化学药物合成的工艺研究中，最重要的工作是合成工艺路线设计和选择，得到经济合理的生产工艺路线。

化学药物合成工艺路线是化学药物生产技术的基础和依据，其技术先进性和经济合理性是衡量生产技术水平高低的尺度，也决定企业在市场的竞争能力。特别是对于结构复杂、合成步骤较多的化学药物，其工艺路线设计与选择尤为重要。在探索化学药物合成工艺路线的理论和策略，得到化学药物合成最佳途径的同时，必须考虑所面对的经济问题和清洁生产问题，特别是三废问题，还应考虑生产的持续性问题。一种化学药物的合成制备，往往因采用的不同原料、不同合成途径、不同工艺操作方法，其三废治理等也随之不同，产品质量、收率和成本也有所不同，所以化学药物的合成工艺路线设计与选择在其工业化生产中极其重要。

2.1.1　质量源于设计的概念

质量源于设计是在充分的科学知识和风险评估基础上，始于预设目标，强调对产品与工艺的理解及过程控制的一种系统优化方法。从产品概念到工业化均需精心设计，对产品属性、生产工艺与产品性能之间的关系理解透彻，是全面主动的药物开发方法。

"质量源于设计"概念的提出，标志着药品质量管理模式的重大变革。第一阶段的模式是药品质量源于检验，它以药典标准为基础，用药典规定的方法进行检验，符合药典标准时，即可获批上市销售成为合格药品。该模式具有滞后性和随机性，如果检验不合格，整批次成品药报废；如果抽检合格，也不能完全代表全部批次的质量水平。第二阶段的模式是质量源于生产，即GMP和拓展的GMP。将监管重心转移到生产阶段，对生产过程同步进行多点控制，包括各种文件和记录系统，使质量有一定的保障。第三阶段就是质量源于设计（QbD），属于生产过程参数控制，QbD的理念从产品开发初期开始，贯穿整个产品生命周，同时对生产关键工艺给予一定的设计空间。在产品设计空间内的偏移，均不会对产品质量产生影响，最大限度地贴近生产的实际情况。因此质量不是从产品中检验出来的，也不完全是通过生产实现的，而是在研发阶段通过大量的试验数据所赋予的，即质量应通过设计来建立。

2.1.2　质量源于设计的基本内容

（1）目标产品质量概况（quality target product profile，QTPP）

QTPP是对产品质量属性的前瞻性总结。具备这些质量属性，才能确保预期的产品质量，并最终保证药品的有效性和安全性。由于不同制剂产品对原料药质量要求不同，因此对于原料药研发，必须以其制剂产品相适应作为目标产品，总结出原料药的质量概况。目标产品质量属性是研发的起点，应该包括产品的质量标准，但不局限于质量标准。

（2）**关键质量属性**（critical quality attribute，CQA）

CQA是指产品的某些物理和化学性质、微生物学或生物学（生物制品）特性，且必须在一个合适的限度或范围内分布时，才能确保预期产品质量符合要求。在原料药研发中，如果涉及多步化学或生物反应或分离时，每一步产物都应该有其关键质量属性，中间体的质量属性对成品有决定性作用。通过进行工艺试验研究和风险评估，可确定关键质量属性。

（3）**关键物料属性**（critical material attribute，CMA）

CMA是指对产品质量有明显影响的关键物料的理化性质和生物学特性，这些属性必须限定和控制在一定的范围内，否则将引起产品质量的变化。

（4）**关键工艺参数**（critical process parameter，CPP）

CPP是指一旦发生偏移就会对产品质量属性产生很大影响的工艺参数。在生产过程中，必须对关键工艺参数进行合理控制，并且在可接受的区间内操作。有些参数虽然会对质量产生影响，但不一定是关键工艺参数。这完全取决于工艺的耐受性，即正常操作区间（normal operating range，NOR）和可接受的区间（proven acceptable range，PAR）之间的相对距离（图2-1）。如果它们之间的距离非常小，就是关键工艺参数；如果距离大，就是非关键工艺参数；如果偏离中心，就是潜在的关键工艺参数。

图2-1　非关键参数、关键参数和潜在关键参数的关系

（5）**设计空间**（design space）

设计空间是指经过验证能保证产品质量的输入变量（如物料属性）和工艺参数的多维组合和相互作用，目的是建立合理的工艺参数和质量、标准参数。设计空间信息的总和就构成了知识空间（图2-2），其来源包括已有的生物学、化学和工程学原理等文献知识，也包括积累的生产经验和开发过程中形成的新发现和新知识。

在设计空间内运行的属性或参数，无须向药监部门提出申请即可自行调整。如果超出设计空间，需要申请变更，药监部门批准后方可执行。合理的设计空间并通过验证可减少或简化药品批准后的程序变更。

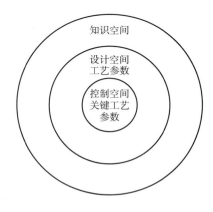

图2-2　设计空间的构成

如图2-3所示，一个化学合成工艺单元，经过试验得到温度对产品质量的影响。可以把不能接受的温度设为失败的下限和上限，最佳温度为设定点，并在控制范围内进行操作，是理想的生产状态。如果发生偏差，在工艺经验证可接受的

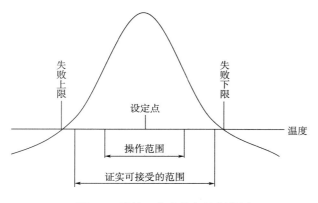

图2-3 关键工艺参数与控制范围

范围，仍然是正常的，如果超出此范围就不接受。通过QbD的研发方法开发出来的原料药，在设计空间内的变化不被考虑作为变更。超出设计空间的变动则认为是一个变更，需要报批。

（6）全生命周期管理

生命周期就是从产品研发开始，经过上市，到产品退市和淘汰所经历的所有阶段。生命周期管理就是原料药产品、生产工艺开发和改进贯穿于整个生命周期。对生产工艺的性能和控制策略定期评价，系统管理涉及原料药及其工艺的知识，如工艺开发活动、技术转移活动、工艺验证研究、变更管理活动等。不断加强对制药工艺的理解和认识，采用新技术和新知识持续不断改进工艺。

2.1.3 质量源于设计的工作流程

通过科学知识和风险分析，对目标产品进行理解，以预定制剂产品的质量属性为起点，确定原料药关键的质量属性。基于工艺理解，采用风险评估，提出关键工艺参数或关键物料属性，进行多因素试验研究，开发设计空间。基于过程控制，采用风险质量管理，建立一套稳定工艺的控制策略，确保产品达到预期设计标准。QbD的工作流程是确定产品质量概况，建立关键质量属性，确定关键工艺参数（包括重要工艺参数）和关键物料属性，开发设计空间，建立控制策略（图2-4）。

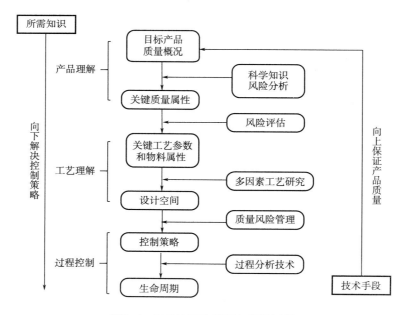

图2-4 QbD的工作流程与实施过程

原料药的研发包括5个要素：识别原料药CQA；选择合适的生产工艺、规模和设计空间；识别可能影响原料药CQA的物料属性和工艺参数；确定物料属性和工艺参数与原料药CQA之间的关系；建立合适控制策略，包括物料、工艺路线、工艺过程和成品质量。

QbD将风险评估和过程分析技术、试验设计、模型与模拟、知识管理、质量体系等重要工具综合起来，应用于药品研发和生产，建立可以在一定范围内调控变量、排除不确定性、保证产品质量稳定的生产工艺。而且，还可持续改进生产工艺，实现产品和工艺的生命周期管理。传统方法和QbD方法的比较见表2-1。

表2-1 传统方法和QbD方法在制药工艺研发中的比较

项目	传统方法	QbD方法
研发方式	单变量试验，确定与原料药有关的潜在的关键质量属性，建立一个合适的生产工艺	多变量试验 评估细化理解生产工艺 辨识物料属性和工艺参数 确定物料属性和工艺参数与CQA的关系
工艺参数	工艺参数是设定点，操作范围是固定的	工艺参数和单元操作在设计空间内运行
控制策略	可大量重复的工艺验证，符合标准的检测	结合质量风险管理，建立优化控制策略
过程控制	离线分析，慢应答	PAT工具，实时监测，过程操作可溯源
产品质量控制	中间体和成品的检验	用设计（研发）来保证质量
管理	对问题应答，通过被动整改措施和纠错得以解决，偏重于遵守法规	针对问题有预防性措施，持续性改进，在设计空间内调整无须监管部门批准，全生命周期管理

2.2 绿色制药技术

2.2.1 绿色制药原则

绿色制药理念的实现就是要紧抓绿色化学的精髓。当一个化学家在研发一个新化学品或设计一个新的化学合成路线时，他（她）正在做出一个根本性的决定，这个决定将涉及是否使用有毒物品，操作者是否会对有害废物进行特殊处理，操作者是否根据需要对副产物进行特殊处理等，所有这些考虑与合成过程都是不可分割的。绿色化学的目标是设计合成方法以降低或消除有毒原料、溶剂、副产物以及相关的化学品的使用和产生。

任何一个化学过程都由4个基本要素组成：目标分子或最终产品、原材料或起始物、转化反应和试剂、反应条件。发展绿色化学就是要求化学家进一步认识化学本身的科学规律，通过对相关化学反应的热力学和动力学研究，探索新化学键的形成和断裂的可能性及其选择性的调节与控制，发展新型环境友好化学反应，推动化学学科的发展。

（1）绿色化学的基本原则

①防止污染优于污染之后再处理。

②提高原子经济性，设计的合成方法应使生产过程中采用的原料最大限度地进入产品中。

③尽量减少化学合成中的有毒原料和有毒产物，设计合成方法时，不论原料、中间产物还是最终产品，均应对人体健康和环境无毒、无害（包括极小毒性和无毒）。

④化工产品设计时，必须使其具有高效的功能，同时要考虑安全性，减少其毒性。

⑤应尽可能避免使用溶剂、分离试剂等助剂，如不可避免，也要选用无毒无害的助剂。

⑥提高能源的经济性。合成方法必须考虑过程中能耗对成本与环境的影响，应设法降低能耗，最好采用在常温常压下的合成方法。

⑦注重原料再利用。在技术可行和经济合理的前提下，原料要采用可再生资源代替消耗性资源。

⑧减少官能团的引入。在可能的条件下，尽量不用不必要的衍生物，如限制性基团、保护/去保护作用、临时调变物理/化学工艺。

⑨新型催化剂的开发。合成方法中采用高选择性的催化剂比使用化学计量助剂更优越。

⑩产品的易降解性。化工产品要设计成在其使用功能终结后，它不会永存于环境中，要能分解成可降解的无害产物。

⑪进行以降低环境污染为宗旨的现场实际分析。进一步发展分析方法，对危险性物质实行在线监测和控制。

⑫防止生产事故发生。尽可能选择好化学生产过程的物质，使发生化学意外事故（包括渗透、爆炸、火灾等）的可能性降到最低程度。

以上12条原则目前为国际化学界所公认，它反映了近年来在绿色化学领域所开展的多方面研究工作的内容，同时也指明了未来发展绿色化学的方向。

（2）实现绿色合成的定量指标

有机合成化学乃至药物合成化学作为化学的重要组成部分，在绿色化学中处于举足轻重的地位：在绿色化学及其理念指导下，最终目的是实现绿色有机合成。绿色有机合成的目标应当是实现符合绿色化学要求的理想合成。实现绿色合成有三个定量指标，即原子经济性、环境因子和环境商。

①原子经济性。美国的B.M.Trost教授在1991年首次提出反应的原子经济性（atom-economy）的概念。原子经济性概念认为高效的有机合成应最大限度地利用原料分子的每个原子，使之结合到目标分子中，以实现最低排放甚至零排放。原子经济性可用原子利用率来衡量。

由于不少反应中副产物难以确定，副产物的分子量很难求得，但是可以利用质量作用定律，用所有反应物的分子量总和代之，同样可以计算出原子利用率。即：

$$原子利用率=\frac{预期产物的分子量}{全部反应物的分子量总和}×100\%$$

原子经济性的特点是最大限度地利用原料和最大限度地减少废物的排放。原子经济性反应有利于资源利用和环境保护。

传统的有机合成化学比较重视反应产物的收率，而忽略了副产物或废物的生成。例如，Wittig反应是一个应用非常广泛的有机反应，但从绿色化学的角度来看，它生成了较多的副产物，"原子经济性"很差。而Diels-Alder反应，也称双烯合成（diene synthesis），是制备环状化合物应用最广泛的合成方法之一，也是形成碳碳键的重要方法。其典型反应如下：

上述反应式中，原子利用率=82/（28+54）×100%=100%，所以Diels-Alder反应是一个原子经济性非常高的反应。

当然，目前真正属于高"原子经济性"的有机合成反应，特别是适于工业化生产的高"原子经济性"的有机合成反应还不多见。实现"原子经济性"的目标是一个漫长的过程。科学工作者应该自觉地用"原子经济性"的原则去审视已有的有机合成反应，并努力开发符合"原子经济性"原则的新反应。

②环境因子（E因子）。环境因子和环境商都是由荷兰有机化学家Sheldon提出来的。E因子是以化工产品生产过程中产生的废物量的多少来衡量合成反应对环境造成的影响。

$$E因子=\frac{废物的质量（kg）}{预期产物的质量（kg）}$$

这里的废物是指预期产物之外的所有副产物，包括反应后处理过程产生的无机盐等。一些产业部门的E因子数值范围见表2-2。显然，要减少废物使E因子较小，其有效途径之一就是改变经典有机合成中以中和反应进行后处理的常规方法。

表2-2 部分产业部门的E因子

产业部门	E因子	产业部门	E因子
炼油（oil refining）	0.1	精细化学品（fine chemicals）	5~50
散装化学品（bulk chemicals）	<15	药物（pharmaceuticals）	25~100+[①]

① "+"表示E因子甚至大于100。

③环境商（EQ）。为了综合评价废物排放到环境的污染程度，Sheldon又提出了环境商（environment quotient）的概念。环境商（EQ）是以化工产品生产过程中产生的废物量的多少、物理、化学性质及其在环境中的毒性行为等综合评价指标来衡量合成反应对环境造成的影响。环境商按下式计算：

$$EQ=E×Q$$

式中：E为E因子；Q为根据废物在环境中的行为所给出的对环境不友好度。

EQ值的相对大小可以作为化学合成和化工生产中选择合成路线、生产过程和生产工艺的重要因素。

2.2.2 绿色制药技术与工艺

绿色化学是依靠科技进步，创造出单位产品产污系数更低、资源消耗更小的先进工艺技术，从化学反应的根本上减少对环境的污染，而不是对"三废"等进行处理的环保局部性终端治理技术。

目前，绿色合成研究的方向是清洁合成、提高反应的原子利用率、取代化学计量反应试剂（如在催化氧化过程中只以空气中的氧气作为氧源）、新的溶剂和反应介质、危险性试剂替代品（如使用固态酸以取代传统的腐蚀性酸）、充分的反应过程、新型的分离技术、改变反应原料、新的安全化学品和材料、减少和最小化反应废物的产生等。

（1）原子经济性反应

理想的原子经济性反应是原料分子中的原子百分之百地转变成产物，而不产生副产物或废物，实现废物的"零排放"（zero emission）。布洛芬（ibuprofen）是一种广泛使用的非类固醇类的镇静、止痛药物，传统生产工艺包括6步化学计量反应（图2-5），原子的有效利用率低于40%（表2-3）。新工艺采用3步催化反应（图2-6），原子的有效利用率近80%（表2-4），如果考虑副产物乙酸的回收，则新工艺的原子利用率可达99%。

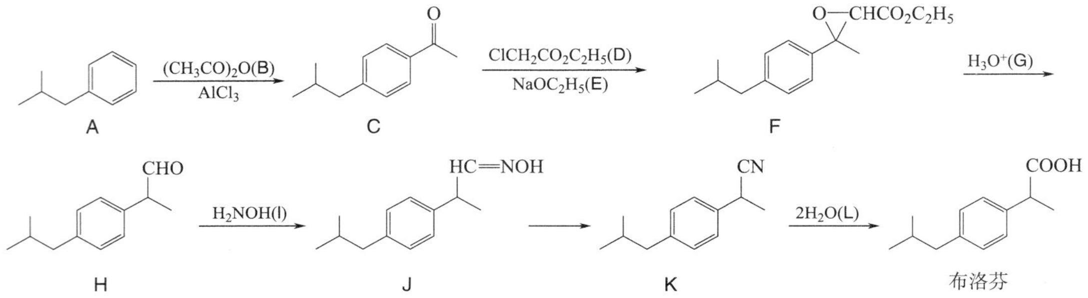

图2-5　布洛芬合成工艺

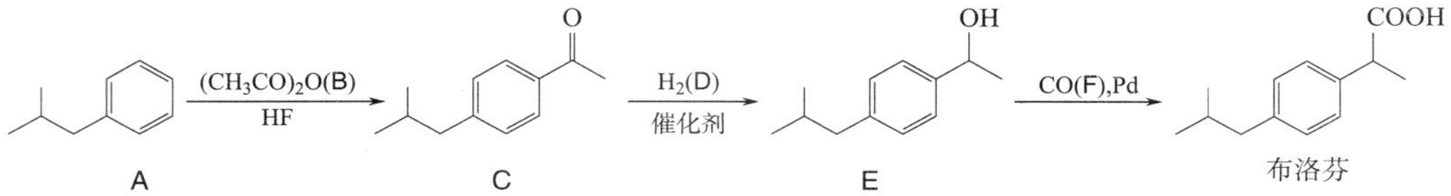

图2-6　布洛芬绿色合成新工艺

表2-3　Brown法合成布洛芬的原子经济性

试剂		合成中被利用的部分		合成中无法利用的部分	
MF	分子量	MF	分子量	MF	分子量
A $C_{10}H_{14}$	134	$C_{10}H_{13}$	133	H	1
B $C_4H_6O_3$	102	C_2H_3	27	$C_2H_3O_3$	75
D $C_4H_7ClO_2$	122.5	CH	13	$C_3H_6ClO_2$	109.5
E C_2H_5ONa	68		0	C_2H_5ONa	68
G H_3O^+	19		0	H_3O^+	19
I NH_3O	33		0	NH_3O	33
L H_4O_2	36	HO_2	33	H_3	3
总计 $C_{20}H_{42}NO_{10}ClNa$	514.5	布洛芬 $C_{13}H_{18}O_2$	206	废物 $C_7H_{24}NO_8ClNa$	308.5

注　原子利用率 $= \dfrac{\text{布洛芬的分子量}}{\text{全部反应物的分子量总和}} \times 100\% = \dfrac{206}{514.5} \times 100\% = 40\%$。

表2-4　布洛芬绿色合成工艺的原子经济性

试剂		合成中被利用的部分		合成中无法利用的部分	
MF	分子量	MF	分子量	MF	分子量
A $C_{10}H_{14}$	134	$C_{10}H_{13}$	133	H	1
B $C_4H_6O_3$	102	C_2H_3	27	$C_2H_3O_3$	75
D H_2	2	H_2	2		0
F CO	28	CO	28		0
总计 $C_{15}H_{22}O_4$	514.5	布洛芬 $C_{13}H_{18}O_2$	206	废物 $C_2H_5O_2$	60

注　原子利用率 $= \dfrac{\text{布洛芬的分子量}}{\text{全部反应物的分子量总和}} \times 100\% = \dfrac{206}{266} \times 100\% = 77\%$。

开发布洛芬绿色合成新工艺的BHC公司为此而获得了1997年美国"总统绿色化学挑战奖"。

目前，在基本有机原料的生产中，有的已采用原子经济性反应，如丙烯氢甲酰化制丁醛、甲醇羰基化制乙酸、乙烯或丙烯的聚合、丁二烯和氢氰酸合成己二腈等。

（2）采用无毒无害的原材料

一个反应类型或一条合成路线在很大程度上是由于起始原料的最初选择而定的。当起始原料被确定后，接着将会有许多由此而来的不同选择。原材料的选择不论对合成路线的效率还是该过程对环境和人类健康的影响都是一个重要因素，因此原材料的选择在绿色化学的决策过程中是非常重要的。

在现有的化工生产中，不可避免地要用到一些有毒有害的原材料，如剧毒的光气、氢氰酸或有害的甲醛、环氧乙烷等，这些都严重污染环境，危害人类健康和安全。采用无毒无害原材料替代它们来生产各种化工产品是绿色化学的重要任务之一。

这方面的工作已有很多报道，例如，以二氧化碳代替光气合成异氰酸酯；催化的硝化反应，可少用或不用强酸；以碳酸二甲酯代替硫酸二甲酯进行选择性甲基化反应；以二苯基碳酸酯代替光气与双酚A进行固态聚合等。美国Monsanto公司从无毒无害的二乙醇胺原料出发，经过催化脱氢，开发了安全生产氨基二乙酸钠的工艺，改变了过去的以氨、甲醛和氢氰酸为原料的两步合成路线。特别应该指出的是，最近我国科学家利用自行设计的催化剂，在过氧化氢的作用下，直接从丙烯制备环氧丙烷。整个过程只消耗烯烃、氢气和分子氧，实现了高选择性、高产率、无污染的环氧化反应，替代或避免了易造成污染的氧化剂和其他试剂，被认为是一个"梦寐以求的（化学）反应"和"具有环境最友好的体系"。

（3）发展高选择性、高效的无毒无害催化剂

催化剂在化工生产中具有极其重要的作用。催化剂能够非常显著地提高反应速率，而且催化剂还具有选择性，采用不同的催化剂会得到不同的产物。使用催化剂可大幅提高原料的利用率。可以说，在化工生产中，80%以上的反应只有在催化剂作用下才能获得具有经济价值的反应速率和选择性。

由于催化剂本身也是各种化学物质，因此它们的使用也就有可能对人体及环境构成危害，特别是像酸、碱、金属卤化物、金属羰基化合物、有机金属配合物等均相催化剂，其本

身具有强烈的毒性、腐蚀性，甚至有致癌作用。例如，烃类的烷基化反应一般使用氢氟酸、硫酸等质子酸或三氧化铝等Lewis酸作催化剂，这些催化剂的共同缺点是对设备的腐蚀严重、危害人身安全、产生废液和废渣、污染环境。

为了保护环境，多年来国外正从分子筛、杂多酸、超强酸等新催化材料中大力开发固体酸烷基化催化剂，其中采用新型分子筛催化剂的乙苯液相烃化技术引人注目。这种催化剂选择性很高，乙苯质量收率超过99.6%，而且催化剂寿命长。在固体酸烷基化的研究中，还应进一步提高催化剂的选择性，以降低产品中的杂质含量；提高催化剂的稳定性，以延长运转周期；降低原料中的苯烯比，以提高经济效益。

制药工业获得单一手性分子的方法中，外消旋体的拆分是一个重要的途径。但是，理想的产率也只能达到50%，另一半异构体只能废弃，而且可能对环境造成污染。从绿色化学的角度看，外消旋体的拆分方法的原子经济性是很差的。因此，对于合成单一对映体的手性分子，催化的不对称合成反应应该是首选的，也是最重要的。催化的不对称反应是有机合成化学研究的热点和前沿，也是有关手性药物研究的主要方向之一。在进行这方面研究时，应重视以下两个方面：一是应重视新观念、新技术、新方法和新型手性催化剂的研究和应用，例如，动态动力学拆分的方法可以使单一光学活性化合物的产率达到80%～90%，大大提高了化学合成的原子经济性；二是注重总结规律，加强理论的研究和指导作用，改变目前筛选和发现优良的手性配体、手性催化剂以及新型的不对称反应的研究主要还是通过经验的积累和反复试验的现状。

虽然对于某些生物催化剂是否会导致污染还没有明确的定论，但是总体来看，生物转化反应非常符合绿色化学的要求：具有高效、高选择性和清洁反应的特点；反应产物单纯，易分离纯化；可避免使用贵金属和有机溶剂；能源消耗低；可以合成一些用化学方法难以合成的化合物。

酶促反应在化学合成工业上的应用具有很大的潜力，设计与发展适于酶促反应的新的底物和利用遗传工程改变酶的催化性质等，都将有利于其在制药工业中的应用。目前这方面的工作可以集中在以下几方面：发现新的高活性和高选择性的酶催化剂；扩展酶促反应的适用范围；利用生物工程技术获得高效的酶催化剂；注意解决酶促反应工业化中的问题；重视酶促反应的机理研究。

（4）采用无毒无害的溶剂或无溶剂反应

绿色化学研究的另一个重要方面是在进行合成转化时反应介质的选择。因为有机合成的主要内容是基于溶剂化学的，一般与化学制品有关的污染物不仅与原料、产品有关，也与制造过程中使用的溶剂有关。当前有机合成中广泛使用的溶剂主要是挥发性的有机物，其中有些有机物会破坏臭氧层，有的会引起水源污染，因此要限制这类物质的使用。采用无毒无害的溶剂代替挥发性的有机物已成为绿色化学研究的方向。

在无毒无害溶剂的研究中，一些非传统溶剂，如水相体系、离子液体、固定化的溶剂、树状聚合物（dendrimer）、两亲性星状高分子以及超临界流体（supercritical fluid，SCF）等已被越来越多地用于有机合成。

水是无毒无害的廉价试剂，用水作溶剂具有其独特的优越性。Grieo等研究了在水相中、室温下环戌二烯与甲基乙烯酮的Diels-Alder反应，结果发现水相中的反应速率比有机溶剂中的反应速率要高700倍。

采用水作溶剂虽然能避免有机溶剂，但由于其对大多数有机物溶解度有限，所以在大部分场合都不能代替挥发性有机溶剂，而且以水作为溶剂时还要注意废水是否会造成污染，因而限制了水的应用。

超临界二氧化碳作为溶剂的研究，近年来有了很大的进展。超临界二氧化碳是指温度和压力均在其临界点（31℃，7.38MPa）以上的二氧化碳流体。它通常具有液体的密度，因此有常规液态溶剂的溶解度；在相同条件下，它又具有气体的黏度，因而具有很高的传质速率；具有很大的可压缩性；流体的密度、溶剂溶解度和黏度等性能均可由压力和温度的变化来调节。超临界二氧化碳的最大优点是无毒、不可燃、价廉等。

采用无溶剂的固相反应也是避免使用挥发性溶剂的一个研究方向，如用微波来促进固—固相有机反应。

（5）简化反应步骤，减少污染排放，开发新的合成工艺

对于那些从传统的观念看，设计和效益都是合理的工艺路线也应从绿色化学的原理给以重新审视，这给有机合成化学提出了新的、更高的要求。由于药物的化学结构一般比较复杂，目前化学药品生产中原子经济性反应很少，废物的排放量较大，因此为大规模生产化学药品设计环境友好的合成方法和生产工艺是绿色化学研究人员最富挑战性的研究领域之一。

Roche Colorado公司在开发抗病毒药物更昔洛韦（Ganciclovir）的初期认为，他们所采取的完全硅烷化（per-silylation）路线是最好的，也是最有效的。但是随着市场需求量的增加，扩大了生产规模（50t/年），原有工艺就暴露了很多问题。Roche Colorado公司对原有的工艺进行了大的改进，改用从鸟嘌呤三酯（guanine triester）出发的新合成路线。与旧工艺相比，新工艺的化学处理和分离过程从6步缩短到2步，收率提高了25%，产量提高了2倍。而且新的工艺将反应试剂和中间体的数量从22种减少到11种，5种反应试剂中有4种能在工艺过程中循环回收利用，清除了原有的两种有害固体废物，去除了有害液体废物中11种化学物质，减少了66%的废气排放和89%的固体废物，每年从源头消除了1120t液体废物和25.3t固体废物。总之，该工艺在采用无毒原料和溶剂、减少三废排放、提高合成效率等方面都成功地贯彻了绿色合成的基本原则，而且该项技术还适用于合成其他的抗病毒药物。

（6）研制环境友好产品

绿色化学研制环境友好产品，就是为了消除污染环境产品的负面影响。Rohmhas公司成功开发了一种环境友好的海洋生物防垢剂，从而获得美国"总统绿色化学挑战奖"项中的"设计更安全化学品奖"。

绿色化学品应该具有两个特征：产品本身必须不会引起环境污染或健康问题，包括不会对野生物、有益昆虫或植物造成损害；当产品被使用后，应该能再循环或易于在环境中降解成无害物质。

（7）提高烃类氧化反应的选择性

烃类选择性氧化在石油化工中占有极其重要的地位。据统计，催化过程生产的各类有机化学品中，催化选择性氧化生产的产品约占25%。烃类选择性氧化为强放热反应，目的产物大多是热力学上不稳定的中间化合物，在反应条件下很容易被进一步深度氧化为二氧化碳和水，其选择性是各类催化反应中最低的。这不仅造成资源浪费和环境污染，而且给产品的分离和纯化带来很大困难，使投资和生产成本大幅上升。因此，控制氧化反应深度，提高目的产物的选择性也是绿色化学研究中最具挑战性的难题。

（8）通过物理方法促进化学反应

光、电、热等是引发和促进有机反应的有效手段，是绿色化学的研究方向之一，近年来，微波促进化学反应的研究已取得很大进展。利用超声波的空化作用，可提高许多化学反应的反应速率，改善目的产物的选择性，改善催化剂的表面形态，提高催化活性组分在载体上的分散性等。

电化学过程是洁净生产技术的重要组成部分。由于电解一般无需使用危险或者有毒试剂，且通常在常温、常压下进行，所以在绿色合成中独具魅力。

（9）利用可再生的资源合成化学品

众所周知，目前世界上所需能源和有机化工原料绝大部分来源于石油、煤和天然气。但从长远看，它们都不是人类所能长久依赖的理想能源，原因来自两方面：一是它们再生周期非常漫长而且储量有限，总有用完的一天；二是目前地球所面临的环境危机直接或间接地都与此类矿物燃料的加工和使用有关。从绿色化学的高度来考虑，人类可以长久依赖的未来资源和能源必须是储量丰富，最好是可再生的，而且它在使用过程中不会引起环境污染。基于这一原则，人们普遍认为，以植物为主的生物质资源将是人类未来的理想选择。

生物质的利用有两个方向：一是将生物质制成石油、天然气、酒精、氢气等作为燃料；二是将它制成基础化工原料如1,3-丙二醇、己二酸、乳酸等，转化的方法有物理法、化学法和生物转化法。物理法和化学法因能耗高、产率低、过程污染严重等，单独使用缺乏实用性，往往作为生物转化法的辅助手段。酶在生物转化法中起着至关重要的作用。酶是一种催化剂，酶的催化因具有高效、专一、反应条件温和、可供选择的种类多等优点而备受青睐。

（10）运用高效的多步合成技术

在药物、农用化学品等精细化学品的合成中，往往涉及分离中间体的多步骤反应。为实现绿色合成，近年来研究发展的串联反应是非常有效的。串联反应包括一瓶多步串联和一瓶多组分串联。前者是仿照生物体内的多步连锁式反应，使反应在同一反应器内从原料到产物的多个步骤连续进行，无需分离出中间体，又不产生相应的废物，而且和环境保持友好；后者是涉及至少3种不同原料的反应于同一反应器中进行，而每步反应都是下步反应所必需的，而原料分子的主体部分都融入最终产物中，这是一类高效的合成方法。

总之，绿色化学是一门新的交叉学科，它的内涵、原理、目标和研究内容需要不断地充实和完善。绿色化学的发展对保持良好的环境、社会和经济的可持续发展都有重要的意义，具有广阔的发展前景，应该得到充分重视和大力支持。虽然对绿色化学的未来难以准确地预测，但有理由相信，随着社会科技、经济的全面进步，随着人们对生存环境质量要求的逐步提高，绿色化学必将蓬勃发展，成为21世纪化学界研究的重要课题。

2.2.3　绿色制药工艺案例

西他列汀（Sitagliptin）的工艺研发，从基于手性辅助剂的不对称氢化工艺开始，过渡了手性金属催化剂的不对称催化氢化工艺，最终改进为无金属催化的生物酶工程。美国默沙东制药公司（MSD）以此两度问鼎美国"总统绿色化学挑战奖"，树绿色化学之高标，引制药工艺之启示。

西他列汀是2006年美国FDA批准的一种降血糖药物，是一种二肽基肽酶-4（DPP-4）抑制剂。这种药物通过保护内源性肠胰高血糖素并增强其作用来控制血糖。2012年，其销售额达到40.9亿美元。其生产工艺不仅是不对称催化加氢的成功范例，也是绿色医药的优秀案例。原始工艺采用多步反应制备原料药（图2-7），包括引入基团的保护和脱保护以及手性胺的定量使用，这不可避免地增加了试剂种类和溶剂量，违反了绿色化学原则。

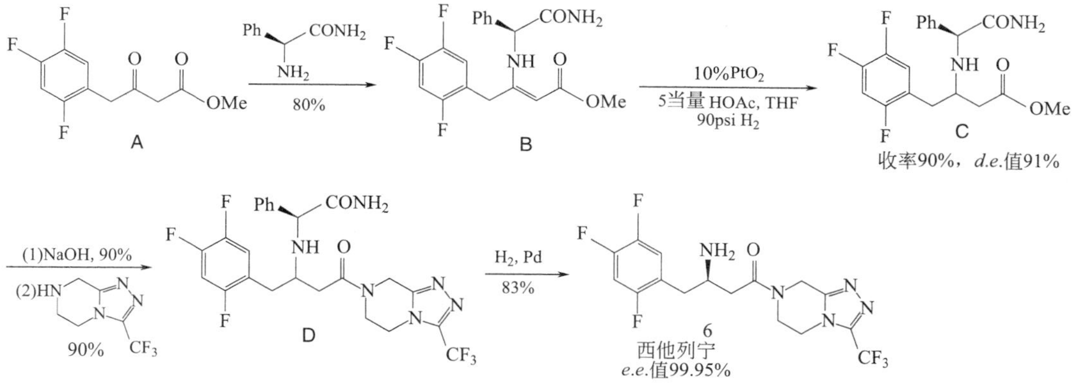

图2-7 利用手性辅助剂合成西他列汀的方法（第一代）

在第二代合成工艺的研究中，Hsiao等成功地摒弃了以手性胺为手性辅助剂的手性诱导策略。通过考察催化剂、手性膦配体等工艺参数以及溶剂、温度、压力、反应时间等反应条件，发现裸烯胺无须酰化，可直接通过不对称催化氢化β-氨基酰胺制备光学活性化合物，e.e.值高达98%，并成功实现了工业化生产（图2-8）。为此，MSD制药公司获得了2006年美国"总统绿色化学挑战奖"。

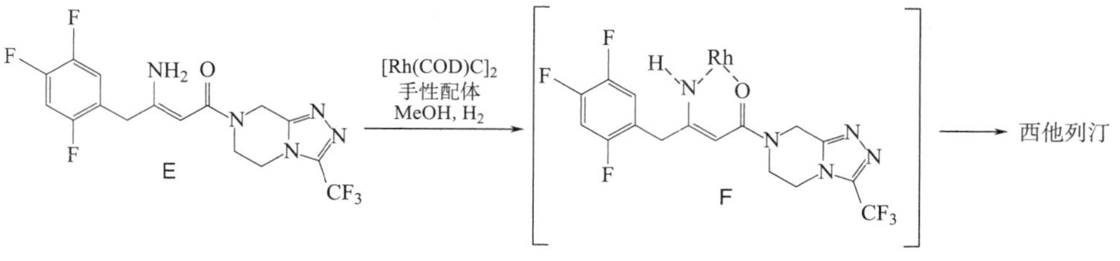

图2-8 第二代不对称催化方法

不对称催化氢化法制备手性药物比传统的拆分方法绿色得多，但并不完善。该第二代西他列汀合成工艺仍存在以下缺点：立体选择性不大于99%，其光学纯度还需重结晶来进一步提高；催化加氢需高压条件，增加了操作难度和生产成本；贵金属和手性膦配体对空气不稳定、价格高、有重金属残留的风险。

随后，MSD和Codexis联合开发了一种更加绿色环保的生物酶技术，即通过转氨酶催化，将中间体G一步转化为所需的西他列汀，使用的胺源为异丙胺，生成相应的副产物丙酮（图2-9）。改良后的转氨酶与原酶相比，转化率提高了25000倍。最终在温和条件下有效地进行不对称还原胺化反应，高立体选择性地制得西他列汀（e.e.值99.95%），而S-异构体几乎检测不到。这种新的酶催化反应避免了高压氢化、贵金属的使用和随后的纯化过程，更绿色环保，产量提高10%~13%，废弃物减少19%。因此，MSD和Codexis又一次凭此项目获得了2010年美国"总统绿色化学挑战奖"，这是前所未有的。

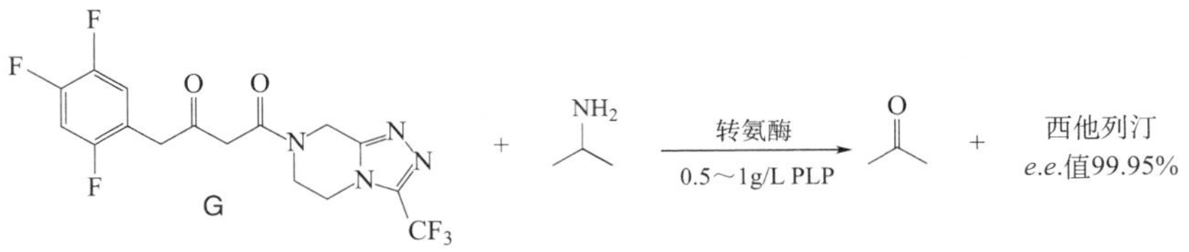

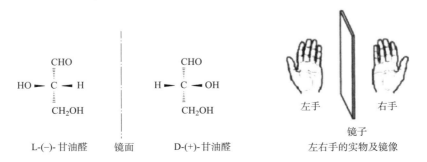

图2-9　第三代生物酶工艺

2.3　手性制药技术

　　当一个手性化合物进入机体时，两个对映异构体通常会表现出不同的生物活性。对于手性药物，一个异构体可能是有效的，而另一个异构体可能是无效的，甚至是有害的。手性制药就是利用化合物的这种原理开发单一对映体药物，提高疗效，避免或降低毒副作用。据统计，2014年世界手性化学药物总销售额在8000亿美元左右，手性药物市场以前所未有的速度迅猛发展，使得手性药物研发成为制药的重要方向之一。

2.3.1　手性药物的原理

（1）手性及旋光性的概念

　　手性（chirality）是指化合物的不对称性，其实物与镜像不能重合的性质。如图2-10所示，完全相同化学组成的L-（-）-甘油醛与D-（+）-甘油醛具有两种不同的空间结构，即手性分子，就像人的左右手之间的关系。甘油醛分子的中心碳原子上连有四个不同的原子和基团（H、CH_3OH、OH和CHO），称为不对称碳原子或手性碳原子，它是分子的不对称中心或手性中心。应当注意的是，化合物的手性与其有无手性原子并不直接相关。例如，如果分子结构中含有1个手性原子，那一定是手性分子，具有旋光性；如果具有2个或2个以上手性原子的分子则不一定是手性分子；无任何手性原子的分子，由于存在手性轴、手性面等手性因素，也可能是手性分子。

```
        CHO                    CHO
HO ─── C ─── H      │   H ─── C ─── OH
        CH₂OH                  CH₂OH

L-(-)-甘油醛      镜面      D-(+)-甘油醛
```

左手　　　右手

镜子
左右手的实物及镜像

图2-10　甘油醛分子的手性

在偏振光分别照射L-(−)-甘油醛与D-(+)-甘油醛时，透过物质的偏光平面会分别向逆时针方向（左旋）和顺时针方向（右旋）旋转一定的角度，习惯上将具有这种性质的物质称为旋光性物质，其旋转的角度即为旋光度，其旋转的方向分别用（−）和（+）表示。如果将等摩尔的L-(−)-甘油醛与D-(+)-甘油醛混合，该混合物无旋光性，则称为外消旋物质，可以用DL-(±)-甘油醛表示。

（2）**手性物构型的表示**

如图2-10所示的L-(−)-甘油醛与D-(+)-甘油醛均具有相同的化学官能团，但在空间的排列和连接方式不同，从而具有不同的构型（configuration），它们称为对映异构体（enantiomers）。

对于具有不同构型的手性物命名，目前有D/L及R/S两种方法。对于分子中仅有一个手性碳原子的物质，例如，甘油醛，其C*—OH在左右两边的分别表示为L和D构型。但当有一个以上手性中心时，这种命名法不能够明确每个手性原子的构型。R/S命名规则是以手性碳原子自身的结构为依据，根据手性原子直接相连的四个基团所占据空间位置的序列确定物质的构型。如图2-11

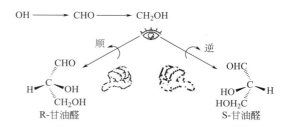

图2-11　甘油醛的R/S命名

所示的方式对甘油醛进行命名，从而可克服D/L命名法的缺陷，具有更好的普遍应用性。尽管目前普遍采用R/S命名法，但一些常见的手性物由于习惯原因仍经常使用D/L命名法。

但是，需要注意以下两点：

①D/L命名法与R/S命名法是两种不同的构型表示方法，二者之间并无直接的逻辑对应关系，即D和R以及L和S有时一致，有时又不一致；

②化合物的构型与旋光方向无对应关系。

（3）**手性纯度的表示及计算**

对于已知旋光度或标准旋光度$[\alpha]_{max}$的纯对映体，可用光学纯度来表征其手性纯度。在一定实验条件下测定旋光值$[\alpha]_{obs}$后，用下式计算光学纯度：

$$光学纯度（\%）=\frac{[\alpha]_{obs}}{[\alpha]_{max}}\times 100\%$$

这种方法主要用于已知手性化合物的质量检测及生产过程质量控制。但对于新的手性化合物的研发，如果缺乏标准旋光度数值，则无法计算出光学纯度。

在手性药物领域，目前更多地采用"对映体过量（enantiomeric excesses）"或"e.e.（%）"来描述手性化合物纯度，它表示一个对映体对另一个对映体的过量，通常用百分数表示，即：

$$R构型对映体的\textit{e.e.}（\%）=\frac{[R]-[S]}{[R]+[S]}\times 100\%$$

$$S构型对映体的\textit{e.e.}（\%）=\frac{[S]-[R]}{[R]+[S]}\times 100\%$$

相应地，样品的非对映体组成可描述为"非对映体过量"，或"d.e.（%）"，它指一个非对映体对另一个非对映体的过量。

已有多种方法可以测定对映体组成，以高效液相色谱（HPLC）或气相色谱（GC）为基础的手性分析方法已证实为最实用，质谱（NMR）的手性位移试剂方法有时也可用。在最新修订的药典中推荐优先使用对映体过量表征手性药物的纯度。

在药物分子中含有特殊结构碳原子（手性中心）的药物称为手性药物。为什么要研究和制备手性药物呢？

原来人体是由各种具有蛋白质性质的大分子组成的，这些生物大分子大多具有严格的手性空间结构。人体自身产生的一些小分子有机化合物其结构是与生物大分子的空间结构相匹配的，与相关生物大分子结合后，使机体发挥多种正常的生理功能，一旦这些小分子的量发生了变化，就会破坏机体的平衡，导致多种内源性的疾病。药物即是外源性小分子，它们模拟失衡的体内小分子与生物大分子（或称受体）配合，使它们激动或使它们抑制，当然，要恰到好处，才能达到平衡。要实现治疗疾病的目的，其先决条件是这些药物的结构必须与生物大分子的结构相适应。如果生物大分子结构具有手性，则要求药物也必须具有与之适应的手性结构。关于手性药物与受体的关系做个简单的比喻：如果受体（生物大分子）是锁的话，药物就是钥匙，或者受体如果是鞋，药物就是脚，鞋穿反了就不舒服，药物的手性结构如果不与受体相匹配，就失去其治疗作用。

有人会提出这样的问题：药物很多，手性药物只是药物中的一部分，有的非手性药物为什么也能治病呢？它们又是怎么与受体相结合的？

生物大分子（即受体）的空间结构不是千篇一律的，对药物分子的空间结构要求也是有区别的，有的受体与药物的结合点不一定在手性中心上，随意性较强，"不挑剔"，这样非手性药物或手性药物的不同异构体，都可以与之结合，同样可以发挥药物的治疗作用。而有的受体对立体结构要求很严格，要求药物手性中心的结构与之完全匹配，才能相结合，发挥其治疗作用，为此，人类不得不服从自然规律，设法研制出与受体结构相匹配的药物——手性药物。

2.3.2　手性药物的拆分

对于由等量的对映体异构分子组成的外消旋体，必须经过光学拆分才能得到光学纯的异构体。拆分（resolution）是将外消旋体中的两个对映异构体分开，以得到光学活性产物的方法。外消旋的拆分技术已应用了100多年，尽管操作烦琐，但一直是制备光学纯对映异构体的重要途径之一。2000～2006年上市的手性药物中超过40%是通过拆分法获得的，目前在工业化生产手性药物的实际过程中仍然主要采用拆分的方法。本章介绍的是拆分外消旋体的制备技术，主要分为结晶拆分工艺、化学拆分工艺、动力学拆分工艺。

（1）结晶拆分工艺

结晶拆分法也称接种结晶拆分法，是在一个外消旋混合物的热饱和溶液中加入纯对映体之一的晶种，然后冷却，则同种对映体将附在晶体上析出；滤去晶体后，母液重新加热，并补加外消旋混合物使之饱和；然后加入另一种对映体的晶种，冷却使另一种对映体析出。这样交替进行，可方便地获得大量纯对映体结晶。这种方法工艺简单、成本低、效果好，是比较理想的大规模拆分方法，其工艺流程如图2-12所示。

该方法可应用于大规模生产氯霉素、（-）-薄荷醇以及抗高血压药甲基多巴等手性药物过程，另外，部分氨基酸的拆分也可使用这种方法，氨基酸$e.e.$值可达到94.8%。但是在生产过程中为了使外消旋混合物饱和，必须采用间断式结晶，这无疑延长了生产周期，增加了生产成本。

（2）化学拆分工艺

化学拆分法是最常用和最基本的有效拆分方法，它首先将等量的左旋体和右旋体所组成的外消旋体或者混旋体与另一种光学纯的异构体（右旋体或者左旋体）即拆分剂作用（一般为酸碱成盐反应或者酯化反应），生成两个理化性质有所不同的非对映体盐；然后利用两种非对映异构体盐的物理性质在不同试剂环境中的溶解性的不同，一种充分溶解而另一种结晶析出，用过滤的方法将其分开；再用结晶、重

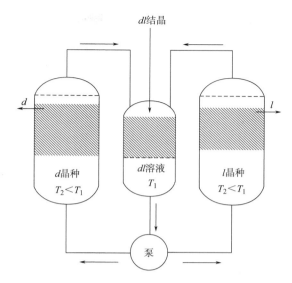

图2-12　接种结晶拆分法的工艺流程

结晶手段将某一种想得到的盐提纯，并回收光学异构体拆分剂，从而得到左旋体或右旋体目标产物。外消旋体中的两种对映体具有完全相同的内能和熵，与同一手性试剂作用时，生成的产物形态具有非对映异构关系，两者的物化性质会出现较大差异，利用此差异将其分离。

化学拆分方法中，拆分剂的选择是关键。适宜的拆分剂至少需要满足几个条件：一是能够选择性地与两个对映异构体中的一种进行反应生成两个非对映异构体，并且该生成的两个非对映异构体的物理性质（例如溶解度）有显著的差异，便于分离；二是拆分剂本身应具有足够高的光学纯度，才能够获得高光学纯度的产品；三是拆分剂的成本较低、便于回收使用以及具有较好的生态环保性质等。

α-联苯二酯（dimenthoxy dicarboxylate biphenyl，DDB）是重要的手性制药中间体，也是人工合成五味子丙素的中间产物以及生物活性较高的保肝药物活性成分。手性α-联苯二酯很容易由对应的手性α-联苯二酸（bifendate dicarboxylic acid，BDA）制备获得，下面以该手性α-联苯二酸制备为例，说明外消旋化学拆分的工艺原理及工艺过程。

①外消旋化学拆分的工艺原理。图2-13所示为以外消旋α-联苯二酸为原料，通过化学拆分途径获得单一手性α-联苯二酸的工艺原理，即外消旋α-联苯二酸被合适的拆分剂拆分，分别得到两种光学纯的α-联苯二酸。

对于拆分外消旋α-联苯二酸，可以采用生物碱和葡萄糖胺等天然拆分剂，也可以用化学合成的拆分剂例如手性α-苯乙胺（phenethylamine，PEA）。生物碱中马钱子碱拆分效果最好，但其常用拆分剂的最高光学纯度只有81%，而且马钱子碱具有毒性，价格昂贵；葡萄糖胺类拆分剂和外消旋α-联苯二酸反应的产物不是固体或结晶，而是呈黏稠的糊状物。显然它们均不适合作为α-联苯二酸的拆分剂。研究发现，光学纯的α-苯乙胺能避免上述缺陷，所以宜选择手性α-苯乙胺为拆分剂。

②外消旋化学拆分的工艺过程。即以外消旋α-联苯二酸为原料，用手性α-苯乙胺（PEA）为拆分剂，并考虑最大化地利用原料，在一个工艺流程中分别生产两种光学纯度的

(+)-α-联苯二酸和(−)-α-联苯二酸。图2-14所示为生产工艺流程示意，具体过程如下。

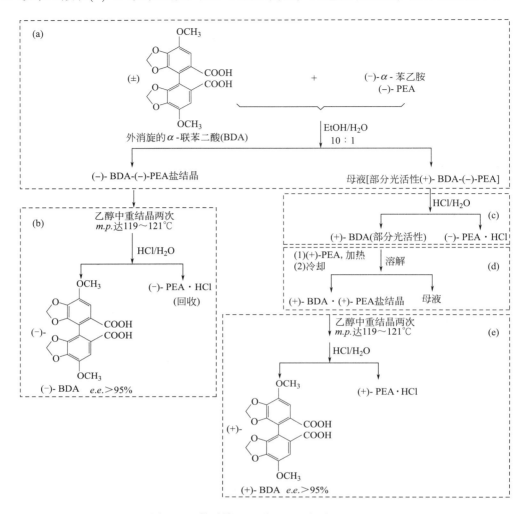

图2-13　外消旋α-联苯二酸的拆分工艺原理

工艺单元a：外消旋α-联苯二酸悬浮于反应结晶釜a内的乙醇水溶液中，加入两个当量的(−)-α-苯乙胺（PEA）进行衍生化反应；反应结束后降温、静置，非对映异构体(−)BDA·(−)PEA盐以结晶形式析出，其晶和母液分离后分别送入反应结晶釜b和反应釜c。

工艺单元b：由于该结晶在乙醇和甲醇中溶解度都不好，但在水中溶解度极好，综合考虑用乙醇和水混合液（10∶1）在反应结晶釜b中重结晶两次，可获得很好的晶体，即(−)-BDA·(−)-PEA。重结晶后再酸化转化即获得产品之一(−)-BDA，而手性拆分剂(−)-PEA·HCl进入回收工艺单元处理后重复使用。

工艺单元c：从工艺单元a来的母液进入反应釜c中，具有部分光学活性的(+)BDA·(−)-PEA经酸化转化后，具有部分光学活性的(+)-BDA以结晶形式析出，含有(−)-PEA·HCl的母液经回收工艺单元处理后重复使用。

工艺单元d：工艺单元c反应形成的(+)-BDA盐结晶进入反应结晶釜d，加热溶解后首先与(+)-PEA衍生化反应生成(+)-BDA·(+)-PEA盐结晶；降温冷却后结晶送入下一个工艺单元，母

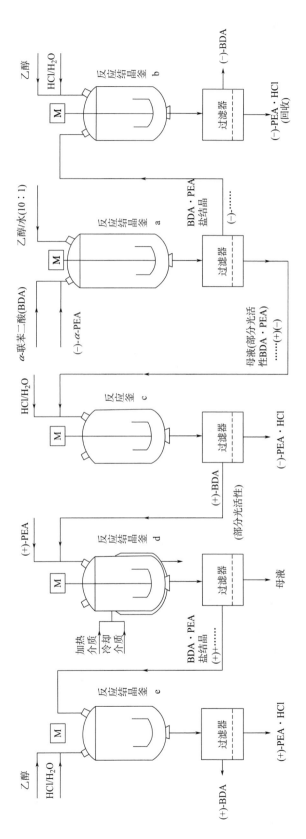

图2-14　外消旋α-联苯二酸的拆分工艺流程

液回收使用。

工艺单元e：来自工艺单元d的(+)–BDA·(+)–PEA盐，首先在结晶釜d重结晶两次，然后酸化转化即获得最后产品(+)–BDA，而手性拆分剂(+)–PEA·HCl则进入另一个回收工艺单元处理后重复使用。

（3）动力学拆分工艺

与前面所讲的经典化学拆分不同，动力学拆分是利用两个对映体在手性试剂或手性催化剂作用下反应速率不同的性质而使其分离的过程。经典动力学拆分是基于两个对映异构体对于某一反应的动力学差异。在不对称反应环境中的反应进行到一定程度时，两个对映异构体的剩余反应底物和产物的量不同，可以分别进行回收或分离。

动力学拆分的特点一是过程简单，生产效率高；二是可以通过调整转化程度提高剩余底物的对映体过量。实际工作中，损失一点产率以获得高光学纯度产物是经常采用的策略。动力学拆分的不利之处是需要一步额外的反应，完成非目标立体异构体的消旋化。如果动力学拆分过程中实现非目标异构体自动消旋化，动力学拆分的最高产率可达100%。这样，动力学拆分可与其他拆分方法以及不对称合成相媲美。

外消旋环氧氯丙烷价廉易得，其手性单一，对映体是一种重要的手性原料和药物合成中间体，其水解动力学拆分已在工业生产中得到应用。该方法以水作为亲核试剂，安全可靠，产物的产率高且具有高光学纯度，催化剂用量较少，可回收利用，产物与副产物的沸点差别大，容易提纯；并且副产物3-氯-1,2-丙二醇也是一种重要的手性合成原料。

采用(R,R)-N,N'-双(3,5-二叔丁基水杨基)-1,2-环己二胺乙酸钴（Ⅲ）即Salen-Co^{Ⅲ}作为手性催化剂，该类催化剂对末端环氧化合物具有很好的立体选择性，它优先选择性地催化外消旋混合物中的(R)-环氧氯丙烷，导致外消旋环氧氯丙烷对映体中(R)-型和(S)-型的环氧物与水的反应速率显著不同，从而实现外消旋环氧氯丙烷的动力学拆分。

外消旋环氧氯丙烷经水解后，主要得到(S)-环氧氯丙烷和(R)-3-氯-1,2-丙二醇。由于(R)-环氧氯丙烷和(S)-3-氯-1,2-丙二醇生成的反应速率很慢，在反应结束时其生成的量极少，从而主要产物是由(R)-环氧氯丙烷水解生成的(S)-环氧氯丙烷和(R)-3-氯-1,2-丙二醇，这两个手性产物都是合成手性药物的重要中间体（图2-15）。外消旋的环氧氯丙烷是由等量(R)-型和(S)-型环氧氯丙烷组成的，在水解动力学拆分过程中，加入的水量为外消旋环氧氯丙烷的0.45或0.55当量，手性催化剂的量为0.2%~0.3%（以底物计），反应温度为0℃，反应时间为4~5天。反应过程可用非手性气相色谱监测，以确定反应终点。利用该两种手性产物的沸点不同，采用减压蒸馏的方法可分别分离出(S)-环氧氯丙烷与(R)-3-氯-1,2-丙二醇并进行纯化。以外消旋环氧氯丙烷作为原料，通过手性Salen-Co^{Ⅲ}催化剂水解动力学拆分能够得到

图2-15　外消旋环氧氯丙烷的水解动力学拆分

e.e.值大于99%的(S)−环氧氯丙烷和(R)−3−氯−1,2−丙二醇。

2.3.3　手性药物的不对称合成

不对称合成是将潜手性单元转化为手性单元，并产生不等量的立体异构产物。反应的推动力可以是化学试剂、催化剂、溶剂或物理方法（如圆偏振光）。不对称合成可以分为对映体选择性合成和非对映异构体选择性合成两类，前者是潜手性底物在反应中有选择地生成一种对映异构体，后者则是手性底物在生成一个新的不对称中心时，选择性地生成一种非对映异构体。

（1）手性底物控制的合成工艺

手性底物控制法即手性源方法或者手性底物的诱导是第一代手性合成方法。它是指通过底物中原有手性的诱导，在产物中形成新的手性中心。也可简略表述为：原料为手性化合物A，经不对称反应，得到另一手性化合物B，即手性原料转化为手性反应产物。用于制备手性药物的手性原料或手性中间体主要有三个来源：一是自然界中大量存在的手性化合物，如糖类、萜类、生物碱等；二是以大量价廉易得的糖类为原料经微生物合成获得的手性化合物，如乳酸、酒石酸、L−氨基酸等简单手性化合物和抗生素、激素、维生素等复杂大分子；三是从手性的或前手性的原料经过化学合成得到的光学纯化合物。通过以上生物控制或化学控制等途径得到的手性化合物，统称为手性源（chirality pool）。

以手性环氧氯丙烷为手性源制备光学纯的普萘洛尔（Propranolol）为例，介绍该工艺过程。普萘洛尔是一种β−受体阻断剂，以前市场上都是以混旋体（RS−普萘洛尔）供药的。利用手性源方法能够制备得到高光学纯度的(S)−普萘洛尔，从而能够减少一半的药品使用量。根据目前动物试验研究发现，其(S)−异构体在动物体内阻断受体作用比(R)−异构体的作用强约100倍，并且(S)−异构体在血液中有更长的半衰期；同时(R)−异构体具有避孕等其他可能的作用。

(S)−普萘洛尔的不对称合成原理及工艺过程如下：

①以(S)−环氧氯丙烷为手性底物，先水解得到(S)−3−氯−1,2−丙二醇，其再与1−萘酚在NaOH的催化作用下发生烃基化反应得(S)−3−（1−萘氧基）−1,2−丙二醇；

②(S)−3−(1−萘氧基)−1,2−丙二醇与氯化亚砜发生酯化反应得环状亚硫酸酯，避免2−羟基的消旋化，且反应副产物少，收率高；

③环状亚硫酸酯最后和异丙胺作用，发生开环氨化反应，最终得到(S)−普萘洛尔。

上述工艺过程如图2−16所示。以光学纯的(S)−环氧氯丙烷为手性源合成的(S)−普萘洛尔的总收率为80.9%（以1−萘酚计）。

(R)−普萘洛尔的不对称合成原理及工艺过程与(S)−普萘洛尔的类似，即以(S)−环氧氯丙烷为手性源直接与1−萘酚反应得(R)−3−(1−萘氧基)−1,2−环氧丙烷，再与异丙胺作用得(R)−普萘洛尔（图2−17）。(R)−普萘洛尔的总收率为74.5%。在(R)−普萘洛尔的合成中，第一步1−萘酚与(S)−环氧氯丙烷反应生成(R)−3−(1−萘氧基)−1,2−环氧丙烷，是先发生亲核试剂进攻环氧环的S2亲核取代反应，随后发生β−消除的双分子消除反应（E2反应）。由于1−萘酚很稳定，不易电离，亲核试剂芳氧负离子产生比较困难，用强碱作催化剂时先与1−萘酚反应生成1−萘酚强碱盐，以此提供亲核试剂芳氧负离子；另外，强碱在消除反应时也参与了反应，因此其用量

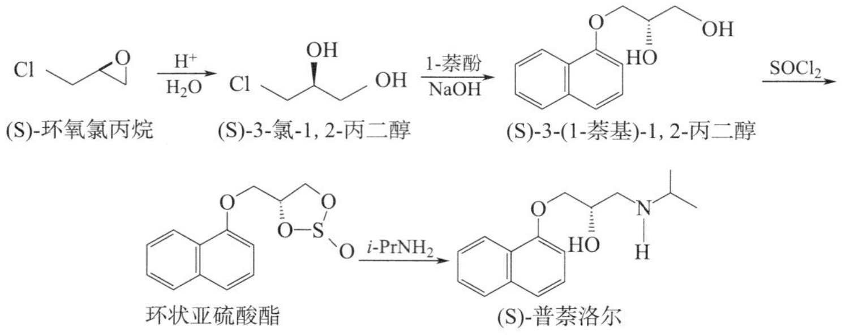

图2-16　以手性源制备（S）-普萘洛尔

是过量的，最佳用量为1-萘酚的1.1倍物质的量。1-萘基环氧丙基醚在异丙胺中发生的是开环氨化反应，异丙胺在反应中既是反应原料，又作为溶剂，只需稍加热回流即可发生反应，且产率高，副反应少。

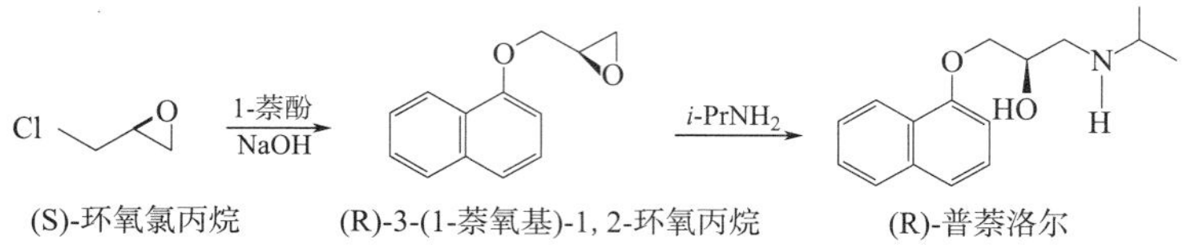

图2-17　以手性源制备(R)-普萘洛尔

上述合成(S)-和(R)-普萘洛尔的收率高，光学纯度好，原料廉价易得，且催化剂可以回收循环使用，适合规模化工业生产。

（2）手性辅助剂控制的合成工艺

利用手性辅助剂和底物作用生成手性中间体，经不对称反应后得到新的反应中间体，回收手性辅助剂后得到目标手性分子。在不对称合成中有许多使用手性辅助剂的报道，例如，手性药物萘普生是一种良好的非甾体类消炎解热镇痛药，(S)-萘普生的抗炎活性是(R)-萘普生的28倍，将(S)-萘普生用于临床，可避免(R)-构型所引起的副作用。

以酮类化合物为原料，利用手性辅助剂酒石酸酯制备药物(S)-萘普生，其合成路线如图2-18所示。该过程中，以2-甲氧基萘（1）为原料合成(S)-萘普生的基本步骤如下。

①采用1,3-二溴-5,5-二甲基海因（DBDMH）作为溴代剂，溴化2-甲氧基萘得到1-溴-2-甲氧基萘（2），收率可达97%。DBDMH具有稳定性好、溶解性好、含溴量高和价廉的优点。

②2-甲氧基萘的1位被溴取代后，丙酰化反应就只能在6位上发生，得到5-溴-6-甲氧基-2-丙酰基萘（3），收率为87.7%。

③以对甲苯磺酸为催化剂，苯和乙醇为溶剂，回流条件下和原甲酸三乙酯反应制得化合物（4）。

④直接加入手性辅助剂（2R,3R）-酒石酸二甲酯，使之发生缩酮化反应，得到缩酮羧酸酯（5），产率为95%。

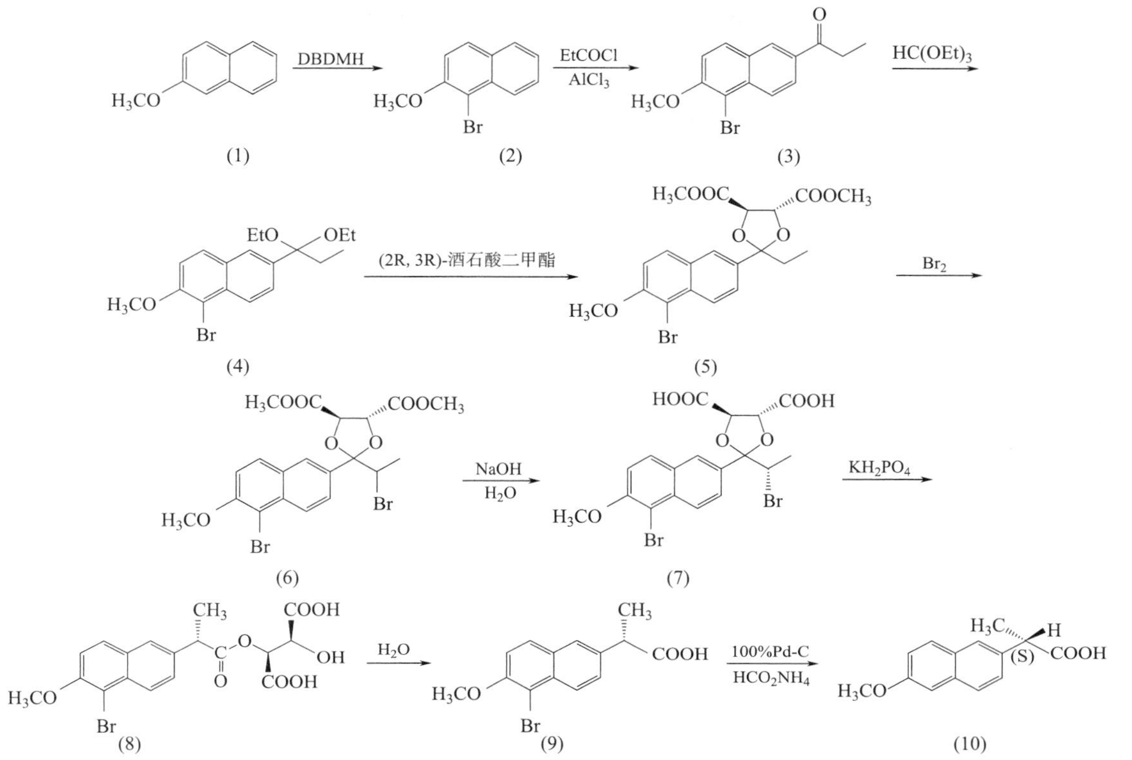

图2-18　（S）-萘普生的合成

⑤缩酮羧酸酯（5）中含有2个手性碳原子的酒石酸酯基可诱导溴化反应，生成溴代缩酮羧酸酯（6）。该反应中（5）与溴的投料比影响着产物的组成，溴与（5）的摩尔比以1∶1为宜，温度为0℃。

⑥中间产物（6）可经水解生成二羧酸（7），在温和条件下可重排为（8），进而水解得到（9）。在该反应中，选择了磷酸二氢钾或氧化锌—氧化亚铜作催化剂进行重排试验。KH₂PO₄催化活性较低，反应时间长，化学收率中等，但光学收率高。氧化锌—氧化亚铜催化活性较高，反应时间短，化学收率较高，但光学收率低。因而催化剂的活性高低决定化学收率的高低，同时也是影响其光学收率的重要因素。该重排反应为1,2-芳基迁移的亲核重排，光学收率的高低取决于芳基迁移的速率和溴离去的速率。磷酸二氢钾为弱催化剂，使溴离去速率较慢，因而重排反应是以完全反转的方式进行，故重排产物e.e.值高（94%）。氧化锌—氧化亚铜催化活性较强，促使溴较易离去，即溴离去的速率相对快于芳基迁移的速率，形成部分游离的碳正离子，伴随着部分消旋化，故重排产物e.e.值低。

⑦最后一步以10% Pd-C/HCO₂NH₄作为催化氢转移还原剂，对（9）进行脱溴。这两种氢转移还原剂均能在常压下温和地脱溴，且收率较高。产物（10）的光学纯度（94%）与底物（9）的光学纯度相同，这说明在催化氢转移氢解反应中，手性碳的构型保持不变。从工业化角度考虑，选择10% Pd-C/HCO₂NH₄氢转移还原剂较佳，其工艺流程如图2-19所示。

（3）**手性试剂的合成工艺**

手性试剂的不对称合成方法中，手性试剂与前手性底物作用生成光学活性的化合物。

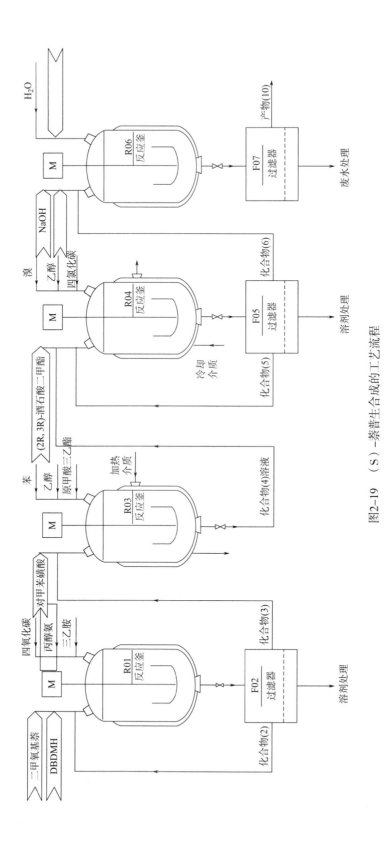

图2-19 （S）-萘普生合成的工艺流程

该方法中，手性试剂要与底物直接反应，而在手性助剂法中，手性助剂并不参与新手性单元的构建，而只是提供不对称环境。以普瑞巴林的合成为例，普瑞巴林的化学名为(S)-3-(氨甲基)-5-甲基己酸，它是γ-氨基丁酸的3位取代类似物，是新型钙通道调节剂型药物，能阻断电压依赖性钙通道，减少神经递质的释放。临床主要用于治疗外周神经性病理痛、焦虑症以及部分性癫痫发作的局部治疗。其合成工艺路线如图2-20所示。

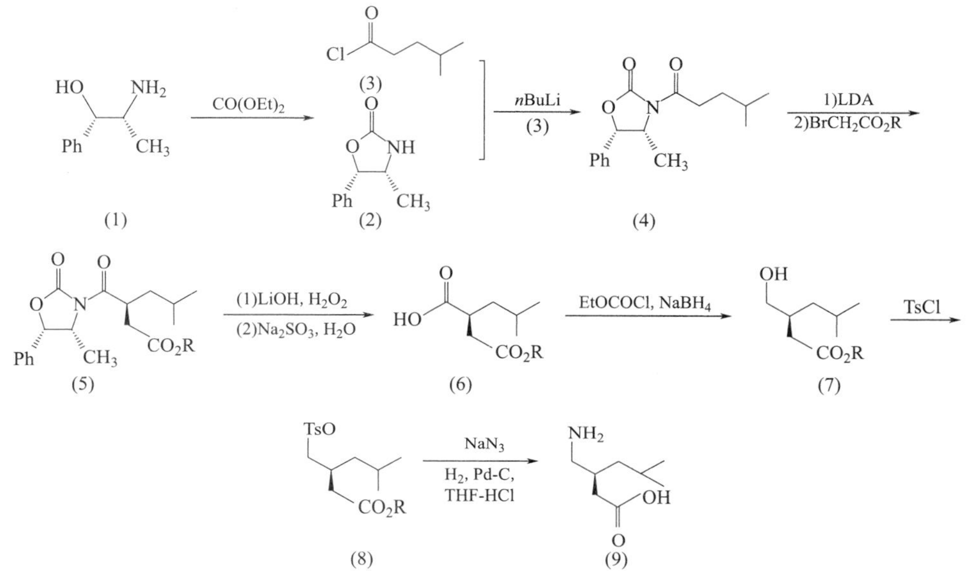

图2-20 普瑞巴林的手性试剂合成工艺路线

以手性试剂(1S，2R)-(+)-去甲麻黄碱（1）与碳酸二乙酯［CO(OEt)₂］反应得到化合物（2）；再与异戊酰氯（3）反应，得到酰基噁唑烷酮（4）；将其与2-溴乙酸苄酯（BrCH₂CO₂R）在催化剂二异丙基胺锂（LDA）的作用下，通过不对称烷基化反应得到(S)-烷基化合物（5）；随后在氢氧化锂（LiOH）、双氧水（H₂O₂）中水解去掉手性配体得到（6）；再经还原，与对甲苯磺酰氯（TsCl）进行磺化；再经叠氮化，水解得到普瑞巴林（9）。

该合成方法引入手性试剂可直接合成大量目标化合物，得到的产物纯度高。但存在以下不足：在进行不对称烷基化时需要在LDA作用下进行，温度控制在-78℃，不易工业化控制；手性试剂价格昂贵，不经济；易生成内酯、内酰胺等副产物；反应中间体需要用手性柱色谱进行分离；反应路线长，总收率低。

（4）手性催化剂控制的合成工艺

当反应物和试剂均为非手性化合物时，在手性催化剂的作用下也可实现手性合成。手性催化剂主要是用Pa或雷尼镍（Raney镍）沉附（附着）在具有手性中心的载体上制成，以手性载体（光学活性物质）作为手性合成的手性源。最为有效的均相手性催化剂是用手性膦作配体的过渡金属（钌、铑等）有机络合物，已成功地应用于手性合成中，有的手性膦作配体铑的催化剂，在合成氨基酸的反应中，立体选择性可高达99%。但是，价格昂贵的过渡金属和更为昂贵的手性配体限制了这一方法的应用。所以开发简单易行的合成手性配体的新方法，筛选出高活性、高立体选择性的催化剂就成为化学工作者需要解决的重大课题。

在合成 β-兴奋剂甲氧丁巴胺的(R)-型异构体时，以手性噁唑硼烷（Corey-Bakshi-Shibata，CBS）为催化剂，在常温常压下即可以进行不对称催化氢化反应，反应只需几分钟，催化氢化收率（*e.e.*）为96%。其合成工艺路线如图2-21所示。

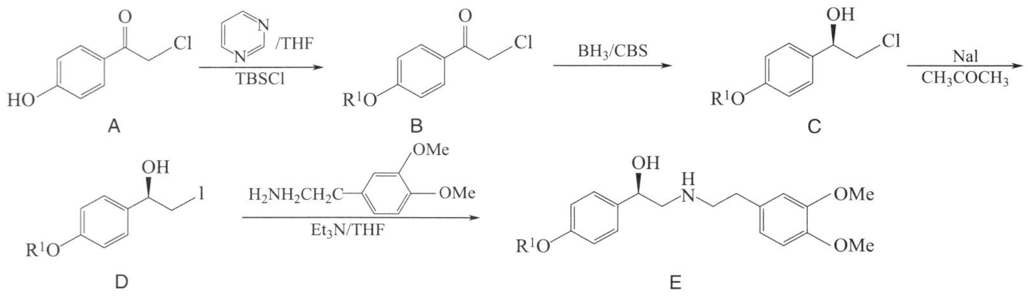

图2-21　以CBS为催化剂合成 β-兴奋剂甲氧丁巴胺的(R)-型异构体的工艺路线

在手性催化剂的作用下，不对称手性合成(R)-甲氧丁巴胺的基本步骤如下：

①化合物A在吡啶或四氢呋喃（tetrahydrofuran，THF）溶剂中，与叔丁基二甲基氯硅烷（tert-butyl-dimethylsilyl chloride，TBSCl）反应生成硅醚类化合物B，其目的是保护酚羟基。

②化合物B在手性CBS催化剂的作用下，与甲硼烷（BH₃）在常温常压下发生不对称催化氢化反应，得到产物C。

③化合物C在丙酮溶液中与NaI发生亲核取代反应，从而提高反应物的活性，得到产物D。

④以三乙胺或四氢呋喃为溶剂，化合物D与3,4-二甲氧基苯乙胺反应得到产物E，产物E在四氢呋喃中采用四丁基氟化铵（tetrabutylammonium fluoride，TBAF）脱羟基保护，即可得到(R)-甲氧丁巴胺。

2.3.4　手性药物的酶催化合成

2.3.4.1　酶催化简介

生物催化具有选择性强、催化效率高、反应条件温和、环境友好等优点，广泛应用于传统化学方法不能或者不易合成的手性化合物的生产过程，已成为药物合成的重要手段。目前以酶为核心的生物催化在手性药物合成中的应用日益广泛，有效地实现了手性医药化学品的绿色制造。例如，重磅药物阿托伐他汀、氯吡格雷、依鲁替尼等药物的生产工艺均涉及生物催化技术。本小节举例说明了近年来还原酶、水解酶、醛缩酶及多酶级联反应催化合成手性药物的基本原理以及它们在手性药物及其中间体合成中的应用。

2.3.4.2　还原酶催化合成手性药物

生物催化的还原反应具有理论收率100%、原子经济性高等优点。然而，生物催化还原反应需要还原型辅酶Ⅰ（NADH）/还原型辅酶Ⅱ（NADPH）等辅酶参与，辅酶价格昂贵，在一定程度上限制了该类酶的应用。自20世纪80年代起科研人员考察了多种辅酶再生技术。具有工业应用潜力的辅酶再生方法是利用辅底物（往往是乙醇/异丙醇）或者偶联第二个酶系统（如GDH，即谷氨酸脱氢酶）催化辅底物脱氢来实现NAD⁺/NADP⁺还原为NADH/NADPH。

近年来，随着蛋白质工程等技术的发展，越来越多的高活性和高对映选择性还原酶被开发出来。得益于辅因子再生技术及酶分子改造技术的发展，还原酶在工业上的应用发展迅速，已成为紧随水解酶的又一种广泛应用于工业领域的生物催化剂。现如今，生物还原已经成为GSK、Codexis等公司用于制备手性中间体的一个必要工具。

羰基还原酶（EC 1.1.1.x），也称为酮还原酶（KRED）或醇脱氢酶（ADH），能够催化以辅因子NADH/NADPH为还原剂或以$NAD^+/NADP^+$为氧化剂可逆地催化羰基的还原和醇的氧化（图2-22）。商业化的醇脱氢酶越来越多，该类酶的对映选择性非常高，并且能够催化的底物谱非常广。KREDs催化的酮/醛不对称还原已经是非常实用、环境友好的手性醇制备方法，可以与传统催化方法相竞争。

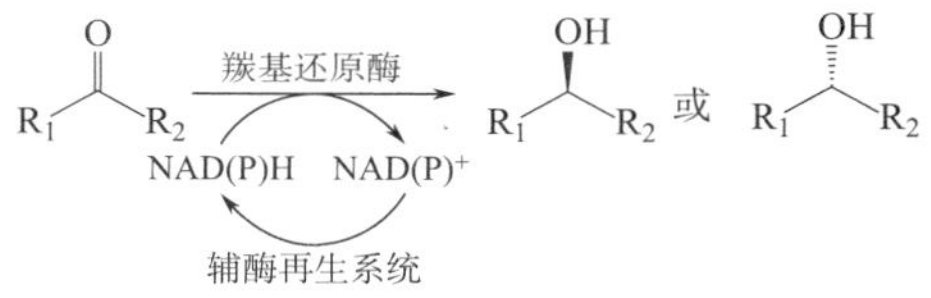

图2-22　羰基还原酶催化羰基化合物的不对称还原

(R)-4-氯-3-羟基丁酸乙酯是合成降胆固醇药物阿伐他汀的重要手性前体，可通过酮还原酶催化的不对称还原制备（图2-23）。Codexis公司通过对酮还原酶（KRED）进行分子改造，获得对4-氯-3-羰基丁酸乙酯有高活性和对应选择性的KRED突变体，并对与其偶联的葡萄糖脱氢酶（GDH）同时进行分子改造提高其催化效率。最终构建的生物还原过程（R）-4-氯-3-羟基丁酸乙酯时空产率可达672g/(L·d)，产物e.e.值大于99.5%[3]。随着新型生物催化剂不断开发、改造，他汀类药物前体的不对称还原合成日益重要[4]。

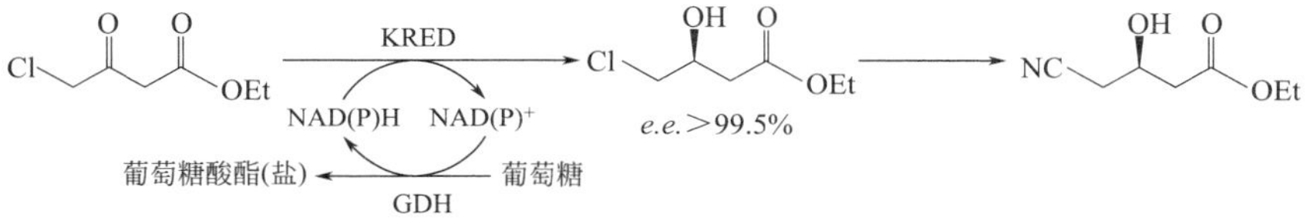

图2-23　酮还原酶催化合成阿伐他汀的手性前体

抗哮喘药物孟鲁司特手性前体也可通过羰基还原酶催化的不对称还原制备（图2-24），但是底物羰基两侧基团空间位阻太大，天然羰基还原酶的催化活性低，产物浓度仅为0.1～0.2g/L。Codexis公司通过定向进化改造技术将羰基还原酶的活力提高约2.5倍，同时有机溶剂耐受性和热稳定性增加。最终构建的生物还原过程在45℃下进行，可将产物浓度提升至100g/L，产物e.e.值高达99.9%以上，而且催化剂用量减少一半。

(R)-3-羟基-四氢噻吩是合成碳青霉烯类抗生素硫培南的重要手性中间体。利用化学法从L-天冬氨酸出发合成(R)-3-羟基-四氢噻吩共经过5步反应，需要借助于NaS和BH_3-DMS等有毒或敏感化学试剂，最终产率为45%左右，产物e.e.值为96%～98%。Codexis公司利用羰基还原酶催化的不对称合成技术使得合成步骤大大缩减（图2-25）。利用定向进化技术获得羰基还原酶的突变体，可高效催化不对称还原3-羰基-四氢噻吩生成(R)-3-羟基-四氢噻吩，且产物e.e.值高达99.3%。将反应放大至130kg级别规模，产率仍能达到80%以上。

依鲁替尼是一种靶向抗癌新药，抑制布鲁顿酪氨酸激酶活性，用于套细胞淋巴瘤的治疗。(S)-1-叔丁氧羰基-3-羟基哌啶是合成依鲁替尼的关键手性中间体，具有巨大的市场价值。Xu等近期将来源于布氏好热厌氧菌（*Thermoanaero bacterbrockii*）的醇脱氢酶基因与来

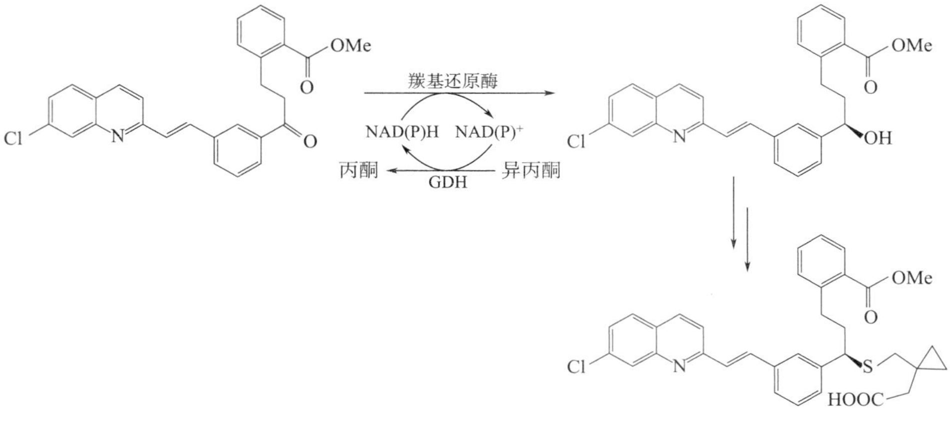

图2-24 生物催化不对称还原合成手性药物孟鲁司特前体

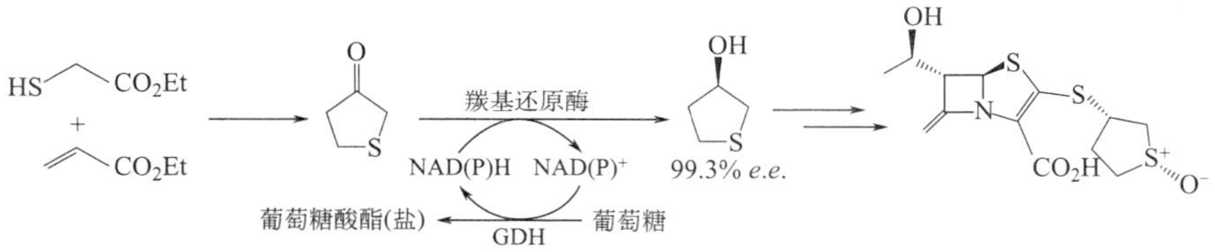

图2-25 生物催化不对称还原合成（R）-3-羟基-四氢噻吩

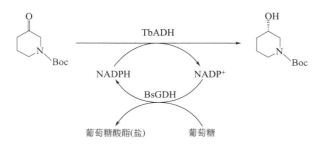

图2-26 哌啶酮的不对称还原

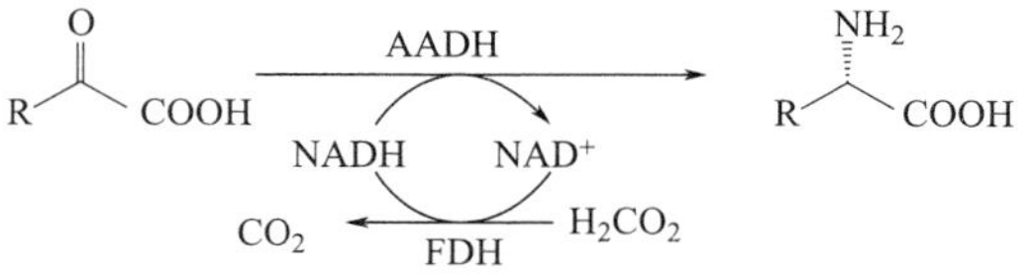

图2-27 氨基酸脱氢酶催化的不对称氨化反应

源于枯草芽孢杆菌（*Bacillus subtilis*）的葡萄糖脱氢酶基因进行共表达，并对该重组大肠杆菌催化哌啶酮的不对称还原过程进行研究（图2-26）。在500mM的底物浓度下，转化率在3h内达到96.2%，该生物还原反应中，产物(S)-1-叔丁氧羰基-3-羟基哌啶的时空产率可达774g/(L·d)，*e.e.*值>99%。

近年来，不对称还原胺化反应也引起了众多研究学者的兴趣，因为手性胺是合成很多重要药物的砌块。氨基酸脱氢酶（AADH，EC 1.4.1.x）能选择性催化α-酮酸还原氨化得到L-氨基酸及其衍生物（图2-27）。研究较多的氨基酸脱氢酶包括亮氨酸脱氢酶、苯丙氨酸脱氢酶等。德国的Degussa公司将来源于蜡样芽孢杆菌（*Bacillus cereus*）的亮氨酸脱氢酶（LeuDH）和来源于博伊丁假丝酵母（*Candida boidinii*）的甲醛脱氢酶（FDH）在大肠杆菌中共表达，实现了L-叔亮氨酸的大规模生产。同时采用底物连续补加的策略，减缓底物对酶的抑制，使反应在不额外添加辅酶的情况下即可进行。百时美施贵宝公司将来源于*T.intermediate*的苯丙氨酸脱氢酶（PheDH）在毕赤酵母细胞进行重组表达，并与其内源的甲酸脱氢酶（FDH）实现共表达，利用重组酵母细胞催化制备L-醛赖氨酸乙烯乙缩醛。L-醛赖氨酸乙烯乙缩醛是合成抗高压药物奥马曲拉的三种结构单元之一。在80kg的制备规模中，L-醛赖氨酸乙烯乙缩醛得率为84%，产物$e.e.$值大于98%。

此外，双键的不对称还原可引入两个潜在的手性中心，烯酮还原酶（enoate reductase，ER）能够催化带有吸电子基团（EWG）的α,β-不饱和酮、醛、羧酸、酯等化合物中的C=C（图2-28）。烯酮还原酶不仅具有高立体/位点/对映选择性的优势，而且它们能够催化的底物谱比较广。Pfizer公司与奥地利Faber课题组合作，开发催化不对称还原氰基丙烯酸酯的烯酮还原酶，用以合成神经痛治疗药物S-普瑞巴林前体。最终利用番茄烯酮还原酶OPR1突变体成功完成制备级应用（图2-29）。

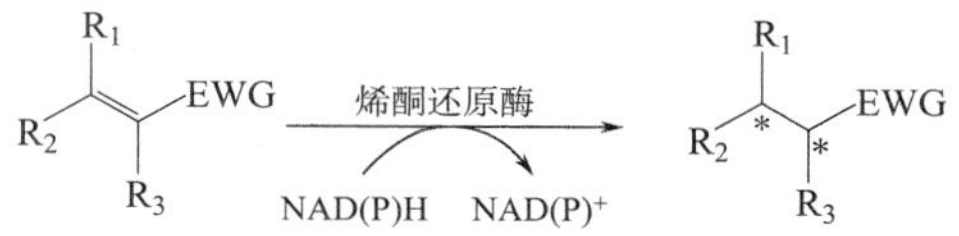

图2-28　烯酮还原酶催化的C=C双键还原

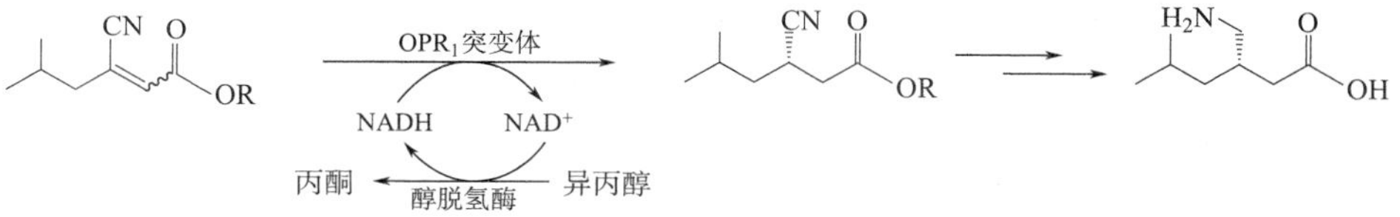

图2-29　烯酮还原酶催化合成S-普瑞巴林前体

2.3.4.3　醛缩酶催化合成手性药物

碳碳键的生成是有机化学中的一个基础反应，具有一定的挑战性。醛缩酶（EC 4.1.2.x）能够以高对映选择性和高催化活性催化一个酮供体和一个醛受体之间的加成，直接产生手性中心。近几年，醛缩酶催化的不对称合成成为手性合成的一种极具吸引力的合成策略。醛缩酶是1934年首次被发现，当时认为它们仅催化己糖及其三碳结构单元之间相互转化。现在知道它们能作用于许多底物，包括糖类、氨基酸、羟基酸等。大部分醛缩酶对于其受体的选择性不高，而对供体则具有高度的特异选择性。根据亲核供体的不同，可将醛缩酶分为四种亚型：

①磷酸二羟丙酮（DHAP）依赖型。以DHAP作为供体，生成2-酮基-3,4-二羟基加合物。

②丙酮酸/磷酸烯醇式丙酮酸（PEP）依赖型。以丙酮酸或磷酸烯醇式丙酮酸作为供体，生成3-脱氧-2-酮酸。

③乙醛依赖型。以乙醛作为供体，生成3-羟基-醛类。该类酶虽然仅有一个成员，2-脱氧核糖磷酸醛缩酶（DERA），但是具有较好的应用价值。

④甘氨酸依赖型。以甘氨酸作为供体，生成β-羟基-α-氨基酸。

在过去的几十年里，醛缩酶已应用于各种合成反应中，例如，丙酮酸醛缩酶NANA用于N-乙酰神经氨酸的合成，脱氧核糖磷酸醛缩酶用于合成他汀侧链内酯（图2-30）。但是，醛缩酶催化的不对称合成尚未作为手性化合物合成的一种常规方法，原因之一是醛缩酶的底物谱普遍比较窄；此外，对于磷酸二羟丙酮严格依赖的醛缩酶而言，不稳定且昂贵的辅底物磷酸二羟丙酮限制了它们在工业上的应用。不过DHAP原位再生技术的发展以及一些可使用没有磷酸化的供体（如二羟丙酮）的醛缩酶的发现在一定程度上促进了醛缩酶的应用。

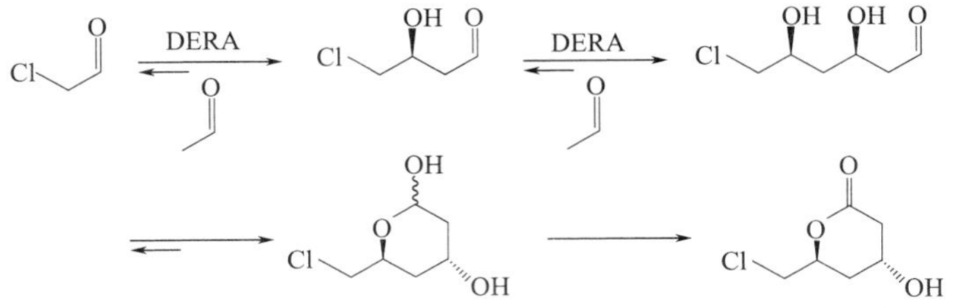

图2-30　脱氧核糖磷酸醛缩酶催化合成他汀中间体

　　他汀类药物是降胆固醇的重要药物，脱氧核糖磷酸醛缩酶催化合成他汀侧链的反应被广泛研究。Burk等通过高通量筛选从环境DNA文库中筛选到一个高活性的DERA，并通过反应优化解决了底物抑制的问题，最终建立了高效的手性他汀前体合成过程。在100g的制备规模条件下，产物时空产率为30.6g/(L·h)，产物$e.e.>99.9\%$。

　　人工设计合成的酶RA95.5-8F能够特异性地以丙酮为亲核供体催化加成反应。Hilvert等进一步对该人工设计合成的酶进行分子改造，通过一个位点的突变获得的突变体能够催化一系列环状（图2-31）和线性（图2-32）的脂肪酮为供体的加成反应，并表现出极高的催化效率和立体选择性。人工设计酶的底物谱拓展证明了人工合成酶比天然酶的重新设计改造更为容易，为分子改造起始酶的选择提供了新的思路。

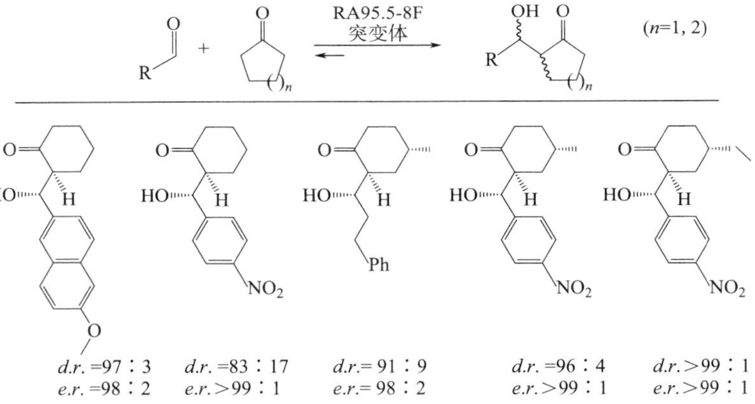

图2-31　RA95.5-8F突变体以环状酮为供体催化加成反应及其产物

2.3.4.4　水解酶催化合成手性药物

　　水解酶是最常用的生物催化剂，可催化水解酯、酰胺、蛋白质、核酸、多糖、腈和环氧化物等化合物，约占生物催化反应用酶的65%，其中在不对称生物催化中使用最多的酶是酯酶、脂肪酶和蛋白酶。近年来，环氧水解酶和腈水解酶也成为手性合成研究和应用的新热点。水解酶的优点是稳定性较好、无须辅酶或辅因子、成本低廉，缺点是水解酶催化的反应多数为对映体拆分，理论收率最高只有50%，需要设法将不需要的对映异构体消旋后重复使用。

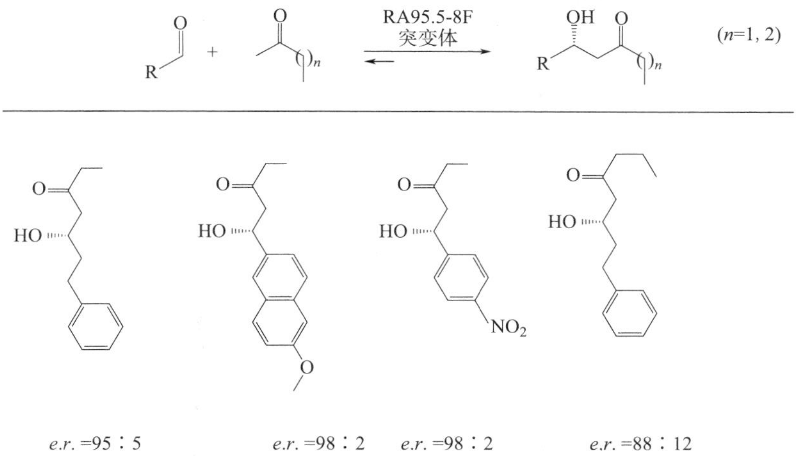

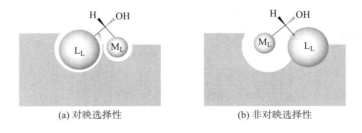

图2-32　RA95.5-8F突变体以线性酮为供体催化加成反应及其产物

（1）脂肪酶和酯酶

脂肪酶是广泛存在于有机体内能够催化甘油三酯水解的一类酶。脂肪酶在制备光学纯的羟基和氨基化合物中得到了广泛的应用，可催化水解、酯化、转酯、氨解等反应。以仲醇为例，外消旋的仲醇分为R型和S型，脂肪酶选择性地将R型的仲醇酰化，同时却不催化S型的反应，从而将消旋的仲醇拆分，该过程称为动力学拆分。

脂肪酶对消旋仲醇的高选择性是由脂肪酶立体结构及底物的结构共同决定的。这种选择性可用Kazlauskas经验法则来解释，其模型化合物手性仲醇中手性碳两侧取代基分别为中等大小的基团（M_L，不大于丙基）和较大的基团（L_L，大于丙基），其中R构型的化合物能与脂肪酶的活性中心充分结合而很快反应，S型化合物则由于无法进入活性中心而反应很慢或基本不能反应，如图2-33所示

（a）对映选择性　　（b）非对映选择性

图2-33　脂肪酶对消旋仲醇的选择性示意图

普瑞巴林［商品名乐瑞卡（Lyriea）］首次上市被美国FDA批准用于治疗带状疱疹后神经痛糖尿病外周神经痛、癫痫、纤维肌痛等。国际疼痛学会（IASP）、欧洲神经病理学会联盟（EFNS）和英国国立卫生与临床研究所（NICE）等多个国际权威机构共同推荐普瑞巴林为一线治疗药物。辉瑞公司开发的以外消旋2-羧乙基-3-氰基-5-甲基己酸乙酯（CNDE）为底物，经脂肪酶立体选择性水解，再经原位回流脱羧、碱性水解、加氢还原制得普瑞巴林（图2-34）的化学—酶法工艺是目前最为先进的普瑞巴林合成工艺，2011年的年销售额达到36.93亿美元。但其所用生物拆分用酶为来源于Novozymes公司的商品化脂肪酶 Lipolase

（TLL，来源 *Thermomyces lanuginosus*），已申请相关专利保护。

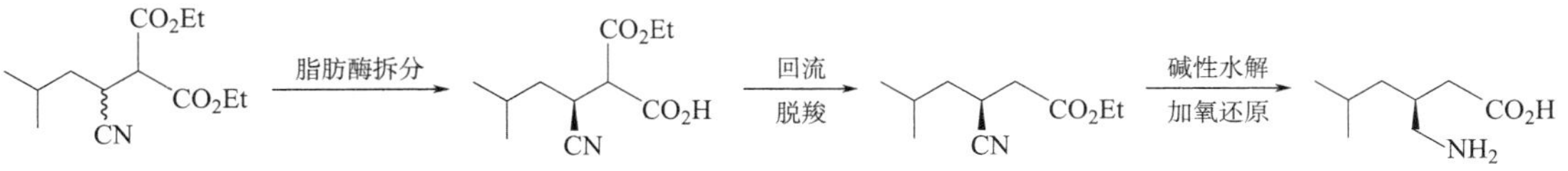

图2-34　化学—酶法合成普瑞巴林

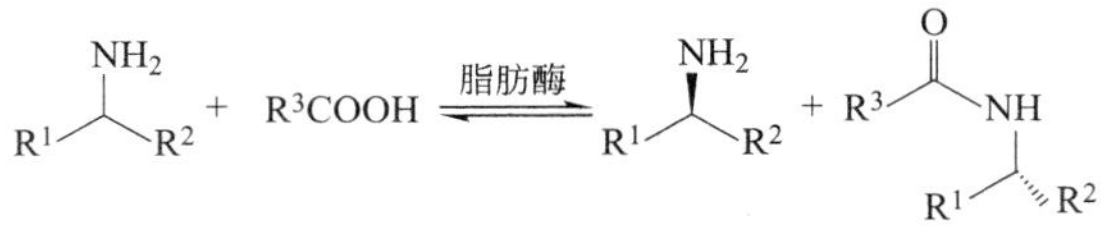

图2-35　脂肪酶催化合成手性胺

脂肪酶催化手性胺的合成策略，一般是以外消旋的胺合成外消旋的酰胺或酯，再进行动力学拆分得到手性胺（图2-35）。德国BASF公司将来自 *Burkholderia plantarii* 的脂肪酶固定在聚丙烯酸树脂上，在甲基叔丁基醚溶剂中催化甲氧基乙酸乙酯与(R,S)-1-苯乙胺的酰基转移反应，对映选择率非常高（E>500），(S)-1-苯乙胺的对映体过量值 *e.e.* >99%，(R)-酰胺 *e.e.* 为93%；酶的稳定性极高，可以重复使用1000次以上，目前在BASF公司的年产量超过100t。

生物素是一种水溶性含硫B类维生素，是与碳水化合物、蛋白质和脂质代谢有关的一种辅酶，又称辅酶R，是每一个活细胞都含有的微量生长因子，是脂肪代谢及其羧化反应的重要辅酶，是维持正常生长发育，保持皮肤和骨髓健康不可缺少的一种营养素，广泛应用于饲料、食品和药品行业。

在生物素的合成中，生物素中间体手性内酯的合成是关键步骤。目前在生物素手性内酯工业生产中，主要有两种工艺路线。一种是环酸与手性胺闭环，然后还原不对称环酰亚胺，之后在酸性条件下羟基酰胺闭环制备手性内酯；另一种是采用酸酐的不对称醇解，生成手性单酯，之后用硼氢化物还原得到手性羟基酸，羟基酸酸性条件下闭环得到生物素手性内酯（图2-36）。第一种路线会用到与原料等摩尔量的昂贵的手性胺化合物，而第二种路线中的醇解反应则需要在-20℃的较为苛刻的条件下反应。

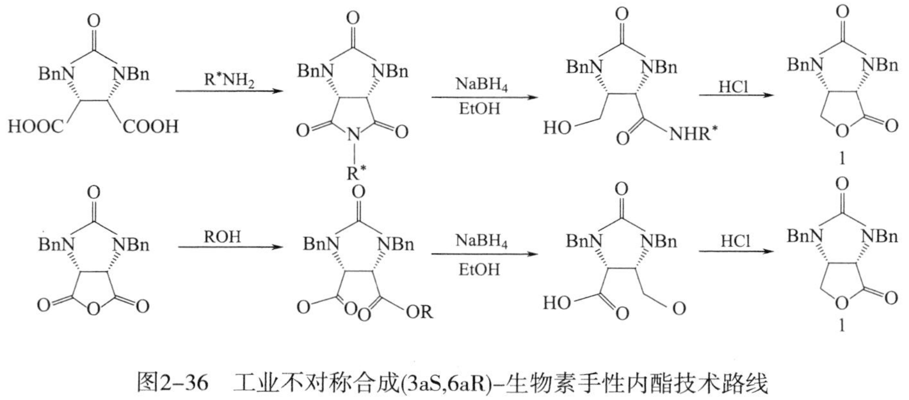

图2-36　工业不对称合成(3aS,6aR)-生物素手性内酯技术路线

通过酯水解酶不对称水解环酸二酯，再经化学还原、内酯化也可以得到手性内酯（图2-37）。徐毅等从微杆菌中发现了一种新型酯酶，可以高效率高选择性的制备（4S，

5R）-半甲酯，产物的转化率和*e.e.*值均大于99%，通过将酯酶基因在基因工程菌中表达，获得高产酯酶的重组微生物，其发酵产酶单位大于1000U/L，固定化酶（细胞）的反应半衰期大于200h。与化学还原不对称环酰亚胺的方法比，生物催化的路线不需要引入手性胺，因此将有效的减小生产物料的成本和生产废水中有机物的含量，而且具有酶催化特有的反应条件温和、选择性高、能耗小、三废少等优点，具有较好的工业化前景。

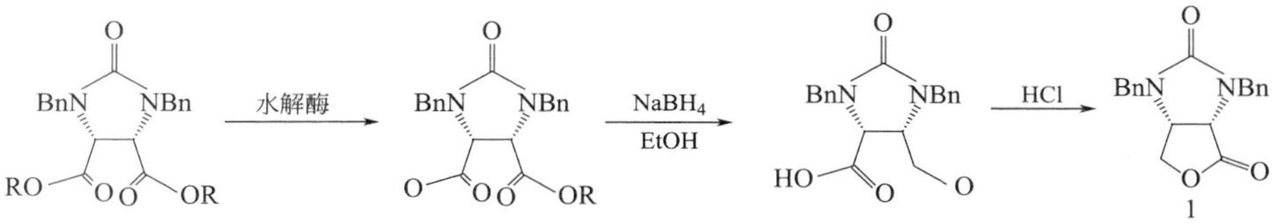

图2-37　生物酶催化不对称水解环酸二酯合成(3aS,6aR)-生物素手性内酯技术路线

（2）环氧水解酶

环氧水解酶能够催化外消旋环氧化物选择性水解，制备高光学纯度的环氧化物和相应的邻位二醇。微生物来源的环氧水解酶来源广，获得方便，且具有很高的立体选择性，在手性环氧化物生物合成中的应用已成为研究热点。

在有机化工原料和不同种药物中间体合成中，手性环氧氯丙烷的作用非常强大，这类药物随处可见，例如，阿托伐他汀应用在高血脂症治疗中，阿替洛尔应用在高血压治疗中，具有麻醉效果，巴氯芬可燃烧脂肪，有一定的减肥功效，这些都要用环氧氯丙烷来完成药物合成。如果借助原始化学拆分法就需要用到手性环氧氯丙烷、Salen-Co催化剂，此类催化剂的价格非常高，所用仪器也非常昂贵，且对生态环境带来巨大影响。通过环氧化物水解酶来制作环氧氯丙烷，其价格非常便宜，没有任何反应条件，筛选性强，对环境污染危害也非常小，这是目前非常科学、合适的环氧氯丙烷制备方法。

郑裕国教授研究团队以重组环氧水解酶大肠杆菌工程菌为研究对象，优化了交联细胞聚集体的最佳制备方法，活力回收率可达到88.4%；建立了异辛烷/磷酸缓冲液两相体系，缓解了底物的自发水解（图2-38）。利用交联细胞聚集体进行催化合成(R)-环氧氯丙烷反应，浓度达到

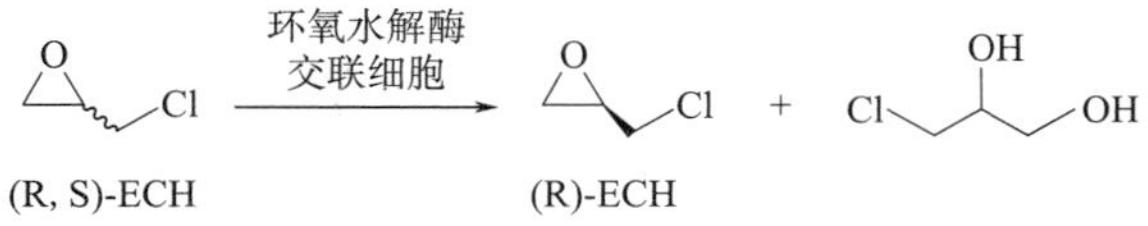

图2-38　环氧水解酶交联细胞聚集体催化合成（R）-环氧氯丙烷

361mmol/L，产物收率为45.2%，*e.e.*值均>99%；交联细胞聚集体表面聚合物网络有效提高了细胞操作稳定性，重复使用9批次后，活力基本不变。交联细胞聚集体具有优越的催化性能，操作稳定性好，具有良好的工业化应用前景。

手性邻二醇是一类高附加值的多功能合成子，用于药物、精细化学品、农药和功能性材料等的合成。环氧水解酶能催化外消旋环氧化物的对映归一性水解，将底物完全转化为相应的单一构型，具有绿色、经济等优点。

外消旋环氧化物的对映归一性水解可以通过一种具有互补的对映选择性和区域选择性的环氧水解酶实现。目前已报道的具有单一对映归一性催化特性的环氧化物水解酶有三种，分

别来源于土豆、绿豆和新月柄杆菌。随着基因工程技术和高通量筛选技术的发展，对已知的环氧水解酶进行定向改造是丰富此类酶的重要途径。

邬敏辰教授团队在具有一定对映归一性催化特性的环氧水解酶基础上，通过定点突变生物技术改造环氧水解酶分子结构，得到一株催化活性和对映归一性均提高的环氧水解酶突变体Pv EH1$^{L105I/M160A/M175I}$。其催化环氧苯乙烷、对硝基环氧苯乙烷、间硝基环氧苯乙烷、对氯环氧苯乙烷、间氯环氧苯乙烷的酶活力有所提高，且催化上述底物的转化率c均高达100%，获得相应邻二醇产物的$e.e.$分别从野生型Pv EH1的33.6%、50.3%、14.7%、51.4%和1.0%提高至87.8%、64.7%、52.3%、70.9%和69.7%。突变体具有高对映归一性、高催化活性的优点，有较大应用潜力（图2-39）。

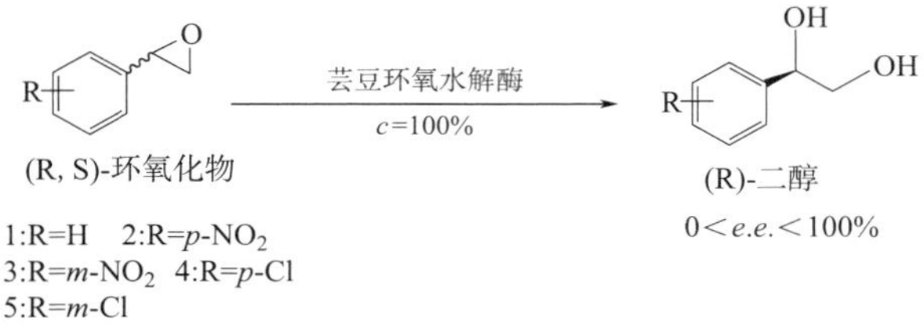

图2-39　环氧水解酶催化合成手性芳基邻二醇

2.3.4.5　多酶级联合成手性药物

多数来源于自然界的生物催化剂，处在相似的环境条件（温度、压力、pH、溶剂），即能展现出各自的催化活性，因此不同生物催化剂之间具有很好的兼容性，相较于传统化学反应，更容易建立双酶甚至多酶耦联催化系统，有利于开发出更加绿色可持续的合成工艺。多酶级联催化过程可以使用廉价易得的化合物作为原料来获取具有高附加值的产品。

多酶级联反应是在催化反应过程中将多个酶组合在一起完成多步连续的催化反应，主要有4种形式：线性级联、正交级联、平行级联和循环级联，如图2-40所示。

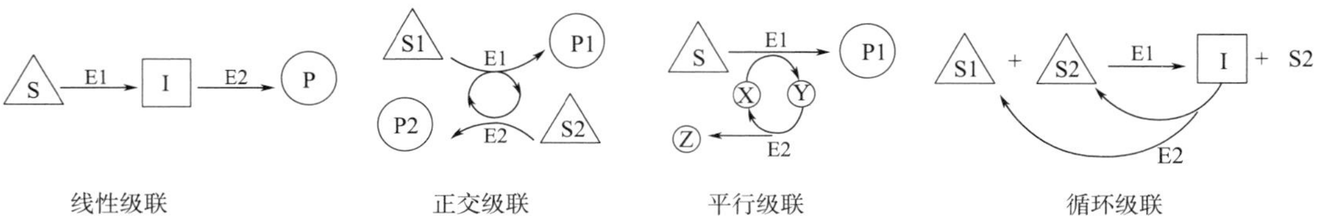

图2-40　多酶级联反应示意图

如将P450cam突变体、R-型醇脱氢酶（LbADH）、S-型醇脱氢酶（ReSADH）及R-型转氨酶（ATA117）共表达于大肠杆菌所获得的全细胞，用于催化廉价的苯乙烷类化合物，最终获得R-苯乙胺的多步反应（图2-41）。

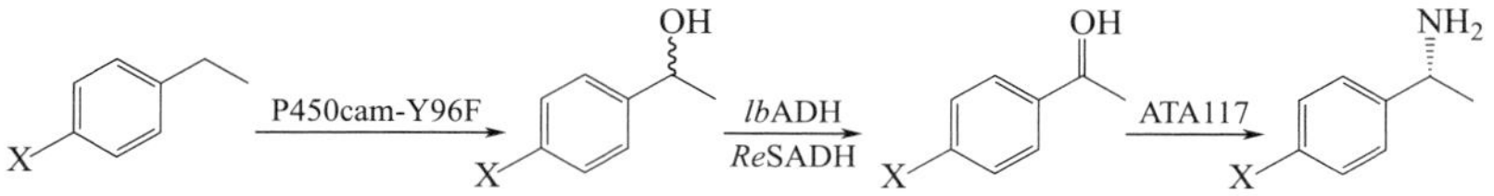

图2-41　多酶级联催化苯乙烷合成R-苯乙胺

他汀类药物是20世纪80年代后期开发的一种降血脂药物，目前已在降血脂药物市场中处于主导地位。各类他汀普遍具有手性结构，这类手性化合物的合成存在成本高、污染严重、反应步骤长、收率低、副反应多、产品分离纯化难度大等不足，随着生物催化研究的飞速发展，利用生物酶法合成他汀侧链逐渐成为研究热点。第三代他汀类药物关键手性中间体含有一个或两个手性碳，它们可以由含羰基的前体经羰基还原酶的不对称还原得到。

郑裕国研究团队构建了羰基还原酶和葡萄糖脱氢酶基因工程菌，用以催化4-氯乙酰乙酸乙酯（COBE）合成(S)-4-氯-3-羟基丁酸乙酯［(S)-CHBE］（图2-42）。在两相体系中，羰基还原酶和葡萄糖脱氢酶的总用量均为15g/L，通过分批补加的方式使COBE终浓度达1mol/L，反应温度为35℃，反应时间为6h。反应结束后，通过离心分离、萃取及减压蒸馏，总收率达92.9%。

图2-42　双酶偶联不对称还原制备(S)-4-氯-3-羟基丁酸乙酯

结合化学催化与酶催化发展出来的化学—生物催化，将传统化学催化剂与生物催化剂结合，更有利于开发高产与低成本的有机合成过程。例如，化学配体催化剂可以利用廉价的丙酮及间氯苯甲醛为起始原料，为醇脱氢酶［(S)-ADH］提供底物，进而合成具有双手性中心的产品(1R，3S)-1-(3-氯苯基)-1,3-丁二醇（图2-43）。

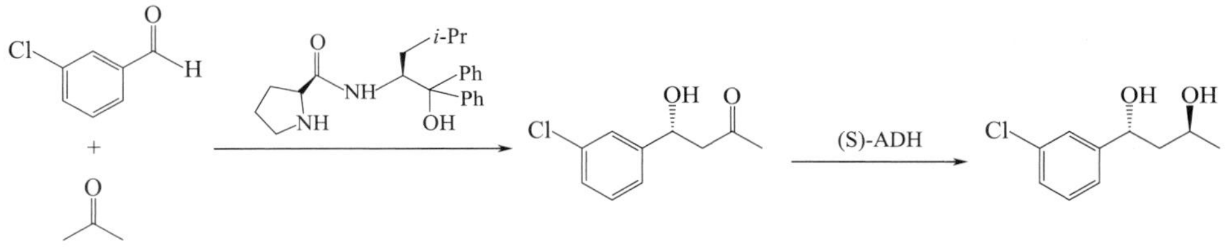

图2-43　化学—生物催化合成(1R,3S)-1-(3-氯苯基)-1,3-丁二醇

2.4　路线设计

化学制药工艺路线的设计，主要是针对已经上市的药物或临床研究申请的药物（investigational new drug，IND），研究如何应用有机化学合成的理论和方法，设计出适合工业生产的合成工艺路线。化学药物合成工艺路线设计，应从剖析药物的化学结构入手，然后根据化学结构特点采取相应的设计方法。对药物发现过程，包括确证化学结构数据和化学合成工作等资料做必要的调查研究，是进行药物合成工艺路线设计必不可少的步骤。

化学药物合成工艺路线设计属于有机合成化学中的一个分支。因此，设计方法与有机合成设计方法有许多类似之处，诸如类型反应法、分子对称法、追溯求源法和模拟类推法等，下面主要介绍追溯求源法即逆合成法。

2.4.1 逆合成分析

合成是指从某些原料出发，经过若干步反应，最后制备出所需的产物，最后产物就是合成目标物（药物），或称为目标分子（target molecule，TM）。实际上，进行合成路线设计时多是反其道而行之。考虑对一个特定药物进行合成，第一步是对这个药物的分子结构特征和理化性质进行收集和考察，由此可以简化合成中的问题或避免不必要的弯路。

例如，非甾体雌激素药物己烯雌酚（diethylstilbestrol，2-1）的分子带有明显的对称性，因此可以考虑只合成一部分结构单元，采用分子对接的方法合成目标药物分子，从而简化合成步骤（详见2.3.2.2分子对称法）；而在考虑前列腺素E（2-2）的合成时，由于已知分子中β一羰基酮体系是不稳定的，因此可以安排在合成的最后几步形成这一结构单元，使其避免经历较多的化学反应。

进行药物分子合成的第二步是以上述分析为基础，从药物本身出发，一步一步倒推出合成该药物的各种合成路线和起始原料，也就是我们通常所说的逆合成法（retro synthesis analysis）。

（1）定义

逆合成法是药物生产工艺路线设计的最基本的方法，也叫反合成法（antithetic synthesis），其他一些更为复杂的设计方法都是建立在此方法基础上的，所以首先要掌握逆合成法。逆合成法的整个设计思路也称为逆（反）合成分析，即从目标分子的结构出发，逐步考虑，层层分解，先考虑由哪些中间体合成目标物，再考虑由哪些原料合成中间体……最后的原料就是起始物（starting material，SM）。

（2）逆合成分析过程要求

每步都有合理又合适的反应机理和合成方法；整个合成要做到最大限度地简单化；有被认可的（即市场能供应的）原料。

（3）逆合成分析思路

逆合成分析是药物合成的基础，分析思路与真正的合成正好相反。合成是使用各种各样的反应来形成分子骨架，改变分子骨架上的官能团，从而最终获得目标分子；在逆合成中则是利用一系列"转化（transformation）"来推导出一系列中间体和适宜的起始原料。转化用双箭头"⟹"表示，以区别单箭头"⟶"表示的反应。由相应的已知或可靠的反应进行转化所得的结构单元称为"合成元"或"合成子"（synthon），由合成元继续推导（用虚线"…"表示）得到相应的试剂或中间体，有时合成元本身即是中间体。

2.4.2 类型反应与分子对称

对于创新药物，特别是利用计算机辅助设计出化学药物，往往没有现成的文献合成途径；即使对于专利药物，虽有文献方法报道其合成方法，但由于最初化合物设计时注重的是如何得到目标化合物，在化学合成制备工艺上的考虑不是太多，所以其合成工艺方法也可能不是十分理想。对于某些化学药物或者化学药物的关键中间体，可根据它们的化学结构类型和官能团性质，采用类型反应法或分子对称法进行合成工艺路线设计。

2.4.2.1 类型反应法

（1）**类型反应法的基本概念**

类型反应法是指利用常见的典型有机化学反应与合成方法进行化学制药工艺路线设计的方法。类型反应法既包括各类化学结构的有机合成通法，又包括官能团的形成、转换或保护等合成反应。对于有明显结构特征和官能团的化合物，通常采用类型反应法进行合成工艺路线设计。

（2）**类型反应法的设计思路**

①确定易拆键部位，找出类型反应。抗真菌药物克霉唑（clotrimazole）的结构中，C—N键是一个易拆键部位，可由卤代烷与咪唑经烷基化反应合成。通过确定易拆键部位而找到两个关键中间体——邻氯苯基二苯基氯甲烷和咪唑。

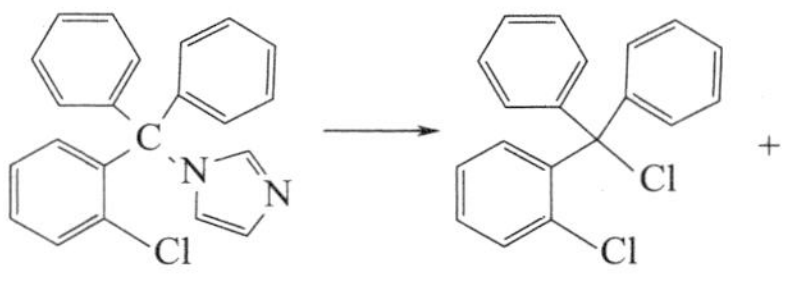

卤代烷与咪唑烷基化反应

邻氯苯甲酸乙酯与溴苯进行Grignard反应，先合成叔醇，再氯化可得到关键中间体邻氯苯基二苯基氯甲烷。

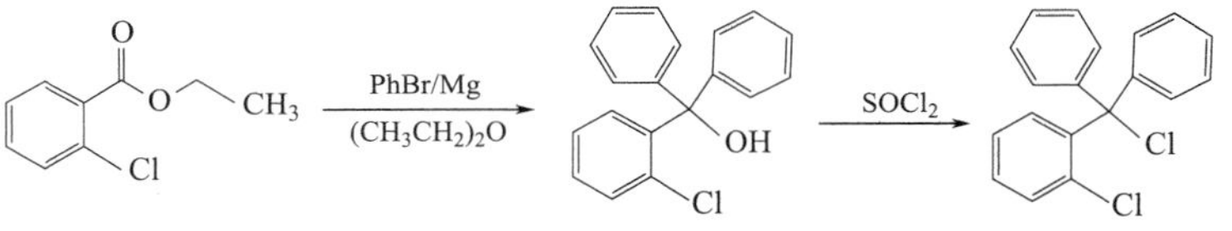

邻氯苯甲酸乙酯与溴苯的Grignard反应

此法合成的邻氯苯基二苯基氯甲烷质量较好，但这种工艺路线中使用Grignard试剂，要求严格的无水条件，原辅材料质量要求严格，且反应使用乙醚为溶剂，乙醚具有易燃、易爆的特点，因此要求反应设备有相应的防爆安全措施，因而工业生产受到限制。

鉴于上述情况，参考四氯化碳与苯通过Friedel-Crafts反应可生成三苯基氯甲烷的类型反应，设计了以邻氯苯基三氯甲烷为关键中间体的合成路线。此法合成路线较短，原辅材料来源方便，收率也较高，曾为工业生产所采用。但这种工艺路线也存在一些明显的缺点：主要是由邻氯甲苯经氯化反应制备邻氯苯基三氯甲烷的过程中，一步反应要引入3个氯原子，反应温度较高，且反应时间长；有未反应的氯气逸出，不易吸收完全；存在环境污染和设备腐蚀等。

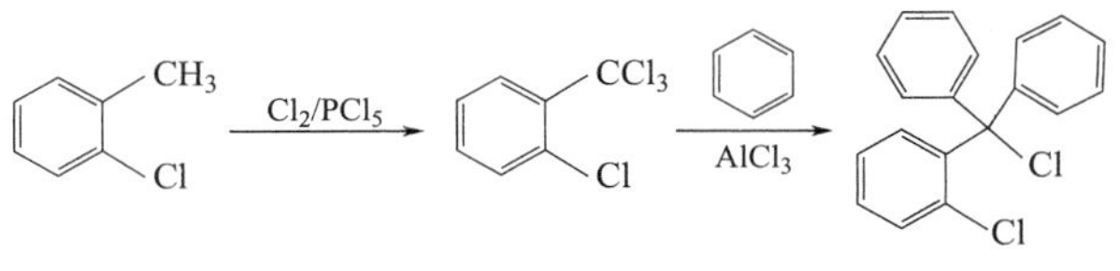

四氯化碳与苯的Friedel-Crafts反应

57

另一种路线是以邻氯苯甲酸为起始原料，经氯化得到邻氯苯甲酰氯，经Friedel–Crafts反应合成邻氯苯甲酮，再次氯化，得到中间体。再次进行Friedel–Crafts反应，得到邻氯苯基二苯基氯甲烷。此条合成工艺路线虽较上述工艺路线长，但生产实践证明，不仅原辅材料易得，而且反应条件温和，各步反应产率较高，成本也较低，适于工业生产。

②推演合成反应的排列顺序。应用类型反应法进行化学药物或者中间体的工艺路线设计时，若官能团的形成与转化等单元反应的排列方式可能出现两种或两种以上不同方式时，不仅要从理论上考虑排列顺序的合理性，还要从实际情况出发，着眼于原辅材料、设备条件等因素，在试验的基础上反复比较来选定。化学反应类型相同，但进行顺序不同，意味着原辅材料不同；原辅材料不同，即反应物料的化学组成与理化性质不同，将导致反应的难易程度和反应条件等也随之而异；也会带来不同的反应结果，即药物质量、收率、三废治理、反应设备和生产周期等方面都会有较大差异。

例如，β-受体阻断剂塞利洛尔（celiprolol）的合成，对氨基苯乙醚与N,N-二乙氨基甲酰氯作用，生成N-酰化产物，降低了氨基的邻、对位定位作用，增大氨基邻位的空间位阻，使接下来的Friedel–Crafts酰化反应发生在酚羟基的邻位。再经O-烷基化、溴代和烷基化等反应，得到塞利洛尔。若Friedal–Crafts乙酰化反应在前，N-酰化反应居后，乙酰化反应可发生在氨基的邻位，也可发生在间位，使产物复杂。

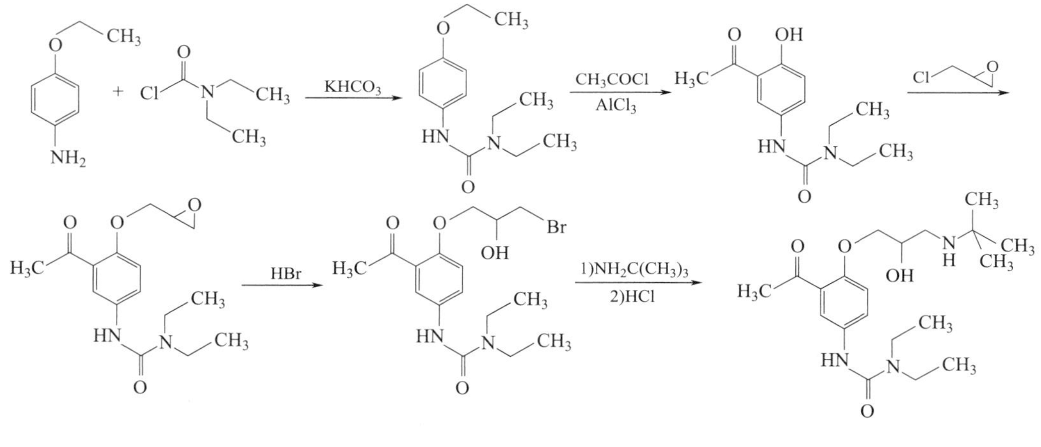

塞利洛尔的合成

2.4.2.2 分子对称法

药物分子中存在对称性结构或潜在对称性结构时，可选择分子对称法进行路线设计。

（1）**分子对称法的基本概念**

具有分子对称性的药物往往可由两个相同的分子片段经化学合成反应制得，或在同一步反应中将分子的相同部分同时构建起来，这就是分子对称法。分子对称法的切断部位是沿对称中心、对称轴或对称面切断的。

（2）**分子对称法的设计思路**

①找出对称键，进行拆解和合成设计。二苯乙烯类衍生物，如非甾体类雌激素药物己烯雌酚（diethylstilbestrol）和己烷雌酚（hexestrol）具有结构的对称性，可采用分子对称法设计。

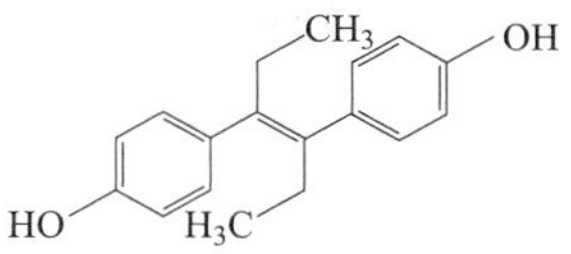

己烯雌酚　　　　　　　　　己烷雌酚

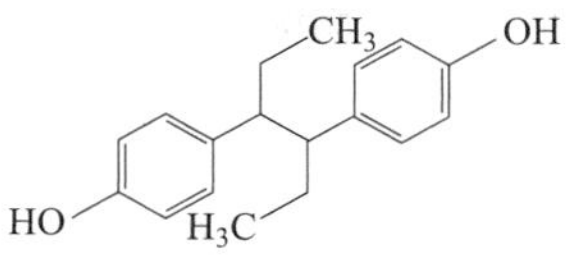

己烷雌酚的合成路线：两分子的对硝基苯丙烷在水合肼和KOH的作用下缩合还原，再经重氮化反应将芳伯氨基转变为羟基，得到己烷雌酚。

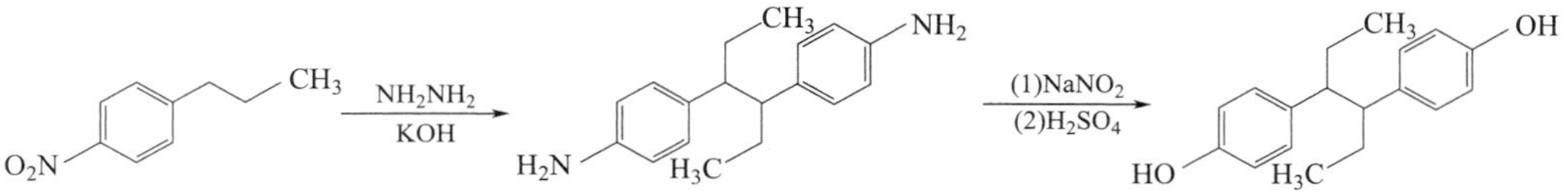

己烷雌酚的合成

②找出潜在的对称键，进行拆解和合成设计。对于具有潜在分子对称性的药物，如抗麻风病药氯法齐明（clofazimine），可看作吩嗪亚胺类化合物，即2-对氯苯氨基-5-对氯苯基-3.5-二氢-3-亚氨基吩嗪的衍生物。从划虚线处可看成两个对称分子。

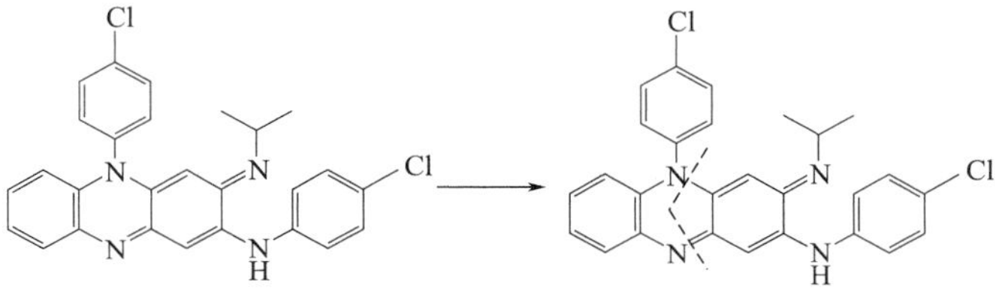

氯法齐明

用两分子的N-对氯苯基邻苯二胺在氯化铁存在下进行缩合反应，收率可达98%。接着与异丙胺进行加压反应即得目标药物。

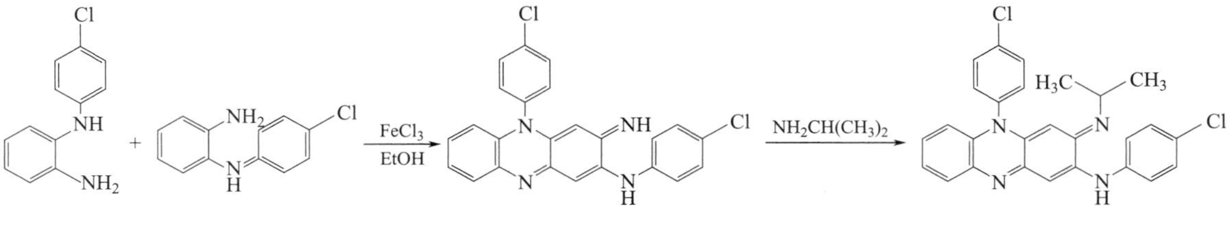

氯法齐明的合成

2.4.3　工艺路线装配

把各化学单元反应装配成制药工艺路线，有直线式和汇聚式两种。这两种不同工艺路线的合成过程有很大不同，包括反应步骤顺序、中间质控、总收率等。因此，需要把设计方法和单元反应的装配结合起来，才能完成制药工艺路线的设计。

2.4.3.1　直线式工艺路线

直线方式（linear synthesis 或 sequential approach）中，一个由A、B、C、D、E、F共6个单元组成的产物，从A单元开始，加上B，再依次加上C、D、E、F，合成产物为ABCDEF。由于化学反应的各步收率很少能达到理论收率100%，总收率又是各步收率的连乘积。如果每步收率为90%，则5步直线式工艺路线的总收率为$(0.90)^5 \times 100\% = 59.05\%$。

对于反应步骤多的直线方式，要求大量的起始原料A。在直线方式装配中，随着每一个单元的加入，趋近末端的产物越来越重要。

2.4.3.2　汇聚式工艺路线

汇聚方式（convergent synthesis，parallel approach）有两种，完全汇聚式和部分汇聚式。

对于完全汇聚方式，先以直线方式分别合成ABC、DEF等各个单元，然后汇聚组装成终产物ABCDEF。这一策略要求ABC、DEF分别高收率，才有望获得整个路线的良好收率。

如果每步汇聚反应收率都为90%，完全汇聚式路线的总收率为$(0.90)^3 \times 100\% = 72.9\%$，部分汇聚式路线的总收率为$(0.90)^4 \times 100\% = 65.61\%$。

汇聚方式组装的优点是，即使偶然损失一个批号的中间体，也不至于对整个路线造成灾难性损失。在反应步骤数量相同的情况下，首先将一个分子的两个大块分别组装；然后，尽可能在最后阶段将它们结合在一起，这种汇聚式的合成路线比直线式的合成路线有利得多。同时把收率高的步骤放在最后，经济效益也最好。

2.4.4　路线选择及评价

一个药物可以有多条合成路线，且各有特点。必须通过深入细致的综合比较和论证，从中选择出最为合理的合成路线进行工业生产，并制订出具体的实验室工艺研究方案。

在综合药物合成领域大量试验数据的基础上，归纳总结出评价合成路线的基本原则，对于合成路线的评价与选择有一定的指导意义。下面仅就药物合成工艺路线的评价和选择的重点问题加以探讨。

2.4.5　工艺路线的评价标准

理想的药物合成工艺路线应该是：

①学合成途径简捷，即原辅材料转化为药物的路线要简短。

②所需的原辅材料品种少且易得，并有足够数量的供应。

③中间体容易提纯，质量符合要求，最好是多步反应连续操作。

④反应在易于控制的条件下进行，如安全、无毒。

⑤设备条件要求不苛刻。

⑥"三废"少且易于治理。

⑦操作简便，经分离、纯化后易达到药用标准。

⑧收率最佳、成本最低、经济效益最好。

这也是评价药物合成工艺路线的标准。

2.4.6　化学反应类型的选择

化学合成药物的工艺研究中常常遇到多条不同的合成路线，而每条合成路线又由不同的化学反应组成，因此首先要了解化学反应的类型。

例如，向芳环上引入醛基（或称芳环甲酰化），可采用下列化学反应来实现：

①Gattermann反应。

②Gattermann-Koch反应。

③Friedel-Crafts反应，甲酰氯为酰化剂，在三氟化硼催化下向苯环上引入醛基，收率在50%～78%。

④二氯甲基醚类作甲酰化试剂，进行Friedel-Crafts反应，收率在60%左右。

⑤Vilsmeier反应，收率70%～80%。

⑥应用三氯乙醛在苯酚的对位上引入醛基，收率仅30%～35%。

⑦应用Duff反应在酚类化合物的苯环上引入甲酰基，进入酚羟基的邻位或对位（如果邻位已有取代基）。

以上7个反应，说明在含有不同取代基的苯环上引入相同的官能团时，可有不同的取代方式；相同的取代苯类化合物引入同一个官能团也可有不同的方法。同时上述实例还可能存在两种不同的反应类型，即"平顶型"反应和"尖顶型"反应。对于"尖顶型"反应来说，反应条件要求苛刻，稍有变化就会使收率下降，副反应增多；"尖顶型"反应往往与安全生产技术、"三废"防治、设备条件等密切相关。如上述反应⑥，应用三氯乙醛在苯酚上引入醛基，反应时间需20h以上，副反应多、收率低、产品易聚合，生成大量树脂状物，增加后处理的难度。工业生产倾向采用"平顶型"反应，工艺操作条件要求不甚严格，稍有差异也不至于严重影响产品质量和收率，可减轻操作人员的劳动强度。反应⑦应用Duff反应合成香兰醛，是工业生产香兰醛的方法之一，反应条件易于控制，这是一个"平顶型"反应的例子。因此，在初步确定合成路线和制定实验室工艺研究方案时，还必须进行必要的实际考察，有时还需要设计极端性或破坏性试验，以阐明化学反应类型到底属于"平顶型"还是属于"尖顶型"，为工艺设计积累必要的试验数据。当然这个原则不是一成不变的，对于"尖顶型"反应，在工业生产上可通过精密自动控制予以实现。反应②Gattermann-Koch反应，属"尖顶型"反应类型，且应用剧毒原料，设备要求也高；但原料低廉，收率尚好，又可以实现生产过程的自动控制，已为工业生产所采用。氯霉素的生产工艺中，对硝基乙苯催化氧化制备对硝基苯乙酮的反应也属于"尖顶型"反应，也已成功地用于工业生产。

2.4.7　原辅材料供应

没有稳定的原辅材料供应就不能组织正常的生产。因此，选择工艺路线，首先应了解每一条合成路线所用的各种原辅材料的来源、规格和供应情况，其基本要求是利用率高、价廉易得。利用率包括化学结构中骨架和官能团的利用程度，与原辅材料的化学结构、性质以及所进行的反应有关。为此，必须对不同合成路线所需的原料和试剂作全面了解，包括理化性质、类似反应的收率、操作难易程度以及市场来源和价格等。有些原辅材料一时得不到供应，则需要考虑自行生产，同时要考虑到原辅材料的质量规格、储存和运输等情况。对于准备选用的合成路线，应根据已找到的操作方法，列出各种原辅材料的名称、规格、单价，算出单耗（生产1kg产品所需各种原料的数量），进而算出所需各种原辅材料的总成本，以便比较。

2.4.8　原辅材料更换和合成步骤改变

对于相同的合成路线或同一个化学反应，若能因地制宜地更改原辅材料或改变合成步骤，虽然得到的产物是相同的，但收率、劳动生产率和经济效果会有很大的差别。更换原辅材料和改变合成步骤常常是选择工艺路线的重要工作之一，也是制药企业同品种间相互竞争的重要内容。不仅可获得高收率和提高竞争力，而且有利于将排出废物减少到最低限度，消除污染，保护环境。

2.5　制药工艺研发方法

制药工艺研发的主要工具包括风险评估和过程分析技术、试验设计、模型与模拟、知识管理、质量体系等。试验设计（design of experiment）是如何制订试验方案，提高试验效率，减少或排除随机误差或试验误差的影响，并使试验结果能有效地进行统计分析的理论与方法。

2.5.1　工艺风险评估

（1）风险评估方法

风险（risk）是危害发生的概率和所造成后果的严重程度。世界各国对药品质量推行风险管理，包括风险的评估、控制、决策与执行等。风险评估就是对风险进行识别、分析和评价。通过风险识别确认风险的潜在根源，包括历史数据、理论分析、试验数据和实践经验等。通过风险分析，对这些来源的危害程度和可检测能力进行估量。通过风险评价，借助概率论和数理统计等方法，与给定的风险标准比较，对这些风险进行定量或定性的评价，确定风险的重要程度。风险控制就是通过减轻、避免风险发生，把风险降低到可接受的程度。

（2）风险评估的实施过程

在制药工艺中，采用风险评估工具，结合试验研究，确定关键参数和变量，建立合适的控制策略。

第一种是风险排序，主要危害性分析，基于产品药效、PK/PD、免疫性和安全性进行风险评估，风险分级主要考虑严谨性和不确定性。

第二种是决定树模型，一般用于过程中非生物活性成分对安全性的评价，杂质安全系数（impurity safety factor，ISF）（如LD_{50}）在产品中的水平。

第三种是失败模型与效应分析，适合于常用过程参数，是基于控制策略的风险评估分析，包括相关因素的严重性（severity）、发生质量问题的可能性（occurrence）及可检测性（detection）。

风险性评估要结合以往的文献、法规要求、平台资料、试验数据以及动物试验和临床数据进行分级。如果没有任何数据支持是高风险的属性，需要进行一些试验研究，以便于评估。第三种方法最常见，结合文献报告和试验数据进行评估，数据越充分，评估越可靠。

以某种化学原料药的酸化结晶工艺为例，说明风险评估过程。产物的酸化结晶工艺过程是，将上一工序来的料液搅拌降温至10℃以下。用盐酸调节pH为2.0～3.0，搅拌料液至浑浊。然后进入结晶阶段，（10±2）℃，搅拌速度（50±10）r/min，时间（6±0.5）h。首先对风险进行评估和排序。从结晶角度分析，温度和pH是影响结晶的两个主要工艺参数，其控制点操作不当或造成偏差，将引起产品质量下降的风险。其他风险源包括盐酸浓度和质量、搅拌转速和时间。其次确定关键控制点及其限制值，如pH必须控制在2～3。再次进行风险控制。建立监控程序和控制措施，使用高精度传感探头，精密控制参数变化。如温度接近12℃之前，就降温；pH接近3之前，就滴加盐酸。在结晶阶段，增加中控检测次数，取样复核各参数是否在合理范围内。最后建立验证程序，制定良好的标准操作规程，记录操作过程，形成文件，妥善保存。

2.5.2 过程分析技术

与传统的离线分析不同，QbD要求对工艺过程进行实时监测。为此，近年来国际上出现了过程分析技术（process analysis technology，PAT），是实施QbD的有效工具。

2004年，美国FDA颁布了PAT行业指南，指出PAT是以实时监测原材料、中间体和工艺的关键质量和性能属性为手段，建立一种设计和分析控制生产过程的系统。PAT的理念是通过对工艺过程中影响产品CQA的各参数实时测量和分析，理解生产过程中关键参数与产品CQA之间的关系，综合判断工艺的终点，达到实时放行，进入下一工序的目的。传统过程控制是以时间为限，如化学反应或发酵达到预定时间后，进入终点，结束发酵，放罐。

PAT的主要过程包括数据采集和统计分析（表2-5）。使用过程分析仪器，如光谱仪、色谱仪、质谱仪、核磁共振仪和传感器等，连续实时采集生产状态的多元数据，对生物或化学反应物体系组分（反应物、中间体、产物、副产物、杂质、催化剂等）、反应程度、反应速率、反应终点、临界条件和安全控制、工艺效率和无错率（质量、重复性和收率）等进行统计分析，将过程信息与产品CQA联系起来。

表2-5 可用于化学原料药工艺研发的PAT

单元操作	应用对象	近红外光谱	拉曼光谱	傅立叶变换红外光谱（FTIR）	聚焦光束反射测量（FBRM）
反应监测	终点测定	√	√	√	
	动力学和机理	√	√	√	
	选择性控制	√	√	√	
结晶	核化生长		√		√
	过饱和		√	√	
	晶体大小				√
	晶型	√	√		
过滤，干燥，研磨	粒度				√
	粒形	√	√	√	

2.5.3　单因素试验设计

试验设计能科学地告诉我们，如何安排试验、在何种规模和条件下进行，用于研发和改进生产工艺，提高收率和质量等。

全面试验是将每个因素组合起来进行试验，如开发工程菌的培养工艺试验，对于4因素（如碳源、氮源、诱导剂、温度）和3水平（高、中、低）的工艺，不计重复试验，需要做$4^3=64$次试验。当因素和变量非常多时，将难以完成所有试验。在这种情况下，可采用多次单因素试验，即固定一个因素的一个值，依次考察其他各因素的最佳值。对于4因素和3水平的工艺，不计重复试验，只需要做$4 \times 3=12$次试验。

单因素试验只适合于因素之间无相互作用的情况，在工艺研究中很少见。一般情况下，单因素试验用于筛选主要因素和范围。如碳源对生物细胞生长的影响，可选择葡萄糖、淀粉水解液、糖蜜等进行试验，从试验结果中选择出合适的碳源种类，在此基础上，再进行碳源浓度的单因素试验，从而确定出碳源种类及浓度，可用于正交设计，开发细胞培养工艺。

在试验过程中，试验设备和人员是影响试验结果的变量。由于使用不同仪器设备、不同时间、不同人员，可能造成试验结果产生偏差。因此要严格按照试验设计安排试验，严格按照试验规程或操作规程使用仪器设备，进行试验，科学测量数据。使不变的参数操作完全一样，减少和消除时间、人员等引起的变化。同时，无论全面试验，还是多次单因素试验，都必须在试验批次之间和批次内设置合理的重复，一般3～5个重复，使用科学统计方法对数据分析，得出可接受的结论。

2.5.4　正交试验设计

事实上，工艺的各因素之间是相互作用的，而且相互作用极其复杂。因此可利用正交表进行科学安排与分析多因素试验。正交试验的过程包括试验方案设计与实施、数据整理与结果分析两个阶段。

（1）**正交设计表**

正交表记为$L_n(q^m)$，L为正交表，n为需要做的试验次数，q为因素的水平数，m为因素数（包括交互作用、误差等）。正交表可分为两类。第一类为标准正交表，如$L_{19}(3^5)$，表示需做19次试验，最多可观察5个因素，每个因素均为3水平。第二类是非标准正交表，这种正交表中各列的水平数不相等，如$L_{18}(3^1 \times 2^4)$，表示有5个因素，其中1个因素为3水平，其余4个因素为2水平，总共进行18次试验。

正交设计（orthogonal design）具有两个特点。

①分散均匀。每个因素的水平（试验点）都有重复试验，在试验的范围内（全部组合构成了全面试验方案）是均匀分散的，每个因素的各个水平出现次数相同，每个点具有很强的代表性。也就是说，用部分试验点代替全面试验，用部分结果了解全面试验的情况。从全面试验点（很多试验方案）中，挑出最具有代表性的点（试验方案）进行试验，分析结果，推断出最优方案，还可获得各因素的重要程度。

②整齐可比。试验点排列规则整齐，各因素同等重要，每个因素的各水平之间具有可比性，分析各因素对目标函数的影响。

正交设计的缺点是不能对各因素和交互作用一一做出分析，当交互作用复杂时，可能会出现混杂现象。

（2）正交试验方案的设计与实施

正交试验设计有商业化的软件使用，可进行全因素设计或其他设计，取决于具体的试验研究内容和要求。在此只介绍设计和设施的基本思路和统计分析方法。查阅文献，结合已有的经验等，在对工艺全面调研和了解的基础上，提出解决工艺中的什么问题。然后分析工艺的影响因素，从众多影响因素中选出需要进行试验的因素，影响较大的、未知的因素优先考虑。在工艺试验研究中，经常需要以得率或产量等经济指标为重要参数（KQA），以起始物料选择、杂质和副产物生成等为关键质量参数（CQA），研究化学反应条件（温度、压力、配料比、溶剂、催化剂等）或生物培养条件（培养基物料选择、pH、溶解氧、温度、流加等）等关键工艺参数（CPP）。选择关键参数的数目（即变量数或因素数）后，确定每个参数的取值范围和具体值（即水平数和水平值）。一般选择2~4个水平，水平太多时（8以上），试验次数剧增。根据参数和水平数及其交互作用数，选择适宜的正交表。在能安排参数和交互作用的前提下，尽可能选择较小的正交表，以减少试验次数。表头设计时，如果不研究交互作用，各参数可随机安排在各列中。如果有交互作用，就严格安排各参数，防止交互作用的混杂。把正交表中的因素和水平转换成实际的工艺参数和水平值，就形成了正交试验方案。

根据正交设计的试验方案进行试验。按要求测定和记录，收集原始数据。

（3）正交试验的数据整理与结果分析

数据整理就是对原始数据的第一次演算，获得指标值，填入正交表。

试验结果分析是以数据为基础，分析各因素及其交互作用的主次顺序，即哪些是主要因素，哪些是次要因素。判断各因素对指标的贡献程度，找出因素和水平的最佳组合。分析因素和水平变化时，指标是如何变化的，即变化趋势和规律。了解各因素之间的交互作用强度，估计试验误差，即试验的可靠性。

有两种结果分析方法，即极差分析和方差分析。

①极差分析。极差分析就是直观分析，可以帮助判断主次因素，确定优水平和优组合。极差值是指某因素在最大水平与最小水平时试验指标的差值，即该因素在取值范围内试验指标的差值。某列的极差值体现了该列因素水平变化/波动时，试验指标的变化幅度。极差越大，表明该因素对试验指标影响越大，该因素越重要。绘制因素与试验指标的趋势图，就能直观分析出试验指标与各因素水平之间的关系，推断出主次因素。根据某列因素的平均极差值可判断该列因素的优水平和优组合。根据各因素各水平下的试验指标的平均值，确定优水平，进而选出优组合。

②方差分析。为了评估这些试验数据的波动是由试验误差引起的，还是由不同因素水平引起的，即不同试验批次和不同试验条件下的试验结果是否具有统计学意义，必须进行数理统计的方差分析。对试验结果差异的显著性进行估计，从而得出科学结论。在具体的试验过程中，不同批次和同批次内的重复试验，得到的数据是不完全相同的。

方差基本分析过程是，计算因素偏差平方和与误差偏差平方和，构成了总偏差平方和。计算因素的自由度与误差自由度，构成总自由度。进而计算因素的方差与误差的方差，计算F值（因素方差除以误差方差），一般假设的置信度可取5%或1%，进行假设检验。如果F值超出了置信区间，表明该因素对试验指标有显著影响，反之则无影响。因素对试验指标没有影响，意味着其差异是由误差引起的，不是因素引起的。

2.5.5　均匀试验设计

（1）均匀设计表

1978年，我国科学家在导弹设计中，提出了五因素试验，希望每个因素的水平要多于10个，而且试验次数不能超过50。我国数学家方开泰和王元教授经过几个月的共同研究，应用数理论的方法，不考虑正交设计的整齐可比，只考虑在试验范围内的均匀分散，创造了均匀设计（uniform design）。均匀设计已经实现了计算机软件的辅助设计和试验结果的统计分析。

与正交设计类似，均匀设计表记为$U_n(q^m)$，即m个因素，q个水平，总试验次数为n。

均匀设计的特点是，试验次数较少，每个因素的每个水平只做一次试验；任何两个因素的试验点在平面的格子点上，每行每列都有且仅有一个试验点；均匀设计表的任意两列组成的试验方案一般不等价，此点要求每个均匀设计表必须有一个附加的使用表。当因素的水平增加时，试验次数按水平数的增加量而增加。

混合水平的均匀设计：在多元素试验中，由于试验精度的限制，需要对不同水平的因素进行试验，这就是混合均匀设计。如$U_8(8^2 \times 4)$，即1、2因素的水平为1，3、4因素的水平为2，5、6因素的水平为3，7、8因素的水平为4。

（2）均匀试验方案的设计与实施

均匀设计试验的步骤与正交设计基本相同，不同之处在于需要联合规范化的均匀设计表和使用表进行设计。均匀设计表中，行数为水平数（试验次数），列数为安排的最大因素数。根据试验目的，选择适合的因素和相应的水平。选择适宜的均匀设计表，从使用表中选出列号，将因素分别安排到这些列号上，并将这些因素的水平按所有列的指示分别对号，完成试验方案的设计。

根据均匀设计表，安排试验，检测和分析，获得试验数据。

（3）均匀设计的结果分析

均匀设计的试验结果不能采用方差分析，可采用多元回归分析，发现因素与试验指标之间的回归方程。也可采用关联度分析，找到主因素及其最佳值。采用回归分析，求解变量和因素之间的函数关系，揭示变量之间的相互作用。根据函数关系，求出理论最优条件，进行最优条件的验证试验。

采用均匀设计，可揭示变量Y（目标函数）与各因素之间的定性关系及最优工艺条件，特别是因素和水平较多时很适合采用此方法设计试验。但在制药工艺研究中，均匀设计并没有得到欧美药监部门的认可。

2.6　工艺创新案例

2.6.1　羧苄西林钠概述

羧苄西林钠是英国比彻姆研究所20世纪60年代开发的抗生素。本品为半合成青霉素，对革兰氏阳性球菌、革兰氏阴性杆菌都有一定的抑制作用，和庆大霉素合用有协同作用，对绿脓杆菌有较好的效果。其结构式如下：

6-（α-羧基，苯乙酰氨基）青霉素烷酸双钠盐carbenicillin sodium

本品主要用于绿脓杆菌引起的泌尿道感染、肺部感染、灼伤感染、败血症、脑膜炎及部分变形杆菌、大肠杆菌引起的感染，不适用于阳性杆菌感染，更不宜用于耐药性葡萄球菌感染。

我国于20世纪70年代开始生产羧苄西林钠原料药，由于原有生产工艺老化等原因，生产比较困难，产品收率较低，环境污染大，成本居高不下，工艺技术需要提升。

2.6.2　羧苄西林钠合成化学反应式

（1）原合成路线

合成工艺概述：苯丙二酸单酰氯醋酸丁酯溶液，然后同6-APA钠缩合、提纯、成钠盐，该生产工艺单钠盐收率低，检测方法为酸碱法和碘量法。

（2）新合成路线

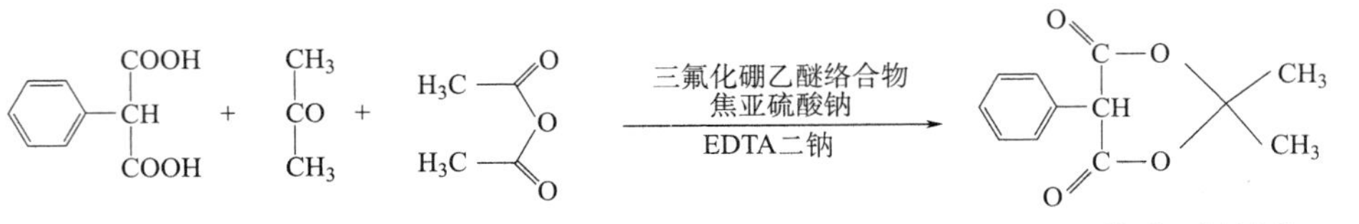

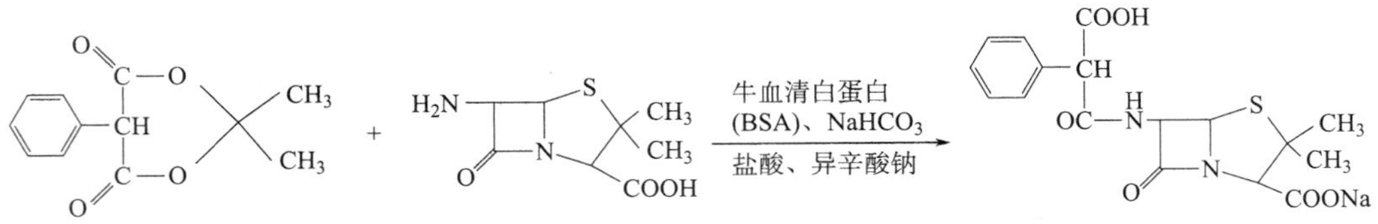

苯丙二酸 + CH₃—CO—CH₃ + 醋酸酐 → 苯丙二酸复合物（三氟化硼乙醚络合物、焦亚硫酸钠、EDTA二钠）

苯丙二酸复合物 + 6-APA → 羧苄西林钠（牛血清白蛋白(BSA)、NaHCO₃、盐酸、异辛酸钠）

2.6.3 羧苄西林钠新旧合成工艺比较

羧苄西林钠新旧两种合成工艺比较见表2-6。

表2-6 羧苄西林钠原合成工艺与新工艺比较

工艺	原工艺	新工艺
反应步骤	三步：酰氯、缩合、成盐	三步：复合物的制备和羧苄西林钠的制备
主要反应物	苯丙二酸二钠，氯化氢，氯化亚砜，6-APA	苯丙二酸，醋酸酐，6-APA
溶剂	丙酮，乙酸乙酯，醋酸丁酯	丙酮，乙酸乙酯
反应过程	一次离心干燥 温度 双滴加，分二步转酸 不需要加热回流 不需要NaHCO₃调节pH	二次离心干燥 温度 一步转酸，需要真空浓缩 需要加热回流 需要NaHCO₃调节pH
质量标准	中国药典2005年版	美国药典第29版 中国药典2005年版

羧苄西林钠的合成工艺研究表明，采用以苯丙二酸、醋酸酐、6-APA为起始原料的合成路线，代替原有以苯丙二酸二钠、氯化亚砜、6-APA为起始原料的合成路线是可行的。变更后工艺较原工艺反应步骤减少，反应条件温和，收率提高，更适合工业化生产；原料种类减少且单耗降低，减少了试剂对操作人员的伤害和环境污染。同时改进后产品质量稳定，检测方法科学、准确，且中间体质量可控性更强，产品质量不但完全能达到原工艺上市品种的质量水平，而且符合USP28标准。

2.6.4 羧苄西林钠生产工艺流程

（1）苯基丙二酸复合物

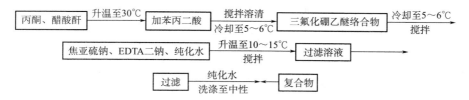

（2）羧苄西林钠

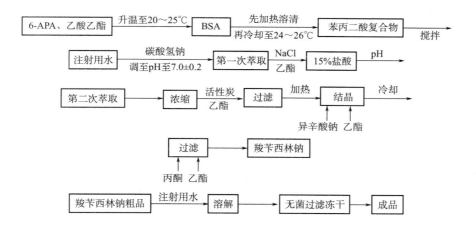

思考题

1．质量源于设计的基本内容包括哪几个方面？

2．绿色化学的基本原则包括哪几个方面？

3．简述实现理想合成的三个定量指标及对应公式。

4．简述手性的定义、光学纯度的计算方式和检测方法、手性药物的合成方法。

5．简述逆合成分析的概念和方法。

6．理想的药物合成工艺路线有哪些？

7．制药工艺研发方法有哪些？

8．生物催化不对称还原反应有什么特点？

9．醛缩酶催化的反应有何特点？根据亲核供体的不同，可分为哪几类？

10．脂肪酶对消旋仲醇的选择性如何用 Kazlauskas 经验规则解释？

11．多酶级联反应有哪些类型？请举例说明。

参考文献

［1］Mishra，Thakur，Patil，Shukla. Quality by design（QbD）approaches in current pharmaceutical set-up［J］. Expert Opinion on Drug Delivery，2018，15（8）：737-758.

［2］Tim Tome，Nina Žigart，Zdenko Časar，Aleš Obreza. Development and Optimization of Liquid Chromatography Analytical Methods by Using AQbD Principles：Overview and Recent Advances［J］. Org. Process Res. Dev，2019，23（9）：1784-1802.

［3］Ikhlas A. Khan，Troy Smillie. Implementing a "Quality by Design" Approach to Assure the Safety and Integrity of Botanical Dietary Supplements［J］. J Nat Prod，2012，75（9）：1665-1673.

［4］王璐. 基于质量源于设计的中药质量分析方法研究［D］. 杭州：浙江大学，2015.

［5］王明娟，胡晓茹，戴忠，等. 新型的药品质量管理理念"质量源于设计"［J］. 中国新药杂志，2014，23（8）：948-954.

［6］张福利. 工艺改进与绿色制药［J］. 药学进展，2016，40（7）：505-517.

［7］张霁，张福利. 绿色制药工艺的研究进展［J］. 中国医药工业杂志，2013，44（8）：814-827.

［8］张珩，杨艺虹. 绿色制药技术［M］. 北京：化学工业出版社，2006.

［9］尼尔G. 安德森. 有机合成工艺研究与开发［M］. 陈芬儿，译. 北京：化学工业出版社，2018.

［10］张丽春. 羧苄西林钠工艺合成和杂质研究［D］. 上海：华东理工大学，2014.

［11］Adams J P，Brown M J B，Alba Diaz - Rodriguez，et al. Biocatalysis：A pharma perspective［J］. Advanced Synthesis & Catalysis，2019，361：2421-2432.

［12］Gjalt W H，Steven J C. On the development of new biocatalytic processes for practical pharmaceutical synthesis［J］. Current Opinion in Chemical Biology，2013，17：284-292.

［13］Ma S K，Gruber J，Davis C，et al. A green-by-design biocatalytic process for atorvastatin intermediate［J］. Green Chemistry，2010，12：81-86.

［14］Gong X M，Qin Z，Li F L，et al. Development of an engineered ketoreductase with simultaneously improved thermostability and activity for making a bulky atorvastatin precursor［J］. ACS Catalysis，2019，9：147-153.

［15］Liang J，Lalonde J，Borup B，et al. Development of a biocatalytic process as an alternative to the（－）-DIP-Cl-mediated asymmetric reduction of a key intermediate of montelukast［J］. Organic Process Research & Development，2009，14（1）：193-198.

［16］Liang J，Mundorff E，Voladri R，et al. Highly enantioselective reduction of a small heterocyclic ketone：biocatalytic reduction of tetrahydrothiophene-3-one to the corresponding

（R）–alcohol ［J］. Organic Process Research & Development，2010，14（1）.

［17］ Chen Y T，Ma B T，Cao S S，et al. Efficient synthesis of Ibrutinib chiral intermediate in high space–time yield by recombinant E. coli co–expressing alcohol dehydrogenase and glucose dehydrogenase ［J］. RSC Advances，2019，9（4）：2325–2331.

［18］ Sharma M，Mangas–Sanchez J，Turner N J，et al. NAD（P）H–dependent dehydrogenases for the asymmetric reductive amination of ketones：structure，mechanism，evolution and application ［J］. Advanced Synthesis & Catalysis，2017，359：2011–2025.

［19］ Chen F，Zheng G W，et al. Reshaping the active pocket of amine dehydrogenases for asymmetric synthesis of bulky aliphatic amines ［J］. ACS Catalysis，2018，8：2622–2628.

［20］ Bommarius A S，Schwarm M，Stingl K，et al. Synthesis and use of enantiomerically pure tert–leucine ［J］. Tetrahedron–Asymmetry，1995，6：2851–2888.

［21］ Hanson R L，Howell J M，Laporte T L，et al. Synthesis of allysine ethylene acetal using phenylalanine dehydrogenase from Thermoactinomyces intermedius ［J］. Enzyme & Microbial Technology，2000，26：348–358.

［22］ Mhler C，Kratzl F，Vogel M，et al. Loop swapping as a potent approach to increase ene reductase activity with nicotinamide adenine dinucleotide（NADH）［J］. Advanced Synthesis & Catalysis，2019，361：2505–2513.

［23］ Winkler C K，Clay D，Davies S，et al. Chemoenzymatic asymmetric synthesis of pregabalin precursors via asymmetric bioreduction of β–cyanoacrylate esters using ene–reductases ［J］. Journal of Organic Chemistry，2013，78（4）：1525–1533.

［24］ Machajewski T D，Chi–Huey W. The catalytic asymmetric aldol reaction ［J］. Angewandte Chemie International Edition，2010，39：1352–1375.

［25］ Ruigaj A，Krajnc M. Optimization of a crude deoxyribose–5–phosphate aldolase lyzate–catalyzed process in synthesis of statin intermediates ［J］. Organic Process Research & Development，2013，17（5）：854–862.

［26］ Fei H，Zheng C C，Liu X Y，et al. An industrially applied biocatalyst：2–Deoxy–D–ribose–5– phosphate aldolase ［J］. Process Biochemistry，2017，63：55–59.

［27］ Greenberg W A，Varvak A，Hanson S R，et al. Development of an efficient，scalable，aldolase–catalyzed process for enantioselective synthesis of statin intermediates ［J］. Proceedings of the National Academy of Sciences of the United States of America，2004，101：5788–5793.

［28］ Macdonald D S，Garrabou X，Klaus C，et al. Engineered artificial carboligases facilitate regioselective preparation of enantioenriched aldol adducts ［J］. Journal of the American Chemical Society，2020，142：10250–10254.

［29］ Ghanem A，Aboul–Enein H Y. Lipase– mediated chiral resolution of racemates in organic solvents ［J］. Tetrahedron–Asymmetr，2004，15（21）：3331–3351.

［30］ Kazlauskas R J，Weissfloch A N E，Rappaport A T，et al. A rule to predict which enantiomer of a secondary alcohol reacts faster in reactions catalyzed by cholesterol esterase，lipase from Pseudomonas cepacia，and lipase from Candida rugosa［J］．Journal Of Organic Chemistry，1991，56（8）：2656–2665.

［31］郑裕国，沈寅初. 手性医药化学品生物催化合成进展与实践［J］. 生物化工过程，2013，11（2）：24–29.

［32］刘婉颐，邓国忠，崔宝东，等. 生物催化合成手性胺的研究进展［J］. 合成化学，2020，28（6）：548 –557.

［33］徐天闻，贾涛，许建和. 非水介质中脂肪酶催化的手性拆分研究进展［J］. 生物加工过程，2005，3（4）：1–8.

［34］Janos Z，Donald M M. Biotin biochemistry and human requirements［J］．Journal Of Nutritional Biochemistry，1999，10：128–138.

［35］Shimizu M，sukamoto K T，Matsutani T，et al. Oxazaborolidine–mediated asymmetric reduction of 1，2–diaryl–2–benzyloxyiminoethanones and 1，2–diarylethanediones［J］．Tetrahedron，1998，54：10265–10274.

［36］Shimizu M，Yoshimasa N，Aknobu W. Stereocontrol in the reduction of meso–imides using oxazaborolidine，leading to a facile synthesis of（+）–deoxybiotin［J］．Tetrahedron Letters，1999，40：8873–8876.

［37］Huang J，Xiong F，Chen F–E. Total synthesis of（+）–biotin via a quinine–mediated asymmetric alcoholysis of meso–cyclic anhydride strategy［J］．Tetrahedron–Asymmetr，2008，19：1436–1443.

［38］Nellaiah H，Morisseau C，Archelas A，et al. Enantioselective hydrolysis of p–nitrostyrene oxide by an epoxide hydrolase preparation from Aspergillus niger［J］．Biotechnology &Bioengineering，2015，49（1）：70–77.

［39］Kong X D，Ma Q，Zhou J，et al. A smart library of epoxide hydrolase variants and the top hits for synthesis of（S）–β–blocker precursors［J］．Angewandte Chemie–International Edition，2014，53（26）：6641–6644.

［40］李超. 环氧化物水解酶在手性药物中间体合成中的应用［J］. 医药化工，2018，44（12）：198–199.

［41］Jin H X，Liu Z Q，Hu Z C，et al. Production of（R）–epichlorohydrin from 1，3–dichloro–2–propanol by two–step biocatalysis using haloalcohol dehalogenase and epoxide hydrolase in two–phase system［J］．Biochemical Engineering Journal，2013，74：1–7.

［42］Zou S P，Zheng Y G，Wu Q，et al. Enhanced catalytic efficiency and enantioselectivity of epoxide hydrolase from Agrobacterium radiobacter AD1 by iterative saturation mutagenesis for（R）–epichlorohydrin synthesis［J］．Applied Microbiology And Biotechnology，2018，102（2）：733–742.

［43］邹树平，姜镇涛，王志才，等. 环氧化物水解酶交联细胞聚集体催化合成（R）–环氧氯丙烷［J］. 化工学报，2020，71（9）：4238–4245.

［44］邬敏辰，叶慧华，胡蝶，等. 一种催化活性和对映归一性提高的菜豆环氧化物水解酶突变体［P］. 2019，CN 106119220 B.

［45］叶慧华. 菜豆环氧化物水解酶PvEH1的催化性质及分子改造研究［D］. 无锡：江南大学，2017.

［46］Ricca E，Brucher B，Schrittwieser J H. Multi-enzymatic cascade reactions：overview and perspectives［J］. Advanced Synthesis & Catalysis，2011，353（13）：2239-2262.

［47］曾浩，薛亚平，郑裕国. 氧化—还原生物催化偶联去消旋的研究进展［J］. 化学与生物工程，2016，33（8）：4-9.

［48］Both P，Busch H，Kelly P P，et al. Whole-cell biocatalysts for stereoselective C-H amination reactions［J］. Angewandte Chemie-International Edition，2016，55（4）：1511-1513.

［49］郑裕国，柳志强，沈寅初. 手性医药化学品生物催化绿色制造［J］. 生物产业技术，2013，6：20-26.

［50］Rudroff F，Mihovilovic M D，et al. Opportunities and challenges for combining chemo-and biocatalysis［J］. Nature Catalysis，2018，1（1）；12-22.

［51］Rulli G，Duangdee N，Baer K，et al. Direction of kinetically versus thermodynam ically controlled organocatalysis and its application in chemoenzymatic synthesis［J］. Angewandte Chemie-International Edition，2011，50（34）：7944-7947.

第3章 小试条件研究

小试条件研究

3.1 概述

在设计和选择药物合成工艺路线之后，接下来要进行工艺条件研究。药物的合成工艺路线通常可由若干个合成工序组成，每个合成工序包含若干个化学单元反应。对这些化学单元反应进行实验室水平的工艺研究（小试工艺），目的在于优化和选择最佳的工艺条件；同时，为生产车间划分生产岗位做准备。药物的制备过程是各种化学单元反应与化工单元操作的有机组合和综合应用。在合成工艺上多倾向于在同一反应器中，连续地加入原辅材料，以进行一个以上的化学单元反应，成为一个合成工序，即多个化学单元反应合并成一个合成工序的生产工艺，习惯称为"一勺烩"工艺。随后是产物的分离、精制，也称为后处理。后处理一般属于物理处理过程，但它是药物工艺研究的重要组成部分，只有经过适当而有效的后处理才能得到符合质量标准的药物。

深入探讨药物化学合成工艺研究中的具体问题及其相关理论十分重要。研究反应物分子到产物分子的反应过程，在了解或阐明反应过程的内因（如反应物和反应试剂的性质）的基础上，探索并掌握影响反应的外因（即反应条件）。只有对反应过程的内因和外因以及它们之间的相互关系深入了解后，才能正确地将两者统一起来，进一步获得最佳工艺条件。药物化学合成工艺研究的过程也就是探索化学反应条件对反应物所起作用的规律性的过程。

化学反应的内因，主要是指反应物和反应试剂分子中原子的结合状态、键的性质、立体结构、官能团的活性，各种原子和官能团之间的相互影响及物化性质等，是设计和选择药物合成工艺路线的理论依据。化学反应的外因，即反应条件，也就是各种化学反应的共同点：配料比、反应物的浓度与纯度、加料次序、反应时间、反应温度与压力、溶剂、催化剂、pH、设备条件，以及反应终点控制、产物分离与精制、产物质量监控等。在各种化学反应中，反应条件变化很多，千差万别，但又相辅相成或相互制约。有机反应大多比较缓慢，且副反应很多，因此，反应速率控制与生成物的分离、纯化等常常成为化学合成药物工艺研究中的难题。

3.2 反应条件及影响因素

反应条件和影响因素等可以概括为7个方面，这也是化学合成药物工艺研究的7个主要课题。

（1）配料比

参与反应的各物料之间物质的量的比例称为配料比（也称投料比）。通常物料量以摩尔为单位，因此也称为物料的摩尔比。

（2）溶剂

溶剂主要作为化学反应的介质，反应溶剂的性质和用量直接影响反应物的浓度、溶剂化作用、加料次序、反应温度和反应压力等。

（3）温度和压力

化学反应伴随有能量的转换，在化学合成药物工艺研究中要注意考察反应温度和压力的变化，选择合适的搅拌器和搅拌速度。

（4）催化剂

现代化学工业中，80%以上的反应涉及催化过程。化学合成药物的工艺路线中也常见催化反应，如酸碱催化、金属催化、相转移催化、生物酶催化等，利用催化剂来加速化学反应、缩短生产周期、提高产品的纯度和收率。

（5）反应时间及其监控

反应物在一定条件下通过化学反应转变成产物，与化学反应时间有关。有效地控制反应终点，力图以高收率获得高纯度的产物。

（6）后处理

由于药物合成反应常伴随着副反应，因此反应完成后，需要从副产物和未反应的原辅材料及溶剂中分离出主产物。分离方法基本上与实验室所用的方法类似，如蒸馏、过滤、萃取、干燥等。

（7）产品的纯化和检验

为了保证产品质量，所有中间体都必须有一定的质量标准，最终产品必须符合国家规定的药品标准。化学原料药生产的最后工序（精制、干燥和包装）必须在《药品生产质量管理规范》（GMP）规定的条件下进行。

3.2.1 反应物的浓度与配料比

凡反应物分子在碰撞中一步转化为生成物分子的反应称为基元反应。凡反应物分子要经过若干步，即若干个基元反应才能转化为生成物的反应，称为非基元反应。基元反应是机理最简单的反应，而且其反应速率具有规律性。对于任何基元反应来说，反应速率总是与其反应物浓度的乘积成正比。

3.2.2 反应溶剂和重结晶溶剂

在药物合成中，绝大部分化学反应都是在溶剂中进行的，溶剂可以帮助反应传热，并使反应分子能够均匀分布，增加分子间碰撞的机会，从而加速反应进程。同时溶剂还是一个稀释剂。

采用重结晶法精制反应产物也需要溶剂。无论是反应溶剂，还是重结晶溶剂，都要求溶剂具有不活泼性，即在化学反应或在重结晶条件下，溶剂应是稳定而惰性的。尽管溶剂分子可能是过渡状态的一个重要组成部分，并在化学反应过程中发挥一定的作用，但是总的来说，尽量不要让溶剂干扰反应。

3.2.3 反应温度和压力

3.2.3.1 反应温度

反应温度是决定化学反应的关键因素，如何寻找恰当的反应温度并进行控制，是合成工艺研究的一个最重要内容。常用类推法选择反应温度，即根据文献报道的类似反应的温度初步确定反应温度，然后根据反应物的性质作适当的调整，如与文献中的反应实例相比，立体位阻是否大了，或其亲电性是否小了等，综合各种影响因素，进行设计和试验。如果是全新反应，不妨从室温开始，用薄层色谱法追踪发生的变化。若无反应发生，可逐步升温或延长时间；若反应过快或激烈，可以降温或控温使之缓和进行。当然，理想的反应温度是室温，但室温反应毕竟是极少数，而冷却和加热才是常见的反应条件。常用的冷却介质有冰／水（0℃）、冰／盐（-10~-5℃）、干冰／丙酮（-60~-50℃）和液氮（-196~-190℃）。从工业生产规模考虑，在0℃或0℃以下反应，需要冷冻设备。加热温度可通过选用具有适当沸点的溶剂予以固定，也可用蒸汽浴（130℃以下）、电加热油浴（130℃以上）将反应温度恒定在某一温度范围。如果加热后再冷却或保温一定时间，则反应器须有相应的设备条件。

3.2.3.2 反应压力

多数反应是在常压下进行的，但有些反应要在加压下才能进行或有较高产率。压力对于液相或液—固相反应一般影响不大，而对气相、气—固相或气—液相反应的平衡、反应速率以及产率影响比较显著。对于反应物或反应溶剂具有挥发性或沸点较低的反应，提高温度，有利于反应进行，但可能成为气相反应。在工业上，加压反应需要特殊设备并需要采取相应的措施，以保证操作和生产安全。

压力对于理论产率的影响依赖于反应物与产物体积或分子数的变化。如果一个反应的结果使分子数增加，即体积增加，那么，加压对产物生成不利；反之，如果一个反应的结果使体积缩小，则加压对产物的生成有利。

3.2.4 催化剂

现代有机合成化学的核心是研究新型、高选择性的有机合成反应。这类反应具有如下的特点：

①应条件温和，反应能在中性、常温和常压下进行。

②高选择性，包括化学选择性、立体选择性和对映体选择性等。

③仅需加入少量催化剂，反应即可以顺利进行，从原料不断地生成产物。

④无"三废"或少"三废"。

与此密切相关的催化学科已经成为化学领域里的一个重要前沿。现代化学工业最重要的成就是在生产过程中广泛采用催化剂和催化工艺技术。在药物合成中80%~85%的化学反应需要用催化剂，如氢化、脱氢、氧化、还原、脱水、脱卤、缩合、环化等反应几乎都使用催化剂。酸碱催化、金属催化、酶催化（微生物催化）、相转移催化等技术都已广泛应用于药物合成过程。

催化剂分为两类，化学催化剂和生物酶催化剂。酶催化技术具有广泛的实用性，具有简化工序、降低成本、节约原料和能源、提高收率以及减少环境污染等特点，近年来酶催化技术发展迅速。

3.3 质量控制及提升

《中华人民共和国药典》是药品生产、检验、经营使用和管理部门共同遵循的法定依据。化学原料药质量优劣与生产过程中的各个环节都有密切关系，因此，在化学合成药物工艺条件研究时，必须切实注意原料、中间体的质量标准的制定和监控。在工艺研究中反应终点控制的研究和生产过程中药品质量的管理是药品生产中密切相关的两个方面。

在工艺研究中还必须进行必要的控制试验，以确定原辅材料、设备条件和材质的最低质量标准，按照《药品生产质量管理规范》的要求，为保证产品质量和生产正常进行而建立起一个质量保证体系和安全生产体系。药品质量管理包括以下三方面内容。

3.3.1 原辅材料和中间体的质量监控

原料、中间体的质量与下一步反应及产品质量密切相关，若对杂质含量不加以控制，不仅影响反应的正常进行和收率的高低，而且影响药品质量和疗效，甚至危害患者的健康和生命。因此，必须制定生产中采用的原料、中间体的质量标准，特别是其最低含量。药物生产中经常遇到下列几种情况，必须予以解决。

①原料或中间体含量发生变化，如果按原配料比投料，就会造成反应物的配比不符合操作规程要求，从而影响产物的质量或收率。因此，必须按照含量计算投料量。若原辅材料来源发生变更，必须严格检验后，才能投料。

②由于原辅材料或中间体所含杂质或水分超过限量，致使反应异常或影响收率。如在催化氢化反应中，若原料中带进少量的催化毒物，会使催化剂中毒而失去催化活性。

③由于副反应的存在，许多有机反应往往有两个或两个以上的反应同时进行，生成的副产物混杂在主产物中，致使产品质量不合格，有时需要反复精制，才能达到质量标准。

3.3.2 反应终点的监控

对于许多化学反应，反应完成后必须及时停止反应，并将产物立即从反应系统中分离出来。否则反应继续进行可能使反应产物分解破坏，副产物增多或发生其他复杂变化，使收率降低，产品质量下降。另外，若反应未达到终点，过早地停止反应，也会导致类似的不良效果。同时还必须注意，反应时间与生产周期和劳动生产率有关。因此，对于每一个反应都必须掌握好它的进程，控制好反应终点，保证产品质量。

反应终点的控制主要是控制主反应的完成。测定反应系统中是否尚有未反应的原料（或试剂）存在，或其残存量是否达到规定的限度。在工艺研究中常用薄层色谱、气相色谱和高效液相色谱等方法来监测反应，也可用简易快速的化学或物理方法，如测定显色、沉淀、酸碱度、相对密度、折射率等手段进行反应终点监测。

3.3.3　化学原料药的质量管理

药品质量必须符合国家药品标准，化学原料药生产企业必须设立独立的、与生产部门平行的质量检查机构，严格执行药品标准。原料药的生产车间与供应部门之间必须密切配合，共同制定原辅材料、中间体、半成品和成品等的质量标准并规定杂质的最高限度等；并经常进行化学原料药质量的考察工作，不断改进生产工艺，完善车间操作规程，不断提高产品质量。在研究过程中必须认真考察下列各项内容。

（1）药品的纯度

药品的纯度及其化验方法、杂质限度及其检测方法是药品生产工艺研究的重要内容。通过这些研究可以发现杂质的出处，为提高药品质量创造条件。

（2）药品的稳定性

化学原料药容易受到外界物理和化学因素的影响，引起药物分子结构的变化。如某些药品在一定的湿度、温度和光照下，可发生水解、氧化、脱水等现象，造成药品失效或增加毒副作用。我国地域广大，各地温度和湿度相差很大，在储存、运输时也必须考虑药品稳定性问题。

（3）药品的生物有效性

有的药品因晶型不同而产生体内吸收、分布及其药代动力学变化过程的差异，即药物的生物有效性不同。例如，无味氯霉素有A、B、C三种晶型及无定形，其中A、C为无效型，而B及无定形为有效型。世界各国都规定无味氯霉素中的无效晶型不得超过10%。

3.4　特殊试验

3.4.1　工艺研究中的过渡试验

在工艺路线考察中，起始阶段常使用试剂规格的原辅材料（原料、试剂、溶剂等），目的是排除原辅材料中所含杂质的不良影响，以保证研究结果的准确性。当工艺路线确定后，在进一步考察工艺条件时，应尽量改用生产上足量供应的原辅材料，进行过渡试验，考察某些工业规格的原辅材料所含杂质对反应收率和产品质量的影响，制定原辅材料的规格标准，规定各种杂质的最高允许限度。特别是在原辅材料来源改变或规格更换时，必须进行过渡试验并及时制定新的原辅材料规格标准和检验方法。

3.4.2　反应条件的极限试验

经过详细的工艺研究，可以找到最适宜的工艺条件，如配料比、温度、酸碱度、反应时间、溶剂等，它们往往不是单一的点，而是一个许可范围。有些尖顶型化学反应对工艺条件要求很严，超过某一极限后，就会造成重大损失，甚至发生安全事故。在这种情况下，应该进行工艺条件的极限试验，有意识地安排一些破坏性试验，以便更全面地掌握该反应的规律，为确保生产安全提供必要的数据。例如，氯霉素的生产中，乙苯的硝化和对硝基乙苯的空气氧化等工艺都是尖顶型化学反应，因此，对催化剂、温度、配料比和加料速度等都必须进行极限试验。

3.4.3 设备因素和设备材质

实验室研究阶段，大部分的试验是在小型的玻璃仪器中进行，化学反应过程的传质和传热都比较简单。在工业化生产时，传热、传质以及化学反应过程都要受流动形式和状况的影响，因此，设备条件是化学原料药生产中的重要因素。各种化学反应对设备的要求不同，反应条件与设备条件之间是相互联系又相互影响的。例如，乙苯的硝化反应是多相反应，在搅拌下将混酸加到乙苯中，混酸与乙苯互不相溶，搅拌效果的好坏在这里尤为重要，加强搅拌可增加二者接触面积，加速反应。又如，固体金属（Na，Zn等）作催化剂的反应，若搅拌效果欠佳，相对密度大的固体金属催化剂沉积，不能起到完全的催化作用。再如，苯胺经重氮化还原制备苯肼的工艺中，若用一般的间歇式反应釜，反应在0～5℃进行。若温度过高，生成的重氮盐将分解而导致其他副反应。如果改用管道化连续反应器，使生成的重氮盐迅速转入下一步反应，反应可以在常温下进行，且收率较高。

反应物料要接触到各种设备材质，某种材质可能对某一化学反应有很大影响，甚至使整个反应遭到破坏。例如，由二甲苯或对硝基甲苯制备取代苯甲酸的空气氧化反应，以溴化钴为催化剂，以冰乙酸为溶剂，必须在玻璃或钛质的容器中进行。如有不锈钢存在，反应不能正常进行。因此，在实验室研究阶段可在玻璃容器中加入某种材料，以试验其对反应的影响。对于具有腐蚀性的原辅材料，需进行对设备材质的腐蚀性试验，为中试放大和选择设备材质提供数据。

3.5 制药工艺安全性

化学制药工艺的安全性是指过程安全，是防止对过程、环境或企业造成严重影响的危害物质或能量的意外释放（泄漏），贯穿于路线选择、工艺设计以及生产控制等整个过程中。2009年和2013年国家安全总局先后公布了两批重点监管危险化工工艺目录，共有18类危险化工工艺。由于化学品种类多，化学制药工艺涉及的化学反应类型众多，存在反应失控风险，有毒有害物料和溶剂等的使用，容易导致泄漏、火灾、爆炸、中毒。本章主要针对化学制药过程中使用较多的光气化工艺、硝化工艺、加氢工艺和重氮化工艺，结合反应物料和反应设备的安全性，讨论其相关反应原理、控制方法与措施。

3.5.1 危险反应种类

3.5.1.1 光气化工艺

光气化工艺包含光气的制备工艺，以及以光气为原料制备光气化产品的工艺路线，主要分为气相和液相两种。光气化反应具有非常高的危险性，主要体现在：

①光气为剧毒气体，在储运、使用过程中发生泄漏后，易造成大面积污染、中毒事故。

②反应介质具有燃爆危险性。

③副产物氯化氢具有腐蚀性，易造成设备和管线泄漏，使人员发生中毒事故。

（1）光气化工艺反应物质

光气化工艺通常涉及的关键原料有三种，分别为光气、双光气和三光气。它们的主要物理性质见表3-1。

表3-1　光气、双光气和三光气的性质

项目	结构	外观	沸点/℃	熔点/℃	蒸气压（20℃）/mmHg	毒性
光气phosgene，COCl₂	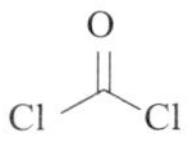	无色气体	8	-118	1215	第三类A级
双光气diphosgene，ClCOOCCl₃	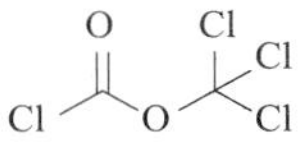	无色液体	128	-57	10	代替光气
三光气triphosgene，Cl₃COCOOCCl₃	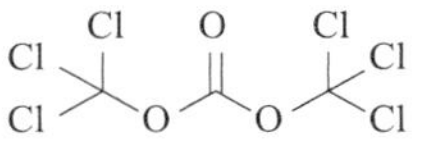	白色固体	203～206	81～83	—①	一般有毒物

①在90℃左右吸湿，开始分解为光气、双光气。

光气，又名碳酰氯、氧氯化碳，工业品呈浅黄色或浅绿色，不燃。光气毒性比氯气大10倍，接触50mg/m³的光气30min，即对人造成生命危险。

双光气的化学名称为氯甲酸三氯甲酯（trichloramethyl chloroformate，TCF），使用、运输、储存都很方便，还可用作军用毒气。

三光气的化学名称为双（三氯甲基）碳酸酯〔bis（triehloromethyl）carbonate，BTC〕，下为白色固体，故又称固体光气。密度1.78g/cm，溶于乙醇、苯、乙酮、四氢呋喃、氯仿、环己烷等。三光气遇热水及碱则分解为光气。BTC的储存、运输和使用过程均比光气、双光气安全得多。但它于90℃吸湿，开始分解，在130℃有轻微分解，高温（206℃以上）热裂解为光气、CO_2和CCl_4，故应将其储存于阴凉、通风、干燥处。

（2）光气化反应工艺原理

光气化反应的一个很重要的用途是制备异氰酸酯类化学品，其中甲苯二异氰酸酯（toluene diisocyanate，TDI）和二苯基甲烷二异氰酸酯（diphenylmethane diisocyanate，MDI）是最重要的有机异氰酸酯，其产量占到总产量的90%以上。

以MDI制备为例来分析光气化反应工艺原理，制备MDI分为冷反应和热反应两步。首先，将原料（二苯基甲基二胺）在动态混合器中与反应溶剂进行充分混合溶解，混合液与光气一起进入反应器进行冷反应（图3-1）。冷反应阶段的反应速率快，通常认为只发生（1）（2）反应，冷反应液以气、液、固三相进入热反应器。

在热反应中，冷反应液中的氨基甲酰氯会分解生成MDI，氨基盐酸盐与光气继续反应也生成MDI（图3-2）。

冷反应中，（1）（2）的速率非常快；而热反应中，（3）（6）反应速率则较慢；副反应（4）和（5）的速率则介于两者之间。为了减少副反应的发生，现在大多数工艺都是二步法反应工艺，典型的反应工艺流程如图3-3所示。

①冷反应器中，二苯基甲基二胺与光气反应，生成氨基甲酰氯和副产物氯化氢气体，后者与原料反应，转化为氨基盐酸盐。

②热反应器1中，冷反应器中生成的氨基盐酸盐继续与光气反应，生成氨基甲酰氯，同

时产生副产物氯化氢。

③热反应器2中，氨基甲酰氯受热分解生成目标化合物二苯基甲烷二异氰酸酯（MDI），同时产生副产物氯化氢。

④过量的光气与副产物氯化氢分离后，再重新回流至冷反应器，循环利用。

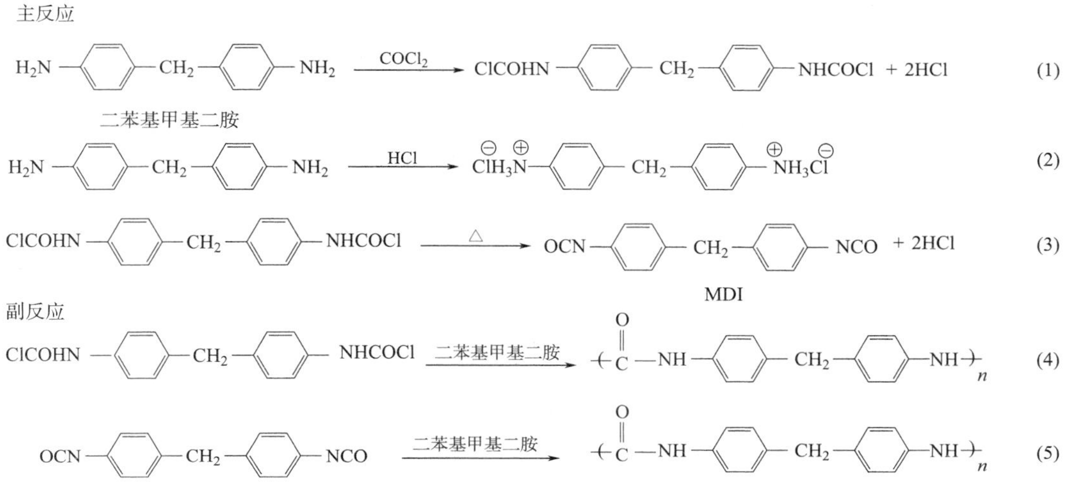

主反应

$$H_2N-\!\!\!\bigcirc\!\!\!-CH_2-\!\!\!\bigcirc\!\!\!-NH_2 \xrightarrow{COCl_2} ClCOHN-\!\!\!\bigcirc\!\!\!-CH_2-\!\!\!\bigcirc\!\!\!-NHCOCl + 2HCl \tag{1}$$

二苯基甲基二胺

$$H_2N-\!\!\!\bigcirc\!\!\!-CH_2-\!\!\!\bigcirc\!\!\!-NH_2 \xrightarrow{HCl} Cl\overset{\ominus}{H}_3\overset{\oplus}{N}-\!\!\!\bigcirc\!\!\!-CH_2-\!\!\!\bigcirc\!\!\!-\overset{\oplus}{N}H_3\overset{\ominus}{Cl} \tag{2}$$

$$ClCOHN-\!\!\!\bigcirc\!\!\!-CH_2-\!\!\!\bigcirc\!\!\!-NHCOCl \xrightarrow{\triangle} OCN-\!\!\!\bigcirc\!\!\!-CH_2-\!\!\!\bigcirc\!\!\!-NCO + 2HCl \tag{3}$$

MDI

副反应

$$ClCOHN-\!\!\!\bigcirc\!\!\!-CH_2-\!\!\!\bigcirc\!\!\!-NHCOCl \xrightarrow{二苯基甲基二胺} (\!\!-\!\!\overset{O}{\overset{\|}{C}}-NH-\!\!\!\bigcirc\!\!\!-CH_2-\!\!\!\bigcirc\!\!\!-NH\!-\!\!)_n \tag{4}$$

$$OCN-\!\!\!\bigcirc\!\!\!-CH_2-\!\!\!\bigcirc\!\!\!-NCO \xrightarrow{二苯基甲基二胺} (\!\!-\!\!\overset{O}{\overset{\|}{C}}-NH-\!\!\!\bigcirc\!\!\!-CH_2-\!\!\!\bigcirc\!\!\!-NH\!-\!\!)_n \tag{5}$$

图3-1 冷反应器中的光气化反应机理

主反应

$$Cl\overset{\ominus}{H}_2\overset{\oplus}{N}-\!\!\!\bigcirc\!\!\!-CH_2-\!\!\!\bigcirc\!\!\!-\overset{\oplus}{N}H_3\overset{\ominus}{Cl} \xrightarrow{COCl_2} ClCOHN-\!\!\!\bigcirc\!\!\!-CH_2-\!\!\!\bigcirc\!\!\!-NHCOCl + 4HCl \tag{6}$$

$$ClCOHN-\!\!\!\bigcirc\!\!\!-CH_2-\!\!\!\bigcirc\!\!\!-NHCOCl \xrightarrow{\triangle} OCN-\!\!\!\bigcirc\!\!\!-CH_2-\!\!\!\bigcirc\!\!\!-NCO + 2HCl \tag{3}$$

MDI

副反应

$$OCN-\!\!\!\bigcirc\!\!\!-CH_2-\!\!\!\bigcirc\!\!\!-NOC \xrightarrow{二苯基甲基二胺} (\!\!-\!\!\overset{O}{\overset{\|}{C}}-NH-\!\!\!\bigcirc\!\!\!-CH_2-\!\!\!\bigcirc\!\!\!-NH\!-\!\!)_n \tag{5}$$

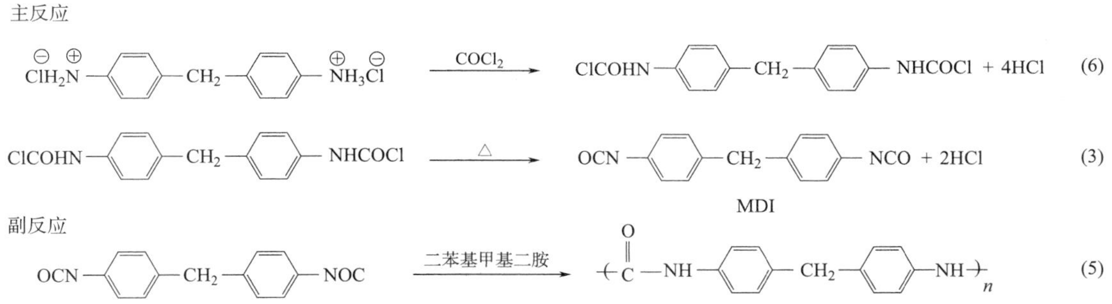

图3-2 热反应器中的光气化反应机理

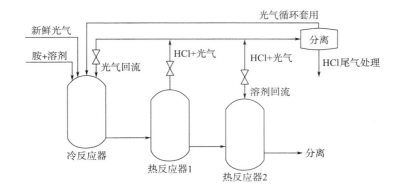

图3-3 光气化反应工艺流程图

（3）固体光气参与的光气化工艺原理

为了改进光气化工艺的安全性，相继开发了TCF以及BTC等光气的替代品。BTC参与的化学合成反应范围广，反应计量准确，利于控制，反应条件温和，且选择性强、收率高，使用安全方便。现有光气化工艺中均采用BTC来替代光气进行反应，大大提高了反应物质的安全性。此外，BTC在许多反应中可替代氯化亚砜、草酰氯、三氯氧磷、三氯化磷等剧毒的化工原料。

通常在辅助亲核试剂作用下，BTC发生亲核反应（图3-4）。1分子BTC可生成3分子的活性中间体$ClCONu^+Cl^-$（Nu为吡啶、三乙胺等），它可与各种亲核体发生反应。

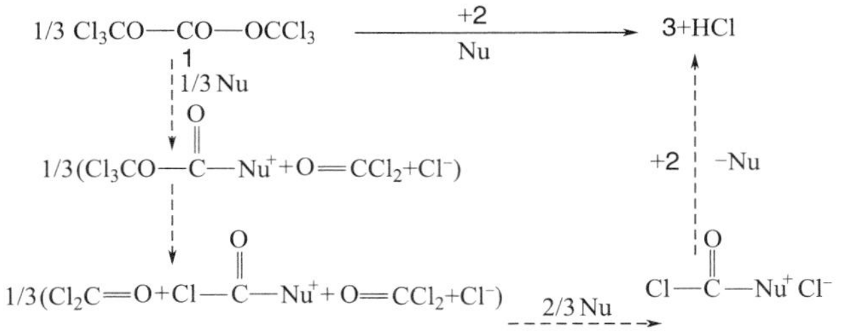

图3-4 双（三氯甲基）碳酸酯与辅助亲核试剂的反应机制

代表性实例：2=$Cl_3C(CH_3)_2COH$，3=$Cl_3C(CH_3)_2COCOCl$，Nu=C_5H_5N

在催化量的氯离子作用下，1分子BTC可分解成3分子光气（图3-5）。光气的反应活性是TCF的18.7倍、BTC的170倍，由此可见，BTC和TCF都要比光气更容易控制反应的进行。

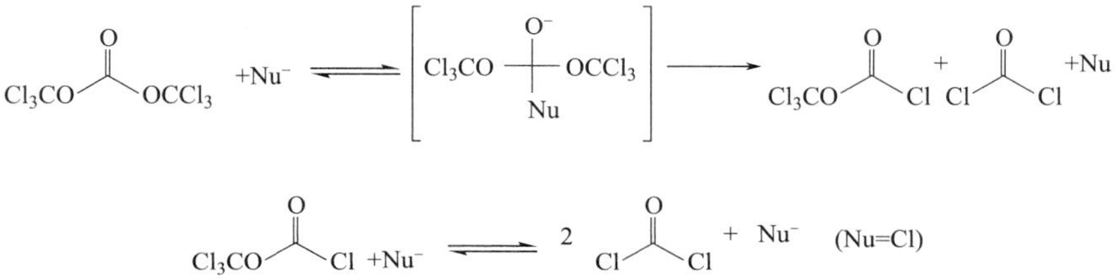

图3-5 双（三氯甲基）碳酸酯与氯离子的反应机制

采用光气法制备苄基异氰酸酯，如图3-6所示。反应过程中会生成大量的HCl气体，如果不能及时排出，会产生副产物苯氯甲烷（$PhCH_2Cl$）。

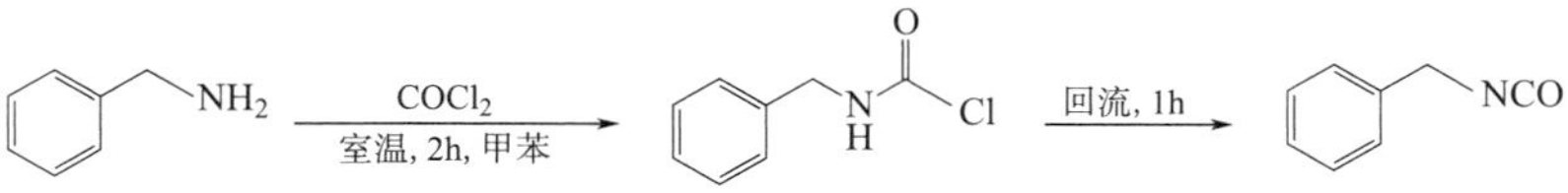

图3-6 苄基异氰酸酯的制备

采用固体光气与苄胺反应，制备异氰酸酯已成为主要的生产方法，如图3-7所示。

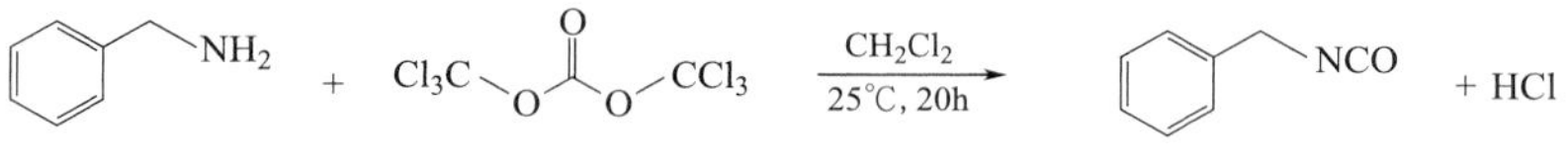

图3-7 固体光气制备苄基异氰酸酯

在反应器中依次加入苯胺1kg，二氯甲烷1.5L，搅拌至溶解完全，缓慢加入固体光气与甲苯配制的溶液，2h滴毕，然后25℃下恒温搅拌，反应20h。反应结束后加入蒸馏水进行稀释，淬灭反应，回收溶剂，粗产品进一步精馏纯化，收率78%~95%，纯度＞99%。

与光气法制备苯基异氰酸酯相比，固体光气法无须加入大大过量的光气，从源头避免大量光气的泄漏，固体光气在二氯甲烷中溶解后缓慢分解、释放光气，产生的HCl气体可以鼓入氮气除去，避免副产物苯氯甲烷的产生，提高反应液质量。

3.5.1.2 硝化工艺

硝化反应是指在有机化合物中引入硝基，生成硝基化合物的反应。硝基化合物可进一步转化氨基、重氮等衍生物，广泛应用于制药领域。涉及硝化反应的工艺过程为硝化工艺。

（1）硝化工艺的危险性

①反应速率快，放热量大，易引起爆炸事故。

②反应物料具有燃爆危险性。

③硝化剂具有强腐蚀性、强氧化性，与油脂、有机化合物（尤其是不饱和有机化合物）接触能引起燃烧或爆炸。

④硝化产物、副产物具有爆炸危险性。

硝化反应通常也是放热反应，其重点监控单元在于硝化试剂储运单元、硝化反应单元、分离单元等。

（2）硝化工艺反应物料的安全性

制备硝基化合物的途径有多种，包括烃类的直接硝化，卤素取代以及胺、脂的氧化等。其中芳烃或脂肪烃的直接硝化是制备硝基化合物的工业化方法。常见的硝化试剂包括硝酸、硝酸盐、硝酸酯类、硝酰类或硝烷类化合物或混合物等。一般使用发烟硝酸，也可以将浓硝酸与硫酸、醋酐等组成混酸进行硝化，利用不同的混酸条件可以改进硝化反应的动力学和热力学过程。硝酸盐与浓酸混合用于一些混酸难以硝化的底物，但选择性不高。

常见的硝化试剂存在火灾、爆炸、强腐蚀性等安全隐患，在工艺设计时应按要求进行严格选型选材，并定期对设备进行检查，确保储运单元、反应单元以及分离单元的安全。

硝酸具有挥发性和刺激性，若大量吸入挥发气体会造成眼及上呼吸道刺激症状，并可能诱发气胸及纵隔气肿、肺水肿，皮肤和眼睛接触可产生强烈的化学灼伤。可利用硝基酚与碱发生中和反应生成硝基酚钠盐类物质，通过水洗除去。

（3）硝化工艺反应原理

芳烃的硝化反应是一种亲电取代反应，参与反应的活泼亲电物质是NO_2^+，动力学研究表明，硝化反应速率与NO_2^+浓度成正比。以苯的硝化为例，其反应原理如图3-8所示。

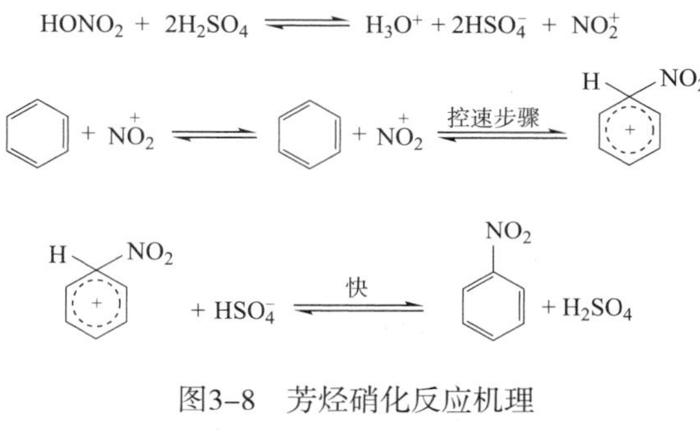

目前，我国工业上应用最多的是以混酸为硝化剂的液相硝化法。由于硝化反应是强放热反应，若反应温度持续升高，则会引起副反应，硝酸大量分解，硝基酚类副产物增加，有可能引发爆炸事故。硝基苯合成工艺

图3-8 芳烃硝化反应机理

制药工艺学

中的主要副反应如图3-9所示。

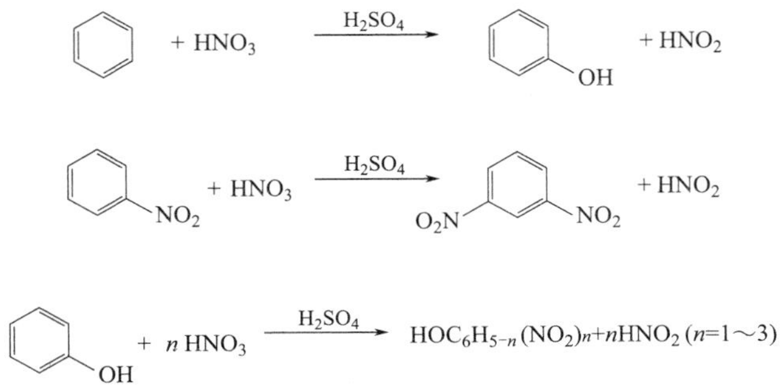

图3-9　硝基苯合成工艺中的主要副反应

（4）硝化工艺实例

厄洛替尼（Erlotinib）是一种分子靶向治疗癌症的药物，通过抑制人体细胞内表皮生长因子上的酪氨酸激酶活性，达到抗肿瘤的作用，提高肿瘤患者的生存率。美国FDA于2004年批准其上市，CFDA于2006年批准该药上市。

6,7-二取代-4-氯代喹唑啉是合成厄洛替尼的关键中间体，该中间体的合成需要经历硝化、加氢、环合、氯化等工艺（图3-10）。

具体操作过程如下：将物料溶解在乙酸中，冷却至5℃，滴加浓硝酸，在5℃下搅拌24h后倒入大量冷水中，用乙酸乙酯萃取后用水洗三遍并干燥，蒸出溶剂后得到硝化产物。

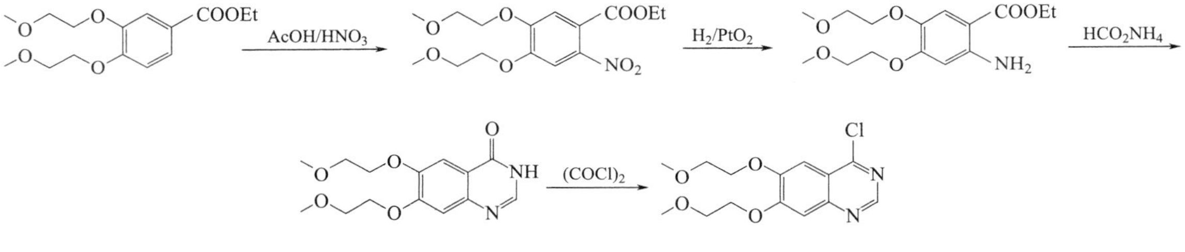

图3-10　美国辉瑞公司厄洛替尼中间体的合成工艺

（5）硝化工艺的优势

①采用乙酸/硝酸的混酸体系，从源头上避免了硫酸/硝酸体系配制混酸时大量放热的现象。

②采用更低的反应温度，减少了酚醚类化合物氧化、硝化以及过氧化等副产物的生成，进一步提高了工艺安全性。

③通过低温反应也有效地避免了硝酸大量分解、生成多硝基化合物的潜在风险。

3.5.1.3　加氢工艺

加氢反应是指有机物与氢气反应，增加氢原子或减少氧原子，或者两者兼而有之的反应。涉及加氢反应的工艺过程称为加氢工艺，其工艺危险性主要体现在反应物料的燃爆危险性、设备发生氢脆、操作过程中易引发爆炸。

以烯烃的催化加氢为例，催化加氢工艺过程为：氢被吸附在金属催化剂表面，烯烃与催

84

化剂络合，氢分子在催化剂上发生键的断裂，形成活泼的氢原子，然后氢原子与双键进行加成反应，得到相应的烷烃，脱离催化剂表面，如图3-11所示。

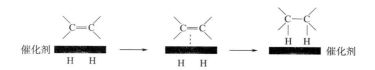

图3-11 烯烷的催化加氢过程示意图

影响催化加氢反应速率的主要因素为反应温度、压力以及物料的混合等。加氢反应速率一般随温度的提高而加快，但上升的幅度并不一致。而温度过高易引起炭化使催化剂积炭、副反应增多等。氢化还原反应是放热反应，因此反应过程中要注意移走热量。压力增大可增加体系中的氢浓度，有利于反应的进行，但会增大设备成本和反应的危险性。一般工业上以不超过4MPa（中压）为好。加氢反应一般是多相反应，加强传质对反应有很大的影响，特别是对高活性的催化剂，由于速率控制步骤主要在扩散这一步，影响非常大。

3.5.1.4 重氮化工艺

重氮化反应是指脂肪族、芳香族或杂环的伯胺与亚硝酸在低温下作用，生成重氮盐的反应。涉及重氮化反应的工艺过程为重氮化工艺，其危险性主要体现在着火或爆炸。绝大多数重氮化反应是放热反应，针对以上危险性，其主要监控的单元是重氮化反应釜、后处理单元。

（1）重氮化工艺反应物料的安全性

①亚硝酸钠。属于二级无机氧化剂，在175℃时分解，能引起有机物燃烧或爆炸。亚硝酸钠还具有还原剂的性质，遇强氧化剂能被氧化而导致燃烧或爆炸。亚硝酸钠也是强致癌物质，操作时一定要做好防护措施。

②无机酸 硫酸、盐酸都具有强腐蚀性，操作时也应做好相应的防护措施。

③重氮盐 在温度稍高或光的作用下，重氮盐极易分解，有的甚至在室温时也能分解，每当温度升高10℃，其分解速率便加快2倍。在干燥状态下，有些重氮盐不稳定，活性大，受热或摩擦、撞击，都能引起爆炸。含重氮盐的溶液若洒落在地上、蒸汽管道上，干燥后也能燃烧或爆炸。

（2）重氮化工艺反应原理及其影响因素

①反应原理。一级胺与无机酸在低温条件下与重氮试剂作用，其中的氨基转变为重氮基，生成重氮化合物。以HCl为例的重氮化反应过程如图3-12所示。重氮化反应分非水和含水条件两种，目前工业上广泛应用的是含水条件下的重氮化反应。

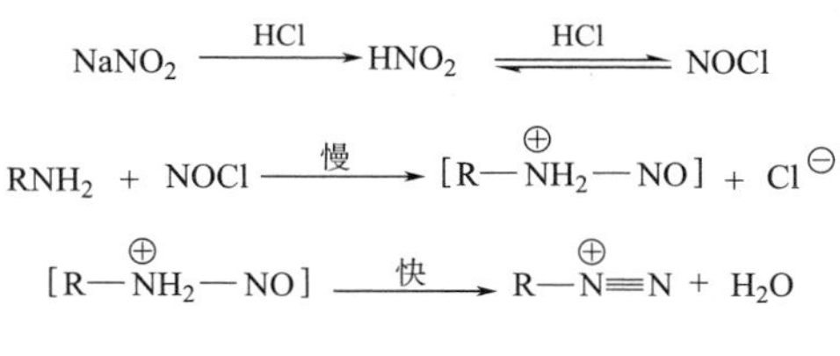

$$NaNO_2 \xrightarrow{HCl} HNO_2 \overset{HCl}{\rightleftharpoons} NOCl$$

$$RNH_2 + NOCl \xrightarrow{慢} [R\overset{\oplus}{-}NH_2-NO] + Cl^{\ominus}$$

$$[R\overset{\oplus}{-}NH_2-NO] \xrightarrow{快} R-\overset{\oplus}{N}\equiv N + H_2O$$

图3-12 重氮化反应机理

②无机酸的影响。不同性质的无机酸在重氮化反应中向芳胺进攻的亲电质点也不同。各种活泼质点的活泼性次序是：$NO^+ > NOBr > NOCl > N_2O_3$。在稀硫酸和浓硫酸中进行重氮化时的主要活泼质点分别为亚硝酸酐和亚硝基正离子。工业生产上一般在盐酸介质中进行重氮化反应，而

比较难反应的弱碱性胺类，则可以在浓硫酸中进行。

无机酸的理论用量为伯胺的2倍，在实际操作过程中无机酸用量一般为伯胺的2.5~4倍。若重氮化反应pH太高，易形成重氮酸并引发一些副反应，且活性较高的重氮化试剂会转化成相对惰性的亚硝酸和亚硝酸根离子，阻碍了重氮化反应。一般地，重氮化过程需保持pH<2。

必须严格控制亚硝酸钠的用量和加料速度，确保反应过程中亚硝酸钠轻微过量。否则会导致生成的重氮盐与没有反应的芳胺发生自偶合的副反应。所以亚硝酸钠的用量一般为芳胺的1.05倍，常配成25%~35%的溶液。若加料速度太快，重氮化反应速率会加快，导致剧烈放热而有爆炸性危险，且容易产生"黄烟"，即NO_2。

③反应温度的影响。重氮化反应的活化能为10~20kJ/mol，反应温度一般为0~5℃，反应速率比较慢。但在温度较高时，重氮化反应的速率非常快，温度每升高10℃，反应速率加快2.5倍，同时重氮盐的分解速率也增加2倍。在受热、撞击、光照等条件下极易分解甚至爆炸。为了得到稳定的重氮盐，常需在反应体系中加入可与重氮基反应的试剂，如四氟硼酸等。另外，重氮化反应是一个强放热过程，例如，对氯苯胺的重氮化反应的热效应为117.2kJ/mol，因此，传统的重氮化反应设备必须加入冷冻装置来维持低温。

④芳胺碱性的影响。芳香族伯胺与重氮化试剂经历的是亲电反应，故芳胺碱性越强，越有利于N-硝基化反应，从而提高重氮化反应的速率。但碱性较强的胺类化合物易与无机酸成盐，而该盐不易再水解成游离胺，降低了游离胺的浓度，导致重氮化反应速率下降。实际生产中，酸的浓度一般比较大，因此，碱性较弱的芳胺反而反应速率较快。

3.5.2 反应危险性分析与过程控制

3.5.2.1 光气化工艺危险性分析及控制

（1）光气化工艺的安全措施

采用光气化工艺生产的化学品，根据国家和地方的相关规定，要达到生产安全控制的基本要求：设立事故紧急切断阀；紧急冷却系统；反应釜温度、压力报警联锁；局部排风设施；有毒气体回收及处理系统；自动泄压装置；自动氨或碱液喷淋装置；光气、氯气、一氧化碳监测及超限报警；双电源供电等。这些措施均是为了对光气合成、储运、投料、反应及后处理过程中可能出现的光气泄漏而采取的多重保护措施。同时对相应的设备选型、选材进行严格的把关，通过试运行检验设备的安全控制参数，并尽可能采用报警和安全联锁控制，防范一切可能对操作人员造成的伤害。

（2）光气化反应控制

光气化工艺大多为放热反应，其重点监控的单元在于光气化反应釜。在MDI的制备工艺中，反应本身存在着一定的危险性。冷反应阶段，反应速率非常快。通常认为只发生图3-1中的（1）（2）反应，但凡含有伯氨基（—NH_2）的化合物，除受位阻效应较大外，即使常温无催化剂存在也能与异氰酸酯反应。当光气量不足或温度升高，图3-1中的（3）~（5）反应加快，副产物的含量增加，导致反应液质量下降，严重时会污染和堵塞后续工序的设备和管道，存在安全隐患。为此，反应过程中需通入大大过量的光气，杜绝图3-1中的（3）~（5）反应发生，提高反应液的质量。

（3）尾气回收

反应中会有大量的尾气产生，其中光气的沸点为7.56℃，20℃时其饱和蒸气压为161.6kPa。当液态光气泄漏到大气时即可汽化，形成白色烟雾，在地面漂浮，对生命构成严重威胁，必须对光气进行回收处理。在反应分离器中，部分未反应的光气和HCl气体被分离出来。经冷凝器冷凝，一部分光气以液相重新返回到光气化回路，没有冷凝的光气经排气分离器进入高压光气吸收塔。光气化回路的压力维持在400kPa左右，从反应分离器中出来的物料仍含有相当数量的光气和HCl气体，而且氨基盐酸盐的分解也会有新的HCl气体生成，这些气体需要通过减压加热来分离，所以脱气塔和气提塔均采用微正压操作。

脱气工序的主要设备为脱气塔。在脱气塔中，液相停留约35min，使中间产物胺的盐酸盐和氨基甲酰氯分解。光气和HCl气体由塔顶部被脱除。然后引出一股物料进入气提塔，在气提塔中，光气和HCl得到进一步的脱除。

3.5.2.2　硝化工艺危险性分析及控制

混酸硝化工艺过程一般包括混酸配制、硝化、产物分离、产品精制、废酸处理等工序（图3-13）。以四釜串联混酸法生产硝基苯为例，其工艺流程为：将98%硝酸、98%硫酸和68%硝化稀硫酸按一定比例在配酸釜中配制成合格的混酸，将混酸与酸性的苯及循环稀硫酸连续地送入1号硝化釜，通过溢流依次流向2号、3号和4号硝化釜继续进行反应，反应后的物料溢流至硝化分离器，经过重力沉降以实现连续分离酸性硝基苯和硝化稀硫酸。硝化稀硫酸中的大部分用于系统内循环，少部分进入萃取釜，经萃取分离器分离出酸性苯和稀硫酸。酸性硝基苯经中和、水洗、分离等操作，得到中性硝基苯。

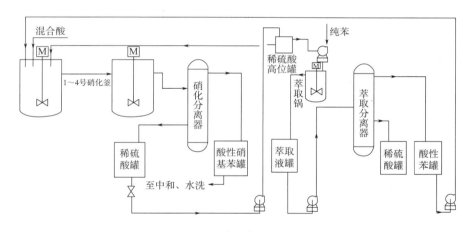

图3-13　硝基苯工艺流程

（1）混酸配制过程

制备混酸过程中会产生大量的混合热，高于85℃就能将硝酸分解为二氧化氮和水，并可能引起硝基化合物的爆炸。控制硝化原料，在使用前应进行检验，彻底去除易氧化组分。混酸配制过程必须严格控制原料酸的加料速度和顺序，控温40℃以下，避免发生意外事故。

（2）反应过程

从键能理论计算，每引入一个硝基，可释放出约153kJ/mol的热量。因此，严格控制反应在较低温度下进行，及时有效地散热，是硝化生产工艺的重要安全防范措施。

①控制加料速度和投料配比，硝化剂的加料应采用双重阀门加料，向硝化器中投入固体物质时，须采用漏斗或翻斗车。

②反应需保持连续搅拌，以保持物料混合良好，温度均匀。

③反应器要有足够的冷却面积，除利用夹套冷却外，还需在釜内安装冷却蛇管，并能保证连续供给冷却水，以确保及时快速地移出反应热和稀释热。

④当硝化反应过程中出现氧化反应的副产物二氧化氮（红棕色气体）时，应立即停止加料，以控制可能发生的危险。

（3）产物分离与产品精制过程

硝化工艺中除去酸液得到酸性有机相后，须用10%NaOH溶液进行酸碱中和反应。碱水洗可除去夹带的硫酸、硝酸液滴，还可除去副反应生成的硝基酚类。

（4）采用连续流新工艺

连续流化学（continuous-flow chemistry）或称为流动化学（flow chemistry），是指通过泵输送物料并以连续流动模式进行化学反应的技术。近20年来，连续流反应技术在学术界和工业界越来越受到关注，主要优点体现在：

①反应器尺寸小，传质传热迅速，易实现过程强化。

②参数控制精确，反应选择性好，尤其适合于抑制串联副反应。

③在线物料量少，微小通道固有阻燃性能好，结构增强装置防爆性能，连续流工艺本质上安全。

④连续化操作，时空效率高。

⑤容易实现自动化控制，增强操作的安全性，节约劳动力资源。

利用连续流反应技术的优势，解决了传统釜式工艺存在的问题，能使硝化工艺在安全高效的模式下运行。如连续流硝化合成1,4-二氟-2-硝基苯的方法。以2倍摩尔数的硫酸和1.1倍摩尔数的硝酸组成的混酸为硝化剂。装置包含三部分，前两部分的停留时间均为1min，第三部分的停留时间为0.3min。每一部分反应器都保持在不同的温度下，分别为30～35℃、65～70℃和-5～0℃，最后一部分的反应器用于淬灭反应（图3-14）。

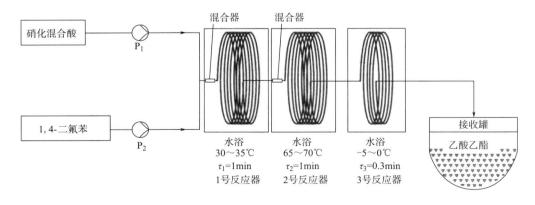

图3-14　连续流硝化制备1,4-二氟-2-硝基苯

通过程序控温的连续流硝化，有效地避免了多硝化等副反应的发生，目标产物收率达98%，主要的二硝化副产物含量低于1%，产量可达6.25kg/h（图3-15）。

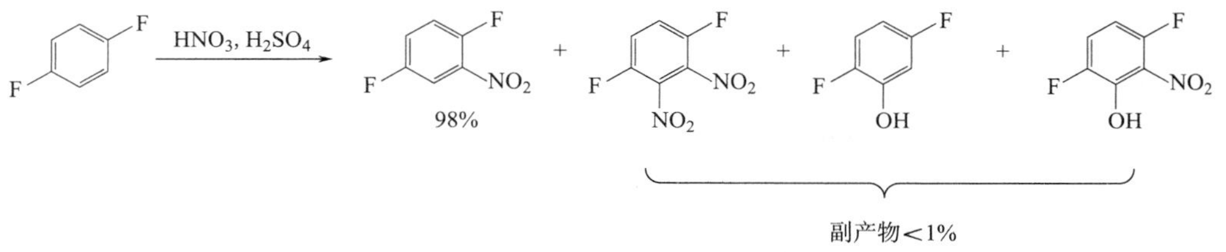

图3-15　1,4-二氟-2-硝基苯制备过程的主要副反应

连续流工艺可以实现小试与工业化放大的无缝转换，只需根据产量要求平行设计反应装置即可，可有效地避免传统釜式反应在产业化过程中可能出现的"三传"（即动量传递、热量传递及质量传递）等放大效应问题，连续流工艺将成为化学制药工业中具有广阔应用前景的安全新工艺。

3.5.2.3　加氢工艺危险性分析及控制

（1）火灾危险性

①氢气。氢气与空气的混合物属于爆炸性混合物，遇火种、高热会引起爆炸。

②催化剂。部分氢化反应催化剂如雷尼镍、钯碳属于易燃固体，容易引起自燃。

③原料及产品。加氢反应的原料及产品多为易燃品，如苯、萘等芳烃类；环戊二烯等不饱和烃类；硝基苯、乙二腈等硝基化合物或含氮烃类；一氧化碳、丁醛等含氧化合物等。

（2）爆炸危险性

①物理爆炸。加氢反应多为液相或气相反应，装置内处于高压状态。陈旧设备可能会发生氢脆现象（氢腐蚀设备，使其内部形成细小的裂纹）。如操作不当易发生事故，易发生物理爆炸。

②化学爆炸。氢气在空气中的爆炸极限为4.1%～74.2%，最易引爆的体积分数为24%，产生大量爆炸压力的体积分数为32.3%，最大爆炸压力为0.73MPa，最小引燃能量为0.019MJ。当出现泄漏或装置内混入空气或氧气时，易发生爆炸危险。

（3）加氢工艺危险性及过程控制实例

以硝基苯催化加氢制备苯胺工艺为例，分析其危险性及过程控制方法。

①反应机理分析。硝基苯经催化加氢制备苯胺的反应过程比较复杂，生成的中间体非常活泼，并且相互之间能发生反应。但反应主要通过两个途径完成，直接途径（Ⅰ→Ⅱ→Ⅲ）以及缩合途径（Ⅰ→Ⅱ′→Ⅲ′→Ⅳ′→Ⅴ′）（图3-16）。直接途径的步骤Ⅰ和Ⅱ反应速率很快，并且硝基苯和亚硝基苯会强烈吸附在催化剂表面；相反，第Ⅲ步骤中，N-羟基苯胺的加氢反应需要断裂N—O键，因此反应速率较慢。

硝基苯催化加氢是放热反应，直接合成途径（Ⅰ→Ⅱ→Ⅲ）中各步骤放出的热量分别为：Ⅰ，135kJ/mol；Ⅱ，155kJ/mol；Ⅲ，260kJ/mol，因此每摩尔硝基还原为氨基，共计放出550kJ/mol的热量，属强放热反应（一般燃烧热值大于200kJ/mol的反应称为强放热反应）。温度升高会使反应平衡逆向移动，最终影响反应的转化率，同时过高的温度可能导致催化剂活性的降低，甚至会引起一些副反应，如苯环上加氢、加氢分解或生成大分子焦状物等。因此在其工艺设计中必须加以考虑，移除多余的热量，以免产生危险。

②反应设计与控制分析。反应器必须配置内部和外部热交换器，并由一套热交换二次回

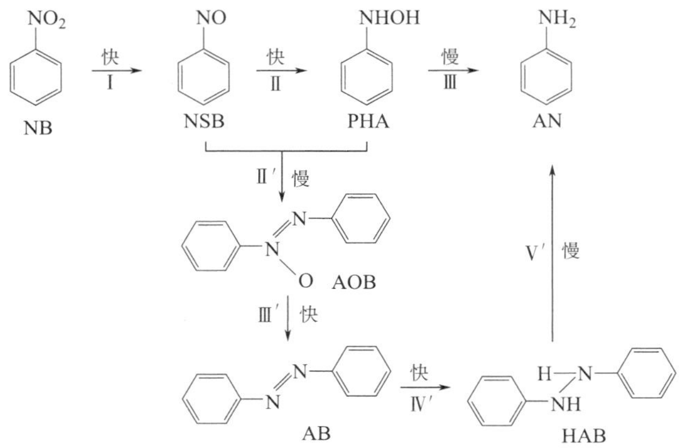

图3-16　硝基苯催化加氢制苯胺可能的反应途径

NB—硝基苯　　NSB—亚硝基苯　　PHA—*N*-羟基苯胺　　AN—苯胺
AOB—氧化偶氮苯　　AB—偶氮苯　　HAB—氢化偶氮苯

路控制。水或导热油带压在两个外部热交换器（一加热器，一冷却器）内循环，并通过反应器的具有足够交换面积的内交换器。先由热交换二次回路将反应器加热以启动反应，当反应开始后，则回路从加热器切换到冷却器进行冷却。

氢气和空气在较小混合比（<4.1%）时会发生燃烧，在较大混合比（4.1%~74.2%）时则会发生爆炸。氢化反应器需放置在通风和开放的地点，防止氢气的累积。同时还须具备精密的装置钝化系统。在空气环境置换为氮气环境时需要注意，置换完成后系统氧含量应小于1%。

氢气压力是影响催化加氢反应速率的重要因素之一，硝基苯催化加氢反应对硝基苯而言是零级反应（反应速率与反应浓度无关），对氢气压力而言为一级反应（反应速率与反应浓度成正比）。但当氢气压力大于某一值时，反应速率几乎不受压力影响，因此在能满足反应要求的情况下，应尽可能选择较低的压力氢化。

③工业生产实例。在工业生产中，按反应器形式可分为固定床和流化床两种，其流程大致相同。基本流程是：纯度98.5%的氢气和纯度99.5%的硝基苯按一定比例混合并加热气化送至加氢反应器中，在150~250℃和催化剂的作用下，反应生成苯胺和水。部分未反应的氢气经回收系统返回反应器中使用，粗苯胺经脱水和精馏脱除高沸点物质后，即得苯胺精制品。其工艺流程如图3-17所示。

以硝基苯加氢制备苯胺为例，传统催化加氢制备苯胺的工艺流程为：向反应器中装入40目石英砂，均匀装入100mL（60g）10% Pd/C催化剂。通入氮气吹扫置换系统中的空气，程序升温至150℃，通入氢气，还原活化催化剂。升温至220℃，充氢气至1MPa，并通入气化后的硝基苯蒸气，控制体积空速（空速指单位体积催化剂在单位时间内处理原料的体积数量）为$1.2h^{-1}$。反应物经冷凝器冷凝后，进入产品收集装置。原料转化率≥99%，产率98%。

催化转移加氢法是指在催化剂的作用下，氢气由氢的给体转移到有机反应底物的一类反应。相比直接加氢法，催化转移加氢法采用含氢的分子（如甲酸及其盐、肼等）作氢供体进行还原反应，条件温和，且多在常压下进行，因此对设备要求不高。另外，氢源的多样性为提高催化转移加氢反应的选择性提供了一种新的途径。

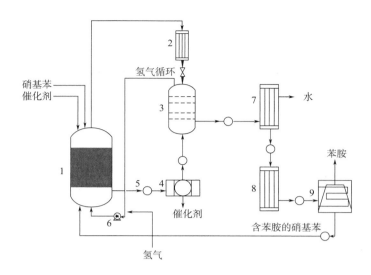

图3-17　硝基苯还原成苯胺工艺流程

1—催化加氢反应器　2—冷凝器　3—分离器　4—压滤器　5—液体泵
6—气体循环泵　7—水蒸馏器　8—苯胺蒸增器　9—苯胺蒸馏塔

催化转移加氢可以实现对不饱和双键、硝基、氰基等的还原，也可使苯基、烯丙基、碳卤键发生氢解反应，还可以通过氢供体剂量来控制氢化深度。

催化转移加氢的反应流程为：在装有回流冷凝管的反应釜中加入2.7kg甲酸钠、5L水，搅拌溶解后，依次加入2L硝基苯、100g乙酰丙酮钌（Ⅲ）、5g十六烷基三甲基溴化铵。80℃搅拌反应3.5h后过滤，滤液加有机溶剂萃取，Na_2SO_4干燥，抽滤，旋干溶剂，得苯胺1.8kg，收率98%。

综上所述，传统催化加氢反应需高压（1.0MPa）、高温（220℃），反应条件比较苛刻，催化剂用量大（20%），安全隐患较多。使用甲酸钠作氢供体进行催化转移加氢，常压、反应温度较低（80℃），催化剂用量少（4%），条件相对温和，降低了对设备的要求，且以氢供体替代氢气，提高了反应过程的安全性。

3.5.2.4　重氮化工艺危险性分析及控制

芦氟沙星是意大利米迪兰制药公司开发的第三代喹诺酮类抗菌药，下面以芦氟沙星关键中间体2,6-二氯氟苯的制备为例介绍重氮化工艺危险性及控制方法。

（1）2,6-二氯氟苯的制备工艺原理

以2,6-二氯苯胺为原料，经Schiemann反应重氮化、置换后制得不溶于水的重氮氟硼酸盐，再经干燥、加热分解制得2,6-二氯氟苯（图3-18）。

2,6-二氯苯胺邻位有吸电子效应的基团，加入了氟硼酸，稳定重氮盐。由于氟离子是很弱的碱且在水中形成很强的氢键，亲核性差，不能直接取代重氮盐。将重氮盐转化为氟硼酸重氮盐，然后加热分解，可得到2,6-二氯氟苯。

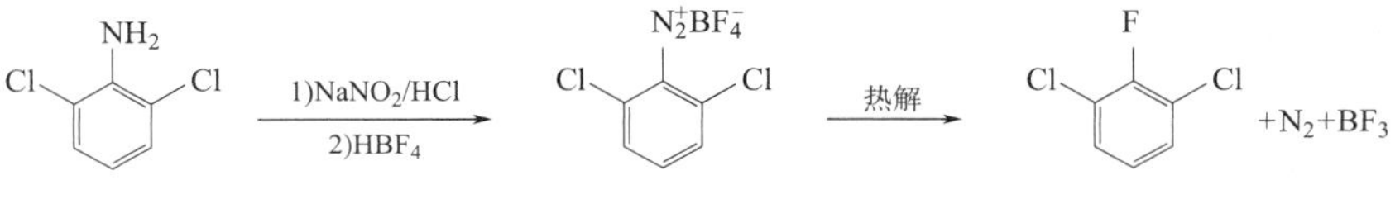

图3-18　2,6-二氯氟苯合成路线

2,6-二氯氟苯的生产工艺流程如图3-19所示。

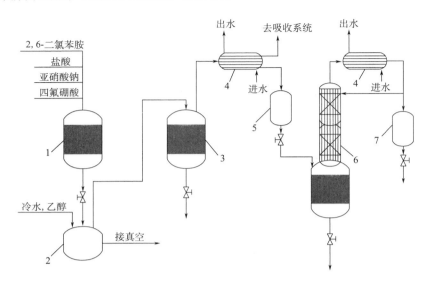

图3-19　2，6-二氯氟苯的生产工艺流程

1—反应釜　2—过滤器　3—热解釜　4—冷凝器
5—接收罐　6—精馏塔　7—分流收集器

（2）反应物料控制与设备选择

2,6-二氯苯胺为高铁血红蛋白形成剂，属于6.1类毒性化合物，对中枢神经系统、肝、肾等有损害，特别是对水生生物有极高的毒性，且为可燃有机物，有着火、爆炸的危险，在生产使用和储存中应做好防护措施。

重氮化反应过程中使用的盐酸和氟硼酸腐蚀性高，有一定的毒性。选用的釜式反应器不宜直接使用金属材料，可考虑搪玻璃或内衬加耐酸砖的钢槽等设备。重氮化反应釜应配置安全监控系统，包括液位、流速、温度、压力等基本反应参数的自动监控、自动超限报警和自动应急控制装置。

（3）重氮化反应过程与控制

将2,6-二氯苯胺（15.0kg，92.6mol）和30%盐酸（29.3kg，240.8mol）加入反应釜，启动搅拌器，在冰盐水冷却下滴加亚硝酸钠（7.0kg，101.8mol）水溶液，控制反应温度不超过-5℃。滴加完毕，维持-5℃以下继续反应1h；加入40%的氟硼酸（10.3kg，116.7mol），搅拌反应1h后至反应终点。过滤得白色粉末状固体，依次用冷水、乙醇洗涤，抽干后得2,6-二氯苯重氮氟硼酸盐23.2kg，熔点235℃，收率96.3%。

2,6-二氯苯胺首先与盐酸成盐，两者混合瞬间放出极大的反应热，约20kJ/g。若釜内温度过高，易将2,6-二氯苯胺分解成有毒的氮氧化物和氯化物气体。

2,6-氯苯胺与盐酸的投料摩尔比为1∶2.5，重氮盐易分解，只有在过量酸液中才比较稳定。若酸用量不足，生成的重氮盐容易和未反应的2,6-二氯苯胺偶合，生成重氮氨基化合物。

2,6-二氯苯胺充分溶解后，严格控制滴加NaNO₂水溶液的速度。如果投料过快，会造成局部性亚硝酸钠过量，重氮化反应太过剧烈，放热量急剧上升，引起火灾爆炸事故；投料过慢，来不及作用的芳胺会和重氮盐作用发生自身偶合反应。盐酸与亚硝酸钠作用生成重氮化亲电试剂的过程中放热量为51.92kJ/mol，故需要充分搅拌，以免产物受热分解引发副反应，主要为重氮盐分解和偶合副反应。重氮盐分解的活化能为95.30～138.18kJ/mol，而偶合反应的活化能为59.36～71.89kJ/mol，重氮盐发生分解时通常会伴有偶合副反应的产生。

在2,6-二氯苯重氮氟硼酸盐的制备工艺中，使用了微过量的亚硝酸钠，受搅拌速度、加料速度、反应温度过高等因素的影响，反应过程中容易释放出剧毒的NO，同时释放出大量的热量；重氮化过程中产生的氟化硼烟雾毒性大，需用碱液做好尾气吸收，以免对操作人员造成伤害，对环境造成污染。

重氮化反应完毕，应将场地和设备用水冲洗干净。停用的重氮化反应釜要储满清水，废水直接排入废水池。重氮盐的后处理工序中，要经常清除粉碎车间设备上的粉尘，防止物料洒落在干燥车间的热源上，或凝结在输送设备的摩擦部位。

（4）热分解反应过程与控制

将2,6-二氯苯重氮氟硼酸盐（20kg，76.9mol）加入热解釜，缓慢加热进行热分解，升温速率为0.8～1℃/min，150℃后保持升温速率2～3℃/min，至250℃后停止升温并保温搅拌30min，热分解产物经冷凝器冷凝得2,6-二氯氟苯粗品。将所得粗品常压蒸馏，收集167～169℃的馏分，得无色透明液体10.5kg，即2,6-二氯氟苯，收率约83.5%。

2,6-二氯苯重氮氟硼酸盐进行热分解工序前，在自动控制的干燥设备中干燥。否则，在热分解时易发生水解等副反应。残留的水吸收热量为13～22kJ/mol，且水与2,6-二氯苯重氮氟硼酸盐形成分子间氢键，键能达到63～75kJ/mol，导致热分解工艺所需温度提高，增加了工艺危险性，而且产生低聚物或高聚物等杂质。

2,6-二氯苯重氮氟硼酸盐的热分解反应速率快，释放的热量大，生产时应分批次加到热解釜中并严格监测釜内温度。如苯胺的氟硼酸重氮盐在进行席曼（Schiemann）反应时的放热量为293.93kJ/mol，热量积聚，易发生爆炸性危险。

管式反应器是20世纪中叶出现的一种新型的反应装置。与常规反应釜相比，管式反应器具有体积小、比表面积大、反应时间短、返混小、传质传热效率高等优点。如工业上以2,5-二氯苯胺为原料，经重氮化、水解制得麦草畏关键中间体2,5-二氯苯酚（图3-20、图3-21）。传统釜式反应工艺是重氮盐制备后，低温下加入水解反应釜，一边反应一边共沸蒸馏，将2,5-二氯苯酚移出反应釜，生产过程中存在重氮盐偶合反应，很难提高2,5-二氯苯酚的收率，同时，重氮化反应釜的温度需严格监测，否则有爆炸的危险。

传统釜式反应传质传热效率不高，危险性大，收率约为80%。采用管式反应器后，对比釜式反应，有以下优点：

①比表面积大，传质传热效率高，避免了反应过程中温度过高导致的爆炸性危险，而且能耗下降了40%，使生产工艺更安全、绿色、经济。

②釜式反应中反应物料是全混流模式，而管式反应器则是平推流模式，返混小，有效地避免了偶合等副反应的发生，反应收率提高至90%。

③2,5-二氯苯胺为液态时输送至管式反应器中，避免了将其预先溶解在水中的过程，废水量减少25%。

④反应时间缩短为10s，连续化生产，产能明显提高。

若设计产能为1000t/年，目前工艺需要3根反应管路即可达到产能要求。

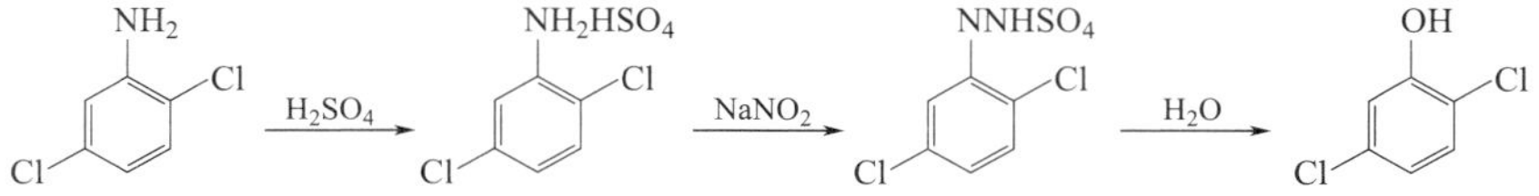

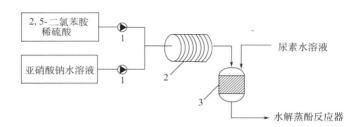

图3-20　2,5-二氯苯酚合成的工艺原理

图3-21　管式反应器制备2,5-二氯苯酚工艺流程

1—计量泵　2—管式反应器　3—中和釜

3.5.3　连续流反应

连续流反应器由于具有相当的稳定性、操作全自动化、自动记录等优点，具有很强的数据追溯性，非常便于品质管理，受到了FDA的青睐。FDA也推荐在药物合成中使用连续流反应器。

使用连续流反应器不仅能应用于关键步骤，而且能在药物的全合成中得到应用。比如，在格列卫的合成中，就可以全部使用连续流反应器进行合成。以下是6种药物在连续流反应器中进行全合成的案例。

3.5.3.1　氯胺酮的连续合成

氯胺酮（ketamine），全名为2-邻氯苯基-2-甲氨基环己酮，是苯环己哌啶（PCP）的衍生物。在临床医学上一般作为麻醉剂使用。

氯胺酮的经典合成路线（图3-22）是1962年由美国药剂师Calvin Stevens首次开发出来的。该路线通过溴化反应合成溴代物中间体3，需要用到有毒化学试剂和溶剂，工艺的原子经济性较差。且三步反应下来，需要4天以上的时间。

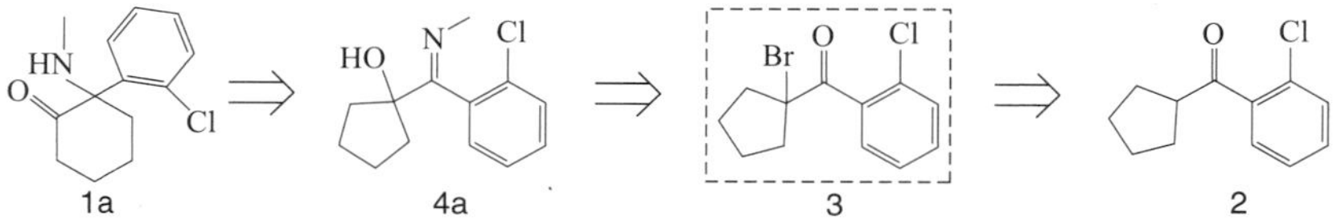

图3-22　传统氯胺酮合成方法

Monbaliu教授等从相同的廉价易得的原料——化合物2出发，使用连续流反应器，开发出了新的基于连续流技术的工艺。使用图3-23所示的新合成路线，主要将溴代物换为羟基化合物（化合物7），避免了有毒试剂和溶剂的使用，整个反应工艺只需要不到15min即可完成。

下面是Monbaliu教授课题组开发的氯胺酮连续合成工艺。

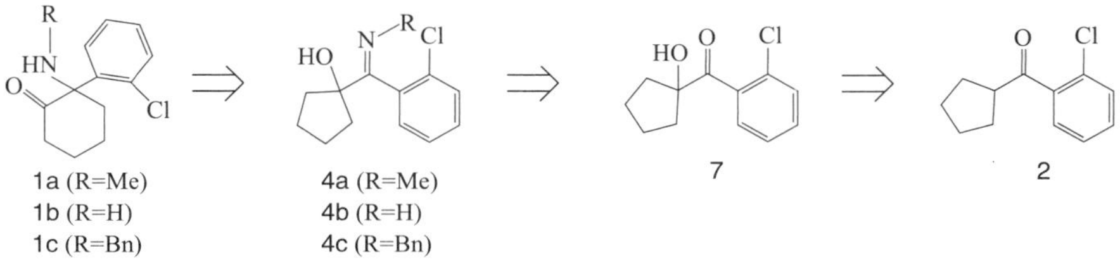

图3-23 氯胺酮及其衍生物的连续合成路线

首先，Monbaliu教授等从2-氯苯基环戊基甲酮2出发，使用连续流反应器，一步直接氧化还原羟基化合成中间体7（图3-24）。经优化后反应的最佳条件是：在乙醇溶剂中，通入氧气作氧化剂，1.1当量亚磷酸三乙酯作还原剂，以0.5当量氢氧化钾作碱，1当量PEG-400作添加剂，控制反应温度25℃，该反应的转化率和选择性均大于99%。

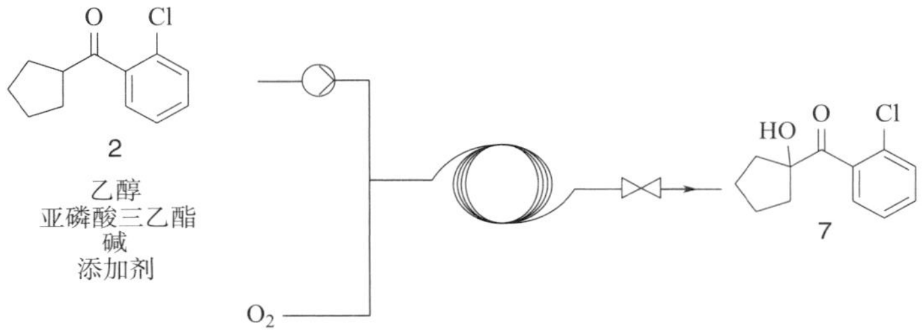

图3-24 2-氯苯基环戊基甲酮的直接羟基化反应

其次，是α-羟基酮亚胺4的合成工艺优化。该反应是一个平衡反应，Monbaliu教授课题组向体系中加入硼酸三甲酯，及时除去反应过程中生成的水分，让平衡向正向移动，大大加快了反应速率，同时也优化了反应温度。最终在60℃条件下，反应1min，收率>99%。合成工艺如图3-25所示。

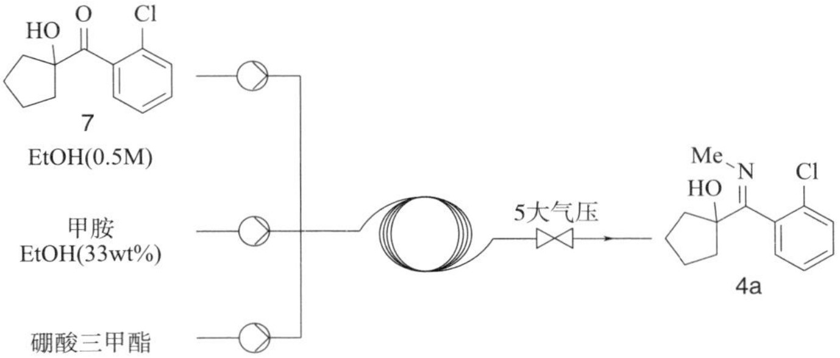

图3-25 α-羟基酮亚胺的合成

最后，是α-羟基酮亚胺异构化合成氯胺酮的反应。Monbaliu教授课题组经过一系列研究后，使用高岭土K10作催化剂填充固定床，以乙醇作溶剂，在180℃下，将反应的选择性提高到95%，关键杂质化合物8降低到1%以下（图3-26）。

另外，Monbaliu教授课题组还对该工艺底物进行了底物拓展试验。试验结果表明，该工艺具有很好的底物普适性。这意味着，该工艺可以应用到很多氯胺酮类似物的连续稳定合成路线中（图3-27）。

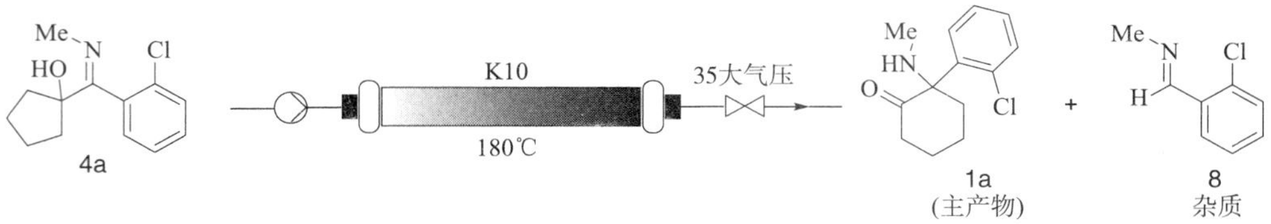

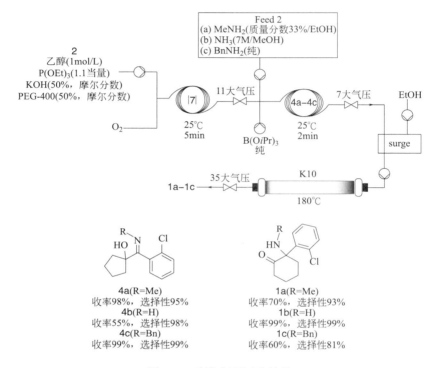

图3-26　α-羟基酮亚胺异构化合成氯胺酮的工艺

图3-27　底物拓展试验结果

Monbaliu教授课题组将氯胺酮的合成工艺由间歇釜改成连续化生产，反应时间由4天缩短到15min以内，大大提高了工艺效率；整个三步工艺实现全连续，过程中不需要进行分离纯化；进行连续化改造后，反应的条件更加温和，反应的选择性得到很大的提高，反应中可以使用乙醇为溶剂，整个工艺安全和环保；该工艺在康宁AFR上可以快速实现放大生产，大大缩短项目工业化的时间。

3.5.3.2　抗菌药环丙沙星的连续合成

传统的反应器间隙法生产环丙沙星需要超过100h，总收率约为60%。麻省理工学院成功实现了抗生素环丙沙星的连续全合成，整个合成过程需要6个步骤，包括过滤和结晶，共需要9min。全连续工艺的总收率与传统工艺相当，约为60%。这是迄今为止最长的全连续流合成案例，如图3-28所示。

这种新工艺克服了流动化学中许多问题。例如，研究团队通过筛选各种溶剂系统，将系统加热至180℃，然后快速冷却至室温，解决了多个中间反应步骤溶解度低的问题。巧妙地将酰氯引入副产物氨基的一步反应中，从而消除反应副产物氨基化合物，使整个反应顺利进行。连续流化学合成的优势在于，它可以使用非常紧凑和集成的设备连续生产产品，而传统的间歇反应器工艺需要复杂和昂贵的生产设备。

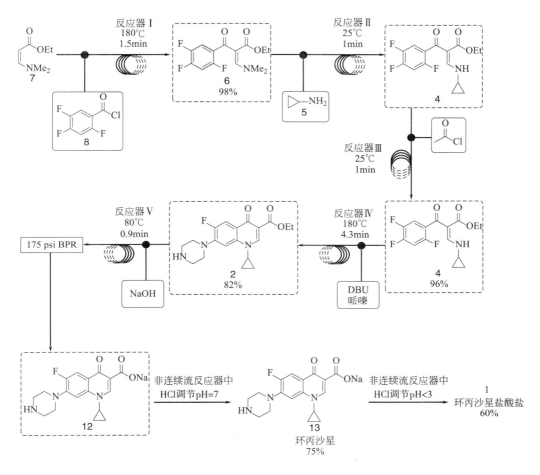

图3-28　环丙沙星连续合成示意图

3.5.3.3　布洛芬的连续合成

布洛芬是世界卫生组织、美国FDA共同推荐的儿童退烧药。布洛芬具有抗炎、镇痛、解热作用。治疗风湿和类风湿关节炎的疗效稍逊于乙酰水杨酸和保泰松。适用于治疗轻到中度的偏头痛发作期、偏头痛的预防、慢性发作性偏侧头痛、奋力性和月经性头痛、风湿性关节炎、类风湿性关节炎、骨关节炎、强直性脊椎炎和神经炎等。制备布洛芬的反应方程式及工艺流程如图3-29和图3-30所示。

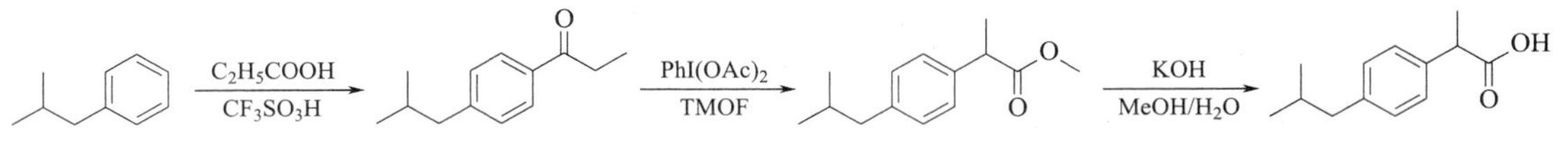

图3-29　合成布洛芬的反应式

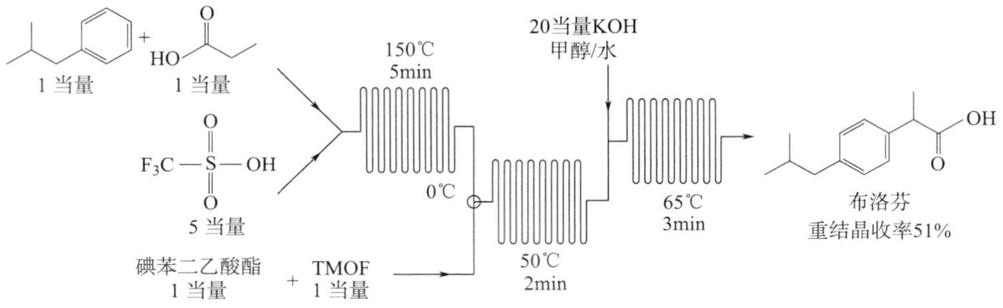

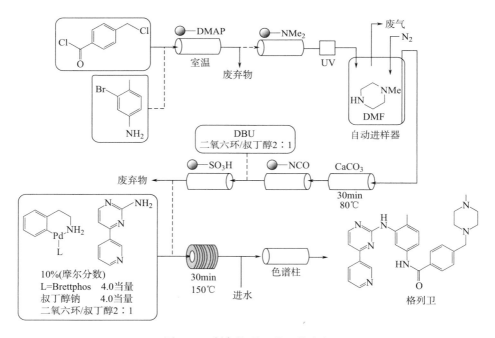

图3-30 制备布洛芬的工艺流程

3.5.3.4 格列卫（Gleevec）的连续合成

格列卫通用名为甲磺酸伊马替尼。是用于治疗慢性粒细胞白血病和胃肠道间质肿瘤的一线用药。其反应式和工艺流程如图3-31和图3-32所示

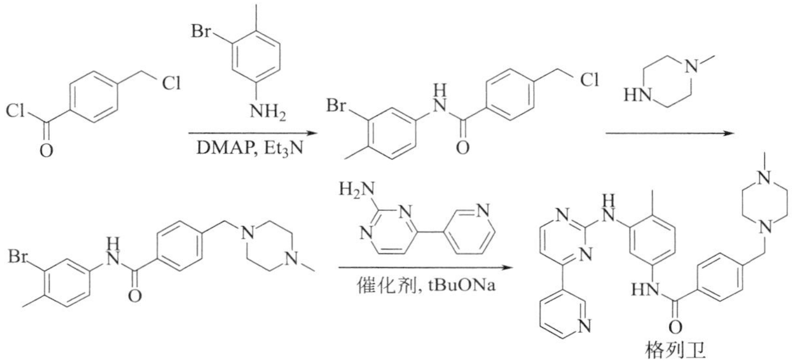

图3-31 合成格列卫的反应式

图3-32 制备格列卫的工艺流程

3.5.3.5 青蒿素的连续合成

青蒿素是继乙氨嘧啶、氯喹、伯喹之后最有效的抗疟特效药，尤其是对于脑型疟疾和抗氯喹疟疾，具有速效和低毒的特点，曾被世界卫生组织称作是"世界上唯一有效的疟疾治疗药物"。

抗疟疾作用机理主要是通过青蒿素活化产生自由基，自由基与疟原蛋白结合，作用于疟原虫的膜系结构，使其泡膜、核膜以及质膜均遭到破坏，线粒体肿胀，内外膜脱落，从而对疟原虫的细胞结构及其功能造成破坏。制备青蒿素的反应方程式及工艺流程如图3-33和图3-34所示。

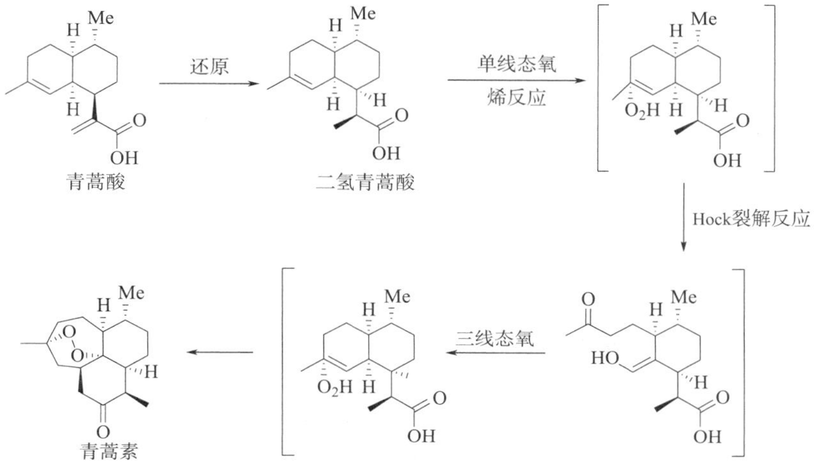

图3-33 合成青蒿素的反应式

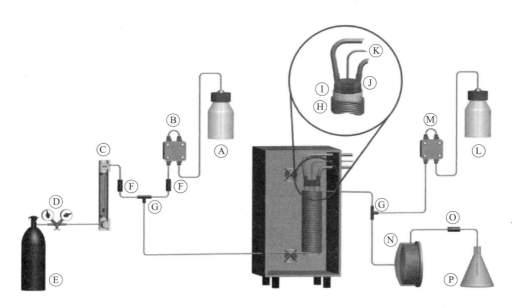

图3-34 制备青蒿素的工艺流程

3.5.3.6 卢非酰胺的连续合成

瑞士诺华公司开发的卢非酰胺（Rufinamide，商品名为Banzel）于2008年11月获得美国

FDA批准上市，用于癫痫Lennox–Gastaut综合征（LGS）的辅助治疗。制备卢非酰胺的反应方程式及工艺流程如图3-35和图3-36所示。

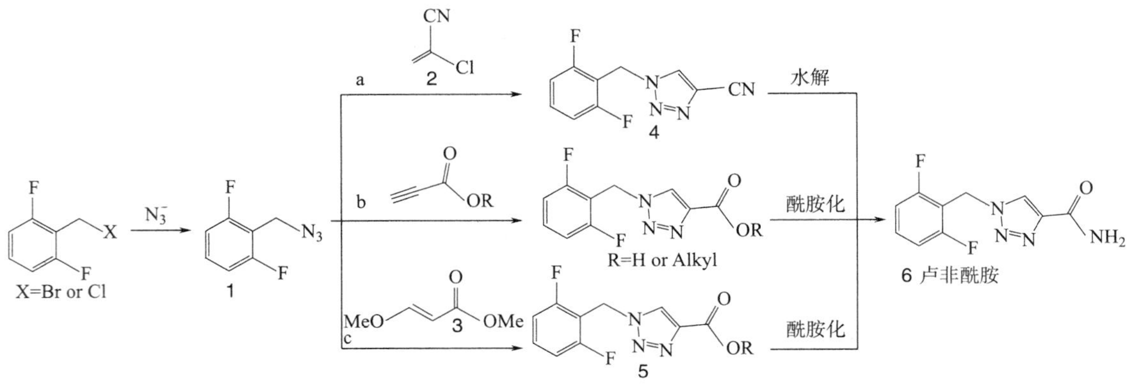

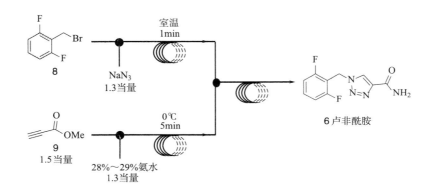

图3-35　合成卢非酰胺的反应式

图3-36　制备卢非酰胺的工艺流程

　　越来越多的制药公司都在尝试连续流生产，并且认为这是药物生产的未来趋势。与传统的釜式生产过程相比，连续流生产工艺操作简单、质量稳定、占地面积小。

思考题

1. 化学反应的内因和外因分别是什么？
2. 反应条件及影响工艺因素有哪几方面？
3. 化学合成药物工艺条件研究中为何要进行质量控制？
4. 工艺研发中有哪些特殊试验？
5. 简述化学制药工艺的安全性的概念。

参考文献

[1] 张福利. 工艺改进与绿色制药 [J]. 药学进展，2016，40（7）：505-517.

[2] 张霁，聂飚，张英俊. 有机合成在创新药物研发中的应用与进展 [J]. 有机化学，2015，35（2）：337-361.

[3] 陆敏，蒋翠岚. 化学制药工艺与反应器 [M]. 3版. 北京：化学工业出版社，2015.

[4] 王效山，王键. 制药工艺学 [M]. 北京：北京科学技术出版社，2003.

[5] 赵临襄. 化学制药工艺学 [M]. 4版. 北京：中国医药科技出版社，2015.

[6] 于培明. 药品安全性问题研究 [D]. 沈阳：沈阳药科大学，2007.

[7] 宋曾一. 对苯二胺的合成工艺研究 [D]. 杭州：浙江大学，2017.

[8] 芦金荣，周萍. 化学药物 [M]. 2版. 南京：东南大学出版社，2013.

[9] 舒均杰. 基本有机化工工艺学 [M]. 北京：化学工业出版社，2009.

[10] Rodney Caughren Schnur, Lee Daniel Arnold. Alkynyl and azido-substituted 4-anilinoquinazolines. US, 5747498A [P], 1998.

[11] 房金海. 厄洛替尼合成新工艺及质量控制研究 [D]. 大连：大连理工大学，2015.

[12] 毕荣山，胡明明，谭心舜，等. 光气化反应技术生产异氰酸酯的研究进展 [J]. 化工进展，2017，5：1565-1572.

[13] 王鹏程. 芳烃的硝化反应及其理论研究 [D]. 南京：南京理工大学，2013.

[14] 程荡，陈芬儿. 连续流微反应技术在药物合成中的应用研究进展 [J]. 化工进展，2019，38（1）：556-575.

[15] 苏为科，余志群. 连续流反应技术开发及其在制药危险工艺中的应用 [J]. 中国医药工业杂志，2017，48（4）：469-482.

[16] Laia Malet-Sanz, Flavien Susanne; Continuous Flow Synthesis. A Pharma Perspective [J]. J. Med. Chem., 2012, 55（9）：4062-4098.

[17] 邱尚煌，刘有智，上官民. 硝基苯催化加氢制苯胺的热力学分析 [J]. 化工中间体，2010，6（10）：46-50.

[18] 张福生. 2，3，4-三氟硝基苯的合成 [J]. 辽宁化工，1993（4）：53-54.

[19] Kassin V E, Gérardy R, Toupy T, et al. Expedient preparation of active pharmaceutical ingredient ketamine under sustainable continuous flow conditions [J]. Green Chem., 2019, 21: 2952-2966.

[20] Lin H, Dai C, Jamison T F, et al. A Rapid Total Synthesis of Ciprofloxacin Hydrochloride in Continuous Flow [J]. Angew. Chem. Int. Ed., 2017, 56（30）：8870-8873.

[21] Bogdan A R, Poe S L, Kubis D C, et al. The Continuous-Flow Synthesis of Ibuprofen [J]. Angew. Chem. Int. Ed., 2009, 48（45）：8547-8550.

[22] MD Hopkin, Baxendale I R, Ley S V. A flow-based synthesis of Imatinib: the API of Gleevec [J]. Chem. Commun., 2010, 46: 2450-2452.

［23］Lévesque F，Seeberger P H．Continuous-Flow Synthesis of the Anti-Malaria Drug Artemisinin［J］．Angew. Chem. Int. Ed.，2012，51（7）：1706-1709.

［24］Ping，Zhang M，et al．Continuous flow total synthesis of rufinamide［J］．Organic Process Research & Development，2014，18（11）：1567-1570.

［25］於建明，成卓韦．制药工程安全与环保概论［M］．北京：科学出版社，2018.

第4章　中试工艺研究与验证

中试工艺研究与验证

4.1　概述

中试放大（scale-up）就是把实验室小试研究确定的工艺路线与条件在中试工厂（车间）进行的试验研究。考查小试工艺的工业化生产的可能性，核对、校正和补充实验室数据，并优化工艺条件。中试放大包括物料和能量衡算，计算产品质量、经济效益、劳动强度等。通过中试放大，不仅可以得到先进、合理的生产工艺，也为车间设计、施工安装、中间质控和生产管理提供必要的数据和资料。中试放大也为临床前的药学和药理毒理学研究以及临床试验提供一定数量的药品。

中试规模一般比实验室规模放大50～100倍。对于细胞培养，通常采用10～30L反应器进行放大研究。由于工业生产的发酵罐容积在10～50m³，抗生素的发酵罐容积达100m³，因此，采用吨级发酵罐进行中试更为有利。也可结合该药的制剂规格、剂型及临床使用情况确定中试放大规模，一般每批号原料的得量应达到制剂规格量的1万倍以上。根据该药品剂量大小和疗程长短，通常需要2～10kg，这一般是实验室条件所难以完成的。在中试放大的基础上，把生产工艺过程的各项内容归纳形成文件，制定生产工艺规程。中试放大和生产工艺规程是互相衔接、不可分割的两个部分。

从药物的研究到生产整个过程中，中试是承上启下、必不可少的重要一部分。现在生产企业都希望获得成熟的、稳定的、适合大规模生产的工艺，而小试的工艺和技术指标常常不能满足企业大生产的需要，最佳工艺条件也随着试验规模和设备的不同而有可能需要调整。因此通过中试研究进一步考察工艺参数，在一定规模装置中研究各步反应单元的变化规律，可解决实验室阶段未能解决或尚未发现的问题，优化工艺路线，稳定工艺条件。虽然化学与生物反应的本质不会因小试、中试放大和工业化生产而改变，但各步化学反应的最佳工艺条件有可能随着试验规模和设备等外部条件而改变。把实验室获得的最佳工艺条件原封不动地搬到工业化生产，常常会出现下列结果：收率低于小规模试验收率，甚至得不到产品；产品质量不合格；发生溢料或爆炸等安全事故以及其他不良后果。受知识产权保护和国家产业政策的影响，要加强新药研发的中试放大研究，开展药物中间体、产品的重大工艺研究离不开中试平台的保障。

4.2 中试放大方法

4.2.1 逐级经验放大

根据小试成功的方法和实测数据，结合研究开发者的经验，不断适当增加试验的规模，从实验室装置到中型装置，再到大型装置的过渡，修正前一次试验的参数，摸索反应过程和反应器的规律，而进行的放大研究称逐级经验放大。这些规律大多是半定性的，是简单和粗放的定量。

经验放大的原则为空时得率相等，即不同反应规模，单位时间、单位体积反应器所生产的产品量（或处理的原料量）是相同的，通过物料平衡，求出为完成规定的生产任务所需处理的原料量后，得到空时得率的经验数据，即可求得放大反应所需反应器的容积。

放大的规模可用放大系数表征，把放大后的规模与放大前的规模之比称为放大系数。比较的基准可以是每小时投料量、每批投料量或年产量等。例如，放大前的试验规模是每小时投料量50g，中试试验每小时投料2kg，放大系数就是40。也可用反应器的特征尺寸之比作为放大系数。

确定放大系数，要依据化学反应的类型、放大理论的成熟程度、对所研究过程规律的掌握程度以及研究人员的工作经验等而定。如果能做到放大系数为1000，可按克（g）级的实验室工艺直接放大到千克（kg）级的中试规模，并将中试结果进一步放大到吨（t）级的工业生产过程。由于化学合成药物生产中化学反应复杂，原料与中间体种类繁多，化学动力学方面的研究往往又不够充分，因此难以从理论上精确地对反应器进行计算。

逐级经验放大是经典的放大方法，至今仍常采用。采用经验放大法的前提条件是放大的反应装置必须与提供经验数据的装置保持完全相同的操作条件。经验放大法适用于反应器的搅拌形式、结构等反应条件相似的情况，而且放大倍数不宜过大。其优点是每次放大均建立在试验基础之上，至少经历了一次中试试验，可靠程度高；缺点是缺乏理论指导，对放大过程中存在的问题很难提出解决方法。如果希望通过改变反应条件或反应器的结构来改进反应器的设计，或进一步寻求反应器的最优化设计与操作方案，经验法是无能为力的。

4.2.2 相似模拟放大

运用相似理论和相似无量纲特征数（相似准数），依据放大后体系与原体系之间的相似性进行的放大称为相似模拟放大。根据相似理论，保持无量纲特征数（相似准数）相等的原则进行放大。基于对过程的了解，确定影响因素，用量纲分析求得相似准数，根据相似理论的第一定律，系统相似时同一相似准数的数值相同，计算后进行放大。

（1）相似模拟放大的依据

基于相似准数相等的相似模拟放大原则，有以下情况。

①几何相似性，两体系的对应尺度具有比例性。对于反应器的各个部件的几何尺寸都可以用于放大，可模拟原型反应器罐体的高度、内径、搅拌器等参数，按比例放大，放大倍数就是反应器体积的增加倍数。

②运动相似性，两体系的各对应点的运动速率相同。

③热相似性，两体系的各对应点的温度相同。

④化学相似性，两体系的各对应点的化学物质浓度相同。

（2）相似模拟放大的特点

相似模拟放大在化工单元操作方面已成功应用于各种物理过程，但不适宜于化学反应过程和生化反应过程。各种运动相似性、化学相似性和热相似性在化学反应和生物反应中很难实现，实际上，几何相似也不能完全实现。当反应器体积放大10倍时，反应器的高度和直径均放大$10^{1/3}$倍，而不是10倍。在反应器中，反应与流体流动、传热及传质过程交织在一起，要同时保持几何相似、流体力学相似、传热相似、传质相似、相反应相似是不可能的。一般情况下，既要考虑反应的速率，又要考虑传递的速度，对于涉及传热和化学反应的情况，不可能在既满足某种物理相似的同时还能满足化学相似，因此采用局部相似的放大法不能解决问题。相似放大法可应用于反应器中的搅拌器与传热装置等的放大。

4.2.3　化学反应器放大

根据化学反应的特点，可采用经验放大法。往往以单位体积中反应液的搅拌功率相同作为放大原则，搅拌功率与反应液的体积之比是常数，模型反应器的这个值与放大反应器相同，因此，可从模型反应器估算出放大反应器所需要的体积。对于不通气搅拌反应器，计算搅拌功率或转速与反应器内径之间的关系；对于通气搅拌反应器，计算搅拌功率或转速与反应器内径、通气量之间的关系，由内径推算放大反应器的体积。

在大型反应器中，反应过程中返混问题严重，均匀快速混合成为限制因素。对于连续操作的反应器，可采用以混合时间相同的原则，通过量纲分析，对于几何相似的大反应器进行放大。

4.2.4　生物反应器放大

生物技术制药一般起始于-196℃保存的一份种子，其细胞数量约5×10^5个/mL。对于动物细胞培养，最终生产的反应器体积一般在10～20000L，细胞密度2×10^6个/mL，这就要求1百万～2百万倍的扩大培养。对于微生物反应器体积可达100m³，扩大倍数更大。如何使一份种子满足大规模培养的需要？答案就是放大。多级种子培养就是反应器体积的放大过程，实现了生产反应器对细胞数目和活力的需求。一般地，每级种子培养的体积增加5～10倍，需4～5d，到生产反应器的扩大培养周期长达25d。在放大培养过程中，必须保证所有的设备、试剂和操作无污染，还要符合GMP的相关要求。目前，放大成为生物技术制药、特别是蛋白质药物工业化生产的限制瓶颈。

4.2.5　数学模拟放大

数学模拟放大是用数学方程式表述实际过程和试验结果，然后计算机模拟研究、设计、放大的一种方法。

一般地，先对过程进行合理简化，通过小试试验，获得必要的数据，结合化学、生物学、工程学理论，选择重要参数建立动力学模型和流动模型，提出物理模型，模拟实际过程。再对物理模型进行数学描述，从而得到数学模型。建立数学模型的方法有导师型、无导师型和混合型。

对数学模型，在计算机上研究各参数的变化对过程的影响。验证模型是否达到预期目的，并进行修正、完善，使模型具有等效性。

将模型计算结果与中试放大的试验数据进行比较分析，对模型进行修正，提高模型的可靠性。反复进行各种模拟试验，通过改变参数，用计算机求解数学方程，对模型放大和优化。最后运用于工业生产装置的建立和过程放大与控制。采用数学模拟进行工艺放大，主要取决于预测反应器行为的数学模型的可靠性。数学模拟放大法以过程参数间的定量关系为基础，能进行高倍数放大，缩短放大周期。由于制药反应过程的影响因素错综复杂，要用简单的数学方程来完整地、定量地描述过程的全部真实情况是不可能的。模型的建立、检验、完善，需要大量的基础研究工作。由于精确建模的艰巨性，数学模拟放大的实际应用成功事例并不多见，但代表着放大的发展方向。

4.3 研究内容

中试阶段的研究内容是对已确定的工艺路线的实践审查，不仅要考察收率、产品质量和经济效益，而且要考察工人的劳动强度。对车间布置、车间面积、安全生产、设备投资、生产成本等也必须进行谨慎的分析比较，最后审定工艺操作方法、工序的划分和安排等。

4.3.1 中试的前提条件

（1）对小试工艺的要求

进行中试之前，小试工艺必须达到可放大的程度。基本要求是工艺过程明确，操作条件确定，产品收率稳定，质量可靠；建立了产品、中间体及原料的标准与分析方法；提出所需的一般设备和某些特殊设备及管道材质的性能；有初步的"三废"处理方案和安全生产的要求。

（2）对装置的要求

中试放大采用的装置，根据反应类型、操作条件等选择和设计，要考虑对材质和形式的要求，特别是接触腐蚀性物料，并按照工艺流程进行安装。

4.3.2 工艺路线和单元反应操作方法的验证与复审

一般情况下，生产工艺路线和单元反应的方法应在实验室阶段已基本选定。在中试放大阶段，只是确定具体的反应条件和操作方法以适应工业生产。但是如果选定的工艺路线和工艺过程在中试放大时暴露出难以克服的重大问题，就需要复审实验室工艺路线，修改其工艺过程。其目的是：降低产品成本；实现生产过程的最优化；保证质量，实现有效化的过程控制；安全生产，包括劳动保护和废弃物处理各环节的安全，保持环境的可持续发展。

4.3.3 设备材质与形式的选择

中试放大时应考虑所需各种设备的材质和形式，并考察是否适用，尤其要注意接触腐蚀性物料的设备材质的选择。例如，含水量1%以下的二甲基亚砜（DMSO）对钢板的腐蚀作用极微，当含水量达5%时，则对钢板有强的腐蚀作用。经中试放大，发现含水5%的DMSO对铝的作用极微弱，故可用铝板制作其容器。

4.3.4　搅拌器的形式与搅拌速度

大多数药物合成反应是非均相反应，反应热效应较大。在实验室中由于物料体积较小，搅拌效率好，传热、传质问题表现不明显，但在中试放大时，由于搅拌效率的限制，传热、传质问题暴露出来。因此，中试放大时必须根据物料性质和反应特点研究搅拌器的形式，考察搅拌速度对反应的影响规律，特别是在固—液非均相反应时，要选择合乎反应要求的搅拌器形式和适宜的搅拌速度。有时搅拌速度过快也不一定合适。

4.3.5　反应条件的优化

实验室阶段获得的最佳反应条件不一定全符合中试放大要求。因此，应该针对主要的影响因素，如放热反应中的加料速度，反应罐的传热面积与传热系数，以及冷却剂等因素进行深入的研究，掌握它们在中试装置中的变化规律，从而得到更合适的反应条件。

4.3.6　操作方法的确定

在中试放大阶段由于处理物料增加，因而必须考虑如何使反应及后处理的操作方法适应工业生产的要求，不仅从加料方法、物料输送和分离等方面系统考虑，而且要特别注意缩短工序、简化操作和减轻劳动强度，尽可能采用自动加料和管线输送。

4.3.7　原辅料和中间体的质量控制

（1）原辅材料、中间体的物理性质和化工参数的测定

为解决生产工艺和安全措施中可能出现的问题，需测定某些物料的物理性质和化工参数，如比热容、温度、闪点和爆炸极限等。如N,N-二甲基甲酰胺（DMF）与强氧化剂以一定比例混合时可引起爆炸，必须在中试放大前和中试放大时详细考查。

（2）原辅材料、中间体质量标准的制定

实验室条件下，质量标准未制定或不够完善时，应根据中试放大阶段的实践进行制定或修改。

4.4　生产工艺规程

4.4.1　工艺流程图

把制药工艺路线中物料和载能走向用图形表现出来，就是制药工艺流程图。通常有两种图样，包括制药工艺流程示意图和工艺控制流程图。另外，还需要绘制物料平衡图和物料流程图。

4.4.1.1　制药工艺流程示意图

工艺流程示意图可用流程框图或流程简图表示，主要内容要体现由原料转变为产品的全部过程，反映原料及中间体的名称及流向，所采用的单元操作和过程的名称。有时，需要标出能量输入和输出的流动，以显示该单元的工艺控制条件和方式。

工艺流程框图是以方框或圆框分别表示单元操作和过程，以箭头表示物料和载能介质流向，并辅以文字说明，对工艺过程和控制进行定性描述。图4-1所示阿司匹林生产工艺流程框图。由酰化反应、结晶、离心脱水、干燥、过筛、包装等单元操作组成，每一步都会影响最终产品的产量和质量。酰化反应单元，由水杨酸和乙酸酐在酸催化下进行，控制温度为70~75℃，生成阿司匹林。结晶单元，控制温度为5~8℃，在有机溶剂中进行结晶。

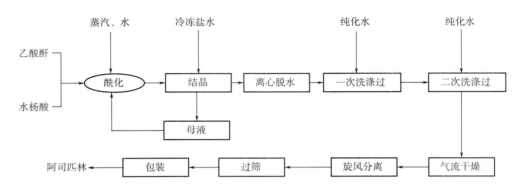

图4-1　阿司匹林生产工艺流程框图

工艺流程简图是由物料流程和一定几何图形的设备组成，它包括设备示意图、设备之间的竖向关系、全部原料、中间体、"三废"名称及流向，并辅以必要的文字说明，使流程图更加清晰。图4-2所示为阿司匹林生产工艺流程简图。

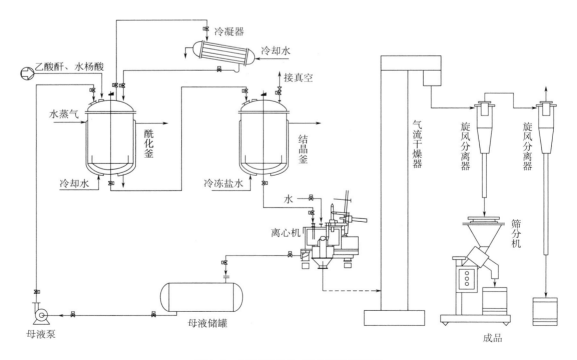

图4-2　阿司匹林生产工艺流程简图

在制药工艺研发阶段，一般只需绘制物料工艺流程框图。该阶段重点是工艺过程的详尽描述，有助于强化工艺的理解和参数空间的开发。如果要进行经济性评估，就需要把能荷的流程加到工艺流程图中，计算能量平衡和消耗功率。

4.4.1.2　工艺控制流程图

工艺控制流程图（piping & instrument diagram，PID）是表示全部工艺设备、物料管道、阀门、设备附件、工艺和自控仪表的图例、符号等的一种内容较为详细的工艺流程图，也称为生产控制流程图或带控制点的工艺流程图。图4-3所示为阿司匹林生产工艺控制流程图。在制药工艺研发阶段，不需要工艺控制流程图，但到了厂房设计阶段，工艺控制流程图是工艺设计必须完成的图样。

绘制工艺控制流程图的方法和步骤如下。

①参考设计单位的绘图标准，进行具体的PID绘制。在确定图纸幅面和绘图比例后，使用画图软件进行绘图与布局。

②为保证整个图面匀称协调，设备管道可选择适当比例进行绘制。从左到右按流程顺序把各台设备在平面和空间的大致位置关系表示出来，拟布置在楼上的设备不要绘在地坪上。设备之间的距离，应根据图幅的大小、设备的多少，以及各设备间的管道疏密程度来定，不能让管道在个别设备间过于密集，以致影响管道代号的标注，并造成图面布局不均衡，甚至造成图面混乱。

③绘制清晰简明的流体流动方向。用不同符号表示设备的管道连接和流动方向，标示出管道上各个阀门和仪表的位置。为了绘图方便，并使图面内的管道图线分布合理，应按介质分成若干系统，再按系统进行绘制。一般先绘制主物料系统，后绘制辅助物料系统。对于同种介质的，应该先绘制管道多而杂的，再绘制简单的。

④标明设备管道及各控制点的编号和名称。对管道按不同设计阶段的要求进行标注。所采用的介质代号和阀门符号均需在流程图右上方列出图例及必要的文字说明。

4.4.1.3　物料流程图

物料流程图是说明操作单元物料组成和物料量变化的图，单位以批（日）计（对间歇式操作）或以小时计（对连续式操作）。把各个操作单元的物料流程图连接组合起来，就形成了车间物料流程图。工艺流程示意图完成后，开始进行物料衡算，再将物料衡算结果注释在流程中，即成为物料流程图。从工艺流程示意图到物料流程图，工艺流程就由定性转为定量。

对应于工艺流程示意图，物料流程图也有两种表示方法，即框图和简图。物料流程框图是以方框流程表示单元操作及物料成分和数量，如图4-4所示。它包括框图和图例，每一个框表示过程名称、流程号及物料组成和数量。它的绘制是从左向右展开，分成三个纵行。左边的纵行表示加入的原料和中间体，中间行表示工艺过程，右边的纵行表示副产品和排出的"三废"。通常中间行用双线绘制，以突出物料流程主线。在工艺流程简图上表示车间的物料流程图。

4.4.1.4　物料平衡图

以操作单元为基础绘制物料平衡图，也可以整个工艺路线为基础绘制。细实线的长方框表示各车间（工段），只画出主要物料的流程线，用粗实线表示。流程方向用箭头画在流程线上，注明单元操作或车间名称，各原料、半成品和成品的名称，平衡数据和来源、去向

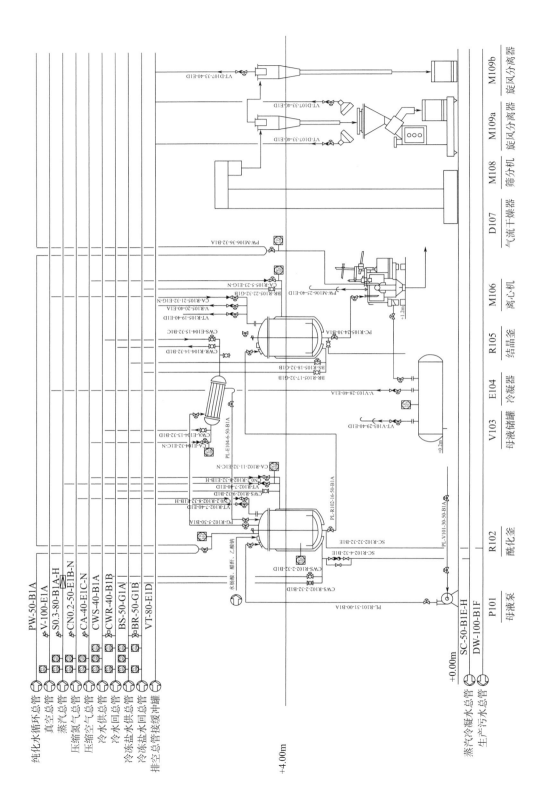

(a)

1.管道的标注

P- R106-01- 25- E1D-H

管道等级代号
E 1 D
顺序号
管道的压力等级
管道材料

流体流向
流体代号
保温等级代号
管道尺寸
主项编号
主管道顺序号
物料代号

2.流体代号

序号	流体名称	流体代号	管道等级	序号	流体名称	流体代号	管道等级
1	乙二醇冷媒（供）	EG	GID	14	氢气	H	E1D
2	乙二醇冷媒（回）	EG	GID	15	蒸汽	Sn(n为压力)	B1E
3	自来水	TW	B1A/G1B	16	冷凝水、液碱	SC	B1H/E1D/G1C
4	纯化水	WPU	E1D	17	真空	VE	G1D/E1D
5	循环水（供）	CWS	B1F/E1D	18	排气	VT	E1D/E1H/H1F
6	循环水（回）	CWR	B1F/E1D	19	工艺物料	P	E1D
7	乙二醇热媒（供）	EG	G1D	20	纯蒸汽	PS	E1D
8	乙二醇热媒（回）	EG	B1B/E1D	21	工艺用压缩空气	PA	E1D
9	清下水	DR	B1B/E1D	22	仪表用压缩空气	IA	E1D
10	去离子水	DIW	E1D	23	废水	WW	B1B/H0F/G1C
11	化学污水	CSW	E1D	24	氮气	Nn(n为表压)	E1D
12	消防水	FW	B1B	25	热水	HW	G1D
13	软水	SW	E1D	26	废气	TG	E1D

3.仪表代号

(1)被测变量代号

序号	被测变量名称	代号
1	温度	T
2	压力	P
3	流量	F
4	液位	L

(2)功能代号

序号	功能	代号
1	指示	I
2	调节	C
3	积算	Q
4	报警	A

(3)图例

○ 就地安装仪表　　⊖ 集中安装仪表

4.图例

序号	名称	图例	序号	名称	图例
1	球阀		13	汽水混合阀	
2	截止阀		14	保温管道	
3	洁净球阀		15	软管接头	
4	洁净隔膜阀		16	工艺物料	
5	疏水器		17	物料进出车间示意	
6	放空管		18	物料进出流程图	
7	安全阀		19	软管	
8	减压阀		20	视盅	
9	止回阀		21	阻火器	
10	针型阀		22	爆破片	
11	Y型过滤器		23	精密过滤器	
12	空气呼吸装置		24	顶底阀	

5.设备位号

序号	设备类别	设备名称	序号	设备类别	设备名称
1	V	容器	7	T	塔
2	W	衡器	8	M	机械类
3	F	分离设备	9	D	干燥设备
4	E	换热器	10	L	起重运输设备
5	P	泵	11	X	其他设备
6	R	反应釜			

R 1 04
流水号
单体号
单体号

(b)

图4-3　阿司匹林生产工艺控制流程图

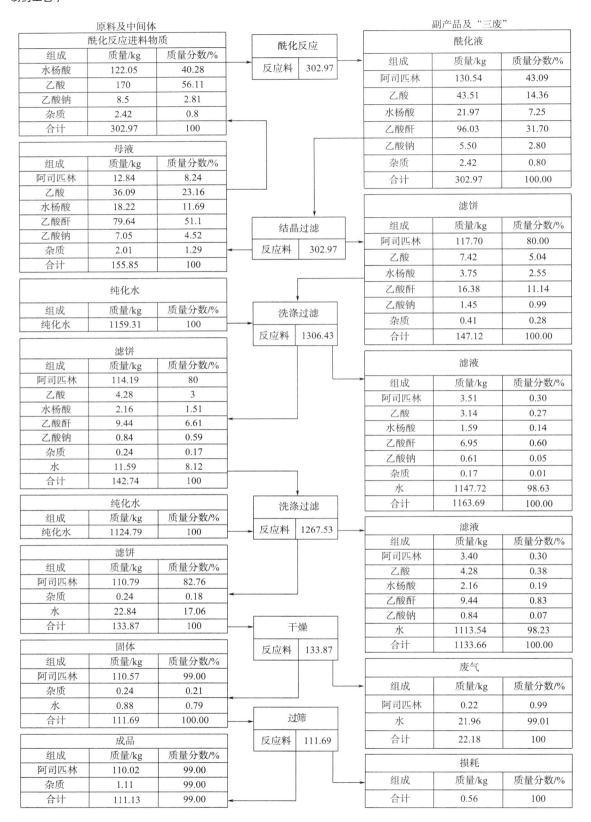

原料及中间体

酰化反应进料物质

组成	质量/kg	质量分数/%
水杨酸	122.05	40.28
乙酸	170	56.11
乙酸钠	8.5	2.81
杂质	2.42	0.8
合计	302.97	100

母液

组成	质量/kg	质量分数/%
阿司匹林	12.84	8.24
乙酸	36.09	23.16
水杨酸	18.22	11.69
乙酸酐	79.64	51.1
乙酸钠	7.05	4.52
杂质	2.01	1.29
合计	155.85	100

纯化水

组成	质量/kg	质量分数/%
纯化水	1159.31	100

滤饼

组成	质量/kg	质量分数/%
阿司匹林	114.19	80
乙酸	4.28	3
水杨酸	2.16	1.51
乙酸酐	9.44	6.61
乙酸钠	0.84	0.59
杂质	0.24	0.17
水	11.59	8.12
合计	142.74	100

纯化水

组成	质量/kg	质量分数/%
纯化水	1124.79	100

滤饼

组成	质量/kg	质量分数/%
阿司匹林	110.79	82.76
杂质	0.24	0.18
水	22.84	17.06
合计	133.87	100

固体

组成	质量/kg	质量分数/%
阿司匹林	110.57	99.00
杂质	0.24	0.21
水	0.88	0.79
合计	111.69	100.00

成品

组成	质量/kg	质量分数/%
阿司匹林	110.02	99.00
杂质	1.11	99.00
合计	111.13	99.00

酰化反应

反应料	302.97

结晶过滤

反应料	302.97

洗涤过滤

反应料	1306.43

洗涤过滤

反应料	1267.53

干燥

反应料	133.87

过筛

反应料	111.69

副产品及"三废"

酰化液

组成	质量/kg	质量分数/%
阿司匹林	130.54	43.09
乙酸	43.51	14.36
水杨酸	21.97	7.25
乙酸酐	96.03	31.70
乙酸钠	5.50	2.80
杂质	2.42	0.80
合计	302.97	100.00

滤饼

组成	质量/kg	质量分数/%
阿司匹林	117.70	80.00
乙酸	7.42	5.04
水杨酸	3.75	2.55
乙酸酐	16.38	11.14
乙酸钠	1.45	0.99
杂质	0.41	0.28
合计	147.12	100.00

滤液

组成	质量/kg	质量分数/%
阿司匹林	3.51	0.30
乙酸	3.14	0.27
水杨酸	1.59	0.14
乙酸酐	6.95	0.60
乙酸钠	0.61	0.05
杂质	0.17	0.01
水	1147.72	98.63
合计	1163.69	100.00

滤液

组成	质量/kg	质量分数/%
阿司匹林	3.40	0.30
乙酸	4.28	0.38
水杨酸	2.16	0.19
乙酸酐	9.44	0.83
乙酸钠	0.84	0.07
水	1113.54	98.23
合计	1133.66	100.00

废气

组成	质量/kg	质量分数/%
阿司匹林	0.22	0.99
水	21.96	99.01
合计	22.18	100

损耗

组成	质量/kg	质量分数/%
合计	0.56	100

图4-4 阿司匹林产品（每批111kg）的物料流程框图

等，图4-5所示为年产100t阿司匹林车间的物料平衡图。

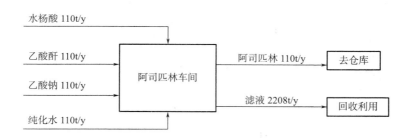

图4-5　年产100t阿司匹林车间的物料平衡图

将物料衡算和能量衡算结果直接加入工艺流程示意图中，得到物料流程图，如图4-6所示，在其中列表表示物料组成和量的变化，图中有设备位号、操作名称、物料成分和数量。如无变动，在施工图设计阶段不再重新绘制。

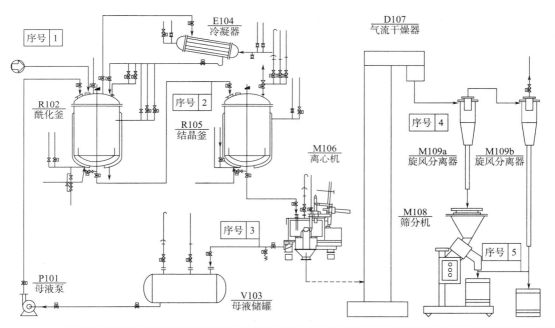

序号	物料名称	质量/（kg/批）							
		水杨酸	乙酸酐	乙酸钠	杂质	水	阿司匹林	乙酸	总计
1	原辅料	122.05	170	8.5	2.42				302.97
2	酰化液	21.97	96.03	8.5	2.42		130.54	43.51	302.97
3	母液	18.22	79.64	7.05	2.01		12.84	36.09	155.85
4	干燥固体				0.24	0.88	110.57		111.69
5	成品				1.11		110.02		111.13

图4-6　阿司匹林（每批111kg）的物料流程图（用工艺流程简图绘制）

4.4.2 物料衡算

根据质量守恒定律，以工艺路线、工艺过程或操作单元设备为研究对象，对进出物料进行定量计算，称为物料衡算（material balance）。通过物料衡算，得到进入与离开某一过程或设备的各种物料的数量、组分以及组分的含量，即产品的质量、原辅材料消耗量、副产物量、"三废"排放量等。这些指标与工艺开发和操作参数控制有密切关系。可深入分析工艺过程，了解原料消耗定额，揭示物料利用情况；了解产品收率、设备生产能力和潜力；明确各设备生产能力之间是否平衡等。由此可采取有效技术措施，进一步改进和优化工艺，提高产品的产率和产量。

4.4.2.1 物料衡算的理论基础

物料衡算是研究某一体系内进、出物料及其组成的变化情况的过程。因此进行物料平衡计算时，首先必须确定衡算的体系，也就是物料衡算的范围。可以根据实际需要，人为地确定衡算的体系，体系可以是一个设备或几个设备，也可以是一个操作单元或整个制药生产过程。

物料衡算的基础是质量守恒定律。即在化学反应或物理过程前后，反应前或某物理过程中各物质的质量总和等于反应后或某物理过程各物质的质量总和。

$$\sum G_1 = \sum G_2 \qquad (4-1)$$

式中：$\sum G_1$为反应前或某物理过程各物质的质量总和；$\sum G_2$反应后或某物理过程各物质的质量总和。

4.4.2.2 物料衡算的基准

在制药工艺开发和生产的不同阶段，由于计算的目的不同，物料衡算的基准往往是不同的。要针对实际问题，选择适宜的基准进行计算。

（1）以体积为基准

以一定的体积（mL、L、m³）为基准，计算单位体积内原辅料和产物量的变化。对生物制药，通常使用产量（production）或效价（titer）。例如，重组人干扰素工程菌的生产能力不低于2.0×10^9IU/L。对于气体物料，也可采用体积基准，但要注意温度和压力的影响。

（2）以时间为基准

以一定时间（如时、天、月、年等）为基准进行计算。适合单元操作时间较长的过程和连续操作设备，如微生物发酵和细胞培养工艺，常用年为基准计算产能。

（3）以设备操作时间为基准

车间设备每年正常开工生产的天数，一般以330天计算，余下的36天作为车间检修时间。

（4）以质量为基准

对于固体或液体原辅料和产品，常以质量（mg、g、kg）为基准进行计算。生物制药的得率（yield）可用消耗底物的质量来计算，如消耗每千克底物合成了多少千克产物。对于转化反应，常常采用摩尔为基准进行算，更能反映合成工艺的效率和性能。如消耗每摩尔葡萄糖生成的青霉素的物质的量。以每千克为基准，用于确定原材料和水、电、暖、气等公用工程的消耗定额。

（5）以批操作为基准

GMP对制药生产实行批次管理，连续生产的原料药，在一定时间间隔内生产的在规定限度内的均质产品为一批。间歇生产的原料药，可由一定数量的产品经最后混合所得的在规定时间内均质产品为一批。以每批操作为基准，适用于间歇操作设备、标准或定型设备的物料平衡，也符合制药的实际。

（6）化学计量学

在制药工艺的研究中，经常以反应式为基础，进行化学计量，研究反应体系中反应原料和产物各组分的变化量及其相互关系。生物制药和化学制药中的计量不完全相同，要注意区分。

在反应体系中，既有主产物，也有副产物，一般采用转化率、收率和选择性（或选择率）来评价反应进程和产物分布。在工艺研发中，要追求高转化率、高选择性和高收率的反应单元和工艺。

转化率（conversion rate）是指反应原料A的消耗量与其初始投料量比值的百分数，用符号X_A表示原料A的转化率：

$$X_A = \frac{A组分消耗量}{A组分投入量} \times 100\%$$

选择性（selectivity）是生成目标产物的原料A的消耗量占原料A总消耗量的百分数，或主产物量占主副产物总量的百分数，可用符号φ表示：

$$\varphi = \frac{主产物折算成原料的量}{反应消耗原料总量} \times 100\%$$

化学制药工艺研究中，收率（yield）是化学反应生成产物的实际产量除以理论产量的百分数，也可把实际产量折算成原料量进行计算。收率反映了原料的利用效率。理论收率是指按化学反应方程式，实际上得到的目的产物的物质量占理论应得的产物的物质量的百分数。在化学合成工艺中，常使用收率来评价单元反应和工艺路线的效率。

$$Y = \frac{实际产量}{理论产量} \times 100\% \quad 或 \quad Y = \frac{产物量折算成原料量}{投入原料总量} \times 100\%$$

收率、转化率和选择性之间的关系如下：

$$Y = X\varphi$$

生物制药工艺中，通常使用产量、效价、得率或产率来评价。而分离纯化等单元操作，常使用收率或回收率（recovery rate）来评价。产量是单位体积内的产物量，生物量（biomass, g/L）是单位体积内的细胞干重。产率是单位时间单位体积内产物的质量，用g/（L·h）表示，反映生产能力。对于生物测活产品，如抗生素、细胞因子、抗体药物等，产率也可用U/（L·h）表示，以反映其有效生物活性产物的生产能力。

制药过程由生物或化学反应和物理工序连续组成，非反应单元或工序的收率为实际得到的产物量占投料量的百分数，整个工艺的总收率是各单元或工序收率的乘积。化学制药工艺的总收率，由于工艺路线可能是汇聚式和线性式，总收率计算方法不同。在计算收率时，必须注意质量监控，即对各工序中间体和药品纯度要有质量分析数据。

（7）绿色化学计算

在制药工艺研究中，需要计算原子经济性、环境因子、反应质量效率、过程质量效率等指标，对工艺的绿色性能和可持续性进行评价。

在合成工艺中，如果每个反应能选择原子经济性高的物料为起始原料，就有可能提高合成工艺路线的总收率。如果没有副产物或废物生成，原料分子的原子无丢失，则原子利用率为100%，废物为零排放（zero emission），但这种情况非常罕见。

对于制药过程，药物产物以外的任何物质都是废物，工艺对环境的影响如何，可用环境因子评价。环境因子越大，则过程产生的废物越多，造成的资源浪费和环境污染也越大。完美的工艺环境因子是零，原子利用率为100%。目前，医药行业的环境因子一般为25～200，而精细化工行业为5～50。

考虑到反应收率、催化效率等，为了体现一个化学反应的实际效率，可使用反应质量效率（reaction mass efficiency，RME）表示，计算如下：

$$反应质量效率 = \frac{目标产物质量}{所有反应物质量} \times 100\%$$

为了较全面地评价反应过程的绿色程度，可采用过程质量强度（process mass intensity，PMI）进行评价，即获得单位质量的目标产物消耗的所有原料、助剂、溶剂等物料的总量（一般不包括水）。计算如下：

$$过程质量强度 = \frac{所有用来生产产物的物料质量}{产物质量}$$

完美的工艺过程质量强度是1。

4.4.2.3 物料衡算过程

（1）收集相关基础数据

进行物料衡算，应根据小试试验、中试试验或生产操作记录，收集各项初始数据，如反应物的配料比，原辅材料、半成品、成品及副产品等的名称、浓度、纯度或组成，转化率、产率、总产率等。

（2）物料计算步骤

①对于化学或生物反应单元，写出反应方程式，包括原始物料和主、副反应。根据工艺条件绘制工艺流程简图。

②选择物料衡算基准，进行物料计算。

③列出物料衡算表：输入与输出的物料衡算表；"三废"排放量表；计算原辅材料消耗定额。通常按生产1kg产品计算。

④将物料衡算结果注释在工艺流程中，即成为物料流程图。从工艺流程示意图到物料流程图，工艺流程就由定性转为定量。

在化学合成或生物药物的工艺研究中，特别要注意成品的质量标准、原辅材料的质量和规格、各工序中间体的质量监控方法，以及回收品的处理等，这些都是影响物料衡算的因素。

4.4.2.4 化工制药工艺物料衡算

【例4-1】以水杨酸和乙酸酐为原料，酸催化合成阿司匹林。原料药阿司匹林生产工艺流程简图如图4-2所示。按每批生产100kg阿司匹林，产品纯度为99%，试对酰化反应过程进行物料衡算。

（1）反应单元物料分析

阿司匹林合成反应方程式为：

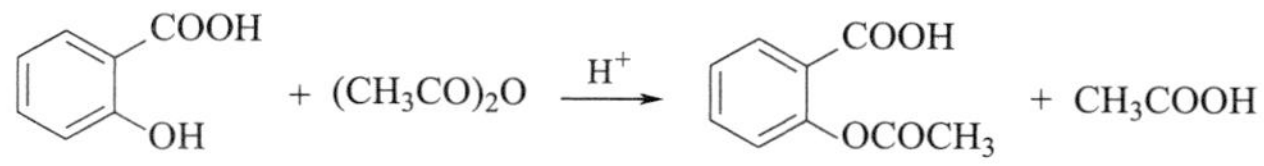

已知反应方程式和阿司匹林产量，为了进行物料衡算，要根据文献资料记录和小试试验、中试试验或生产操作记录确定基础数据。确定原料水杨酸和乙酸酐的投料比（摩尔比），并以此为依据收集上述方程式中的水杨酸、乙酸酐、阿司匹林、乙酸四种物质的分子量和纯度规格。在反应前后催化剂的化学性质与质量都不变，假定没有损耗，可不计。由阿司匹林生产工艺流程中每个操作单元的收率计算总收率。利用上述数据，从最后一个单元向前推算，计算出每种原料的投料量。

（2）收集基础数据

收集反应原料与产物的基本性质，见表4-1。

表4-1　阿司匹林酰化反应原料与产物的性质

序号	原料	规格	分子量
1	水杨酸	≥99.5%	138.12
2	乙酸酐	≥99%	102.09
3	阿司匹林	≥99%	180.16
4	乙酸	—	60.05

各操作单元收率（质量收率）由试验数据或文献获得：酰化单元工序收率90%，分离工序收率=结晶收率（92%）×过滤收率（98%）=90.16%，精制工序收率=一次洗涤过滤率（97.02%）×二次洗涤过滤收率（97.02%）×干燥收率（99.8%）×过筛收率（99.5%）=93.47%。

（3）计算投料量

由各单元操作的收率，计算整个工艺路线的质量总收率。

$$总收率=0.90 \times 0.9016 \times 0.9347 \times 100\%=75.85\%$$

$$酰化合成单元的阿司匹林纯品批产量=\frac{阿司匹林成品批产量 \times 纯度}{总收率}=\frac{100 \times 99\%}{0.7585}=130.52（kg）$$

$$水杨酸投料量=\frac{水杨酸纯品量}{纯度}=\frac{水杨酸摩尔数 \times 分子量}{纯度}=\frac{100.06}{0.995}=100.56（kg）$$

由表4-1的配料比，计算出乙酸酐的批次投料量。

$$乙酸酐投料量=\frac{乙酸酐纯品投料量}{纯度}=\frac{水杨酸纯品摩尔数 \times 摩尔比 \times 乙酸酐分子量}{纯度}=\frac{88.75}{0.99}=89.65（kg）$$

（4）绘制物料平衡表

①反应物输入。由表4-1的纯度和杂质含量计算得出水杨酸纯品投料量（100.06kg）和水杨酸中杂质量（0.50kg）、乙酸酐纯品投料量（88.75kg）和乙酸酐中杂质量（0.90kg），合计进料总量为190.21kg。

②反应产物输出。酰化工序的收率为90%，故合成阿司匹林量=117.46kg，生成乙酸量=39.15kg，反应消耗的水杨酸量=90.05kg，未反应的水杨酸量=10.01kg，反应消耗的乙酸量=66.56kg，未反应的乙酸酐量=22.19kg，杂质1.4kg，酰化液总量为190.21kg。

根据物料衡算结果，把投入和产出物料的数据，输入物料平衡表4-2中，完成阿司匹林酰化工序的计算。

表4-2　阿司匹林酰化工序的物料平衡表

	物料名称	质量/kg	质量组成/%		纯品质量/kg
输入	水杨酸	100.56	水杨酸	99.50	100.06
			杂质	0.50	0.50
	乙酸酐	89.65	乙酸酐	99.00	88.75
			杂质	1.00	0.90
	总计	190.21	—	—	190.21
输出	酰化液	190.21	阿司匹林	61.75	117.46
			乙酸	20.58	39.15
			水杨酸	5.26	10.01
			乙酸酐	11.67	22.19
	总计	190.21	杂质	0.74	1.40
			—	—	190.21

物料衡算的另一种表达形式是物料衡算示意图，如图4-7所示。

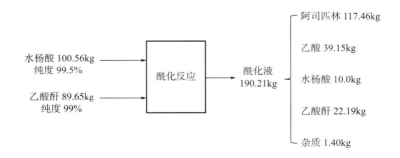

图4-7　阿司匹林酰化工序的物料平衡图

4.4.2.5　生物制药工艺物料衡算

【例4-2】利用葡萄糖等原料进行青霉素G发酵生产。发酵罐体积120m³，装量80%，生产周期7d。试对发酵工艺进行物料衡算。

（1）**发酵过程分析**

产黄青霉菌是青霉素生产菌株，采用分批补料方式进行青霉素G发酵。前40h主要进行菌体生长，40h后菌体生长进入稳定期，带放10%，同时连续补加葡萄糖、氮源和苯乙酸等，主要进行青霉素G的合成积累。在发酵过程中，还需要控制pH、溶氧等。在菌体进入自溶阶段之前，结束发酵。

（2）**理论计算**

从代谢角度看，产黄青霉菌发酵过程中，营养物用于生长、生产和菌体活性维持三部分。通过细胞内的生化反应，把基础培养基成分转化为生物量（生长部分）、青霉素G（生产部分）、二氧化碳和水（维持部分），同时产生生物热。由此，总的物料和能量变化可用下式来表示：

$$碳源（能源）+氮源+其他所需物质 \longrightarrow 菌体+青霉素G+CO_2+H_2O+生物热$$

假定所有的碳源、氮源、硫源、前体苯乙酸都用于合成青霉素G，不用于菌体生长和活性维持，则有下面化学计量式：

$$\frac{10}{6}C_6H_{12}O_6+（NH_4）_2SO_4+\frac{1}{2}O_2+C_8H_8O_2 \longrightarrow C_{16}H_{18}N_2O_4S+2CO_2+9H_2O \qquad （4-2）$$

由于发酵的主要成本和消耗原料为碳源，由此通常以葡萄糖为基准，计算产率。由上述化学计量式计算出利用葡萄糖的理论产率是1.11g青霉素G/g葡萄糖，即每消耗1g葡萄糖，生成1.11g青霉素G。

（3）**实际计算**

对实际发酵过程，可根据底物消耗和产物生成等具体测定值进行计算。理论化学计量式如下：

$$aC_6H_{12}O_6+b（NH_4）_2SO_4+cO_2+dC_8H_8O_2 \longrightarrow eC_{16}H_{18}N_2O_4S+fCO_2+gH_2O$$

其中，a、b、c、d、e、f、g为计量系数，其值可通过试验获得。

在发酵过程中，测定通氧量和尾气中排出的二氧化碳和氧气，计算出二氧化碳生成量和耗氧量。发酵结束时，测定发酵液中残糖、残氮、残硫量，测定菌体的干重、含碳量、含氮量、含硫量。由碳源、氮源、硫源、前体投料量，实际耗氧量，青霉素G产量，二氧化碳释放量，物量等计算出各物料实际计量系数a、b、c、d、e、f、g的值，从而对青霉素G发酵的物料进行平衡计算。

（4）**计算示例**

由于青霉素G发酵过程的生化反应和代谢产物复杂，难以全部定性和定量测定。本示例仅给出计算的过程和思路。

120m³发酵罐中，发酵液的体积为96m³，带放6次，每次带放10%体积，补料流加10%体积，发酵液中青霉素G的含量为75g/L。假定葡萄糖都用于合成青霉素G中的6-氨基青霉烷酸部分的碳，前体苯乙酸全部用于合成青霉素G的侧链，硫酸铵用于生成青霉素G中的氮和硫。计算葡萄糖、苯乙酸、硫酸铵的流加质量。

$$发酵总体积V=96 + 6 \times 9.6 =153.6（m^3）$$
$$青霉素G总质量 P=153.6 \times 75=11520（kg）$$

由化学计量式（4-2）可知：

$$葡萄糖质量=\frac{青霉素G总质量 \times 计量系数 \times 葡萄糖分子量}{青霉素G总分子量}=\frac{11520 \times \frac{10}{6} \times 180}{334}=10347.31（kg）$$

$$苯乙酸质量=\frac{青霉素G总质量 \times 计量系数 \times 苯乙酸分子量}{青霉素G总分子量}=\frac{11520 \times 136}{334}=4690.79（kg）$$

$$硫酸铵质量=\frac{青霉素G总质量 \times 计量系数 \times 硫酸铵分子量}{青霉素G总分子量}=\frac{11520 \times 132}{334}=4552.81（kg）$$

4.4.3 生产工艺规程的制定

中试工艺试验的研究结果证实了工业化生产的可能性后，根据市场的容量和经济指标的预测，提出生产任务，进行基建设计，遴选和确定定型设备以及非定型设备的设计和制作。然后，按照施工图进行生产车间或工厂的厂房建设、设备安装和辅助设备安装等。经试车合格和短期试生产稳定后，即可着手制定生产工艺规程。

4.4.3.1 生产工艺规程的概念

生产工艺规程为基于生产工艺过程的各项内容归纳写成的一个或一套文件，包括起始物料和包装材料，以及工艺、生产过程控制、注意事项。GMP规定，经注册批准的生产工艺规程和标准操作规程不得随意修改。如需修改时，应按制定时的程序办理修订、审批手续。因此，生产工艺规程是新建和扩建生产车间或工厂的基本技术条件，也是组织管理生产的基本依据。

4.4.3.2 化学原料药生产工艺规程

生产工艺规程的内容包括：产品名称，生产工艺的操作要求，物料、中间产品、成品的质量标准和技术参数及储存注意事项，物料平衡的计算，成品容器、包装材料的要求等。具体内容如下：

（1）**产品概述**

①名称，包括中英文通用名、商品名、化学名称、化学文摘（CAS）号。

②化学结构式或立体结构、分子式、分子量。

③理化性质，包括性状、晶型、稳定性、溶解度。

④质量标准及检验方法，包括准确的定量分析方法、杂质检查方法和杂质最高限度检验方法等。

⑤药理作用和临床用途。

⑥包装规格要求与储藏条件。

（2）**原辅材料和包装材料**

起始物料及所用试剂、溶剂、催化剂等的名称、项目（外观、含量和水分）和规格，包装材料的名称、材质、形状、规格等。原辅材料和包装材料的生产商及其执行质量标准。

（3）**生产工艺流程**

以各单元操作为依据，以生产工艺过程中的化学或生物反应为中心，用图解形式把反应冷却、加热、过滤、蒸馏、提取分离、中和、精制等物理化学处理过程加以描述，形成工艺流程图。

（4）**反应过程**

按化学合成或微生物发酵，分工序写出主反应、副反应、辅助反应（如催化剂的制备、副产物的处理、回收套用等）及其反应原理，标明反应物和产物的中文名称和分子量。还要包括反应终点的控制方法和快速化验方法。

（5）**设备流程图及运行能力**

设备一览表包括岗位名称、设备名称、规格、数量（容积、性能）、材质、电动机容量等。用设备示意图的形式来表示生产过程中各设备的衔接关系即构成设备流程图，说明主要设备的使用与安全注意事项。主要设备的生产能力以中间体为序，主要设备名称和数量、生产班次、工作时间、投料量、批产量和折成品量。

（6）**生产工艺过程**

①原料配比（投料量、折纯、质量比和摩尔比）。

②主要工艺条件及详细操作过程，包括反应液配制、反应、后处理、回收、精制和干燥等。对于生物制药工艺过程，还应对菌种保存、接种，培养基的配制，发酵培养、分离纯化等主要工艺条件加以说明。

③重点工艺控制点，如加料速度、反应温度、减压蒸馏时的真空度等。

④异常现象的处理和有关注意事项，例如停水、停电、产品质量未达标等异常现象。

（7）**中间体和半成品的质量标准和检验方法**

以中间体和半成品名称为序，将分子式、分子量、外观、性状、含量指标、规格、检验方法以及注意事项等内容列表，同时规定可能存在的杂质含量限度。

（8）**生产安全与劳动保护**

①防毒与防辐射危害。制药生产过程中经常使用具有腐蚀性、刺激性和剧毒的物质，甚至是射线的辐射，容易造成化学烧伤、慢性中毒，损害操作人员身体健康。因此，必须了解原辅材料、中间体和产品的理化性质，分别列出它们的危害性、防护措施、急救与治疗方法，保障人员的生产安全。

②防火、防爆。在高温和高压反应时，或很多原料和溶剂是易燃、易爆物质的情况，极易酿成火灾和爆炸。例如，Raney镍催化剂暴露于空气中便急剧氧化而燃烧，应随用随制备，储存期不得超过一个月。氢气是易燃易爆气体，氯气则是有窒息性的毒气，并能助燃。要明确车间和岗位的防爆级别，列出各种原料的危险性和防护措施，包括熔点、沸点、闪点、爆炸极限、危险特征和灭火剂。建立明确而细致的安全防火制度。

③资源与环境安全。强化资源和环境安全意识，做到资源的综合利用和"三废"处理的达标排放。对废弃物进行有效处理，对溶媒尽可能回收再利用。对于废弃物的处理，将生产岗位、废弃物的名称及主要成分、排放情况（日排放量、排放系数和COD浓度）和处理方法等列表。对于回收品的处理，将生产岗位、回收品名称、主要成分及含量、日回收量和处理方法等列表，载入生产工艺流程。

（9）**附录**

①生产技术经济指标。包括：成品生产能力（年产量、月产量）和副产品生产能力（年

产量、月产量）；中间体、成品收率，分步收率和成品总收率，收率计算方法；劳动生产率即全员和工人每月每人生产数量，成本即原料成本、车间成本及工厂成本等；原辅材料及中间体消耗定额；动力消耗定额。

②生产周期与岗位定员。记录各岗位的操作单元、操作时间（包括生产周期与辅助操作时间）和岗位生产周期，并由此计算出产品生产总周期，按照岗位需要确定人员责任和数量。

③物料平衡、能量平衡等计算。所用酸、碱溶液的密度和质量分数，原料利用率、收率计算公式。

4.4.3.3 生物制品生产工艺规程

在制定生物制品生产规程时，设备流程、生产能力与技术经济指标、生产安全与劳动保护、生产周期和岗位等，可参考化学原料药生产工艺规程。这里仅就生物制品生产工艺和检定规程的特殊性给予分析。参照2020版《中国药典》三部的相关要求，制定生物制品生产工艺和检定规程，主要内容如下。

（1）产品概述

生物制品的基本信息包括通用名称、专有名称、起始材料、表达系统（菌种/毒种、生产用培养基/细胞基质）、主要工艺步骤、产品作用和用途等。

（2）生产用菌种或细胞及其检定

包括名称、来源、构建及其遗传特性，细胞库的构建及管理，细胞库的检定与保存方法。

（3）生产用原材料及其检定

除生产用菌种、细胞之外的其他原材料，包括材料的名称、来源、级别、质量标准、保存条件等。对关键原材料，明确来源及质控，如无菌/微生物限度、感染性标志物、效价、毒性、生物安全性等特殊控制。人和动物来源的生物材料，要符合《中国药典》和国家相关规定，如牛血清应来源于无疯牛病地区的健康牛群，人血白蛋白应符合国家对血液制品有关管理规定，无血清培养基若添加转铁蛋白、胰岛素、生长因子等生物材料，无潜在外源因子的引入。

（4）工艺流程

从起始物料开始，以各单元操作为依据，用图解形式描述原液制造、半成品配制、成品分批等，形成工艺流程图。

（5）原液

按照工艺流程，逐项描述原液生产工艺操作、过程控制、中间产物检定、中间产物保存和期限等，包括关键工艺参数和内控指标。原液的检定包括检测项目、质量标准和分析方法。

对于重组生物制品，详细描述发酵和纯化工艺与控制。

①发酵工艺。包括发酵模式、批次、规模、培养基的组分与配制，工艺参数（如温度、pH、搅拌速度、通气、溶解氧等）与控制范围，内控要求（如细胞/菌密度、活率、诱导表达时间、诱导剂浓度、微生物污染监测等），培养周期等。

②纯化工艺。包括分离原理、纯化介质的类型、填料载量、柱高、流速、缓冲液、洗脱液、收集条件等。

对于动物细胞表达的重组制品，还要描述病毒灭活或去除关键步骤的工艺参数。

（6）半成品

包括制剂处方、半成品配制方法、主要操作参数及控制范围，半成品检测项目、质量标准和分析方法等检定要求与保存条件和期限。

（7）成品

成品分批包括分批情况、生产批量、分装、规格、包装。成品检定包括检测项目、质量（放行及货架期）标准和分析方法。

（8）保存、运输及有效期

包括对保存和运输条件（温度、湿度、光照）的要求，自生产之日起的有效期。

（9）附录

包括生产用主要原料及辅料的清单，列表提供名称、级别、质量标准、来源等，培养液的组分及制备，关键质控方法的标准操作规程（SOP），稀释液、解离液的组分及制备。

4.4.3.4 制定和修改生产工艺规程

对于新产品的生产，在试车阶段，一般是制定临时生产工艺规程，经过一段时间生产稳定后，再制定生产工艺规程。正式生产以后，工艺研究还需要继续进行，不断改进和完善。在具体实施中，应该在充分调查研究的基础上，多提出几个方案进行分析、比较和验证。如发现问题，应会同有关设计人员共同研究，按规定手续进行修改与补充，或组织专家论证。制定和修改生产工艺规程的要点和基本过程如图4-8所示。

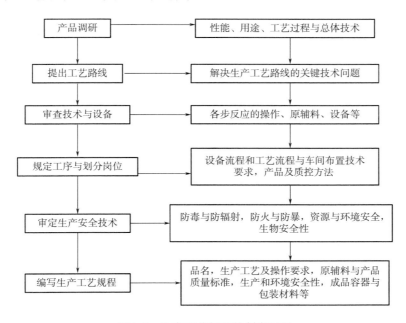

图4-8 生产工艺规程的制定过程

4.4.3.5 标准操作规程

在制定和修订生产工艺规程的基础上，编写标准操作规程（standard operation procedure，SOP）。主要包括：生产操作方法和要点，重要操作的复核、复查，中间产品质量标准及控制，安全和劳动保护，设备维修、清洗，异常情况处理和报告，工艺卫生和环境卫生等。

标准操作规程为经批准用于指示操作的通用性文件或管理办法，内容包括：题目、编号、制定人及制定日期、审核人及审核日期、批准人及批准日期、颁发部门、生效日期、分发部门、标题及正文。

4.4.4 原料药生产工艺验证

2011年，美国FDA颁发的工艺验证指南中指出，工艺验证（process validation）是从工艺设计阶段开始到商业生产全程中进行数据收集和评估的活动，通过科学数据证明工艺能够持续生产出符合质量标准的预期产品。工艺验证包括3个阶段。第一阶段是工艺设计（process design），主要进行工艺设计试验，从小试到中试进行工艺开发和放大，获得工艺知识和建立工艺控制策略，为生产工艺提供知识和技术，无须在GMP条件下进行。第二阶段是工艺确认（process qualification），对第一阶段的工艺设计进行评估，以确认工艺的生产能力、重现性和稳定性。第三阶段是持续工艺核实（continued process verification），持续保证生产工艺处于控制状态。第二和第三阶段必须在GMP条件下进行。从工艺路线开发开始，将制药工艺验证贯穿于整个产品的生命周期内，有利于加快制药工艺研发和最优化、保证质量、安全生产和降低成本。CFDA发布的GMP（2010版）通则指出，工艺验证应当证明一个生产工艺按照规定的工艺参数能够持续生产出符合预定用途和注册要求的产品。工艺验证应当包括首次验证、影响产品质量的重大变更后的验证、必要的在验证前及其产品生命周期中持续工艺的确认，以确保工艺始终处于验证状态。以下以CFDA的工艺验证指南进行分析。

4.4.4.1 原料药生产新工艺的首次验证

对于新开发的原料药生产工艺，可采用前验证（prospective validation）或同步验证（concurrent validation）。验证的目的是工艺的适用性，即在使用规定（注册时的标准）的原辅料和设备条件下，生产工艺应当始终生产出符合预定用途和注册要求的产品。验证批的批量应当与预定试验批的批量一致（一般为最小批量），至少进行连续三批成功的工艺验证。

在小试初期和中期，处于制药工艺研究和筛选阶段，一直在变化和优化过程中，不具备验证的基础。到了小试末期，虽然制药工艺基本定型，但生产批量过小，不适合工艺验证（实验室做批次工艺验证不被认可）。中试初期（1~2批），制药工艺可能不稳定，处于小试—中试转换阶段，制药工艺可否放大，还需考察，不合适进行工艺验证。中试末期，根据中试结论，确定制药工艺是否可验证。验证批量规模与中试规模相关联，工艺验证批次的最小批量为大生产的1/10。

在新工艺路线研发过程，可针对不同单元工艺和操作的中试研究结果，进行预验证，确认该单元操作和工艺的重现性及可靠性。在各单元操作及工艺验证合格的基础上，进行全过程工艺的验证。在特定监控条件下进行试生产，以证明原料药质量符合预定的质量标准，也就完成了产品验证。

一般情况下，先进行清洁验证，然后是工艺验证。但往往同步进行，要考虑批次安排。不能先进行工艺验证，后进行清洁验证。

4.4.4.2 原料药生产工艺验证的前提条件

①已经形成较明确、清晰、成熟的工艺，关键步骤和关键参数得到足够展示和初步评估，控制策略清晰可靠，评价具有说服力（仿制药要有参比制剂）。

②生产工艺规程得到评估或批准，已建立SOP，并通过审核。各种检验分析方法经验证有效。

③原辅料和包装材料有供应商和质量标准，经检验合格，数量足够。不能临时更换原辅料，否则重新研究。

④厂房实施、设备和系统应经过确认，有SOP支持，处于验证有效期内。仪表和仪器检验合格，有SOP和记录支持。

⑤清洁方法，有使用经验，已经审核，得到批准。

⑥参与验证的技术人员和管理人员对工艺有足够深入理解，对车间管理和规范较熟悉。经过培训，体检合格。

4.4.4.3　原料药生产工艺验证方案

在验证前，编写原料药生产工艺验证方案。主要内容包括：生产工艺的简短概述，关键质量属性概述和可接受程度，关键工艺参数概述及其范围，其他质量属性和工艺参数概述，仪器设备、设施清单及其校准状态；成品放行质量标准，相应的检验方法清单，中间控制参数及其范围；测试项目及其可接受标准，测试分析方法；取样方法和计划，记录和评估方法（偏差处理），验证结果与评价；职能部门的职责，建议时间进度表。

制药工艺验证方案，经过审核和批准后，才能启动验证工作。

4.4.4.4　原料药生产工艺验证前准备

通过风险评估确定关键工艺和操作，把整个工艺分解成多个单元和操作，评估每个单元和操作的每个关键参数对质量和收率的影响。对于原料药只对关键工艺和单元操作进行验证。

①确认关键质量属性。性状、鉴别、含量、物理化学性质、纯度、粒度、晶形、微生物纯度等。

②关键单元和操作。反应单元、改变温度或pH、杂质引入或去除，改变产品形状（发生相变、溶解、结晶、过滤等），影响产品均一性（混合），影响鉴定、纯度或规格，延长保存期。

③确认关键工艺参数及其控制范围。温度、压力、pH、浓度、时间、搅拌等。

4.4.4.5　原料药生产工艺验证过程

写明每一工艺步骤的目的和关键参数，根据取样计划（取样位置、时间、取样量、方式等）和测试计划（测试项目，可接受标准及其结果记录），将测试结果汇总到工艺参数列表4-3中。

表4-3　工艺验证的工艺参数记录表

工艺步骤	参数名称	测定范围		可接受范围		关键工艺参数	
		最小值	最大值	最小值	最大值	是	否

对于新制药工艺，进行杂质来源（起始物料的残留、中间体残留、起始物料带来、试

剂、溶剂、催化剂、反应副产物、降解物等）和种类（重金属、催化剂、硫酸盐、氯化物等无机杂质，有机杂质，残留溶剂等）的定量定性分析，包括杂质图谱（已知、未知杂质的定性和定量），进行批次之间的比较，证明杂质在规定范围内。动植物来源的原料药、发酵原料药的杂质档案通常不一定有杂质分布图，可比对杂质谱变化进行验证。

如果重复使用或套用回收的溶剂，要对使用和套用次数进行验证。

根据验证的数据，写出验证报告。无菌原料药，需提供验证方案和验证报告。其他原料药，仅提供验证方案和批生产记录样稿，应该有编号、版本号、相关人员签章。

4.5 生产工艺优化

以QbD的产品开发思路，进行原料药生产工艺开发，目的是建立一个能够始终如一地生产预期质量的原料药商业化制造工艺。原料药的质量是建立在对分子作用机制、生物学特性及其安全性的充分理解之上的，这是质量源于设计理念的前提条件。

原料药的研发参照人用药品注册技术要求国际协调会（ICH）、CFDA药审中心发布的有关技术指导原则进行。ICH对原料药的要求包括：基本信息、制药工艺和开发、生产工艺与控制、起始物料选择、控制策略、工艺验证、生命周期管理等几方面。CFDA对原料药的要求包括：生产工艺路线、Ⅰ类溶剂使用、起始原料工艺和质量标准、生产工艺过程控制、关键工艺步骤、中间体控制、样品试制和工艺验证等。在做QbD前，应该首先搞清楚产品质量，然后再去设计。

4.5.1 原料药质量标准的制定

（1）预期质量标准

在确定原料药的预期质量时，将原料药质量与制剂产品联系起来，考虑原料药在制剂中的用途及其对制剂开发的潜在影响。原料药的溶解性可能影响剂型的选择，原料药的粒径大小或晶形可能影响制剂产品的溶出，并结合原料药的物理性质（性状、外观、粒度分布、颗粒形态、晶形种类、晶形稳定性、熔点、溶解度、澄清度、吸湿性、堆密度、流动性）、化学性质［酸度系数或药物的解离常数（pKa）、稳定性、溶液、固态］、生物学特性（分配系数、细胞渗透率、生物药剂学分类）和微生物学属性（无菌、非无菌、细菌内毒素）的知识和理解，来定义原料药的质量标准。

对于仿制药品的原料药，其质量标准要与原研药一致，达到国家规定标准，如《中国药典》，确保制剂产品的一致评价。

（2）关键质量属性

①产品CQA的决策过程。根据现有的科学技术知识和文献资料，列出制剂产品的所有质量属性。根据有效性和安全性，包括临床前和临床数据，判断是否为原料药的CQA。再分析它们是否受生产工艺的影响。对于不能确定受影响的CQA，进行风险评估和多因素试验研究。从制剂质量属性到原料药CQA的决策过程见图4-9。

②化学原料药CQA。凡是影响药物安全性和有效性的属性都是关键质量属性，一般包括

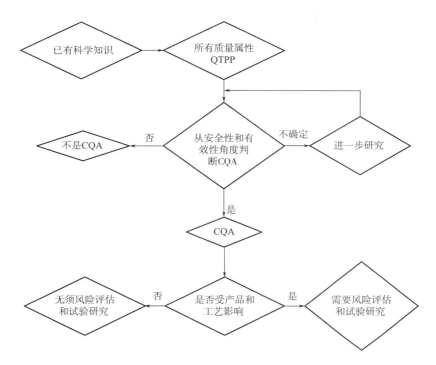

图4-9 产品CQA的决策树

物理性质、外观性状、化学性质、杂质、微生物和稳定性（表4-4）。根据API质量概况、制剂产品、ICHQ6A和B、ICHQ8等进行风险分析，确定原料药的关键质量属性。当物理属性对于产品在人体内的活性或制剂产品生产过程非常重要时，也可以指定为CQA。如原料药的溶解度、粒度分布值、原料药晶形、杂质含量等。化学药物分子的结构与其功能的关系的科学知识可用于评估关键质量属性。

表4-4　化学原料药的质量属性

属性	项目	是否关键
物理性质	pH，熔点，折射率，溶解度等	取决于产品性质和预期用途
外观性状	颜色，液体或固体、粉末、结晶、颗粒	取决于产品性质
化学性质	鉴别，含量，基因毒性	关键
杂质	有机杂质（含手性杂质），无机杂质，重金属，有关物质，残留溶剂	关键
微生物	细菌，真菌，大肠杆菌，内毒素	取决于风险分析

　　杂质影响药品安全性，是一类重要的、潜在的原料药CQA。对于化学制药工艺，杂质可能包括有机杂质（包括潜在基因毒性杂质）、无机杂质（如金属残留物）和残留溶剂。

　　③生物制品CQA。对于生物制品，其CQA大多是与原料药相关的，是原料药或其生产工艺设计的直接结果（表4-5）。对于生物类似药物，可借鉴原研产品或同类产品的经验，确定关键质量属性。

表4-5　生物制品的质量属性

属性	项目	是否关键
外观性状	颜色，液体或固体、粉末，外来颗粒，体积	取决于产品性质
鉴别	等电点pI，分子量，肽图谱，圆二色谱，紫外吸收，末端测序	有效性，关键
性质	纯度（含量或浓度，蛋白质含量），生物活性和比活性，pH，水分含量，复溶时间/溶解性，渗透性	有效性，关键
产品结构变化	聚集，构象，C-端赖氨酸，脱氨基化的异构体，片段化（酶降解产物），修饰（二硫键，糖基化，氧化等）	有效性，关键
杂质	诱导剂、抗生素、宿主蛋白和核酸、残留溶剂，产品相关的有关物质，异常毒性，MTX	安全性，关键
微生物	细菌，真菌，大肠杆菌，内毒素，病毒	安全性，关键

生物制品是复杂的生物大分子产品，如蛋白质、酶、抗体、核酸、多糖等，由于存在糖基化、酰胺化等修饰作用，生产环节中产品可能发生脱酰胺化、氧化、断裂、聚体化等，使生物分子间具有很大的异质性，识别它们的CQA具有很大的挑战性，是生物制药研发周期中是非常重要的一个环节。对众多的质量属性逐一进行完整的评估是不现实的，可采用风险评估对质量属性进行分级，确定优先级。并尽可能以动物试验和早期临床试验数据作为首要依据，确定关键质量属性。对聚体、氧化、脱酰胺化和不同的糖基化形式的产物，进行体外或体内试验，通过测定其生物学活性来评价这些质量属性对分子药效和安全性的影响程度。

对于生物制品，杂质可能是工艺相关或产品相关的。工艺相关杂质包括细胞基质源杂质（如宿主细胞蛋白质和DNA）、细胞培养源杂质（如培养基组分）和后续工艺源杂质（如柱滤出物）。生物制品杂质相关的CQA也包括对污染和交叉污染方面的考虑，包括所有偶然引入的物质（如外来病毒、细菌或支原体污染物），这些并不是生产工艺中的一部分。

4.5.2　原料药起始物料的选择

（1）化学原料药的起始物料

起始物料是用于生产原料药（API），并成为该药物结构组成部分的一种原料、中间体。反应试剂与溶剂不属于起始物料。通常用来成盐、成酯或其他简单衍生物的化学品可以认为是试剂，而不是起始物料。

选择起始物料是指原料药生产工艺从哪里开始，应该考虑以下要素。

①起始原料应该是具备确认的化学性质和化学结构，能被分离出来。不可分离的中间体不能作为起始物料应用于生产工艺路线的设计中。

②具有较好的稳定性，能较长时间存放；起始物料属性发生变化对API质量影响较小。

③起始物料可以是大规模的商业化供应、定制合成或自制。如果通过附加的纯化步骤，才能使商业化的化学品成为起始物料，那么这些纯化步骤应该作为原料药生产工艺的一部分，要在申报文件中进行描述。

④起始物料都必须有相应的质量标准和分析方法，能对鉴别、含量、杂质等方面进行质量控制，并根据各杂质（包括残留溶剂与重金属等毒性杂质）对后续反应及终产品质量的影响制定合理的限度要求。

⑤起始物料的生产要符合GMP的有关要求，其供应商必须符合药监部门的有关要求。如果起始物料的工艺或过程控制有变化，要告知原料药生产厂，以便及时进行必要的变更研究与申报，药监部门批准后才能实施。

对于半合成原料药的起始物料，一般来源于微生物发酵产物或植物提取产物。如果在合成工艺中有一个可分离的中间体，这个中间体可作为半合成原料药的起始物料。申报文件应该全面分析起始物料，包括其杂质档案、发酵产物或植物产物及提取工艺是否影响原料药的杂质档案。同时要说明微生物来源或其他污染物的风险。

（2）生物制品的起始物料

对于生物制品，菌种或细胞库是起始点，细胞库是一种起始物料。培养基也是很重要的起始物料，如葡萄糖、谷氨酰胺、蛋白质水解物、维生素、矿物质等。细胞系和培养基属于关键物料，它们都影响重组蛋白质和抗体分子的均一性，特别是生成糖基化不均一成分。因此要求培养基化学成分明确，无动物来源，配方合理。

由于对复杂原料的分析、原料中的营养成分与细胞表达和产物质量之间关系的了解不足，制约了生物类似药物的研发。因此，在生物制品研发中，需要进行全面定性和定量分析。确定起始物料培养基成分与细胞生长、基因表达及产物质量之间的关系，才能对关键成分进行调控，以满足对产量和质量的要求。

（3）杂质对起始物料选择的影响

在药物生产工艺流程中，上游物料属性或操作条件的改变应该对原料药质量的潜在影响较小。下游工艺和风险是由原料药本身的物理属性和杂质的生成、走向和去除等决定的。下游结晶工艺和对原料药的后续操作（如粉碎、微粉化、运输）决定了原料药的物理属性。上游工艺引入或产生的杂质，有可能被下游的纯化步骤去除（如洗涤、分离中间体），因此可能不被带入原料药中，而下游工艺生成的杂质更容易进入原料药中。

起始物料选择的风险包括质量风险和法规风险两方面。起始物料的质量标准中，其合成工艺的不确定性和耐受性如何？起始物料的杂质谱是否充分研究？主要杂质（有机杂质、无机杂质和残留溶剂）是否容易控制？同时还要考虑未来潜在的供应商变更和生产工艺优化等变更的风险。

4.5.3 工艺参数设计空间的开发

（1）工艺参数设计空间开发的基本思路

在原料药工艺研发中，决定产品质量的工艺参数为关键工艺参数。如果考虑工艺性能属性，如产量、收率和纯度等经济性、生产安全性等，则这些参数为重要工艺参数（key process parameter，KPP）。

①在充分理解工艺过程或单元操作和中间体或产品的基础上，将关键物料属性（如原料、起始物料、试剂、溶剂、工艺助剂、中间体）与中间体或原料药的关键质量属性相关联，从中确定关键工艺参数（图4-10），准确评估关键物料属性和工艺参数的变化，评价对原料药CQA的重要性和影响力，提出设计空间限度。

②如果现有知识和经验不足，就进行试验（包括合成机理）研究，进行多因素试验设计和研究。通过对试验数据的分析和评估，识别和确认物料属性和工艺参数与原料药的 CQA 之

间的联系，建立恰当的参数范围，即期望设计空间的边界值。

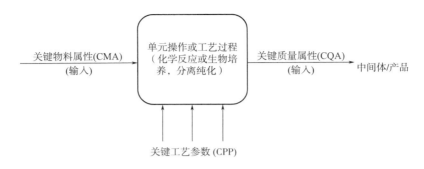

图4-10　关键物料属性、关键工艺参数和产品关键质量属性之间的关系

③开发实验室模型，模拟商业生产流程。模拟时要考虑放大效应和商业化生产工艺的代表性。科学合理的模型应该具备两点：第一，能够预测产品质量；第二，当关键工艺参数在一定范围内进行波动时，一个参数或几个参数的共同作用不会影响产品的最终质量。

④特别研究生产工艺每一步杂质的生成、走向（杂质间发生反应和改变了其结构）和去除（结晶、提取等）的相互关系及其控制策略，杂质经过了多步工艺操作，所有步骤（或单元操作）都应该评估。

⑤开发后的工艺都应该经过适当验证。

（2）化学制药工艺的设计空间

化学原料药合成路线的前几步反应都是围绕着CQA中的有关物质进行的，对杂质的产生和去除进行风险评估。粒度、晶形应该在最后一步进行讨论，通过选择结晶溶剂和是否粉碎来解决。对于基因毒性杂质、溶剂残留和含量需要贯穿始终地进行综合评价。

以回流操作生成杂质的控制为例，比较分析传统方法和QbD方法进行参数设计空间开发的区别。

在化学制药工艺路线中，由中间体E向中间体F的转化过程中，加热回流混合物E。在加热回流的过程中，已经形成的中间体F发生水解，产生一个水解杂质，要求将杂质控制在0.30%以内（杂质限度标准的制定基于原料药的CQA以及纯化工序对该杂质的去除能力）。

假定在回流过程中，回流温度保持恒定，形成的中间体F的浓度保持恒定，水解是中间体F的唯一反应。中间体E中水分含量决定回流混合物的水分值，中间体E中的水分可以通过三效合一干燥进行有效控制，并维持在质量标准的范围内。

①传统方法开发设计空间。通过实验室的小试研究，发现回流时间和中间体E的水分含量是中间体F水解的关键参数。根据已有知识和风险评估，证明其他潜在因素不重要。通过设计使用不同含水量的中间体E以及持续不同的回流时间，即得到水解杂质、回流时间和中间体E的水分三者之间简单的对应关系，水解杂质产生的反应遵循以下二级动力学方程式：

$$k[H_2O][F] = \frac{d[水解杂质含量]}{dt}$$

式中：[F]表示中间体F的浓度；[H_2O]表示含水量。

通过单因素试验，获得中间体F水解程度和回流时间的关系，以及与中间体E中水分之间的关系（图4-11）。结论是中间体E水分越高，回流时间越长，中间体F水解杂质越多。

如果中间体F中杂质限量为0.3%，那么要求中间体E中的水分最大不超过1.0%，中间体F回流时间1.5h，最大回流时间4h。这样控制，将杂质内控标准设定为小于0.3%。

②QbD方法开发设计空间。应用QbD方法进行研究，对中间体F回流时间和中间体E中水分含量这两个关键因素进行两因素的试验设计。设定更多的边界条件，如不同水分含量的中间体E和不同回流时间，进行更多试验。将全部试验数据输入软件，生成设计空间的三维图谱，由统计工具计算出该工艺的边界值，得出设计空间的合理范围，将更加接近真实情况。

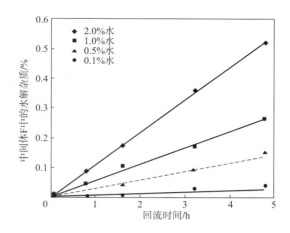

图4-11 中间体F水解杂质和回流时间的关系

通过大量数据得到二阶速率方程为：

$$\ln\left[\frac{M-X_F}{M(1-X_F)}\right]=([H_2O]_0-[F]_0)kt$$

式中： t——回流时间；

$[F]_0$——中间体F的起始浓度；

$[H_2O]_0$——中间体E中水的起始浓度；

$M=[F]_0/[H_2O]_0$——中间体F的浓度与中间体E中水的起始浓度的比值；

X_F——t时刻中间体F水解杂质的浓度。

以回流时间（t）解此方程，结合回流最大容许时间和最初水分及水解杂质目标水平（≤0.3%），计算得到对应关系曲线（图4-12）。在对应关系下的任意回流时间和中间体E的水分浓度在日常生产过程中均可以满足水解杂质≤0.3%。在实际生产中，可根据中间体E实际测定水分值选择回流时间，使生产操作的控制更加灵活。

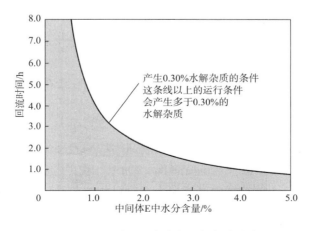

图4-12 回流时间、水分含量与杂质的关系

（3）生物制品工艺的设计空间

以细胞培养阶段的工艺参数为例进行分析。采用风险评估对培养工艺参数进行分级（表4-6），分为关键工艺参数（CPP）、容易控制的关键参数（well controlled，WC-CPP）、影响工艺表现的重要参数（KPP，Key pp）和一般工艺过程参数（GPP）。

表4-6　细胞培养工艺参数的风险分级（基于对产品质量的影响）

培养阶段	中等	高风险	低风险
反应控制	种子密度，溶解氧（DO），搅拌速度，通气量	种子代次，培养温度，pH，CO_2浓度，培养时间	细胞活性
培养基	培养基存放	浓度，渗透压	补料和流加

对工艺参数采用失败和效应模型进行风险评估，对每个参数进行排序。三点依据是：失败对CQA的潜在影响的严重程度，在相关规模上失败发生的频率，在相关规模上失败的检测频率。

在一定范围内评价CPP对关键质量属性的影响，通过试验设计法DOE确定CPP之间的相互作用并找到其范围。以低、中、高三种水平对温度（32～36℃）、二氧化碳浓度（40～160mmHg）、pH（6.6～7.2）、渗透压（340～440mmol/L）、培养基浓度、培养时间等关键质量参数进行试验研究，测定对蛋白质药物CQA的影响，包括糖基化、聚集体等不均一性变化，确定各参数适宜的范围。控制CPP在设计空间范围内，保证产品质量符合要求。

采用同样的思路，对细胞基质（接种量和活性）、培养基浓度、溶解氧浓度（30%～80%）、流加补料方式、培养基存放等中度和低度风险因素进行试验研究，确定参数的设计空间。

如果目标质量受多个关键工艺参数影响，采用同样的思路，进行多参数变量的系统性试验，从而确定质量标准的设计空间。

4.5.4　原料药杂质的研究

原料药杂质的分析和控制是确保原料药安全有效的基础。原料药研发过程中，杂质的控制是原料药质量研究的关键问题。任何影响原料药纯度的物质称为杂质。"杂质谱"是原料药杂质控制的"眼睛"，能够"看见"所有杂质。

化学药物杂质检测方面，有关物质、手性杂质和遗传毒性杂质的分析是药物杂质研究中关注的重点。

本小节内容结合《中国药典》和相关指导原则，依据化学药物杂质研究思路，从杂质谱分析、杂质检测、杂质限度的制定三个方面进行阐述。

4.5.4.1　杂质谱分析

杂质谱分析主要包括两个方面。其一，依据药物结构、理化性质，分析药物合成工艺、制剂工艺中可能产生的杂质。欧洲药品管理局（EMA）建议：应基于扎实的科学评价，全面考虑参与合成的化学反应、原辅料中可能带入新原料药的杂质和可能的降解产物，确定最有可能在新药的合成、纯化和储存期间出现的实际和潜在杂质。其二，考察药物稳定性试验和强制降解试验产生的杂质。药物质量标准中杂质检查项目应包含经研究和稳定性考察检出的杂质，2015年版《化学药物稳定性研究技术指导原则》明确了不同保存温度下的拟加速和长期稳定性试验方法，并在有效期的基础上提出了复检期。参照《中国药典》和《化学药物稳定性研究技术指导原则》，研究可能的降解产物和降解途径。强制降解试验提供了原料的降解途径，也能够为制剂处方和工艺的筛选提供一定的依据。通过稳定性试验和强制降解试验可以进一步分析杂质的来源和影响因素，为杂质的质量控制提供参考。

4.5.4.2　杂质检测

（1）一般杂质的检测

气相色谱法（GC）适用于易挥发且热稳定性好的物质，一般用于残留溶剂的检测。

因在药物生产中经常会遇到铅，且铅易积蓄中毒，故药物质量控制中经常以铅作为重金属的代表，用其限量表示重金属限度。经典的重金属限度检查法存在一定的局限性，电感耦合等离子体发射光谱法（ICP—OES）、电感耦合等离子体质谱法（ICP—MS）、高效液相色谱—电感耦合等离子体质谱法（HPLC—ICP—MS）可以同时定量检测多种金属元素的含量。不同化学形态的金属杂质在毒理学和生物学上的性质可能有很大差异，HPLC—ICP—MS法对分析极低含量、不同形态的As和Hg有着灵敏度高、易于操作的优势。

（2）特殊杂质的检测

①有关物质。在杂质谱分析的基础上，有针对性地选择专属灵敏的分析方法，以确保化学药物杂质的有效检出。在有关物质检查方面，《中国药典》对化学药物杂质定性定量测定方法有明确指示。杂质检测的方法学验证主要包括专属性、检测限、溶液稳定性、耐用性等定性试验以及线性、准确度、精密度等定量试验，从不同角度、层面验证分析方法的可行性和杂质检出的可靠性。

近年来，色谱法在各国药典中得到了广泛应用，其中有关物质分析方法的主流还属高效液相色谱技术。HPLC测定有关物质的定量方法主要有杂质对照品法（外标法）、加校正因子和不加校正因子的主成分自身对照法以及面积归一化法。

其他新型色谱分析方法如超高效液相色谱（UPLC）也具有其独特的优势。对于紫外检测灵敏度低而无法实现对低浓度杂质的准确定量的原料药，可以采用新型二维高效液相色谱（2D-HPLC）技术增强对样品的分离和富集，提高对低浓度杂质的检测能力。液相色谱—质谱联用（LC—MS）技术因其卓越的灵敏度、高选择性和快速的特点，避免了样品复杂的前处理过程，已成为药物中微量杂质分析和结构鉴定的首选。气相色谱—质谱联用（GC—MS）技术结合了气相色谱高效与质谱结构鉴定的优势，适用于定性、定量分析热稳定、易挥发的多组分混合物中有机挥发性杂质。

核磁共振（NMR）技术能够对未知化合物提供有关键合和立体化学的特定信息，并对未经分离提取的复杂样品提供定性定量信息。与LC联用，更加强了NMR对有关物质的结构解析能力，应用于药品质量评估。高效液相色谱—固相微萃取—核磁共振联用（LC—SPE—NMR）仪是目前应用的最先进LC—NMR技术的仪器，借助SPE，为NMR在较低强度磁场的应用打开了新局面。

毛细管电泳—质谱联用（CE—MS）技术将CE绿色环保、分析成本低、所需样品量少、样品前处理简单的优点与MS高灵敏度、高专属性和定性归属能力相结合，在极性和离子化合物的分析方面有着独特优势，成为LC—MS和GC—MS的重要补充。

②手性杂质。手性杂质与药物互为手性异构体，两者药效和药动学行为的差异会导致不同的药理和毒理学作用，产生药物不良反应。因此手性杂质的检测也是质量控制的重要内容。对于手性杂质的检测广泛采用手性色谱法和高效毛细管电泳法等。

手性杂质检测的高效液相色谱法分为直接法和间接法，前者包括手性固定相法和手性流动相添加剂法，后者为手性试剂衍生化法。

超临界流体色谱（SFC）技术作为气相色谱和液相色谱的有力补充，兼有二者优点，其在手性药物杂质分析和天然高分子化合物制备中有着重要应用。

③遗传毒性杂质。遗传毒性杂质在极低水平便能与DNA相互作用，具有很高的致癌致突变风险。因此对遗传毒性杂质及潜在遗传毒性杂质（PGI）的研究极其重要。

遗传毒性杂质的限度远低于ICH Q3A、Q3B的限度水平，需要结合杂质结构特征，开发选择性和灵敏度高的痕量检测方法。一些遗传毒性警示结构如卤代烷、磺酸酯和肼类缺乏紫外生色基团，可以采用衍生化液相色谱—紫外检测（LC—UV）等方法。

GC—MS是挥发性遗传毒性杂质检测不可或缺的工具。通常情况下，顶空气相色谱和GC—MS是分析卤化物、磺酸盐和环氧化物的首选技术。

4.5.4.3 杂质限度的制定

（1）有关物质限度制定方法

在ICH Q3A、Q3B［19，45］的指导原则中将杂质限度定义为：在特定水平下单个杂质或给定杂质谱的生物学安全性资料的获得和评价过程。该指导原则通过制定杂质的报告、鉴定和认证阈值监管杂质。有关物质的控制一般包括每个明确的已知杂质、每个明确的未知特定杂质、任何非特定杂质以及总杂质。

杂质限度的确定首先要有充分的安全性依据，结合药物工艺路线，综合药学、药理毒理及临床研究结果判定；其次，在排除遗传毒性杂质的情况下，可综合考虑生产的可行性和产品的稳定性，制定合理的杂质限度。杂质限度应考虑患者人群、每日剂量、给药途径、用药持续时间等因素。对于仿制药来说，有关物质限度的确定可以参考原研药上市标准、各国药典和国家标准，衔接上市药物安全有效性信息。

（2）遗传毒性杂质限度制定方法

ICH发布的《基因毒性杂质指南M7》根据风险级别将遗传毒性杂质分为5个类别。首先对合成路线中的工艺杂质、试剂和中间体等PGI进行结构评估，通过数据库检索其毒性数据及致癌可能性，鉴定警示结构。除采用数据库检索外，还可采用（定量）结构活性关系［(Q)SAR］方法进行预测，包括依据专家规则和统计学方式两个相互补充的(Q)SAR预测方法。然后对杂质进行分类控制，建立基于每日允许摄入量和毒理学关注阈值（threshold of toxicological concern，TTC）概念的杂质限量标准。TTC可以通用于大部分药物，作为默认的可接受限度控制标准。

有些强遗传毒性致癌物质如黄曲霉素类、N-亚硝基类、偶氮类化合物的可接受摄入量不适用于TTC法，这类化合物的风险评估需要有特定化合物的毒性数据。

4.5.5 原料药生产工艺的控制

原料药生产工艺控制策略包括物料属性（包括原料、起始物料、中间体、试剂、原料药的基本包装材料等）的控制、生产工艺过程控制［关键步骤控制，如纯化步骤的顺序（生物技术和生物产品），或者试剂（化学品）的加料顺序，投料顺序等］、中间控制（包含中控测试和工艺参数控制）和原料药的控制（如放行测试）。

将传统方法和QbD方法结合起来，开发工艺控制策略。使用传统方法确认一些CQA属性、操作步骤或单元操作，然后使用QbD的方法处理其他的CQA属性。使用传统方法开发生产工艺和设定控制策略、设定点和操作范围。使用QbD的产品开发方法，对工艺路线中的关键属性CQA进行研究，找到控制参数的边界值，并始终将产品的生产放在受控曲面之下，从而保证产品质量。

表4-7和表4-8分别列举了生物制品和化学原料药生产工艺的部分控制策略。

表4-7　生物制品生产工艺的部分控制策略

质量属性	控制策略
原料药CQA	原料药CQA的控制策略
生物源物料中的污染物（病毒安全性）	生物源物料的病毒性安全信息摘要 包含生物源物料的详细信息，在生产和病毒清除适当阶段的检测
宿主细胞残留	单元操作的设计空间
糖链异质体	可以持续去除的目标范围 分析方法及其验证 隐性控制，包括工艺控制步骤（如细胞培养条件、下游步骤纯化、放置条件等）的总结 作为CQA分类证明的结构解析 关键步骤的控制，测试过程和质量指标 质量指标的证据稳定性

表4-8　化学原料药生产工艺的部分控制策略

关键质量属性	原料药CQA控制的限度	中间控制（中间样测试和工艺参数）	物料属性控制（原料/起始物料/中间体）	生产工艺设计	CQA是否在原料药中检测/是否包含在原料药的指标中
纯度	杂质1不超过0.15%	中间体工艺控制与检测，杂质1≤0.30%			是/是
	杂质2不超过0.20%	中间体工艺控制和检测，杂质2≤0.50%			是/是
	单个未知杂质不超过0.10%		起始原料的指标		是/是
	总杂质不超过0.50%				是/是
	异构体杂质不超过0.50%		起始原料的异构体≤0.50%	手性中心显不消旋	否/否
残留溶剂	乙醇 ≤5000μg/kg	纯化步骤后，干燥检测		中控与原料药检测相关联	否/是
	甲苯 ≤890μg/kg	中控检测		后续工艺步骤达到相关标准	否/否

4.5.6 生产工艺优化的策略

（1）选择性研究

有机合成工艺优化是物理化学与有机化学相结合的产物，是用化学动力学的方法解决有机合成的实际问题，是将化学动力学的基本概念转化为有机合成的实用技术。

首先分清三个基本概念：转化率、选择性、收率。转化率是消耗的原料的摩尔数除于原料的初始摩尔数。选择性为生成目标产物所消耗的原料摩尔数除于消耗的原料的摩尔数。收率为反应生成目标产物所消耗的原料的摩尔数除于原料的初始摩尔数。可见，收率为转化率与选择性的乘积。可以这样理解这三个概念，反应中消耗的原料一部分生成了目标产物，一部分生成了杂质，还有一部分原料依然存在于反应体系中。生成目标产物的那部分原料与消耗的原料之比为选择性，与初始原料之比为收率，消耗的原料与初始原料之比为转化率。

反应的目标是提高收率，但是影响收率的因素较多，使问题复杂化。化学动力学的研究目标是提高选择性，即尽量使消耗的原料转化为主产物。只有温度和浓度是影响选择性的主要因素。在一定转化率下，主副产物之和是一个常数，副产物减少必然带来主产物增加。提高转化率可以采取延长反应时间、升高温度、增加反应物的浓度、从反应体系中移出产物等措施。而选择性虽只是温度和浓度的函数，看似简单，却远比转化率关系复杂。因此，将研究复杂的收率问题转化为研究选择性和转化率的问题，可简化研究过程。

（2）选择性研究的主要影响因素

提高主反应的选择性就是抑制副反应，副反应包括平行副反应和连串副反应两种类型。平行副反应是指副反应与主反应同时进行，一般消耗一种或几种相同的原料，而连串副反应是指主产物继续与某一组分进行反应。主副反应的竞争是主副反应速率的竞争，反应速率取决于反应的活化能和各反应组分的反应级数，两个因素与温度和各组分的浓度有关。因此选择性取决于温度效应和浓度效应。活化能与反应级数的绝对值很难确定，没有必要知道它们的绝对值，只需知道主副反应之间活化能的相对大小与主副反应对某一组分的反应级数的相对大小就行了。众所周知，升高温度有利于活化能高的反应，降低温度有利于活化能低的反应，因此选择反应温度条件的理论依据是主副反应活化能的相对大小，而不是绝对大小。

①温度范围的选择。在两个反应温度下做同一合成试验时，可以根据监测主副产物的相对含量来判断主副反应活化能的相对大小，由此判断是低温还是高温有利于主反应，从而缩小了温度选择的范围。实际经验中，一般采取极限温度的方式，低温和高温，再加上二者的中间温度，可判断出反应温度对反应选择性的影响趋势。

②某一组分浓度的选择。在同一温度下（第一步已经选择好的温度下），将某一组分滴加（此组分为低浓度，其他组分就是高浓度）或一次性加入（此组分为高浓度，其他组分就是低浓度）进行反应，就可根据监测主副产物的相对含量来判断该组分是低浓度还是高浓度有利于主反应。确定了某一组分的浓度影响，接下来就是研究该组分的最佳配比问题。相同的条件下，再确定其他组分浓度的影响。

（3）定性反应产物

动力学研究方法要求副反应最小，而其他方法要求主反应最大。因此研究反应的选择性，搞清副反应的产物结构是必要的前提。在条件允许的情况下，应尽量分析反应混合物的全部组分，包括主产物和各种副产物，分析它们在气相色谱、液相色谱或薄层色谱上的相对位置和相对大小。从而可以看出各组分的相对大小及各组分随温度和浓度条件不同的变化。对不同的副反应采取不同的抑制方法。

①首先搞清反应过程中有哪些副产物生成。

②重点找出含量较多的副产物的结构，因为只有抑制了主要副反应，才能显著提高主反应的选择性。

③根据主要副产物的结构，研究其生成的机理、速度方程和对比选择性方程，并据此进行温度效应、浓度效应分析。

④由对比选择性方程确定部分工艺条件，并据此设计获取活化能相对大小和反应级数相对高低的试验方案。

⑤找出最难除去的杂质的结构，进行③④的方法研究。

（4）**跟踪定量反应产物**

在定性分析的基础上，对同一试验不同时刻各组分的含量进行跟踪测试，根据跟踪测试结果认识影响因素，再根据影响因素调整试验方案。

①可在同一试验中考察原料、中间体、产物、各副产物在不同条件下的变化趋势，从一个试验中尽可能获取更多的信息，试验效率大大提高。

②根据试验过程中的新现象调整和修改预定方案，使每一个具体试验的目标多元化，即可使每一次试验的目的在试验中调整和增加，从而提高工作效率和研究开发进度。

③将不同时刻、不同组分的相对含量整理成表格或曲线，从数据表或曲线中观察不同组分的数量，各组分在不同阶段依不同条件的变化趋势和变化规律，从而找出宏观动力学影响因素，并根据这些因素去调整温度、浓度因素，以提高选择性。这里的定量并非真正的含量，只是各组分的相对值。

（5）**分阶段研究反应过程和分离过程**

大多数人习惯于每次试验部分都分离提纯产品并计算收率，然而这是不科学的，除非是简单的试验。

①研究开发的初始阶段，分离过程是不成熟的，很难估算分离过程损失，所得产品不能代表反应收率。

②试验的最终结果是反应过程与分离过程的总结果，影响因素太多，考察某一影响因素太难。

③一个试验真正做到完成分离提纯的程度很难，往往后处理时间多于反应时间，若每个试验都做到提纯分离，则工作效率会降低。

④为降低科研费用，往往进行微量制备，而微量制备的试验几乎不能完成全过程。比如精馏，没有一定数量就无法进行。

⑤反应过程中直接取反应液进行中控分析最接近于反应过程的在线测试，最能反映出过程的实际状态，对于某一因素的变化的影响也最敏感，应用方便。

⑥做好反应过程是分离过程研究的基础。副产物越少，则分离过程越简单。

总之，在研究开发的最初阶段，应先回避分离过程而仅研究反应过程。可以在反应过程中得到一系列的色谱分析谱图和定性分析结果，根据原料、中间体、产品、副产品出峰的相对大小来初步定量。根据不同反应温度条件下不同组分的消长来判断活化能的相对大小；

根据副产物结构及不同的加料方式引起的副产物的消长来判断活性组分的反应级数的相对高低。从理论到实践实现了动力学所要求的温度效应、浓度效应，再实现最大转化率，最后研究分离过程。这是一种循序渐进的、条理清晰的、理性的和简单化的工艺优化程序。

（6）程序升温法确定温度范围

程序升温法是另一种反应温度的优化方法。其是在试验的最初阶段采用的。一般采用微量制备，物料以满足分析测试即可。为使放热反应的温度可控，反应物料不必成比例（一般使某一种原料微量）。

在跟踪测试的基础上，采取程序升温的方法，往往一次试验即可测得反应所适合的温度范围，并可得到主反应与某一特定副反应活化能的相对大小和确认反应温度最佳控制条件。如图4-13所示，程序升温过程：在T_1温度下反应一段时间，取样a分析；若未发生反应，则升温至T_2后反应一段时间，取样b分析；若发现反应已经发生，但不完全，则此时应鉴别发生的是否主反应；若在温度T_2下先发生的是主反应，则继续取样c分析；若反应仍不完全，升温至T_3后反应一段时间，取样d分析；若仍不完全则升温至T_4，取样e分析，直至反应结束。若样品d中无副产物，e中有副产物，则主反应的活化能小于副反应的活化能，反应温度为T_4以下，再在T_3上下选择温控范围。若样品b中发生的是副反应，则应立即升温，并适时补加原料，边升温边取样f，g，h等，直至主反应发生。若主反应在较高温度时发生了，说明主反应的活化能大于副反应的活化能，反应应避开较低温度段。此时的程序升温过程应在缺少易发生副反应的那种主原料下进行，即预先加热反应底物至一定温度，再滴加未加入的原料，后滴加的原料用溶剂稀释效果更佳。

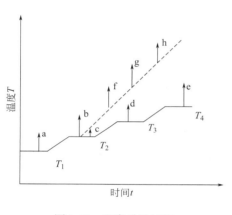

图4-13　程序升温过程

可见，一次程序升温过程便可基本搞清主副反应活化能的相对大小和反应温度控制的大致范围，取得了事半功倍的效果。在低温有利于主反应的过程中，随着反应的进行，反应物的浓度逐渐降低，反应速率逐渐减慢，为保持一定的反应速率和转化率以保证生产能力，就必须逐渐缓慢升温以加速化学反应的进行，直至转化率达到目标，这才实现最佳控制。

（7）调节加料法

加料方法有两种：滴加或一次加入。滴加的功能有两个：对于放热反应，滴加可减慢反应速率，使温度易于控制；滴加可控制反应的选择性。对每种原料都应研究滴加或一次性加入对反应选择性的影响。如果滴加有利于选择性，则滴加得越慢越好；如不利于选择性的提高，则改为一次性加入。温度效应、浓度效应对反应选择性的影响是普遍存在的一般规律，但在不同的具体实例中体现出特殊性，有时某一种效应更重要，而另一种效应不显著。因此必须具体问题具体分析，在普遍的理论原则指导下解决特殊的问题。

（8）动力学方法的工艺优化次序

有了上面所述的方法，一般的工艺优化需要按以下的步骤进行。

①反应原料的选择。反应原料的选择除了考虑廉价易得的主要因素外，还必须考虑副产

物的形成，所用的原料应该尽可能以不过多产生副反应为准，原料的活性应该适当，活性高了，相应的副反应速率也就加大了，原料的反应点位应该尽可能少，以防进行主反应的同时发生副反应。以阿立哌唑的中间体合成为例，不同的原料产生不同的副反应从而形成不同的杂质，原料的性质不同，产生杂质的数量也就不同。

②溶剂的选择。主要根据反应的性质和类型来考虑。非质子极性溶剂：乙腈、N,N-二甲基甲酰胺、丙酮、N,N-二甲基乙酰胺、N-甲基吡咯烷酮；质子极性溶剂：水、甲醇、乙醇、异丙醇、正丁醇等；极性非常小的溶剂：石油醚、正己烷、乙酸乙酯、卤代烃类、芳香烃类等。

③重复文献条件，对反应产物定性分析。

④变化反应温度确认主副反应活化能的相对大小并确定温度控制曲线。

⑤根据副产物的结构改变加料方式，以确定主副反应对某一组分的反应级数的相对大小并确定原料的加料方式。此时反应选择性已达最佳。

⑥选择转化率的高低。力求转化完全或回收再用。此时反应收率最佳。

⑦选择简单的分离方式并使分离过程产物损失最小。此时达到了最优化工艺。

⑧酸碱强度的影响。选择强酸还是弱酸，强碱还是弱碱，有机酸还是有机碱。在质子性溶剂中一般选择无机碱，因为此时无机碱一般溶于这类溶剂中使反应均相进行，例如，氢氧化钠、氢氧化钾溶于醇中，但是弱无机碱碳酸钠等不溶于该类溶剂，须加入相转移催化剂；在非质子极性溶剂中一般选择有机碱，此时反应为均相反应，若选择无机碱，因为无机碱一般不溶于该类溶剂，也需加入相转移催化剂。

⑨催化剂的影响。研究相转移催化剂、无机盐、路易斯酸、路易斯碱的影响。

思考题

1. 简述中试放大的概念以及意义。
2. 中试放大方法有哪些？
3. 中试阶段的研究内容有哪些？
4. 生产工艺规程包括哪些？
5. 生产工艺优化序号应考虑哪些因素？
6. 原料药杂质研究的意义是什么？原料药杂质研究中关注的重点是什么？

参考文献

[1] 赵临襄，等. 化学制药工艺学［M］. 5版. 北京：中国医药科技出版社，2019.
[2] 王静康，伍宏业，等. 化工过程设计［M］. 2版. 北京：化学工业出版社，2021.
[3] 朱志庆. 化工工艺学［M］. 2版. 北京：化学工业出版社，2017.
[4] 王缨，历娜，等. 药物检测技术［M］. 山东：中国石油大学出版社，2018.

［5］孙国香，汪艺宁，等. 化学制药工艺学［M］. 北京：化学工业出版社，2018.

［6］王沛. 制药工艺学［M］. 北京：中国中医药出版社，2017.

［7］王亚楼. 化学制药工艺学［M］. 北京：中国中医药出版社，2008.

［8］高向东. 生物制药工艺学［M］. 2版. 北京：中国医药科技出版社，2019.

［9］黄晓龙. 化学仿制药新申报资料要求简介［J］. 中国新药杂志，2016，25（18）：2103-2108.

［10］王宏亮，王欢. 化学合成原料药起始物料的最新要求［J］. 中国新药杂志，2019，28（16）：1987-1990.

［11］蒋煜. 化学药物质量研究和质量标准制定的一般原则和内容［J］. 中国新药杂志，2009，18（12）：1087-1090.

［12］王宏亮，陈震. 化学合成原料药起始物料国内外相关要求的比较［J］. 中国新药杂志，2014，23（9）：998-1003.

第5章 原料药结晶工艺的优化与放大

原料药结晶工艺的优化与放大　　　　　　结晶概述讲课视频

5.1 概述

固体药物从内部结构质点排列状态可分为晶体与无定形体。晶体（crystal）是固体药物内部结构中的质点（原子、离子、分子）在空间有规律地周期性排列。质点排列有规律性反映在三个方面：质点间距离一定、质点在空间排列方式上一定、与某一质点最邻近的质点数（配位数）一定。质点排列的周期性是指在一定方向上每隔一定距离就重复出现相同质点的排列。固体药物内部结构中质点无规则排列的固态物质称无定形体（amorphism）。

物质在结晶时由于受各种因素影响，使分子内或分子间键合方式发生改变，所以分子或原子在晶格空间排列不同，形成不同的晶体结构。即同一物质具有两种或两种以上的空间排列和晶胞参数，形成多种存在状态的现象称为多晶现象（polymorphism），也称为同质异晶现象。多晶型在固体有机化合物中是一种非常普遍的现象，例如，已经发现磺胺噻唑有三种晶型，烟酰胺有四种晶型，法莫替丁也发现有两种晶型。

纵观药物的发展史，是人类文明的发展史，也是科技的进步史。在医药体系没有发展之前，人们使用天然产物及其粗制剂治疗疾病。明代李时珍的《本草纲目》是我国古代的医学瑰宝，收集天然药物1800余种，被翻译成多种语言，是"古代中国百科全书"。到18世纪，随着西方化学化工科技的进步，人们开始研究天然药物中的有效成分，结合化学分离和提取的技术方法，开发了含单一有效成分的药物制剂。之后发现药物的杂质是导致药品产生不良反应的主要因素之一，促使人们关注高纯度药物的研发。1962年的"反应停"事件让科学家们深刻地认识到手性控制在药物研发过程中的重要性，手性药物研究也成为药物研发的热点。在化学药物达到了很高的化学纯度和光学纯度后，不同厂家或者同一厂家不同批次生产出的同一制剂产品也会出现不同临床药效。经过深入的研究，人们发现药物的不同晶型会有不同的溶解度、稳定性、生物利用度和安全性等，从而影响药物的疗效。因此，各国纷纷加强了对药物晶型的审评，化学药物的研发也进入了晶型药物研究的时代。

国外从20世纪80年代开始对个别药物采取了药物晶型的产品质量控制。我国对晶型药物研究起步较晚，20世纪90年代中期对尼莫地平的研究才使药学工作者认识到药物晶型控制对药物临床疗效的重要作用。药物作为治疗疾病、保障人类生命健康的特殊物质，控制其稳定性和疗效十分重要，因此，深入研究和探索药物多晶型的形成机理，控制原料药和制剂的晶型，保障药品疗效是制药业面临的重要科学问题。

5.1.1 药物多晶型与药效关系

晶型研究和控制是在药物研发过程中提高药物质量的重要措施，也是控制药物质量标准的重要指标。通过对药物晶型的控制，可以实现对药物最佳治疗效果的控制。

药物不同的晶型因为分子间作用力或者二堆积方式的改变，可能会直接影响药物的药效。例如，西咪替丁这一常用药物存在A、B、C、Z、H等多种晶型物质状态，在这些晶型种类中，只有A晶型最有效。但是，国产的西咪替丁一般都不使用A晶型，从而影响了产品的疗效；药物利福定存在四种晶型，Ⅰ晶型、Ⅳ晶型为有效晶型，Ⅱ晶型和Ⅲ晶型为无效晶型。

在药物应用中，与晶型药物关系最为密切的是生物利用度。所谓药物生物利用度，指的是药物剂型中被机体吸收的有效药的比例和速度。一般来说，只有溶解后的药物才能透过吸收屏障被人体吸收并到达作用部位发生药效，因此药物溶解度能显著影响药物的吸收。同种药物即使拥有相同的化学结构，由于晶型不同，其溶解度也显著不同，因而表现出不同的生物利用度，可能进一步改变临床药效。例如，发现布洛芬有三种晶型（晶型A，B和C），晶型B的水溶性显著优于晶型A和C。有些药物的结晶状态反而不如非晶型疗效好，例如，醋酸麦迪霉素晶体经喷雾干燥法转化成非晶型（无定形）后，水溶性极大地增强，口服易吸收，疗效高，无苦味，便于制成口服制剂。

药物的多晶型现象也会对药物稳定性产生影响，进而间接影响药物的临床药效。药物的晶型受环境因素影响（如温度、湿度、放置时间等）可以相互转变，如果晶格遭到破坏，晶型就会发生改变，从而改变药物本身的稳定性。例如，1992年Abbott实验室发现的抗HIV-1药物Norvir以Ⅰ型存在，并于1996年上市，但1998年发现产品中出现了更稳定的Ⅱ型。晶型的转变最终导致原来的产品Norvir胶囊从市场撤出，付出了相当大的代价。2000年全国评价性抽验品种——注射用头孢哌酮钠，即有结晶性和无定形之分，以典型的结晶性样品和无定形样品各3批，进行加速试验，结果无定形粉末10d含量下降10%，而结晶性样品则下降5%。另外，药物的不同晶型之间是可以转换的，随着晶型的转换，稳定性也是在发生变化的。如结晶水的失去会就导致晶型的变化，头孢拉定二水结晶是一种引湿性小、化学稳定性好的结晶，其理论含水量为9.34%，但当经过某种方式处理，其含水量降为5.35%时，稳定性显著降低。因此，对于存在不同晶型的药物，在稳定性考察中增加对晶型的研究非常重要。

另外，药物的不同晶型也会影响药物的安全性。如吲哚美辛有α、β和γ三种晶型，其中β晶型不稳定，容易转化为α和γ晶型，α晶型毒性较大，因此γ晶型被选作药用晶型。此外，药物晶型也会影响药物的其他物理特性，如熔点、密度、吸水性、粒径等；影响药物的力学性能，如可压性、流动性和可加工性等。

综上所述，药物多晶型现象的研究已经成为日常控制药品生产及新药处方前设计所不可缺少的重要组成部分。研究固体药物多晶型，第一，有利于控制药物在制备、储存过程中晶型的稳定性；第二，可以发现有利于发挥药物作用的药用优势晶型，可以改善药物的溶出速度和生物利用度，提高药物的治疗效果；第三，根据晶型的特点确定制剂工艺，可以改善固体药物制剂的性能，可有效保证生产的批间药物等效性。

5.1.2　药物晶型研究常用分析方法

药物多晶型研究是一项非常复杂的系统工作，目前国际上对其的研究主要集中在：多晶型的预测和合成；结构确证；热力学稳定性和溶解度等物理化学性质的研究；定量研究；生物利用度。这些研究工作的目标是了解晶体内部结构，从而筛选适合的工艺条件，制备具有理想功能的晶型药物。

尽管药物的不同晶型在固态理化性质方面有差异，但由于仪器分辨率的限制，这些差异常常出现在分析范围的边缘，因此同时采用多种方法进行多晶型研究对于保证分析结果的可靠性具有重要意义。20世纪60年代至今，晶型常用分析方法主要有三大类。

第一类是X射线衍射法，包括X射线粉末衍射法和X射线单晶衍射法，是国际上公认的确证多晶型的方法，通过衍射数据可以直观地表现出多晶分子之间的结构差异。通过X射线单晶衍射可以直接获得晶体的晶胞参数、空间群等分子的立体结构信息。应用X射线衍射技术可对含有C、O、H、N、S等原子的复杂有机物的晶体结构做出迅速精确的测定，准确计算相应粉晶图谱的理论值，绘出相应晶型的空间结构图，是多晶型研究领域的重要进展。在微观分子水平上阐明药物多晶型的构效关系，是该领域研究动向之一。

第二类为热分析法，包括差热分析法、差示扫描量热法及热重分析法。药物的不同晶型在升温或冷却过程中会有不同的吸热或放热的表现，因此会得到不同的热分析曲线。热分析法所需样品量少，方法简便、快速、灵敏且重现性好，在药物多晶型分析中较为常用。然而当药物的不同晶型的熔点相差小于5℃时，基于热分析法的判断就要非常谨慎，最好有标准品对照或X射线粉末衍射法对比。

第三类为光谱法，主要包括红外光谱、拉曼光谱和固态核磁技术。不同晶型的分子内共价键强度会存在一定程度的差异，因此可以通过红外光谱和拉曼光谱中峰形的变化、峰的偏移及峰强度的变化等信息来判断晶型是否发生改变。不同晶型结构中原子所处的化学环境会存在细微的差别，类似核即会对施加的外磁场产生不同的响应，导致类似核在不同化学位移处发生共振，碳的核磁谱图会发生变化，所以通过对固态核磁图谱的对比，可以判断药物是否存在多晶现象。

此外还有如偏光显微镜法、扫描隧道显微镜法、晶体蚀刻法、电子显微镜法及热气压测量法等。通常，人们采用多种测试方法结合，互相佐证，尽可能全面地进行药物晶型的结构确认和性质分析。

5.1.3 药物晶型常用制备方法

5.1.3.1 无定形药物常用制备方法

在科学研究和工业生产中，无定形物质的制备工艺与晶态物质的制备方法有较大的不同，常用的方法主要有以下几种。

（1）沉淀处理

沉淀处理是制备无定形态药物的常用方法，该方法是通过向饱和溶液中添加适量不溶的溶剂，使药物快速沉淀而获得无定形物质。与其他方法相比，该方法操作比较简便，成功率高，可适用于多种类型的化合物，也是常用的制备药物无定形态的方法之一。

（2）冷冻干燥

冷冻干燥法制备无定形态药物是在低温条件下，快速去除物质溶液中的水分，并使药物分子不能实现有序排列而形成无定形态物质。有些药物在制备注射剂时，通过冷冻干燥的办法获得无定形态，在临床上更易于溶解和应用。

（3）喷雾干燥

喷雾干燥法是工业化生产中常用的技术方法，对于不同类型的多晶型药物，许多可以采用喷雾干燥法，快速去除有机溶剂，获得物质的无定形态。

（4）骤冷处理

将固体物质加热达到熔融状态，然后迅速降低温度，通过骤冷的方法，可以得到无定形态物质。骤冷处理是制备无定形态常用的方法之一。

5.1.3.2　晶型药物的常用制备方法

目前，用于固体化学药物晶型制备的方法有熔融结晶法、压力转晶法、平衡搅拌转晶法、溶剂结晶法、混悬打浆法等。

（1）熔融结晶法

熔融结晶法是指将固体药物样品加热至熔点，待样品完全熔融成液体状态后使其冷却结晶的过程。分为恒温冷却法和梯度冷却法。恒温冷却法即将完全熔融成液体的药物样品置于恒定温度体系中冷却，静置结晶的过程。梯度冷却法是将完全熔融成液体的药物样品置于梯度降温环境体系中冷却，静置结晶的过程。

（2）压力转晶法

压力转晶法是指对某种晶型药物，通过施加一定的压力而获得另外晶型种类物质的方法。该方法适用于对压力敏感的药物样品，其压力转晶制备一般要求在特殊的容器中完成。

（3）平衡搅拌转晶法

平衡搅拌转晶法是指在一定温度下将药物加入溶剂中形成过饱和溶液进行等温搅拌，定期检查固相。在溶剂和搅拌的作用下，晶型可能会发生转变。该方法操作简单，通常需要较长的时间达到平衡状态，需要药物在溶液中具有较好的化学稳定性。平衡搅拌法常用来进行药物多晶型的筛选。

（4）溶剂结晶法

溶剂结晶法是最为常用的制备晶型药物的方法，通用做法是取适量固体药物置于洁净容器中，加入适量溶剂，根据溶剂和药物性质适当加热，使药物完全溶解后制成临近饱和溶液，趁热过滤除去不溶性杂质，获得的滤液冷却后静置，晶型样品就会析出。溶剂结晶法中具体包括溶剂蒸发法、降温法、种晶法和扩散法等。其中前两种方法特别适用于实验室条件下不同晶型化学药物的制备。

①蒸发法。该法是制备不同晶型物质的最简单方法，适用于对温度、湿度环境条件不敏感的晶型化学药物。首先选择溶解度适中的溶剂将样品溶解，制成近饱和溶液，置于合适大小的干净容器中，再用可透气的滤纸、薄膜、铝箔等覆盖以防止灰尘落入，将其静置使溶剂缓慢蒸发。溶剂挥发使溶液达到过饱和度时，晶核开始形成，经过晶体生长过程，最终获得较大的晶型物质。

②降温法。该方法适用于溶解度和温度系数均较大的化学药物。一般设置起始温度为50～60℃，降温区间以15～20℃为宜。温度的上限由于蒸发量大而不宜过高，温度的下限太低时对晶体生长不利。在使用降温法生长晶体的过程中，必须严格控制温度，并按照某种降温梯度进行操作。数小时或隔夜自然降温也是获得不同晶型物质结晶的方法之一。

③种晶法。晶体生长分为两个步骤：一是形成晶核，即籽晶；二是绕晶核并沿着晶核

表面缓慢堆积排列生长。晶核是晶体成长的种子，晶核的晶型种类决定着结晶物质的晶型种类。因此，采用种晶是进行晶型物质制备的有效手段。

首先，制备出药物的近饱和溶液，在降温过程中，在溶液的过饱和介稳区加入某种晶型的籽晶固体物质，然后，采用上述方法经晶体生长后即可获得特定晶型物质。种晶法操作需要注意的问题：籽晶的晶型纯度；必须保证溶液体系为过饱和状态。

④扩散法。扩散法主要包括蒸汽扩散法和溶剂扩散法。

a. 蒸汽扩散法适用于无法有效地使溶液达到稳定过饱和状态的系统。该方法需要选择两种溶剂，且样品在这两种溶剂中有较大的溶解度差异。首先将样品溶解在盛有A溶剂（溶解度大）的小容器中，将小容器放置在盛有B溶剂（溶解度小）的较大密闭容器中。这样两种溶液的蒸汽就会相互扩散，小容器中就变为A和B的混合溶剂，从而降低样品的溶解度，使结晶析出。

b. 溶剂扩散法适用于培养对环境较敏感的样品晶体。该方法要选择两种不互溶且比重有差异的溶剂。首先用C溶剂（比重较大）将样品溶解，置于样品管中，然后小心地滴加D溶剂，使其覆盖于C溶液上，晶体就会在溶液界面附近产生。该方法使用细长的容器会达到较好的效果，适合微量样品的晶体生长，缺点是不适合大量晶型样品制备。

溶剂结晶法除了选择结晶方法外，还要选择结晶所用溶剂，选择结晶溶剂的原则主要是：第一，不能与结晶物质起化学反应；第二，在较高温度区域能溶解大量结晶物质，而在室温或低温区域只能溶解少量结晶物质；第三，溶剂对杂质成分的溶解度非常大或非常小，前种情况杂质留于母液中，后种情况趁热过滤时杂质可被滤除掉；第四，溶剂的沸点不宜过低或过高，当溶剂沸点过低时，制成溶液和冷却结晶两步操作温差较小，对结晶物溶解度改变不大，收率较低，而且低沸点溶剂操作也不方便，溶剂沸点过高，附着于晶体表面的溶剂不易除去；第五，能得到稳定性好的结晶。在几种溶剂都适用时，则应根据结晶的回收率、操作的难易程度、溶剂的毒性大小、是否易燃、价格高低等择优选用。

5.2　药物的多晶型现象

固体化学药物中存在多晶型现象，影响药物产生多晶型现象的主要因素可来自各种物理条件参数变化或化学条件参数变化。例如，相同化学药物，由于结晶时的温度、压力、时间、不同的结晶溶剂种类与数量等参数变化而产生不同的晶型固体物质。由于影响固体化学药物发生多晶型现象的因素较多，本小节将在化学药物中已经发现的各种多晶型现象归纳为六大类，分别介绍如下。

以溶液为媒介的晶型
转换机理概述讲课视频

5.2.1　分子结构变化衍生的多晶型现象

5.2.1.1　构象变化

药物是一类具有多样性结构特征的物质，既有稳定性较高的刚性骨架分子，又有稳定性较差的柔性骨架分子，而每一种分子骨架又可由于取代基团种类不同或链接方式变化而演化为不同的化学物质。由于化学药物结构自身的多样性质，造成在自然界中的一种化学药物由于存在多种不同构象而产生固体化学药物的多晶型现象。

5.2.1.2　构型变化

现代药学研究发现，手性化学药物分子的对映体结构（R型与S型），在生物体内与受体靶分子相互作用时，可产生完全不同的生物活性。一种手性分子可以表现出较好的药物临床疗效，而另一种手性分子则没有类似的临床生物活性，甚至可能具有较大的毒副作用。通过对药物分子结构的手性研究，有可能增强化学药物的临床活性，改善或减少药物自身的毒副作用。手性构型的变化会使晶体的空间排布不同，从而产生多晶型现象。

5.2.2　分子周期排列规律变化产生的多晶型现象

一种化学药物在分子排列过程中可存在多种组合方式，如分子排列完全有序状态、分子排列完全无序状态、分子排列从有序状态逐步过渡到无序状态等多种过程状态，这些状态均属固体物质的多晶型现象。所以，固体化学物质的多晶型现象不仅发生在分子呈周期规律排列变化的晶体（晶态物质）样品中，在非晶体（无定形态物质）样品中同样存在固体化学物质的多晶型现象。

5.2.3　药物与溶剂分子作用产生的多晶型现象

每种化学药物分子由于其组成原子种类变化、分子立体结构与构象变化、取代基分布变化等使每种药物分子具有一定的电负性分布特征，当在某种适合溶剂条件下进行重结晶时，药物分子与溶剂分子产生相互作用力，形成与之结合的不同种类与不同数量的溶剂化固体物质状态。因溶剂化而形成的固体化学物质状态变化是最常见的一种多晶型现象。

5.2.4　药物分子成盐产生的多晶型现象

许多固体化学物质在水或各种有机溶剂中存在不溶解或不易溶解的自然现象。化学药物作为一种用于临床疾病治疗的特殊固体物质，必须具备良好的溶解性质。成盐是增加和改善固体化学药物溶解性质的一种国际通用方法，成盐也可以形成药物的多晶型现象。

当化学药物自身呈碱性时，可分别与不同的有机或无机酸成盐，这就使一种化学药物存在多种晶型的盐类固体物质形式。化学药物中经常使用与之成盐的酸类物质包括盐酸、酒石酸、草酸、拘橼酸（柠檬酸）、抗坏血酸、水杨酸、苹果酸、苯甲酸、甲磺酸、富马酸、马来酸、咖啡酸等。

5.2.5　药物分子与金属离子形成配合物产生的多晶型现象

有一类药物是利用与不同种类金属离子或与不同价位金属离子形成配合物而形成的固体化学药物，在该类药物中存在多晶型现象，产生的原因有两种：

①由于每种金属原子存在不同的离子价位，造成药物分子与一种金属原子可以形成多种配位形式的多晶型固体物质状态。

②一种化学药物与两种或两种以上不同种类金属离子形成配合物时所产生的固体物质的多种晶型存在状态。

5.2.6　药物分子形成共晶产生的多晶型现象

药物共晶作为一种新兴的固体形态，是超分子化学在晶体工程学中的应用，指在同一晶格中固态的药物分子和共晶形成物按照一定的化学计量比通过氢键等非共价键的连接形成的晶型物质，是改善药物分子的溶解性、溶出速率和生物利用度，提高其药代动力学参数的有力手段。沙库巴曲缬沙坦复方共晶是诺华公司研制的新一代抗心力衰竭的药物，是美国FDA批准的第一个药物共晶体，该共晶不仅有效提高了缬沙坦的生物利用度，还成功延长了药物的专利保护期，上市之后迅速成为治疗心衰的一线药物。

共晶与盐是常被混淆的两种固体形态，两者之间本质的区别在于共晶的形成没有质子的转移。共晶与其他常见的固体形态相比，具有其独特的优势。首先，共晶适用于所有类型的药物分子，相对而言，盐却只适用于有解离基团的药物分子。其次，共晶不会破坏药物分子的化学结构，与开发新的结构药物相比可以大大缩短研究周期。再次，共晶形成物的选择范围广，只要是药用可接受的且不影响药物分子药理活性的固态小分子化合物均可，如氨基酸、维生素、中性盐、药用辅料等，甚至是另一种药物分子，这些共晶形成物可能是潜在的应答分子，可以提供更好的临床药效，为药物开发创造了更多的可能性。最后，共晶不存在显而易见性，可以申请专利保护从而延长药物的专利保护期。药物共晶已经逐步成为制药企业间抢夺药物分子专利保护、占领药物市场的有力的竞争武器。

5.3　药品注册与申报中的多晶型问题探讨

5.3.1　欧美药品管理机构对晶型药物的规定

自Walter C.McCrone在1965年提出多晶型的概念后，欧美等发达国家经过长期的研究和探索，对晶型药物和药物的多晶型制定了许多管理规范。由欧盟、美国、日本三方发起的国际人用药品注册技术协调会（ICH）制定的药品注册管理办法，其中Q6A对药物晶型质量研究的规范进行了详尽的阐述。在Q6A文件的第三部分指导原则中关于原料药多晶型的质量标准做出具体规定，指出若已证实存在不同晶型且它会影响原料药的性能、生物利用度或稳定性，就应详细阐明适宜的固体状态。图5-1阐明监测和控制原料药和制剂中的多晶型的决策树，同时也给出了多晶型常用的检测方法，但对于制剂中的多晶型变化，目前没有适宜的技术监测，可以使用替代性试验（如溶出度试验）检测制剂的性能，并作为测试和验收标准的最后方法。

2007年7月，美国FDA在参考ICH Q6A原则的基础上，编制了关于晶型药物的工业简化新药申请（ANDA）指南，从药物研发、生产和管理的各个阶段阐述如何重视固体药物晶型问题，其中提到：药物物质的多晶型指内部的固态结构不同，而不是化学结构不同。

根据"1992的最终规则"导言中关于活性物质的一致性陈述，美国FDA明确否决了一个建议，这个建议要求ANDA申请人说明仿制药中的活性成分和参比制剂（RLD）中的活性成分"具有相同的物理和化学性质，没有由于不同的生产或合成工艺产生其他的残留物和杂质，药物的立体化学性质和固态形式不能改变"。因此，在食品药品化妆品法和美国FDA法规的范围内，为了获得ANDA的批准，不用将药物物质多晶型的差异视为不同的活性成分。

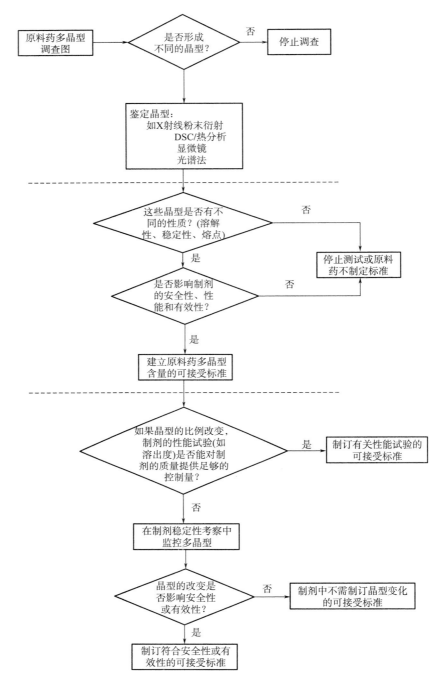

图5-1 监测控制原料药和制剂中多晶型的决策树

除了要符合一致性的标准，每个ANDA申请人都要证明药品具有足够的稳定性，具有与RLD相对照的生物等效性。

因为多晶型会影响药品的稳定性和生物等效性，同时配方、生产工艺和药品以及辅料的其他物理化学性质也会影响这些特性。使用不同于RLD的药物物质晶型也不是不可接受的，ANDA申请人要明确说明仿制药的生物等效性和稳定性，仿制药中的药物物质晶型不必与

RLD的药物物质晶型相同。

近年来，美国FDA已经批准了几个ANDA，涉及的仿制药中具有与RLD不同晶型的药物物质（如华法林纳、信法丁和雷尼替丁），还有一些获批的ANDA，涉及的仿制药中所用的药物物质的溶剂化形式或水合物形式与对应的RLD不同（如盐酸特拉唑嗪、氨苄西林和头孢羟氨苄）。

从美国FDA的要求来看，申报的药物和参照药物的物理性质可以是不同的，其固态形式是可以改变的。这种管理要求实际上是对多晶型药物有了充分的理解后做出的科学规定。多晶型药物就是具有不同物理特征的原料药，是物质的不同固体形态，因此美国FDA没有具体法规明确要求研究的晶型药物和RLD具有同样的药物晶型。

欧美对药物晶型的认识较早，研究和管理也相对规范，为药物多晶型研究奠定了良好的基础，也为世界其他国家的晶型药物管理提供了可借鉴的范例。审视FDA对晶型药物的管理，不难发现，提交审评的药品必须是在已上市药品的基础上进行新晶型研究或药用的研究，无论这种晶型与已上市药品是否相同，均按照简化新药申请的程序进行管理。如果已上市药品没有进行晶型控制，与之完全相同晶型的药物也可以作为简化新药申请，获得新的生产批准。这样既可以缩减药物研发机构在动物试验、临床试验中的大量经费投入，又达到了高质量药物新品种的目的，是对优质高科技含量药物研发的鼓励和支持。而对于医疗实践和医药工业而言，新晶型药物可以获得更好的临床疗效，更高的药物质量，而且通过晶型的研究能够获得专利的保护，可以产生良好的经济效益和社会效益。

5.3.2　我国对晶型药物的管理现状

随着晶型药物研究的日益深入，我国也在逐步完善药品审评过程中对药物晶型的管理，但是，相对于欧美国家对晶型药物管理的规范化而言，我国的管理步伐还有待加快。1985年版《中国药典》开始涉及晶型问题，20年后，2005年版的《中国药典》只有甲苯咪唑和棕榈氯霉素两种药物需要进行晶型检查。因此，急需尽快制定和规范固体药物晶型研究的方法、定量检测分析技术以及新药技术审评规定。

国家食品药品监督管理局（SFDA）2007年制定的《化学药物原料药制备和结构确证研究的技术指导原则》和《化学药物制剂研究基本技术指导原则》中就对化学药物原料药和制剂研究中涉及的晶型问题进行了相关规定，但在技术要求上不明确，实际审评过程中由于对晶型药物及相关技术的专业认识不足，造成对晶型药物的评审尺度未能实现对晶型药物质量控制的基本要求，造成我国国产晶型药物产品质量控制制度缺乏。

《药品注册管理办法》中规定药品注册申请包括新药申请、仿制药申请、进口药品申请及其补充申请和再注册申请。在药品审评过程中，针对申请注册的晶型药物，也逐渐形成了不成文的审评技术要点。部分审评专家认为要针对不同的晶型药物进行分类管理：

①对于新化合物的晶型，对晶型的研究应参照新药申请的要求。

②对于管理办法中所谓"仿制药"的晶型，如为上市晶型以外的晶型，对晶型的研究与①相同，参照新药申请的要求。

③对于仿制药的晶型，与上市晶型相同的晶型（前提是上市晶型专利到期），对晶型的研究应参照仿制药申请的要求。

2015年版的《中国药典》附录中新增了"药品晶型研究及晶型质量控制指导原则",该指导原则规定了药物晶型分析检测和质量控制过程所用的技术和方法选择的基本原则和要求,该指导原则包含了药物多晶型的概念,晶型药物的制备,晶型药物在稳定性、生物等效性、溶解性或溶出度以及定性定量质量控制等方面的考察和评价方法。这一指导原则的出台大大提升了我国在药物研发和生产制备过程中对晶型分析检测和质量控制的水平,也为我国晶型药物的研究提供检测技术依据。在此基础上,2020年版的《中国药典》新增了药物共晶的概念,并规定药物共晶属于晶型物质范畴;明确指出了拉曼光谱法因最小程度处理样品可以减少或者避免研磨压片等产生的转晶现象,同时拉曼光谱法的样品除粉末外,还适用于液体制剂和固体制剂的快速、无损性分析;新增了晶型药物的质量控制优先选用多峰法或全谱法进行线性拟合的定量分析方法,更好地控制晶型杂质限度,更高效地进行晶型药物的质量控制。

5.3.3 药品研发中多晶型问题的考虑

对于原研药物而言,在药物研发的阶段,首先要利用多种方法进行全面的多晶型筛选,尽可能多地得到不同的晶型物质,然后进行稳定性、溶解度、生物利用度、力学性能等方面的表征,选出药物的优势晶型。

对于存在多晶型现象的药物,研发过程中需要考虑多晶型对制剂溶出及生物利用度的影响,对原料药及制剂稳定性的影响,对原料药及制剂制备工艺的影响。在综合考虑多晶型对制备工艺、生物利用度、稳定性等的影响的基础上,确定是否有必要对药物的晶型进行控制。如果晶型影响药品的生物利用度,或影响稳定性等,就应限定晶型或控制晶型比例。例如,那格列奈临床使用的晶型为H晶型,阿折地平α晶型的生物利用度高于β晶型,供临床使用的为α晶型。

5.3.3.1 多晶型与制备工艺

药物的不同晶型可呈现不同的物理和力学性质,包括吸湿性、颗粒形状、密度、流动性和可压性等,进而影响原料药及制剂的制备。

多晶型对制剂制备的影响还取决于处方及采用的工艺。例如,对于采用直接压片工艺的片剂,主药的固态性质可能是影响制剂制备工艺的关键因素,特别是当主药占片重比例较大时;而对于采用湿法制粒工艺的片剂,主药的固态性质通常被制粒过程所掩饰,故对制剂制备工艺影响较小。关于多晶型现象对制备工艺的影响,需要考虑的重点是如何保证药品质量的一致性。

药物的晶型在制备工艺的多种操作过程中可能发生转化,如干燥、粉碎、微粉化、湿法制粒、喷雾干燥、压片等。暴露的环境条件,如湿度和温度也可能导致晶型转化。转化的程度一般取决于不同晶型的相对稳定性、相转化的动力学屏障、压片使用的压力等。假如对工艺过程中晶型转化情况进行了充分研究,工艺重现性得到了充分验证,制剂的生物利用度和生物等效性(BA/BE)也得到了证实,则工艺过程中的晶型转化是可以接受的。

5.3.3.2 多晶型与生物利用度

由于药物的溶解度会影响口服固体制剂的溶出度,进而影响生物利用度,因此,当固体药物不同晶型的表观溶解度不同时,应当关注其对药物生物利用度和生物等效性(BA/BE)的可能影响。

具有多晶型现象的药物，其表观溶解度的不同是否会影响制剂的生物利用度，取决于影响药物吸收速度和程度的多种生理因素，包括胃肠道蠕动、药物的溶出、药物的肠道渗透性等。药物的生物药剂学分类（BCS）可作为判断多晶型问题对BA/BE影响程度的重要依据。例如，对于高渗透性药物，由于其吸收仅受溶出速度限制，不同晶型之间表观溶解度的较大差异很可能影响BA/BE；而对于吸收仅由肠道渗透性限制的低渗透性药物，不同晶型之间表观溶解度的差异对BA/BE发生影响的可能性较小。此外，对于高溶解性药物，当不同晶型的表观溶解度均足够大，药物的溶出速度快于胃排空速度时，不同晶型之间表观溶解度的差异就不大可能影响BA/BE。

5.3.3.3　多晶型与稳定性

不同晶型可具有不同的物理性质和化学反应性。从稳定性方面考虑，其中一种晶型属于热力学最稳定的晶型（稳定型），其他为亚稳定型。在药物开发过程中，为降低转化为另一种晶型的可能性，以及得到更好的化学稳定性，一般选择药物的热力学最稳定晶型作为目标晶型。不过，对于某些难溶性药物，由于稳定型的生物利用度低，不能满足临床需要，而亚稳定型表观溶解度高，可得到较高的生物利用度，因而选择亚稳定型作为目标晶型。这种情况下，需要特别关注药品在贮藏期间晶型的稳定性，并采用适当的措施（如适当的处方、工艺、包装及贮藏条件等）避免药品贮藏期间亚稳定型向稳定型的转化。

5.3.3.4　质量标准中的晶型控制标准

如果各种晶型具有相同的表观溶解度，或者各种晶型都易溶，多晶型问题不大可能对BA/BE产生显著影响，这种情况下一般不需要制定原料药及制剂的晶型控制标准。

按照BCS分类系统对药物的溶解性进行区分，当药物的至少一种晶型属于低溶解性时，应当制定原料药的晶型控制标准。

对于制剂，如果使用的是热力学最稳定晶型，一般不需要在质量标准中制定晶型控制标准。如果使用的是亚稳定晶型，需要关注制备及贮藏过程中可能发生的晶型转化。由于制剂中辅料的干扰，直接进行晶型的测定有一定的难度，因此，一般倾向于建立溶出度等制剂质量检查指标与不同晶型之间的相关关系，通过溶出度等指标来间接反映难溶性药物可能影响制剂BA/BE的晶型比例改变。只有在少数情况下（需要对晶型进行控制，但难以建立制剂其他指标与晶型之间关系）才可能需要在制剂质量标准中制定晶型控制标准。

5.3.4　仿制药研发中多晶型问题的考虑

仿制药应当有足够的稳定性并与原研药生物等效。对于仿制固体制剂和混悬剂，由于晶型可能影响制剂的稳定性和生物利用度，仿制药研发者应当调研药物是否存在多晶型现象，并考虑和评估多晶型问题的重要性和对策。主要应考虑多晶型对制剂BA/BE的影响，此外还应考虑多晶型对制剂制备和稳定性的影响。

仿制药的活性成分必须与原研药相同。从晶型方面来说，为避免多晶型问题对生物利用度及稳定性的不利影响，建议仿制药采用的晶型也尽可能与原研药相同，以保证仿制药与原研药生物等效，并具有足够的稳定性。

但是，药物的多晶型之间仅是晶体结构的不同，化学结构是相同的。因而对于仿制药，如果生物等效性及稳定性得到充分的试验研究证实，主药的晶型也可以与原研药不同。美国

制药工艺学

FDA批准了一些此类的仿制药上市，如美国上市的华法林钠、法莫替丁、雷尼替丁的一些仿制药产品，其主药的晶型与原研产品是不同的。

5.4 结晶工艺的优化与放大

5.4.1 以溶液为媒介的晶型转换机理

溶质从溶液中析出的过程可分为晶核生成（成核）和晶体生长两个阶段，两个阶段的推动力都是溶液的过饱和度（结晶溶液中溶质的浓度超过其饱和溶解度之值）。

晶核的生成有三种形式，即初级均相成核、初级非均相成核及二次成核。在高过饱和度下，溶液自发地生成晶核的过程称为初级均相成核；溶液在外来物（如大气中的微尘）的诱导下生成晶核的过程称为初级非均相成核；而在含有溶质晶体的溶液中的成核过程称为二次成核。二次成核也属于非均相成核过程，它是在晶体之间或晶体与其他固体（器壁、搅拌器等）碰撞时所产生的微小晶粒的诱导下发生的。

对结晶操作的要求是制取纯净而又有一定粒度分布的晶体。晶体产品的粒度及其分布主要取决于晶核生成速率（单位时间内单位体积溶液中产生的晶核数）、晶体生长速率（单位时间内晶体某线性尺寸的增加量）及晶体在结晶器中的平均停留时间。溶液的过饱和度会影响晶核生成速率和晶体生长速率，因而对结晶产品的粒度及其分布有重要影响。在低过饱和度的溶液中，晶体生长速率与晶核生成速率之比较大（图5-2），因而所得晶体较大，晶形也较完整，但结晶速率很慢。在工业结晶器内，过饱和度通常控制在介稳区内，此时结晶器具有较高的生产能力，又可得到一定大小的晶体产品，使结晶完整。

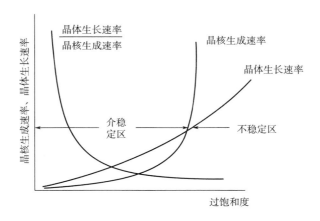

图5-2 晶体生长与过饱和度的关系

晶体在一定条件下所形成的特定晶形称为晶习（crystal habit），通常有片状、块状、棒状、雪花状、针状、粒状等。同种晶型的药物，晶习有可能相同，也可能不同；反过来，同种晶习的药物晶型有可能相同，也可能不同。晶习也会直接影响药物的很多物理性质和生产制备特性，如密度、稳定性和溶出速率等。向溶液添加或自溶液中除去某种物质（称为晶习改变剂）可以改变晶习，使所得晶体具有另一种形状，这对工业结晶有一定的意义。晶习改变剂通常是一些表面活性物质以及金属或非金属离子。

人们不能同时看到物质在溶液中溶解和结晶的宏观现象，但是溶液中实际上同时存在着组成物质的微粒在溶液中溶解与结晶的两种可逆的运动。通过改变温度或减少溶剂的办法，可以使某一温度下溶质微粒的结晶速率大于溶解的速率，这样溶质便会从溶液中结晶析出。

5.4.2　结晶工艺的重要参数

结晶过程归根结底是一种相变化的过程，即通过控制条件，药物从溶液中析出的过程。结晶工艺是为了得到"大批结晶"，不仅仅是对晶体本身的研究，更为重要的是探索操作条件和过程控制对结晶整个过程的影响，最终制备出所需要的晶体物质。结晶过程十分复杂，受外界的影响因素很多，如结晶溶剂的选择、结晶温度及变化速率、过饱和度、晶种、搅拌速率、pH、湿度等。

不同的结晶溶剂大大影响结晶工艺的效果，甚至直接得到不同的晶型物质。晶种也会从多方面影响结晶过程。例如，晶种加入的时机，晶种加入过早，会溶解或产生的晶体较细；加入太晚，则溶液里已经产生了晶核，最终晶体可能包裹杂质。晶种的加入量会影响过饱和度，应尽量保持最小量的过饱和度。晶种的加入方式应该如何，是需要一次性加入还是分批加入，是固体加入还是悬浮液加入。养晶的时间也会直接影响晶体的形态和大小。降温的速率会影响晶习甚至导致晶型的改变。结晶参数需要根据药物的特点和产品要求综合考虑，从而对结晶工艺进行控制。

5.4.3　头孢唑林钠新型耦合结晶工艺

药物晶型研究是非常复杂的工作过程，目前国际上对其的研究主要集中在：晶型的预测和合成；结构确证；热力学稳定性和溶解度等物理化学性质的研究；定量研究；生物利用度。这些研究工作的目标是了解晶体内部结构，从而筛选适合的工艺条件，制备具有理想功能的晶型药物。

在制药工业研发生产过程中，热分析法所需样品量少，方法简便、快速、灵敏、重现性好，在药物晶型分析中较为常用。

在此章节，我们介绍头孢唑林钠新型耦合结晶工艺建立的过程与思路。结合大量的试验研究，主要介绍头孢唑林钠结晶过程中各操作参数对产品质量的影响情况，具体考察反应终点pH、结晶温度、搅拌速度、加料速度以及所加晶种等对晶体产品质量的影响。

5.4.3.1　文献综述

头孢唑林酸以发酵产生的头孢菌素C为原料，经过水解和两步缩合反应制成，然后经过成盐反应得到临床上用的针剂头孢唑林钠。目前工厂一般采用溶析结晶的方式来制备头孢唑林钠，如图5-3所示，得到的产品主要为Ⅱ晶型或无定形。

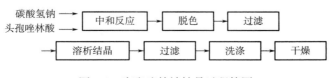

图5-3　头孢唑林钠结晶过程简图

5.4.3.2　试验研究

本部分的工作主要包括头孢唑林酸的成盐反应和头孢唑林钠的结晶新工艺研究开发两大部分，以便得到质量高、收率高的头孢唑林钠产品。头孢唑林钠的合成是一个有机酸和碱的中和反应。下面主要考察反应温度和加料方式对产品质量的影响。

（1）反应温度

中和反应是一个快速的过程，制约反应的主要因素是头孢唑林钠在溶剂体系中的溶解速率。头孢唑林钠在高温下的溶解速率要远远大于低温下的情况，由此推测高温时可以加快溶解速率，推动反应的正向进行。考虑到溶液的稳定性，本试验考察了10℃、15℃、20℃、25℃、30℃、35℃和37℃条件下的中和反应情况。在其他条件相同的情况下，达到平衡的时间随温度的变化关系列于图5-4。由图可以看出，随着温度的升高，达到平衡的时间迅速缩短。因此，在条件允许的情况下，应该尽量采用高温进行反应，但温度也不宜太高，以免头孢唑林钠发生分解，因此反应温度控制在30～35℃。

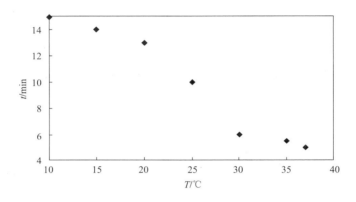

图5-4　反应平衡时间与温度的关系

（2）加料方式及终点的判定

加料方式有两种，一种是碳酸氢钠以溶液的形式加入头孢唑林酸溶液体系，另一种是头孢唑林酸加入碳酸氢钠溶液体系或者将碳酸氢钠直接加入头孢唑林溶液体系。经过大量试验研究发现，加料方式对产品指标的影响不明显，而影响较大的是反应终点的pH，也就是说反应终点的判定是关键。因此，试验考察了25℃和30℃条件下中和反应过程中溶液的pH随碳酸氢钠加入量的变化情况（图5-5）。从图中可以发现，在碳酸氢钠投入的过程中，pH变化比较平缓，在接近于反应终点时有明显转折。这就要求操作过程中，在接近终点时要严格控制碱的加入量。头孢唑林钠的pH为4.8～6.3（2000版《中国药典》二部附录ⅥH）。试验研究表明，将终点pH控制在5～6.7可以得到质量满足要求的头孢唑林钠产品。

（3）试验结果与讨论

①结晶方案的确定。大量的试验研究发现，单纯的冷却结晶得到的产品理论收率较低，而单纯采用溶析结晶的方法得到产品粒度较小，由此直接导致产品的其他质量指标受到影响。综合以上的分析并结合头孢唑林钠热力学性质，选用了冷却和溶析结晶相结合的耦合结晶方式，得到了收率高、产品质量高于两种单独结晶工艺的产品。对这一新工艺进行了系统的试验研究，以确定其最优操作条件。

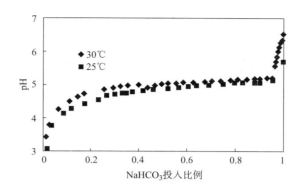

图5-5 中和反应实时pH变化

②脱色影响。试验研究表明，使用活性炭脱色后会使收率降低3～7个百分点。一般来讲，对于色级较差的原料活性炭脱色又是不可缺少的操作。本试验研究了三种原料，对于质量指标较好的原料C，研究发现，不加活性炭脱色可以得到合格的产品；对原料A和B也考察了不加活性炭脱色的影响，结果发现，通过控制结晶过程的操作条件，可以得到满足质量要求的头孢唑林钠产品。

③母液浓度。其他操作条件相同的情况下，不同母液浓度得到的头孢唑林钠产品粒度分布不同，溶液浓度的增加，使得小粒子个数比例增多，大粒子个数比例减小。分析原因，可能是因为初始浓度的增加引起结晶系统中晶浆的悬浮密度增加，导致二次成核速率增加，进一步导致小粒子的比例上升。在考察的试验范围内可以看出，随着浓度的增加，主粒度的变化趋势和变异系数的变化并不一致，因此试验中应综合各项因素，以得到粒度分布较好的产品。

④搅拌强度。试验研究表明，搅拌对结晶过程的收率没有明显的影响，但是会影响产品的粒度分布。搅拌强度增大，二次成核速率会增大晶体粒度减小。在其他操作条件相同的情况下，确保系统达到全混，考察了不同搅拌转速下的头孢唑林钠产品粒度。研究发现，随着搅拌转速的增加，头孢唑林钠晶体产品的主粒度有减小的趋势，而粒度分布越来越集中。这是因为搅拌转速的增加，使晶体与晶体以及晶体与结晶器壁和搅拌桨之间的碰撞概率增大，二次成核速率变大，导致头孢唑林钠晶体产品主粒度变小。另外，搅拌速率增加，结晶系统内部达到均匀状态的速度更快，避免了局部过饱和造成的粒度分布不均匀。

⑤晶种。晶种的加入可以改善头孢唑林钠产品的粒度分布。试验研究发现，晶种的加入可以得到粒度较大的晶体产品，未加晶种的产品粒度分布有双峰出现，推测可能跟爆发成核有关。在试验考察的范围内，晶种加入与否或加入量的多少对产品的收率影响不明显；但晶种的加入量与产品粒度分布的变异系数CV和主粒度有关。在晶种加入量为2‰～5‰时，研究发现，随着晶种加入量的增加，产品的CV值变小，而产品主粒度变化趋势不明显。因此，晶种量的优选范围应该在3‰～5‰，能够更好地控制晶体的生长情况，得到粒度分布较好的晶体产品。

⑥结晶温度。结晶过程的温度控制是一个重要的操作条件，它直接影响到质量的传递，进而影响晶体的成核和生长。试验研究发现，结晶温度越高，得到的晶体产品粒度越大，这

说明温度的升高有利于头孢唑林钠晶体的生长。但是，考虑到头孢唑林钠是抗生素类产品，结晶过程的温度不应过高。在实际的工业结晶过程中，可以根据生产的实际情况，综合考察温度对产品纯度、收率等的影响，以及结合经济技术指标，控制合理的温度。

⑦溶析剂的流加速率。溶析剂的流加速率直接影响结晶过程中各阶段溶液过饱和度的大小。在工业结晶中，溶析剂流加速率如果过快，在搅拌不能及时将其分散时，溶液就会在局部产生过高的过饱和度，出现爆发成核，对结晶过程不利；溶析剂流加速率如果过慢，会使整个结晶过程耗时较长，在工业生产上是不经济的。溶析剂的流加速率应该选择既能有效控制结晶过程，又使将整个结晶过程的耗时控制在较短的范围内。而对于头孢唑林钠，由于其为棒状晶体，试验研究发现，虽然随着溶析剂流加速率的加快，粒度有变大的趋势，但是对照电镜照片后发现，溶析剂流加速率过快将会导致产品聚集，从而可能会包藏杂质，影响产品的纯度和其他质量指标。因此，应将流加速率控制在一定的水平。研究表明，为维持恒定的过饱和度，采用先慢后快的流加方式可得到粒度较大的产品。

⑧结晶终点的控制。在一定的操作范围内，随着温度的降低和溶析剂用量的增加，头孢唑林钠在溶液体系的溶解度减小，也就是说，降低结晶的终点温度和提高溶析剂的用量会提高产品收率。同时，随着终点温度的降低，产品粒度越来越大，但是产品的含量有所下降。另外，溶析剂的增加虽有利于提高收率，但当接近一定水平时，随着溶析剂的增加，产品收率增长缓慢。因此，在实际的工业生产中，应综合考虑经济技术指标，选择合理的溶析剂用量。

⑨老化。试验考察了老化时间对头孢唑林钠产品粒度分布的影响。在其他操作条件相同的情况下，老化时间的长短对粒度分布的影响并不明显，老化时间加长小粒子数略有减少，粒度分布更加集中。从外观上看，老化时间对产品的晶形没有明显影响，得到的产品均为棒状晶体。同时考察了老化时间对头孢唑林钠DSC曲线的影响，结果发现影响并不明显。

⑩干燥。由于Ⅱ晶型中含有五个结晶水，所以要控制干燥的条件，防止结晶水脱去，同时又要保证产品的充分干燥，因为在一定湿度条件下，头孢唑林钠更容易发生晶型转变。大量试验研究发现，当温度低于40℃时，真空或在通风较好的情况下可以得到干燥的Ⅱ晶型头孢唑林钠产品，且其他指标都满足标准要求。

（4）小结

针对头孢唑林钠产品质量的问题，试验筛选精制结晶工艺及其操作条件，初步建立了溶析—冷却耦合结晶新工艺。该工艺不需要脱色步骤就可以得到合格的产品，简化了操作步骤，降低了操作成本，提高了收率，新工艺的产品收率达到98%以上。

思考题

1. 什么是多晶现象？
2. 药物多晶型对药效有哪些影响？
3. 药物晶型研究中常用的分析方法有哪些？
4. 常用的药物晶型制备方法有哪些？

5．溶剂结晶法的原理是什么？主要有哪些方法？

6．影响固体化学药物发生多晶型现象的因素主要有哪几类？

7．药物研发中多晶型问题的基本考虑有哪些？

参考文献

［1］张丽，吕扬．药物研究中的多晶型问题及其质量控制．药学杂志，2007，42（增刊）：201．

［2］翁兴业，庞遵霆，钱帅，等．晶体工程学技术改善药物理化性　晶体工程学技术改善药物理化性质以提高成药性［J］．药学学报，2020，5（12）：2883．

［3］高生辉．西咪替丁A型结晶的制备［J］．中国医药工业杂，1991，22（10）：473．

［4］邹元概，李玉琛，毕兴福．对不同晶型利福定的研究［J］．中国药物化学杂志，1991，22（3）：68．

［5］侯秀清，戚雪勇，王立军．布洛芬3种晶型的制备及其溶解度测定［J］．江苏药学与临床研究，2003（6）：62．

［6］杜鹃，王忠，韩丽霞．非晶型醋酸麦迪霉素的制备及其理化性质［J］．中国医药工业杂志，1996，27（1）：19．

［7］Chemburkar S R，Hauer J，Deming K，et al. Dealing with the impact of ritonavir polymorphs on the late stages of bulk drug process development［J］. Org Process Res Dev，2000，4（5）：413．

［8］Xiaoming Chen，Kenneth R. Morris，Ulrich J Griesser，et al. Reactivity Differences of Indomethacin Solid Forms with Ammonia Gas［J］. J. Am. Chem. Soc.，2002，124（50）：15012．

［9］Peddy Vishweshwar，Jennifer A McMahon，Joanna A Bis，et al. Pharmaceutical co-crystals［J］. J. Pharm. Sci.，2006，95：499．

［10］Naga K Duggirala，Miranda L Perry，Örn Almarssonb，et al. Pharmaceutical cocrystals：along the path to improved medicines［J］. Chem. Commun.，2016，52（4）：640．

［11］Raw A S，Furness M S，Gill D S，et al. Regulatory considerations of pharmaceutical solid polymorphism in Abbreviated New Drug Applications（ANDA）［J］. Adv Drug Del Rev，2004，56（3）：397．

［12］GUIDANCE FOR INDUSTRY ANDAs. Pharmaceutical Solid Polymorphism（Chemistry，Manufacturing，and Controls Information）［S］. FDA，CDER，2007．

［13］国家药典委员会．中华人民共和国药典（2005年版）：二部［M］．北京：化学工业出版社，2005．

［14］国家药典委员会．中华人民共和国药典（2015年版）：四部［M］．北京：中国医药科技出版社，2015．

［15］国家药典委员会．中华人民共和国药典（2020年版）：四部［M］．北京：中国医药

科技出版社，2020.

［16］张涛，赵先英. 药物研究和生产过程中的多晶型现象［J］. 中国新药与临床杂志，2003，22（10）：615-620.

［17］陈国满. 无味氯霉素的多晶型物［J］. 药学通报，1982，17（2）：29.

［18］屠锡德，朱家壁，毛凤斐，等. 无味氯霉素的制剂、晶型与疗效［J］. 南京药学院报，1979（1）：123-131.

［19］张伟国，刘昌孝. 多晶型药物的生物利用度研究概况［J］. 天津药学，2007（2）：59-61.

［20］程卯生，王敏伟，廖锦来，等. 法莫替丁的多晶型与生物利用度［J］. 中国药物化学杂志，1994，4（2）：110.

［21］Otsuka M，Otsuka K，Kaneniwa N. Relation between polymorphic transformation pathway during grinding and the physicochemical properties of bulk powders for pharmaceutical preparations［J］. Drug Dev Ind Pharm，1994，20（9）：1649-1660.

［22］Otsuka M，Hasegawa H，Matsuda Y. Effect of polymorphic transformation during the extrusion-granulation process on the pharmaceutical properties of carbamazepine granules［J］. Chem Pharm Bull，1997，45（5）：894-898.

［23］Toscani S，Thoren S，Agafonov V，et al. Thermodynamic study of sulfanilamide Polymorphism：（Ⅰ）monotropy of the α-variety［J］. Pharm Res，1995，12（10）：1453-1459.

［24］Chemburkar S R，Bauer J，Deming K，et al. Dealing with the impact of ritonavir polymorphs on the late stages of bulk drug process development［J］. J Org Process Res Dev，2000，4（5）：413.

［25］宁黎丽. 对药物研究中晶型问题的几点思考［J］. 药品评价，2007，4（4）：304-306.

［26］吴蔚，朱荣. 重视对药物晶型的研究［J］. 中国药业，2004，13（11）：18-20.

［27］谢丹，张立伐. 国产混合晶阿德福韦酯治疗慢性乙型病毒性肝炎的临床疗效观察：附24例报告［J］. 新医学，2007，38（6）：373.

［28］张玉琥. 药物研发中多晶型问题的考虑［J］. 中国执业药师，2009，16（4）：25-26.

第6章 "三废"治理技术与工艺

"三废"治理技术与工艺

6.1 概述

制药产业是保障民生健康的基础产业之一。随着我国医药工业的发展，在保障百姓健康的同时，制药过程中产生的大量有毒有害废弃物也严重危害着人们的健康。制药工业"三废"已逐渐成为重要的污染源之一，未处理或处理未达标的"三废"直接进入环境，将对环境造成严重的危害。

制药行业属于精细化工领域，其特点就是原料药生产品种多、生产工序多、原材料利用率低。由于上述原因，制药工业"三废"通常具有成分复杂，有机污染物种类多、含盐量高、NH₃-N浓度高、色度深等特性，比其他工业"三废"更难处理。基于这一点，随着我国社会经济结构转型升级的不断深化，必须针对制药污染问题制定科学合理的解决方案和措施，有效处理制药"三废"问题，推进我国制药行业向着绿色环保方向深入发展。这对我国建设可持续发展型社会经济、环境友好型社会经济，实现人与自然的和谐统一，具有极为重要的现实意义。

制药生产过程的"三废"，基本上可以归纳为废水、废气、废渣三类，下面分节论述它们的处理工艺。

6.2 制药废水处理工艺

6.2.1 制药废水的种类及特点

制药行业属于精细化工领域，其产生的废水绝大多数属于化工废水中的混合废水。制药生产过程中，往往使用多种原料和溶剂，生产工艺复杂，生产流程长，反应复杂，副产物多，因而废水组成十分复杂，特别是，化学制药生产过程中排放出的有机物质，大多是结构复杂、有毒有害和生物难以降解的物质。因此，制药废水具有污染物含量高、浓度波动大、色度深、固体悬浮物（SS）浓度高、含难生物降解和毒性物质多等特点。尽管废水处理技术经过一百多年的发展，至今已经比较成熟，但是在制药废水处理这一领域仍存在着诸多问题。制药工业废水是国内外都难处理的高浓度有机废水，是我国污染最严重、最难处理的工业废水之一。制药工业废水有多种分类方式，参照一系列制药工业水污染物排放标准（2008年颁布的GB 21903～GB 21908），制药工业废水可分为六类，分别为混装制剂类、生物工程类、中药类、化学合成类、发酵类、提取类，不同废水的特点和来源见表6-1。

表 6-1　制药废水的分类、特点和来源

类别	来源	废水特点
混装制剂类	原料洗涤水，生产器具洗涤水，设备、地面冲洗水	水中污染物浓度较低
生物工程类	生产过程废水	含较多难生物降解物质
中药类	生产车间内药物冲洗和制剂过程	成分复杂，易生物处理
化学合成类	母液类废水，冲洗废水、回收残液，辅助过程排水及生活污水	pH变化较大，化学需氧量（COD）浓度高，含盐量高，水中成分单一
发酵类	主生产过程排水，辅助过程排水，冲洗水，生活污水	对处理工艺的冲击负荷高，COD浓度高（5~80g/L），SS浓度高，水质成分复杂，色度较高
提取类	生产过程废水	COD浓度区别较大，与生产工艺不同有关

　　制药废水中的污染物浓度通常比较高，而且含有较多难降解有机物以及有毒有害物质，大多极易挥发。若不进行合理地处理，会对人体和环境产生巨大危害。

　　制药废水中的大量有毒有害物质，如有机氯化物、高分子聚合物等，若处理不当或不经处理直接排入水中，通过生物富集作用会对人体和动物产生巨大危害。废水中还含有一些极易挥发的成分，挥发到空气中，被人体吸入容易引发一系列呼吸道疾病，如气管炎等，严重时可致癌。对环境来说，如果未经处理或处理不当的废水直接排放到河流或者湖泊中，会对水体、大气等产生严重危害。另外，某些制药废水中含有大量的酸性或碱性物质等，若经地表径流流入土壤中，会造成土壤的过酸化或过碱化，影响植物对土壤中营养物质的正常吸收，进而对其生长状态产生不利影响。因此，环保部门及相关制药企业等应高度重视制药废水的合理处理与达标排放。

6.2.2　废水的污染物检测指标及排放标准

6.2.2.1　废水的污染物检测指标

　　在进行废水治理时，要明确主要的废水污染物检测指标，其检测指标包括：

　　（1）物理性质

　　①水温。废水的物理化学性质与水温有密切关系。水温测量应在现场进行。常用的测量仪器有水温计、颠倒温度计和热敏电阻温度计。

　　②颜色。水的颜色可以分为真色和表色两种。真色是指去除悬浮物后水的颜色；表色则指没有去除悬浮物时水的颜色。对于着色很深的工业废水，两者差别很大。水的颜色一般用铂钴标准比色法或稀释倍数法判断。

　　③臭。工业废水中的污染物、天然物质的分解或与之有关的微生物活动都会产生臭。测定臭的方法有定性描述法和臭阈值法。臭的等级描述见表6-2。

表 6-2　臭的等级描述

等级	强度	说明
0	无	无任何气味

等级	强度	说明
1	微弱	一般饮用者难于察觉，嗅觉敏感者可察觉
2	弱	一般饮用者刚能察觉
3	明显	已能明显察觉，不加处理，不能饮用
4	强	有很明显的臭味
5	很强	有强烈的恶臭

④残渣。残渣分为总残渣、总可滤残渣和总不可滤残渣三种。它们是表征水中溶解性物质、不溶解性物质含量的指标。

⑤浊度。浊度是表现水中悬浮物对光线透过的阻碍程度。测定浊度的方法有分光光度计法、目视比浊法、浊度计等。

⑥电导率。用来描述物质中电荷流动难易程度的参数。距离1cm、截面面积为1cm^{2}的两正方形电极间的电导为电导率（S/cm），用K表示。电导率的标准单位是S/m，一般实际使用单位为μS/cm。

⑦透明度。透明度是指水样中的澄清程度，洁净的水是透明的。测定透明度的方法有铅字法、塞氏盘法、十字法等。

（2）金属化合物

测定水体中的金属元素广泛采用的方法有分光光度法、原子吸收分光光度法、阳极溶出伏安法及容量法，尤其是前两种方法用得最多。

①汞。冷原子吸收法、冷原子荧光法、双硫腙分光光度法。

②镉。原子吸收分光光度法、双硫腙分光光度法。

③铅、锌、铜。分光光度法、原子吸收分光光度法。

④铬。在水体中，铬主要以三价和六价态出现。受水体pH、温度、氧化还原物质、有机物等影响，三价铬和六价铬化合物可以相互转化。六价铬具有强毒性，为致癌物质，易在人体内蓄积。对人体来说六价铬的毒性是三价铬的100倍，对鱼类来说三价铬的毒性比六价铬大。

（3）非金属无机物

①酸碱度。酸度是指水中所含有的能与强碱发生中和反应的物质的总量。这类物质包括无机酸、有机酸和强酸弱碱盐等。碱度是指水中所含有的能与强酸发生中和反应的物质的总量。这类物质包括强碱、弱碱和强碱弱酸盐等。测定酸度或碱度的方法有酸碱指示剂滴定法和电位滴定法。

②pH。pH是溶液中氢离子活度的负对数，即pH=$-\lg\alpha_{H^+}$。天然水的pH为6~9，饮用水的pH要求在6.5~8.5。pH的测量方法有pH计测定法和玻璃电极法，如果对结果要求不精确，可以使用pH试纸来测定。

③溶解氧（DO）。溶解于水中的溶解态氧称为溶解氧。水中的溶解氧含量与大气压力、水温及含盐量等因素有关。大气压力下降、温度上升、含盐量增加都会导致溶解氧降低。测定水中溶解氧的方法有碘量法或氧电极法。

④氨氮（NH_3-N）。水中的氨氮指游离氨（或称非离子氨，NH_3）和离子氨（NH_4^+）的

总和。测定水中氨氮的方法有纳氏试剂分光光度法、水杨酸分光光度法、蒸馏—中和滴定法和气相分子吸收光谱法。

⑤挥发酚。通常认为沸点在230℃以下的酚属于挥发酚。挥发酚具有致畸、致癌和致突变的生物毒性，是评价环境污染的重要指标之一。测定水中挥发酚的方法有4-氨基安替比林分光光度法、溴化容量法和气相色谱法。

⑥硫化物。水中测定的硫化物指溶解性和酸溶性的硫化物，包括溶解性的H_2S、HS^-和S^{2-}，酸溶性的金属硫化物等。用到的测定方法有对氨基二甲苯胺分光光度法、碘量法、气相分子吸收光谱法、间接原子吸收光谱法和离子选择电极法等。

⑦氰化物。氰化物包括简单氰化物、络合氰化物和有机氰化物（腈）。地表水一般不含氰化物，主要污染源是电镀、石化、农药等工业废水。测定水中氰化物的方法有容量滴定法、分光光度法和离子选择电极法。

⑧氟化物。与氰化物不同，氟化物广泛存在于天然水中，电镀、磷肥、农药等行业排放的废水，以及含氟矿物废水。测定水中氟化物的方法有氟离子选择电极法、氟试剂分光光度法、离子色谱法和硝酸钍滴定法。

⑨磷酸盐等。在天然水和废水中，磷几乎都以各种磷酸盐的形式存在，它们分为正磷酸盐、缩合磷酸盐和有机结合的磷，存在于溶液中、腐殖质粒子中或水生生物中。水中磷酸盐的测定方法有钼锑抗分光光度法、孔雀绿—磷钼杂多酸分光光度法。

（4）有机化合物

①COD（化学需氧量）。化学需氧量指在一定条件下，氧化1L水样中还原性物质所消耗的氧化剂的量，以氧的mg/L表示。水中的还原性物质包括有机物和亚硝酸盐、亚铁盐、硫化物等无机物。化学需氧量反映了水中受还原性物质污染的程度。由于水体被有机物污染极其普遍，该指标也作为有机物相对含量的综合指标之一。对化学需氧量的测定方法有重铬酸钾法、碘化钾高锰酸钾法、快速消解分光光度法和氯气校正法。

②BOD（生化需氧量）。生化需氧量是指在溶解氧存在的条件下，好氧微生物在分解水中有机物的生物化学氧化过程所消耗的溶解氧量，同时也包括硫化物、亚铁盐等还原性物质被氧化所消耗的氧量，但后者的占比极小，以氧的mg/L表示。BOD是一种用微生物代谢作用所消耗的溶解氧量来间接表示水体被有机物污染程度的一个重要指标。把可分解的有机物全部分解掉常需要20天以上的时间。对于生活污水和大多数工业废水，5天即可分解80%，而且5天的培养期可以减少有机物降解释放NH_3的硝化作用带来的干扰。故一般以5日作为测定BOD的标准时间，因而称为五日生化需氧量（BOD_5）。生化需氧量的测定方法有稀释与接种法和微生物传感器快速测定法。

③TOD（总需氧量）。总需氧量指水中能被氧化的物质（主要是有机物）在燃烧中变为稳定氧化物时所需要的氧量，以氧的mg/L表示。总需氧量测定方法有铂催化剂石英管燃烧法。

④TOC（总有机碳）。总有机碳是以碳的含量表示水中有机物总量的综合指标，以氧的mg/L表示。它比COD_{cr}和BOD_5更能反映有机物的总量。总有机碳的测定方法为燃烧氧化—非分散红外吸收法。

⑤石油类等。水中的石油类物质来源于工业废水和生活污水的污染。测定水中石油类污染物的方法有重量法、非色散红外吸收法、紫外分光光度法、红外分光光度法和荧光法。

对于制药企业来说，还需要对自身的生产废水中有害有机物进行重点检测，如挥发酚和硝基苯类等。

6.2.2.2 废水的污染物排放标准

我国现在已经制定了比较完善的水系环境保护的质量标准，对制药废水处理来说，最基本的是《地表水环境质量标准》（GB 3838—2002）和《污水综合排放标准》（GB 8978—1996）。此外还必须遵守所在地的地方标准和相关的行业标准。

（1）《地表水环境质量标准》

《地表水环境质量标准》是国家环保部经多次修订颁布的现行最基本的水质标准。该标准依据地表水域环境功能和保护目标，按功能高低依次划分为5类：

Ⅰ类：主要适用于源头水、国家自然保护区；

Ⅱ类：主要适用于集中式生活饮用水地表水源地一级保护区、珍稀水生生物栖息地、鱼虾类产卵场、仔稚幼鱼的索饵场等；

Ⅲ类：主要适用于集中式生活饮用水地表水源地二级保护区、鱼虾类越冬场、洄游通道、水产养殖区等渔业水域及游泳区；

Ⅳ类：主要适用于一般工业用水区及人体非直接接触的娱乐用水区；

Ⅴ类：主要适用于农业用水区及一般景观要求水域。

（2）《污水综合排放标准》

《污水综合排放标准》（GB 8978—1996）是国家环保部修订颁布的、部分现行的重要污水排放标准。该标准按污水的排放去向分年限规定了69种水污染物的最高允许排放浓度及部分行业最高允许排水量。我国也制定了许多行业废水排放标准。现明确规定：有行业排放标准的企业要执行本行业的标准，其他则执行本排放标准（该标准的部分内容见表6-3）。

表6-3 第二类污染物允许排放的最高浓度

（1998年1月1日后建设的单位）　　　　　　　　　　　　　单位：mg/L

序号	污染物	适用范围	一级标准	二级标准	三级标准
1	pH	一切排污单位	6～9	6～9	6～9
2	色度（稀释倍数）	一切排污单位	50	80	—
3	悬浮物(SS)	采矿、选矿、选煤工业	70	300	—
		脉金选矿	70	400	—
		边远地区砂金选矿	70	800	—
		城镇二级污水处理厂	20	30	—
		其他排污单位	70	150	400
4	五日生化需氧量(BOD$_5$)	甘蔗制糖、苎麻脱胶、湿法纤维板、染料、洗毛工业	20	60	600
		甜菜制糖、酒精、味精、皮革、化纤浆粕工业	20	100	600
		城镇二级污水处理厂	20	30	—
		其他排污单位	20	30	300

序号	污染物	适用范围	一级标准	二级标准	三级标准
5	化学需氧量 (COD)	甜菜制糖、合成脂肪酸、湿法纤维板、染料、洗毛、有机磷农药工业	100	200	1000
		味精、酒精、医药原料药、生物制药、苎麻脱胶、皮革、化纤浆粕工业	100	300	1000
		石油化工工业（包括石油炼制）	60	120	—
		城镇二级污水处理厂	60	120	500
		其他排污单位	100	150	500
6	石油类	一切排污单位	5	10	20
7	动植物油	一切排污单位	10	15	100
8	挥发酚	一切排污单位	0.5	0.5	2
9	总氰化合物	一切排污单位	0.5	0.5	1
10	硫化物	一切排污单位	1	1	1
11	氨氮	医药原料药、染料、石油化工工业	15	50	—
		其他排污单位	15	25	—
12	氟化物	黄磷工业	10	15	20
		低氟地区（水体含氟量<0.5mg/L）	10	20	30
		其他排污单位	10	10	20
13	磷酸盐（以P计）	一切排污单位	0.5	1	—
14	甲醛	一切排污单位	1	2	5
15	苯胺类	一切排污单位	1	2	5
16	硝基苯类	一切排污单位	2	3	5
17	阴离子表面活性剂 (LAS)	一切排污单位	5	10	20
18	总铜	一切排污单位	0.5	1	2
19	总锌	一切排污单位	2	5	5
20	总锰	合成脂肪酸工业	2	5	5
		其他排污单位	2	2	5
21	彩色显影剂	电影洗片	1	2	3
22	显影剂及氧化物总量	电影洗片	3	3	6
23	元素磷	一切排污单位	0.1	0.1	0.3
24	有机磷农药（以P计）	一切排污单位	不得检出	0.5	0.5
25	乐果	一切排污单位	不得检出	1	2

序号	污染物	适用范围	一级标准	二级标准	三级标准
26	对硫磷	一切排污单位	不得检出	1	2
27	甲基对硫磷	一切排污单位	不得检出	1	2
28	马拉硫磷	一切排污单位	不得检出	5	10
29	五氯酚及五氯酚钠（以五氯酚计）	一切排污单位	5	8	10
30	可吸附有机卤化物(AOX)（以Cl计）	一切排污单位	1	5	8
31	三氯甲烷	一切排污单位	0.3	0.6	1
32	四氯化碳	一切排污单位	0.03	0.06	0.5
33	三氯乙烯	一切排污单位	0.3	0.6	1
34	四氯乙烯	一切排污单位	0.1	0.2	0.5
35	苯	一切排污单位	0.1	0.2	0.5
36	甲苯	一切排污单位	0.1	0.2	0.5
37	乙苯	一切排污单位	0.4	0.6	1
38	邻–二甲苯	一切排污单位	0.4	0.6	1
39	对–二甲苯	一切排污单位	0.4	0.6	1
40	间–二甲苯	一切排污单位	0.4	0.6	1
41	氯苯	一切排污单位	0.2	0.4	1
42	邻二氯苯	一切排污单位	0.4	0.6	1
43	对二氯苯	一切排污单位	0.4	0.6	1
44	对–硝基氯苯	一切排污单位	0.5	1	5
45	2，4–二硝基氯苯	一切排污单位	0.5	1	5
46	苯酚	一切排污单位	0.3	0.4	1
47	间–甲酚	一切排污单位	0.1	0.2	0.5
48	2，4–二氯酚	一切排污单位	0.6	0.8	1
49	2，4，6–三氯酚	一切排污单位	0.6	0.8	1
50	邻苯二甲酸二丁酯	一切排污单位	0.2	0.4	2
51	邻苯二甲酸二辛酯	一切排污单位	0.3	0.6	2
52	丙烯腈	一切排污单位	2	5	5
53	总硒	一切排污单位	0.1	0.2	0.5
54	粪大肠菌群数/（个/L）	医院[*]、兽医院及医疗机构含病原体污水	500	1000	5000
		传染病、结核病医院污水	100	500	1000
55	总余氯（采用氯化消毒的医院污水）	医院[*]、兽医院及医疗机构含病原体污水	<0.5[**]	>3(接触时间≥1h)	>2(接触时间≥1h)
		传染病、结核病医院污水	<0.5[**]	>6.5(接触时间≥1.5h)	>5(接触时间≥1.5h)

序号	污染物	适用范围	一级标准	二级标准	三级标准
56	总有机碳 (TOC)	合成脂肪酸工业	20	40	—
		苎麻脱胶工业	20	60	—
		其他排污单位	20	30	—

注　其他排污单位指除在该控制项目中所列行业以外的一切排污单位。

　　* 指 50 个床位以上的医院。

　　** 加氯消毒后须进行脱氯处理，达到本标准。

　　废水治理后的水质是否合格，应充分参照国家标准、地方标准和行业标准。以上海某家生产甲红霉素、环丙沙星等抗生素医药中间体的制药企业为例，其废水排放必须满足国家标准《城镇污水处理厂污染物排放标准》（GB 18918—2002）、《化学合成类制药工业水污染物排放标准》（GB 21904—2008）和上海市地方标准《污水综合排放标准》（DB31/199—2009）中的相关规定。GB 21904—2008标准的部分内容见表6-4。

表 6-4　化学合成类制药工业单位产品基准排水量

单位：m^3/t

序号	药物种类	代表性药物	单位产品基准排水量
1	神经系统类	安乃近	88
		阿司匹林	30
		咖啡因	248
		布洛芬	120
2	抗微生物感染类	氯霉素	1000
		磺胺嘧啶	280
		呋喃唑酮	2400
		阿莫西林	240
		头孢拉定	1200
3	呼吸系统类	愈创木酚甘油醚	45
4	心血管系统类	辛伐他汀	240
5	激素急影响内分泌类	氢化可的松	4500
6	维生素类	维生素E	45
		维生素B_1	3400
7	氨基酸类	甘氨酸	401
8	其他类	盐酸赛庚啶	1894

注　排水量计量位置与污染物排放监控位置相同。

6.2.3　制药废水处理方法及常规工艺流程

　　废水处理的实质，就是利用各种技术手段，将废水中的污染物分离出来，或将其转化为无害物质，从而使废水得到净化。废水处理要考虑废水减排、废水利用、高价值物质回收、废水末端处理。在选择处理工艺与方法时，应当经济合理，并尽量采用先进技术。制药废水处理的主要原则：首先，从清洁生产的角度出发，改革生产工艺和设备，减少废水的产生；其次，对产生的废水进行规范的去害净化处理、达标排放或回收利用。

6.2.3.1 废水处理方法

对制药废水的处理，按其作用原理可以划分为4大类，即物理处理法、化学处理法、物理化学处理法和生化处理法。

（1）**物理处理法**

在制药废水处理中，物理处理法占有重要地位，主要用于去除废水中的漂浮物、悬浮固体、沙和油类物质，具有设备简单、成本低、管理方便、效果稳定等优点。物理处理法主要分三大类：重力分离法、离心分离法、过滤法。

（2）**化学处理法**

化学处理法常作为制药废水处理中的预处理或后续强化处理方法。它是利用化学作用来处理废水中的溶解物质或胶体物质，可用来去除废水中的金属离子、细小的胶体有机物和无机物、植物营养素（氮、磷）、乳化油、色度、臭味、酸、碱等，对于废水的深度处理有着重要作用。

化学处理法在应用过程中应当着重注意化学药品的用量，防止对环境造成污染。化学处理法主要分为四大类：酸碱中和法、混凝沉淀法、化学沉淀法、氧化还原法。

（3）**物理化学处理法（物化法）**

经一般物理和化学方法处理后，仍会有某些细小的悬浮物和溶解污染物，可以采取物化法进一步处理。物化法是利用废水中各物质间的物理与化学性质进行反应，使废水中悬浮物、油类或胶态物质沉淀下来，调整废水的酸碱度。该法常作为废水处理的预处理单元或者后处理单元。经物化法预处理后的废水，其污染物浓度会有明显的下降，为后续的处理单元减轻负荷。物理化学处理法主要分为三大类：吸附法、混凝法、膜分离法。

（4）**生化处理法**

生化处理法即利用微生物的生命活动过程对废水中的污染物质进行转移和转化作用，从而使废水得到净化的处理方法。由于整个过程是在微生物所产生的酶的参与下发生的生物化学反应，因此将废水生物处理称为废水生化处理。生化处理法是微生物将废水中的有机物作为营养物质摄取同化，再将部分组成物质分解排出，以此来达到净化效果的一种废水处理方法，通常作为预处理的后续单元，能够去除水中大部分有机污染物，且对环境污染较小，在制药废水处理中应用广泛。废水生化处理过程如图6-1所示。

生化处理法主要研究四个方面的内容，即厌氧生化处理（厌氧菌和兼氧菌起作用）、好氧生化处理（好氧菌起作用）、脱氮除磷处理和污泥处理。其中厌氧和好氧生化处理可在不同顺序下协同作用。

各种处理方法都有各自的特点和使用条件，在实际废水处理中，它们往往要配合使用，不能预期只用一种方法就能把所有的污染物质都去除干净。由若干处理方法合理组配而成的废水处理系统通常称为废水处理流程。废水处理流程的组织一般遵循先易后难、先简后繁的规律。按照不同的处理程度，废水处理流程可以分为一级处理、二级处理和三级处理

（表6-5）。

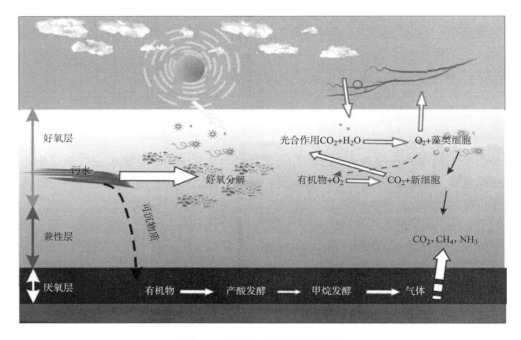

图6-1 废水生化处理过程简图

表6-5 废水处理流程分级表

分级	常用操作单元	作用
一级处理	格栅、筛网、气浮、沉淀、预曝气、中和	去除漂浮物、油，调节pH，为初步处理
二级处理	活性污泥法、生物膜法、厌氧生物法、混凝、氧化还原	除去大量有机污染物，为主要处理
三级处理	氧化还原、电析法、反渗法、吸附、离子交换	除去前两级未除去的有机物、无机物、病原体，为深度处理

6.2.3.2 废水处理常规工艺流程

每一种废水处理方法又分为多种具体的处理工艺，例如，物化法就包括混凝沉淀、气浮、膜分离等工艺；化学法包括催化铁内电解、臭氧氧化等工艺；生化法包括间歇式活性污泥法（SBR）、上流式厌氧污泥床（UASB）、生物接触氧化等工艺；一级处理有芬顿（Fenton）氧化、多相催化氧化等工艺；二级处理有填料挂膜、生物流化床等工艺；三级处理有生物滤池、双模式等工艺。为了全面概括某废水处理的全程，很多时候会将使用到的工艺组合来说，如电解+水解酸化+连续进水式SBR曝气系统（CASS）工艺、UASB+兼氧+接触氧化+气浮工艺等。下面介绍一种废水处理常规工艺流程（图6-2）。

生产废水首先经过格栅井，去除水中粗大颗粒物后，进入调节池，在调节池内进行水质、水量调节，然后用污水泵打入厌氧/好氧（A/O）池。进水量由流量计控制，经过充分厌氧和好氧处理后，出水进入二沉池进行活性污泥、水分离，二沉池出水经气浮池除去色度后，达标排放。厌氧池、好氧池和气浮池产生的污泥经浓缩后进入压滤机，形成干泥饼外运

图6-2 废水处理常规工艺流程图

填埋。二沉池的部分污泥进行回流。这是废水治理中最经典、最常用的工艺之一。

值得注意的是,随着社会的发展和技术的革新,各企业废水处理站会根据自身产生的废水特性进行个别环节的改进。例如,考虑到土地资源紧张和膜技术的提升,将膜生物反应器(MBR)置于曝气池中取代二沉池;考虑到混凝剂效果提升但价格下降,后端气浮池改为前端絮凝沉淀池等。

6.2.4 废水可生化性的评价方法

废水可生化性是指废水中污染物被微生物降解的难易程度,它与用生化法处理废水的效果直接相关,是进行生化处理前首先要进行测定的废水重要指标。另外,对于一些微生物难降解的废水,一般先要采用物化法等进行预处理,避免对生化法的处理效果产生影响。因此,为达到较好的废水处理效果必须要先对废水的可生化性进行评价,进而选择合适的废水处理方法。以下对几种废水可生化性的评价方法做简要介绍。

6.2.4.1 BOD_5/COD_{cr}法

BOD_5/COD_{cr}法是通过测定BOD_5和COD_{cr}的比值来对废水可生化性进行评价的一种方法,其中COD_{cr}是指通过重铬酸钾法得到的化学需氧量。一般情况下,废水的BOD_5/COD_{cr}大于0.45认为其容易生化;在0.30~0.45范围内认为该废水可生化,用生化法处理会得到较好的处理效果;而BOD_5/COD_{cr}小于0.3则认为该废水难以生化,必须要先进行预处理,否则微生物几乎难以分解其中的污染物质。

郭文成等对BOD_5/COD_{cr}法中BOD_5和COD_{cr}两者间关系及测定BOD_5和COD_{cr}过程中可能会出现的问题进行了讨论与分析,同时分析了这种测定方法是否具有可行性。分析结果认为,用BOD_5/COD_{cr}值进行废水可生化性的评价较为粗糙,如果结合耗氧速率法、动力学常数法或者模拟试验法则会得到更可靠的评价结果。韩玮对BOD_5/COD_{cr}法和BOD_5/TOD法这两种评价废水可生化性的方法进行了简要介绍,深入分析了COD_{cr}和BOD_5检测过程中可能会遇到的一些特殊情况,并提出可行的改进方法,同时将其与BOD_5/TOD值法进行了对比分析。

BOD_5/COD_{cr}法较成熟,操作较简便,是唯一的直接测定法,但在实际废水处理工程中,大多数废水的成分比较复杂而且难以生化,用这种方法进行废水可生化性的评价易出现偏差。其原因主要是BOD_5的测定过程中主要存在两方面因素的干扰:一方面,在低浓度有机物废水环境中,有机物浓度的一次方与微生物的耗氧呼吸速率成正比,而在有机物浓度较高的废水环境中,无法寻找到一种合适的公式将二者联系起来,它们不会完全按照此规律进行;另一方面,废水中微生物正常的呼吸作用或多或少都会受到一些有毒有害物质的干扰,而这种干扰是随着污染物浓度的增大而增强的。在实际测定过程中,废水往往会稀释几十甚至几百倍,这与实际废水的情况并不一致,因此测定结果必然会存在一定误差。

另外，COD_{cr}的测定中，不仅有机污染物，还有还原性无机物质和有机悬浮物，它们均可能与强氧化剂发生反应，从而对测定造成一定干扰，检测误差在所难免。

6.2.4.2　生化呼吸线法

微量呼吸检压仪又称华（瓦）勃氏呼吸仪、瓦式呼吸仪，主要用于检测微生物呼吸过程中的耗氧量，是生化呼吸法中用到的主要仪器。生化呼吸线法评价废水的可生化性是通过比较微生物的生化呼吸线与内源呼吸线间的位置关系进行的，这两条曲线均表示好氧微生物的呼吸曲线，其中生化呼吸曲线反映了好氧微生物对水中有机物的分解规律，是一条耗氧速率变化的曲线，内源呼吸线反映好氧微生物分解自身营养物质的耗氧规律，是一条耗氧速率恒定的直线（图6-3）。

图6-3中生化呼吸曲线（1）～（3）与内源呼吸线的三种位置关系反映出不同的废水可生化性：生化呼吸曲线在内源呼吸线之上说明废水可生化，两条线的间距越大代表废水可生化性越好；内源呼吸线与生化呼吸线重合说明废水不可生化；内源呼吸线在生化呼吸线之上说明废水不可生化，且废水中有机物对微生物的正常生命活动有抑制作用，两条线间距越大说明抑制作用越强。

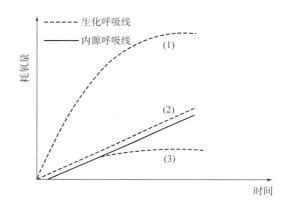

图6-3　内源呼吸线和生化呼吸曲线位置关系图

6.2.4.3　GC—MS法

GC—MS法是通过对废水中物质组分进行定性分析，根据废水中含有污染物本身是否能被微生物降解来进行可生化性评价的方法。该法对有机污染物种类复杂且浓度较高的化学合成类和发酵类等制药废水的可生化性评价具有一定的参考价值。

6.2.4.4　模拟试验法

模拟试验法是通过模拟实际废水的生化处理过程，检测处理过程中的水质变化，从而对废水的可生化性进行判断的方法。根据模拟方法的不同，主要分为两大类：模拟生化反应器法和培养液测定法。

模拟生化反应器法是将好氧、厌氧反应器等生化反应器作为进行生化处理的场所，改变溶解氧、SS等因素，通过检测处理前后水质的变化情况来对废水的处理效果进行评价的方法；培养液测定法是通过模拟实际废水处理过程中的环境因素，如温度、COD_{cr}、pH和微生物种类等，对处理效果进行评价。

这两种模拟实际废水处理情况的评价方法均不具有普遍适用性，测定结果间不具有可比性，因此不适合进行系统研究。另外，在小试放大的试验过程中，也会造成较大的误差。

6.2.4.5 生化呼吸指数法

制药废水具有污染物浓度高、含盐量高、生物难降解等特点，因此要想得到废水可生化性的准确评价结果具有一定的难度。现有的废水可生化性评价方法，如BOD_5/COD_{cr}法、生化呼吸线法、GC—MS法、模拟试验法等在测定的准确度方面都存在一些不足。

BOD_5/COD_{cr}法虽然是一种废水可生化性的直接测定法，但是它在测定过程中需要将待测废水稀释较大倍数，稀释之后再进行试验，得出的结果与实际废水的结果存在较大出入，无法测得真正的废水可生化性，因此这种方法比较适用于COD浓度较低的废水，如生活污水。生化呼吸线法、GC—MS法、模拟试验法等都无法直接测得废水的可生化性，只能判断出废水是否可生化。这几种废水可生化性的评价方法都只能得到一个模糊的测定结果，无法直接评价废水可生化的具体程度。因此，对于能够直接且准确测定废水可生化性的评价方法的研究十分必要。

生化呼吸指数法是上海应用技术大学朱勇强科研团队与上海埃格环保科技有限公司合作，针对现有废水可生化性评价方法的不足，共同研发出的一种能够直接且准确测定废水可生化性的新方法。

生化呼吸指数法是以模拟实际生化处理池的装置和生化微反应器为研究平台，以实际制药废水为研究对象，以微生物的生化呼吸曲线为研究基础，通过对生化呼吸曲线做回归分析，最终将得到的趋势线中的斜率K定义为生化呼吸指数（K_s）。通过参考实际生化体系中COD容积负荷的指标，该方法中将$K_s=5.0$作为评价废水可生化性的临界值，当$K_s<5.0$时，表明这种废水的可生化性较差，当$K_s \geq 5.0$时，表明这种废水的可生化性较好，且值越大，可生化程度越高。

生化呼吸指数法的优点在于：

①生化呼吸指数K_s包含废水特性、菌种种类、生化池SS、废水COD水平等因素。

②与常用的BOD_5/COD_{cr}值相比，K_s不仅能反映出实际生化体系中废水的可生化性，还能够反映出废水的可生化程度。

③比常用的BOD_5/COD_{cr}值更能反映出实际生化体系中废水的可生化性，弥补了BOD_5/COD_{cr}用于工业废水时存在的不足，对废水生化处理工程设计具有较高的实际应用价值。

6.2.5 制药废水预处理方法

预处理等同于一级处理，常用物理处理法、化学处理法和物理化学处理法。由于生产的药物尤其是有机合成药物品种繁多，需采用多种原料经过不同的合成路线加以制备，废水中的成分非常复杂，COD_{cr}、SS和色度均较高，给废水的生化处理带来了很大难度，因而必须采用有效、经济的预处理方法。下面介绍六种常见的预处理方法。

6.2.5.1 离心分离法

离心分离法的原理是含悬浮物的废水在分离器内高速旋转时，悬浮颗粒所受到的离心力大小不同，质量大的被甩到外圈，质量小的留在内圈，通过不同出口将它们分别引导出来，利用此原理就可分离废水中的悬浮颗粒，使废水得以净化。因为离心机转速高，所以分离效率也高，但设备复杂，造价比较昂贵，一般只用在小批量、有特殊要求、难处理的废水分离处理。离心分离器剖面如图6-4所示。

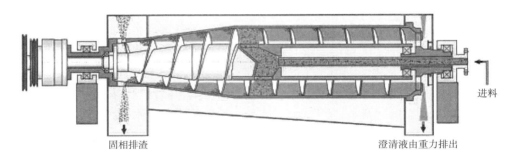

进料

固相排渣　　　　　　　　　　　　　　　澄清液由重力排出

图6-4　离心分离器剖面图

6.2.5.2　重力分离法

重力分离法的原理是利用污水中呈悬浮状的污染物与水密度不同，借重力沉降（上浮）作用使其从水中分离出来。主要设备有平流沉淀池、竖流沉淀池、辐流式沉淀池、斜板沉淀池和隔油池等。隔油池剖面如图6-5所示。

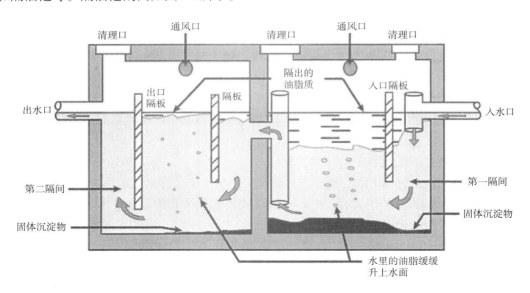

图6-5　隔油池剖面图

6.2.5.3　过滤法

过滤法的原理是将废水中粒径较大的悬浮物和漂浮物在孔径较小的设备（网格、滤网和颗粒介质）中截留。过滤法常作为废水处理的预处理方法，用以防止水中微粒物质及胶状物质破坏水泵，堵塞管道及阀门等。过滤法也用于废水的最终处理，使滤出的水可以进行循环使用。格栅如图6-6所示。

6.2.5.4　吸附法

吸附法的原理是利用多孔性固体物质作为吸附剂，以吸附剂的表面吸附废水中的某种污染物。有间歇吸附和连续吸附两种操作方式。吸附剂的选取要遵循吸附能力强、吸附选择性好、吸附平衡浓度低、容易再生和再利用、机械强度好、化学性质稳定、来源容易、价格便宜的原则，常用的吸附剂有活性炭、硅藻土、铝矾土、磺化煤、矿渣和吸附用的树脂。磺化煤吸附剂如图6-7所示。

图6-6 格栅

图6-7 磺化煤吸附剂

6.2.5.5 酸碱中和法

酸碱中和法的原理是通过向污水中投加化学药剂，使其与污染物发生化学反应，调节污水的酸碱度（pH），使污水呈中性或接近中性，适宜进行下一步污水处理流程。酸碱中和法处理废水适用于排放要求水质pH指标超过排放标准，应采用中和法处理，可减少对水生生物的影响，避免对管道系统的腐蚀，确保最佳的生物活力，以便进行下一步的生化处理等情况。

6.2.5.6 混凝沉淀法

混凝沉淀法的原理是在废水中投入混凝剂，因混凝剂为电解质，在废水里形成胶团，与废水中的胶体物质发生电中和，形成绒粒沉降。按机理不同，混凝可分为压缩双电层、吸附电中和、吸附架桥、沉淀物网捕四种。常用到的混凝剂有聚合氯化铝（PAC）和聚丙烯酰胺（PAM）等。主要去除对象为废水中直径小于1μm的微粒。混凝沉淀法流程如图6-8所示。

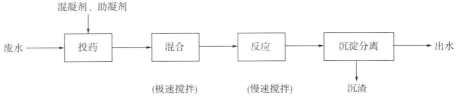

图6-8 混凝沉淀法流程图

6.2.6 废水生化处理工艺

6.2.6.1 厌氧生化处理工艺

即厌氧消化法—甲烷发酵，其原理是在无氧条件下，由兼性微生物及专性厌氧微生物作用，将有机物降解，最终产物为二氧化碳和甲烷气。厌氧生化降解过程可分为水解、酸化、产乙酸和产甲烷四个阶段。

其中水解阶段指复杂有机物首先在发酵性细菌产生的胞外酶的作用下分解为溶解性的小分子有机物。该过程通常比较缓慢，是复杂有机物厌氧降解的限速阶段；酸化（发酵）阶段指溶解性小分子有机物进入发酵菌（酸化菌）细胞内，在胞内酶作用下分解为挥发性脂肪酸（VFA），同时合成细胞物质；产乙酸阶段指发酵酸化阶段的产物丙酸、丁酸、乙醇等，经产氢产乙酸菌作用转化为乙酸、氢气和二氧化碳；产甲烷阶段指产甲烷菌将乙酸、氢气和二氧化碳等转化为甲烷。有机物厌氧分解过程如图6-9所示。

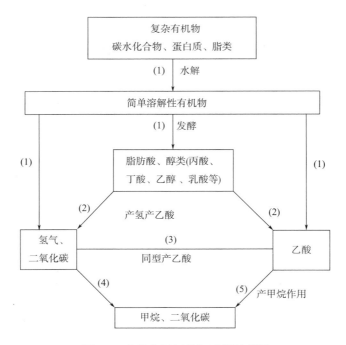

图6-9 有机物厌氧分解过程示意图

（1）发酵细菌 （2）产氢产乙酸菌 （3）同型产乙酸菌 （4）利用H_2和CO_2的产甲烷菌 （5）分解乙酸的产甲烷菌

6.2.6.2 好氧生化处理工艺

好氧生化处理的原理是在好氧条件下，有机物在好氧微生物的作用下氧化分解，有机物浓度下降，微生物量增加。微生物将有机物摄入体内后，以其作为营养源加以代谢，代谢按两条途径进行：合成代谢和分解代谢。有机物好氧分解过程如图6-10所示。

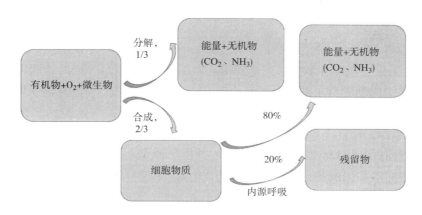

图6-10 有机物好氧分解过程示意图

6.2.6.3 A/O生物脱氮除磷工艺

氮、磷化合物是营养物质，会引起藻类的过度增殖，导致水体水质恶化。氨对鱼类和其他水生生物有较大的毒性。亚硝酸根和硝酸根对人体健康有害。废水治理中的脱氮生物处理十分重要。

脱氮要经历氨化、硝化和反硝化三个过程。氨化过程指在氨化微生物的作用下，有机氮化合物可以在好氧或厌氧条件下分解转化为氨态氮。硝化过程指由硝化细菌将氨氮氧化成NO_2^-，再氧化成NO_3^-的过程（$NH_4^+ \rightarrow NO_2^- \rightarrow NO_3^-$）。在生物脱氮系统中硝化作用的稳定和硝化速度的提高是影响整个系统脱氮效率的关键点。反硝化过程由反硝化细菌（兼性厌氧菌）微生物完成，主要是将硝酸盐氮还原成气态氮或氮氧化物，反应在无分子氧的状态下进行。NO_3-N反硝化还原为N_2，溢出水面释放到大气中（$NO_3^- \rightarrow N_2$）。

除磷要经历放磷、吸磷和排磷三个过程。放磷过程指在厌氧条件下，聚磷菌将胞内储藏的聚磷分解，产生磷酸盐进入液体中（放磷），同时产生的能量可供聚磷菌的生理活动之需，用于主动吸收外界环境中的碳源并将它们以聚羟基烷酸盐的形式储存；吸磷过程指在好氧条件下，聚磷菌利用聚羟基烷酸盐作为碳源和能源，摄取溶液中的磷酸盐合成聚磷（吸磷）；排磷过程指吸磷后的聚磷菌随污泥排出，从而达到水体除磷的效果。

6.2.7 废水深度处理工艺

6.2.7.1 化学及电化学深度处理方法

（1）催化电解工艺

催化电解工艺技术一般指催化氧化—微电解技术，通过催化剂以空气、氧气、臭氧等为氧化剂进行氧化反应，是目前处理高浓度有机废水的一种理想工艺。它是在不通电的情况下，利用填充在废水中的微电解材料自身产生1.2V电位差对废水进行电解处理，以达到降解有机污染物的目的。利用两种不同电极电位的金属和非金属相互接触在一起，当浸没在导电介质中时，便形成了原电池，产生电场。在电场作用下，废水中的胶体粒子和杂质可通过电极沉积凝聚和氧化还原而被除去，从而使废水得到净化，这种方法也称为内电解法。内电解法应用最广泛的主要是铁屑—活性炭法。利用此工艺进行废水处理时，无须消耗能源，且能以废治废。目前在化工、医药、印染、钢铁等许多行业中都使用。

（2）高级氧化工艺

高级氧化工艺（AOP）的概念是1987年由Glaze等提出的，将AOP定义为能够产生羟基自由基（·OH）的氧化过程。在AOP工艺过程中通常采用氧化剂、UV辐射和催化剂的不同组合来产生·OH。比较典型的AOP系统主要有：O_3/UV、UV/H_2O_2、US（超声波）、US/H_2O_2、US/UV、O_3/H_2O_2、H_2O_2/Fe^{2+}（Fenton试剂）和光芬顿试剂。AOP系统还包括多相光催化氧化系统，如TiO_2/UV和$TiO_2/H_2O_2/UV$系统。总体来说，目前在水处理领域研究的高级氧化过程主要是以H_2O_2、O_3和TiO_2为主体的工艺过程。

高级氧化工艺由于能够产生高活性的羟基自由基，·OH具有极强的得电子能力也就是氧化能力，氧化电位2.8V，是自然界中仅次于氟的氧化剂，能将废水中的有机污染物氧化。这种降解过程使有机物分解更加彻底，不易产生毒害有机物，更符合环境保护的要求。羟基自由基具有高度活性的强氧化剂，通过对有机物产生脱氢、亲电子和电子转移作用，形成活化的有机自由基，产生连锁的自由基反应，使有机物迅速完全降解，故也称电化学燃烧。

Fenton试剂可能是最为经典的高级氧化法手段，其工艺原理如下：

Fenton试剂是指由过氧化氢（H_2O_2）和亚铁离子（Fe^{2+}）组成的具有强氧化性的体系。在废水中加入Fenton试剂后，通过反应生成大量的羟基自由基，羟基自由基具有很强的氧化性，能将废水中的有机污染物氧化，甚至矿化为CO_2和H_2O，降低废水中的COD_{cr}。

酸性条件下化学反应方程式：

$$Fe^{2+}+H_2O_2+H^+ \longrightarrow Fe^{3+}+H_2O+\cdot OH$$

中性条件下化学反应方程式：

$$Fe^{2+}+H_2O_2 \longrightarrow Fe^{3+}+OH^-+\cdot OH$$

Fenton氧化技术具有氧化效果好、反应迅速、过程简单、常温常压操作、安全无毒等优点。

对于多种废水的处理都是相当有效的，在水处理当中具有广泛的应用前景。

（3）埃格多相催化工艺

埃格多相催化工艺是在上海埃格环保科技有限公司自主研发的埃格高浓度废水多相催化预处理反应器中进行的废水处理工艺，此反应器是一种采用多相催化工艺的高级氧化反应器。它将臭氧的强氧化性和特殊催化剂的催化增效特性结合起来，其中的催化剂是根据废水特性制备的，针对性强，能有效降解废水中的氨氮、苯酚等污染物，改善废水可生化性，并可将大分子杂环进行开环降解，将有机氮转化为无机氮，有利于氨氮的去除。与常规芬顿氧化不同的是，该设备运行过程中不产生污泥等危险废物。该设备获得2016年上海市环保产品认定。

6.2.7.2 物理方法废水深度处理方法

（1）活性炭吸附法

吸附法的原理是利用多孔性固体物质作为吸附剂，用吸附剂表面吸附废水中的某种污染物。有间歇吸附和连续吸附两种操作方式。活性炭吸附具有吸附能力强、吸附选择性好、吸附平衡浓度低、容易再生和再利用、机械强度好、化学性质稳定、来源容易、价格便宜等优点，活性炭吸附剂如图6-11所示。

图6-11 活性炭吸附剂

（2）**大孔树脂吸附法**

这种树脂是一类不含交换基团且有大孔结构的高分子吸附树脂，具有良好的大孔网状结构和较大的比表面积，可以有选择地物理吸附水溶液中的有机物。大孔树脂吸附作用是依靠它与被吸附的分子（吸附质）之间的范德瓦耳斯力，通过它巨大的比表面积进行物理吸附而工作。大孔吸附树脂的吸附实质为一种物体高度分散或表面分子受作用力不均等而产生的表面吸附现象，这种吸附性能是由于范德华瓦耳斯力或氢键引起的；同时，由于大孔吸附树脂的多孔性结构使其对分子大小不同的物质具有筛选作用。通过上述吸附和筛选原理，有机化合物根据吸附力的不同及分子量的大小，在大孔吸附树脂上经一定的溶剂洗脱而达到分离的目的。

吸附条件和解吸附条件的选择直接影响着大孔吸附树脂吸附工艺的好坏，因而在整个工艺过程中应综合考虑各种因素，确定最佳吸附、解吸条件。影响树脂吸附的因素很多，主要有被分离成分性质（极性和分子大小等）、上样溶剂的性质（溶剂对成分的溶解性、盐浓度和pH）、上样液浓度及吸附水流速等。大孔吸附树脂如图6-12所示。

图6-12 大孔吸附树脂

（3）RO及DTRO膜分离工艺

RO即反渗透，又称逆渗透，是一种以压力差为推动力，从溶液中分离出溶剂的膜分离操作。对膜一侧的料液施加压力，当压力超过它的渗透压时，溶剂会逆着自然渗透的方向作反向渗透，从而在膜的低压侧得到透过的溶剂，即渗透液；高压侧得到浓缩的溶液，即浓缩液。基于膜对不同液体成分的选择透过性，可以将某些物质阻隔在膜的一侧，最终达到分离的目的。其推动力（压力差）为2～100MPa，膜孔径<1nm。其特点为除盐效率很高、操作简单、维护成本低，但操作压力很大。常用于中水回用，适用于电子工业、超高压锅炉补水等对纯水高的领域。RO设备如图6-13所示。

图6-13　RO设备

DTRO即碟管式反渗透，由碟片式膜片、导流盘、O型橡胶垫圈、中心拉杆和耐压套管组成膜柱。

与其他膜组件（卷式封装）相比，碟管式反渗透具有以下三个明显的特点：

①通道宽。膜片之间的通道为6mm，而卷式封装的膜组件只有0.2mm。

②流程短。液体在膜表面的流程仅7cm，而卷式封装的膜组件为100cm。

③湍流行。由于高压的作用，渗滤液打到导流盘上的凸点后形成高速湍流，在这种湍流的冲刷下，膜表面不易沉降污染物。在卷式封装的膜组件中，网状支架会截留污染物，造成静水区，从而带来膜片的污染。

以上三个特点，决定了碟管式反渗透技术在处理渗滤液时可以容忍较高含量的悬浮物，不会堵塞。同时，这三个技术特点体现使碟管式膜技术有如下工程特点：膜组的结垢少，膜污染轻，膜寿命长；不依赖于预处理，具有良好的稳定性、安全性和适应性；具有十分可靠的处理效果；安装、维修简单，操作方便，自动化程度高；系统可扩充性强。

6.2.7.3　废水深化深度处理方法

（1）生物滤池

生物滤池是指由碎石或塑料制品填料构成的生物处理构筑物，污水与填料表面生长的微生物膜间隙接触，使污水得到净化。生物滤池具有下列性能特点：

①生物滤池的处理效果非常好，在任何季节都能满足各地最严格的环保要求。

②不产生二次污染。

③微生物能够依靠填料中的有机质生长，无须另外投加营养剂。因此周末停机或停工1～2周后再启动能立即达到很好的处理效果，几小时后就能达到最佳处理效果。停止运行3～4周再启动立即达到很好的处理效果，几天内恢复最佳的处理效果。

④生物滤池缓冲容量大，能自动调节浓度高峰，使微生物始终正常工作，耐冲击负荷能力强。

⑤运行采用全自动控制，非常稳定，无须人工操作。易损部件少，维护管理非常简单，基本可以实现无人管理，工人只需巡视是否有机器发生故障即可。

⑥生物滤池的池体采用组装式，便于运输和安装；在增加处理容量时只需添加组件，易于实施；也便于气源分散条件下的分别处理。

⑦能耗非常低，在运行半年之后滤池的压力损失也只有500Pa左右。

（2）埃格双模式工艺生物反应器

该工艺是在曝气生物滤池的基础上改进的埃格发明专利工艺（专利号：2014103271880），它吸收了传统曝气生物滤池的优点，同时具有以下特色：固定床与流化床的结合；好氧与厌氧模式的同时运行；预设埃格生化床，保持优势菌种；系统连续运行，解决了废水负荷的冲击与滤料的堵塞问题。

另外，该工艺具有较强的脱氮除磷的能力。埃格承担的新建项目山西某企业化工生产废水治理项目的运行情况表明，氨氮浓度为30mg/L左右的废水经该工艺处理后，排水中氨氮浓度可低于2mg/L，去除能力达到90%以上。

综上所述，埃格双模式生物滤池适用于低COD负荷废水的处理，且有利于促进硝态氮向氮气转化，在有效降解水体COD的同时，能保持较高的总氮（TN）转化率。

6.2.8　制药废水处理技术新进展

6.2.8.1　高效菌生物强化技术

通过向传统的生物处理系统中引入具有特定功能的微生物，提高有效微生物的浓度，增强对难降解有机物的降解能力，提高其降解速率，并改善原有生物处理体系对难降解有机物的去除效能。引入具有特定功能的微生物采取以下方式：

①高效菌种的栽培。包括从自然界筛选、构建基因工程菌。

②高效菌种投加系统内的保持及活力表达。要注意原生动物捕食、水力流失、有毒有害物质抑制微生物检测和筛选。

③对目标物的有效去除或对某方面性能的改善。

高效菌模拟如图6-14所示。

6.2.8.2　高级氧化技术（AOPs）

高级氧化技术又称深度氧化技术，以产生具有强氧化能力的羟基自由基（·OH）为特点，在高温高压、电、声、光辐照、催化剂等条件下，使大分子难降解有机物氧化成低毒或无毒的小分子物质。AOPs反应机理如图6-15所示。

6.2.8.3　膜—生物反应器的研究及其改进技术

膜分离过程大多无相变，可在常温下操作，具有能耗低、效率高、工艺简单、投资小和污染轻等优点，在水处理应用中发展相当迅速。

图6-14 高效菌模拟图

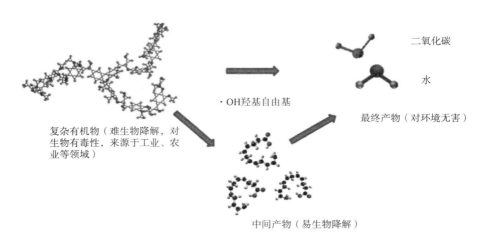

图6-15 AOPs反应机理

膜反应器包含微滤（MF）、超滤（UF）、渗析（D）、电渗析（ED）、纳滤（NF）和反渗透（RO）、渗透蒸发（PV）、液膜（LM）等。

膜—生物反应器具有广阔的发展前景，但要从以下几个方面进行技术提升：

①提高膜材料及装置的耐热、耐酸、耐碱、易清洗等性能。

②提高使用寿命，节约成本。

③与不同的传统技术结合，如膜蒸馏、膜萃取等。

④对于实验室已研发并使用的膜材料，要积极推广到工业生产上。

⑤已有的膜过程，不断探索和开拓新的过程与材料，并不断扩充原有的应用领域，使膜技术发挥更大的作用。

膜—生物反应器机理如图6-16所示。

6.2.8.4　新型生化处理工艺

第一代生化工艺：活性污泥法。

第二代生化工艺：填料挂膜的接触氧化法。

第三代新型生化工艺：生物流化床工艺。

三相生物流化床工艺流程如图6-17所示。

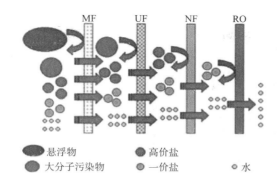

| 悬浮物 | 高价盐 | |
| 大分子污染物 | 一价盐 | 水 |

图6-16 膜—生物反应器机理

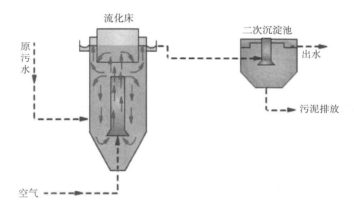

图6-17 三相生物流化床工艺流程

6.2.8.5 埃格研发的制药废水复合生化处理工艺

由上海埃格环保科技有限公司自主研发的制药废水复合生物流化床内置特殊的功能性微生物菌种，对COD_{cr}、盐分、氨氮等具有特殊的适应性，解决了高难度（高盐）废水生化处理的技术瓶颈。其特有的三级缓释作用可以在生化池中形成一个优势菌群的微生物"基地"，降低了优势菌种的维护费用（仅为正常维护费用的20%～30%），解决了成本问题。还能大大改善生化系统内微生物的生长环境，大幅度增加生化系统内微生物的浓度，进一步提高生化池的耐冲击负荷和污染物去除效果。该设备技改周期较短，可利用原有生化池进行升级改造，设备不占用场地，零能耗。从已有的应用报告来看，设置埃格生化床，能适合高COD_{cr}、高盐度场合，适合废水盐度最高可达60000mg/L，可减少好氧池泡沫产生，进一步降低出水COD_{cr}及氨氮指标，提高出水水质。

6.2.9 制药废水处理工程实例

6.2.9.1 某制药厂医药废水处理项目

（1）项目概况

某制药厂主要产品为治疗肿瘤、类风湿性心脏病、疟疾和红斑狼疮的原料药、制剂、医药中间体等。其制药废水处理难点在于原废水的"四高一低"。

①氨氮含量高。浓度为4000～5000mg/L，直接影响好氧生化池的去除效果。

②苯酚含量高。浓度为500～800mg/L，对生化系统的微生物具有杀菌抑菌的作用。

③COD$_{cr}$含量高。浓度为50000～60000mg/L，对生化系统造成了较大的冲击。

④盐度高含量高。浓度为30000～80000mg/L，而常规菌种的耐盐度一般低于8000mg/L。

⑤可生化性差。BOD$_5$/COD$_{cr}$低，在0.1左右，常规的废水污泥菌种难以达到良好的效果。

（2）*治理过程*

埃格承担了该制药厂含盐污水处理站的升级改造项目，采用"氧化处理、氨氮降解、厌氧流化床处理＋埃格复合生化床好氧处理＋深度集成生化处理"相结合的多级复合深度处理工艺流程。治理实例工艺流程如图6-18所示。

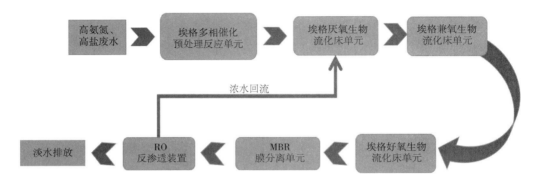

图6-18　治理实例工艺流程图

其中氧化段和氨氮降解段主要对苯酚、高氨氮、高废水进行预处理，生化处理段工艺采用埃格生物流化床集成复合生化工艺，埃格复合生物基地集成生化处理池由上海埃格环保科技有限公司自主研发的"生物基地"与活性污泥生化池复合组成，从而保证对难降解化工废水的COD$_{cr}$、氨氮去除率，并使废水处理系统具备较高的COD$_{cr}$容积负荷与抗冲击负荷的能力，从而节省投资、稳定运行效果。治理实例工艺说明如图6-19所示。

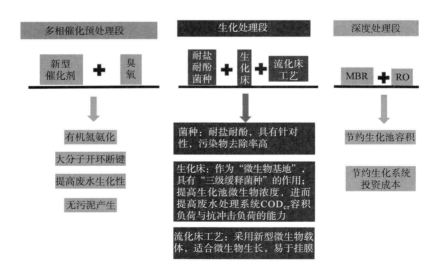

图6-19　治理实例工艺说明图

（3）治理结果

埃格研发的特殊菌种在盐度高达30000～60000mg/L的生化废水池中，依然正常工作和运行，整个废水处理系统对高难度高盐废水的COD_{cr}、氨氮和苯酚去除率高达97%以上，原水质得到明显改善，排放水质符合国家一级排放标准。原水处理前后的水质情况见表6-6。

表6-6　原水处理前后的水质情况

单位：mg/L

名称	处理前	处理后
COD_{cr}	50000～60000	<50
氨氮	4000～5000	<30
苯酚	500～800	<0.1
铵盐	30000～80000	<1000

6.2.9.2　某制药企业生化系统改造项目

某制药企业废水处理装置抗生化系统较弱，通过埃格公司进行技术改造，加入由埃格公司自主研发的埃格特种菌种，显著提升了该企业生化系统抗冲击负荷能力。如图6-20所示为该企业生化系统加入埃格特种菌种后水质的变化情况。

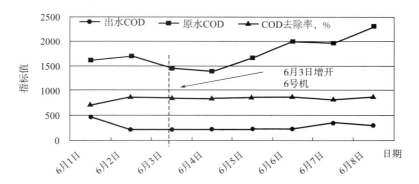

图6-20　投加菌种后一周原水水质与COD去除率的变化趋势

由图6-20可知，加入菌种的第二天（6月2日）后，虽然原水COD从1600mg/L上升到2300mg/L，但排放废水COD基本稳定在300mg/L，出水在原水COD负荷上升的情况下仍然保持稳定，表明系统的抗冲击负荷能力也明显增强。

6.2.9.3　某制药企业生化池污泥膨胀改造项目

某制药企业生化系统出现严重的污泥膨胀问题。该问题出现后，SV_{30}❶居高不下，影响出水水质，严重时还威胁到生化系统的正常运行。该企业采取稀释进水、闷曝、添加铁盐等常规的解决办法，但当污泥膨胀问题严重时，这些办法很难奏效。

针对这个问题，埃格公司研发了特殊菌种。实践运行表明，在生化池加入埃格菌种3天后，SV_{30}出现明显下降，一周内SV_{30}就可以从90%以上下降到30%以下。同时，经过显微镜观

---

❶　SV_{30}是指曝气池混合液在量筒静置、沉降30min后污泥所占的体积百分比。

察可以看到，在加入埃格菌种5天后，生化池中导致污泥膨胀故障的丝状菌变短且数量明显减少。图6-21和图6-22分别为好氧生化池和缺氧生化池加入埃格菌种一段时间后观察到的废水中丝状菌的分布情况。

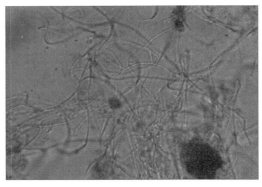 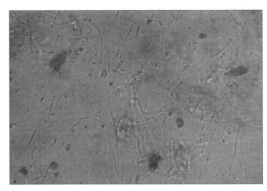

处理前 处理后

图6-21 好氧生化池加入埃格菌种前后的丝状菌分布情况

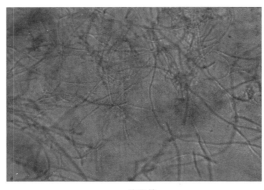 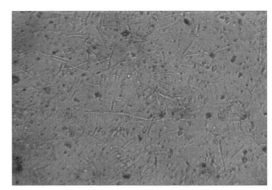

处理前 处理后

图6-22 缺氧生化池加入埃格菌种前后的丝状菌分布情况

6.2.10 废水处理智能控制系统

"工业4.0"是目前工厂的发展趋势，也是国家大力提倡的。传统水处理行业需要转型，结合人工智能技术（AI技术）+大数据技术（BigData）+物联网云端技术（Could技术）实现水处理ABC技术，有利于提高污水处理企业节能降耗，高效运转。

6.2.10.1 控制系统拓扑结构

废水处理智能控制指通过人工智能技术，实现污水处理过程的优化运行和精确控制，并提供具有专家经验的优化调度与管理策略，最终达到自动智能运行目的。智能控制实现自动化控制代替人工操作，减轻劳动强度，改善操作环境；实现现代污水处理企业的信息化管理，充分发挥网络通信技术的优势，实现信息资源共享，有利于达到节能降耗、经济运行目的的优势。

智能控制软硬件由上位优化控制软件和下位PLC控制站组成。其中上位优化控制软件包括各种智能控制模块、优化调度策略以及电能监测等功能模块，是节能降耗研究成果的集中体现。下位PLC控制站的主要作用是接收上位系统的控制指令并按程序控制现场的各种设备，属于本控制系统的执行机构。废水处理智能控制的重要节点参数见表6-7，系统控制拓扑结构如图6-23所示。

表6-7 废水处理智能控制的重要节点参数

信号种类	工艺段	明细
水质参数	进水	COD、pH
	出水	COD、pH、氨氮、总磷、总氮
水量参数	进水、出水	瞬时流量、累计流量（如果存在多个流量计，除了每个流量计提供以上数据外，必须提供总瞬时流量和总累计流量）
流量	曝气流量（鼓风机）、污泥回流量、剩余污泥量、进泥量、加药量	瞬时流量、累计流量（数据要求同上，采用表曝机或曝气转碟，则无须曝气流量）
机泵设备	泵机、鼓风机、表曝机（曝气转碟）、污泥脱水机	运行、停止、故障 电流、电压 累计运行时间
工艺数据	活性污泥法	SV_{30}、溶解氧浓度、污泥浓度、污泥负荷、污泥龄、回流比、气水比
	生物滤池法	滤池进水流量、滤池风量、阀门开关状态、冲洗时间、气水比、滤池堵塞率
运行消耗		用电量、药耗

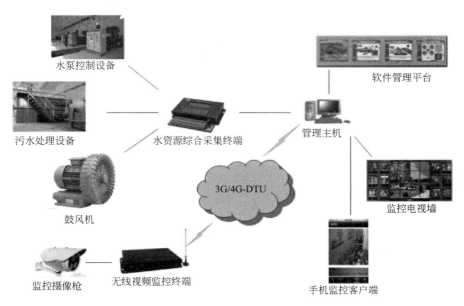

图6-23 控制系统拓扑结构图

6.2.10.2 智能模块

智能模块的研究主要集中在底层针对某参数或环节的智能控制器（模糊控制器）的研究上，主要有以下四类。

①神经网络。利用进水COD_{cr}、进水DO、进水量，反应区DO、氧化还原电位（ORP）、

pH、污泥浓度等过程参数建立神经网络预测模型，进行训练之后，该模型具备预测出水COD$_{cr}$、BOD$_5$等水质参数的能力。

②专家管理。专家管理模块主要利用专家经验，实现对生产过程调度和运行中产生问题的管理和控制，并提供专家诊断结果和修复指导建议。专家系统智能诊断如图6-24所示。

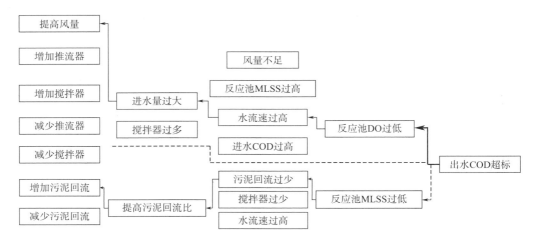

图6-24　专家系统智能诊断示意图

③遗传算法。遗传算法模块的主要功能是利用进水量、进水COD$_{cr}$、进水DO、污泥浓度、处理量、曝气量、pH等参数通过遗传算法生成溶解氧、氧化还原电位（ORP）等过程参数的优化控制曲线，即控制目标曲线。

④模糊控制。根据控制目标曲线，采用模糊控制算法，将人的经验最大限度地运用到溶解氧和ORP等过程参数的控制中，避免了传统控制方式效果不理想的弊端，实现了反应过程的优化控制。

6.2.10.3　控制目标

通过智能控制技术，实现污水处理过程的优化运行和精确控制，并提供具有专家经验的优化调度与管理策略。通过污水处理过程大数据收集分析，建立污水处理数据库，及时分析工艺运行情况，有效进行预警、诊断、调节以及评估。采用物联网技术实时关注水处理运行动态，并且远距离操控调节运行工艺。

6.3　制药废气处理工艺

6.3.1　制药废气的种类及特点

化学制药厂排出的废气种类繁多、组成复杂。由于制药工艺使用的物料的物化特点和生产过程进行了复杂的物化反应，制药有机废气往往具有易燃易爆、有毒、易挥发等特点，所涉及的化合物有乙酸乙酯、乙醇、苯类等大分子，也有烯烃、烷烃等小分子。

根据所含污染物的性质不同，化工制药厂排出的废气可分为三类，即含尘（固体悬浮物）废气、含无机污染物废气和含有机污染物废气，必须进行综合治理，否则会直接危害操作者的身体健康，也会造成环境污染。制药废气处理技术的选择需要综合考量废气的特点和来源、产生过程的温度和压力、组成成分、废气的浓度和排量等因素，科学合理选择适当的有机废气处理技术。

分析药物生产过程后，确定药物生产工艺的主要生产单元和使用物料的物化性质，制药废气主要产生于以下生产环节：

①不凝气，产生于有机溶剂的回收蒸馏和精馏环节。

②生产过程中进行化学反应产生的挥发性废气。

③使用的物料在进行干燥时产生的废气。

④离心环节也会产生废气。

⑤在物料输送环节，使用抽真空系统也能够产生有机废气。

⑥仓储存放或物料转运过程中会产生呼吸尾气。

⑦在污水处理环节产生的有机废气。

制药厂废气排放如图6-25所示。

图6-25 制药厂废气排放

6.3.2 废气分类方法

（1）按照废气发生源的性质分类

按照人类活动过程中废气发生源的性质可以分为：工业生产活动产生的废气称为工业废气（包括燃料燃烧废气和生产工艺废气）；生活活动产生的废气称为生活废气；交通运输活动产生的废气称为交通废气，包括汽车尾气（汽车废气）、高空航空器废气、火车及船舶废气等；农业活动产生的废气称为农业废气。

（2）按照废气所含的污染物分类

按照废气所含污染物的物理形态可以分为含颗粒物废气、含气态污染物废气等，还可具体分为含烟尘废气、含工业粉尘废气、含煤尘废气、含硫化合物废气、含氮化合物废气、含碳的氧化物废气、含卤素化合物废气、含烃类化合物废气等。这种分类方法在废气治理中经常应用。为了阐述废气的分类，首先要弄清大气污染物的种类。

（3）按照废气形成过程分类

大气污染物种类如此之多，很难做出严格分类。按其形成过程可以分为两类，分别为一次污染物和二次污染物。

①一次污染物。直接由污染源排放的污染物叫一次污染物,其物理、化学性质尚未发生变化。

②二次污染物。在大气中一次污染物之间或与大气的正常成分之间发生化学作用的生成物叫二次污染物。它常比一次污染物对环境和人体的危害更严重。目前,受到普遍重视的一次污染物主要有颗粒物、含硫化合物、含氮化合物、含碳化合物(烃类化合物)等,二次污染物主要是硫酸烟雾、光化学烟雾等。颗粒物可以是固体颗粒或液滴,气态物质可以在大气中转化为颗粒物。据估算,全世界由于人类活动每年排入大气的颗粒物(指粒径小于20μm者)有1.85亿~4.20亿吨,其中直接排放的仅占5%~21%,其余均为气态污染物在大气中转化而成的。气态污染物的分类汇总见表6-8。

表6-8 气态污染物的分类汇总

类别	一次污染物	二次污染物	人类活动
含硫化合物	SO_2,H_2S	SO_2,H_2SO_4,MSO_4	燃烧含硫的燃料
含氮化合物	NO,NH_3	NO_2,MNO_3	在高温燃烧时N_2和O_2的反应
含碳化合物	$C_1 \sim C_3$化合物和芳香烃	醛类、酮类、酸类	燃料燃烧,精炼石油,使用溶剂
含碳的氧化物	CO、CO_2	无	燃烧、冶炼
卤素化合物	HF,HCl	无	冶金、建材、化工作业

注 MSO_4和MNO_3分别表示一般的硫酸盐和硝酸盐。

6.3.3 含颗粒污染物废气

污染大气的颗粒物质又称气溶胶。环境科学中把气溶胶定义为悬浮在大气中的固体或液体物质,或称微粒物质或颗粒物。按其来源的性质不同,气溶胶又可分为一次气溶胶和二次气溶胶。一次气溶胶指从排放源排放的微粒,如从烟囱排出的烟粒、风刮起的灰尘以及海水溅起的浪花等;二次气溶胶指从排放源排放时为气体,经过一些大气化学过程所形成的微粒,例如,来自排放源的H_2S和SO_2气体,经大气氧化过程,最终转化为硫酸盐微粒。烟尘主要来自火力发电厂、钢铁厂、金属冶炼厂、化工厂、水泥厂及工业用和民用锅炉的排放。描述大气颗粒物污染状况有以下一些术语。

(1)粉尘

粉尘是固态分散性气溶胶。通常是指由固体物质在粉碎、研磨、混合和包装等机械生产过程中,或土壤、岩石风化等自然过程中产生的悬浮于空气的形状不规则的固体粒子,粒径一般在1~200μm。

(2)降尘

降尘是指粒径>10μm的粒子。它们在重力的作用下能在较短的时间内沉降到地面。常用作评价大气污染程度的一个指标。

(3)飘尘

飘尘是指粒径0.1~10μm的较小粒子。因其粒径小且轻,有的能飘浮几天、几个月甚至几年,漂浮的范围也很大,也有达几千米,甚至几十千米。而且它们在大气中能不断蓄积,使污染程度不断加重。飘尘的成分很复杂,除含有严重危害人体健康的二氧化硅外,还含有许多有害的重金属,如铅、汞、铬、镍、镉、铁、铍等以及它们的化合物。飘尘具有吸湿性,在大气中易形成凝聚核,核表面能吸附经高温升华随烟气排出的有害气体、各种重金属以及多环芳烃类致癌物质。有的飘尘粒子表面还具有催化作用,例如,钢铁厂废气中所含的Fe_2O_3,能催化其表面吸附的二氧化硫,使其氧化成三氧化硫,三氧化硫吸收水蒸气能生成比二氧化硫毒性大10倍的硫酸雾。飘尘能长时间飘浮于大气中,随人们的呼吸进入人体的鼻腔或肺部,影响人体健康。因此飘尘是环境监测的一项重要指标。

（4）总悬浮颗粒物

总悬浮颗粒物（TSP）指大气中粒径小于100μm的固体粒子总质量。这是为适应我国目前普遍采用的低容量（$10m^3/h$）滤膜采样（质量）法而规定的指标。

（5）飞灰

飞灰指燃料燃烧产生的烟气带走的灰分中分散得较细的粒子,灰分是指含碳物质燃烧后残留的固体渣。

（6）烟

烟指燃煤或其他可燃烧物质的不完全燃烧所产生的煤烟或烟气,属于固态凝集性气溶胶。常温下为固体,高温下由于蒸发或升华而成蒸气,逸散到大气中,遇冷后又以空气中原有的粒子为核心凝集成微小的固体颗粒。

（7）液滴

液滴指在静态条件下能沉降,在紊流条件下能保持悬浮这样一种尺寸和密度的小液体粒子,主要粒径范围在200μm以下。

（8）轻雾

轻雾指液态分散性和液态凝聚性气溶胶的统称。粒径范围为5~100μm。液态分散性气溶胶又称液雾,是常温下的液态物质因飞溅、喷射等原因雾化而产生的液体微滴。液态凝聚性气溶胶是由于加热等原因使液体蒸发而逸散到大气中,遇冷变成过饱和蒸汽,并以尘埃为核心凝集成液体小滴。两种气溶胶都呈球形,性质相似,只是液态分散性气溶胶的粒子直径大些。轻雾时水平视度在1~2km。

（9）重雾

重雾指空气中有高浓度的水滴,粒径范围在2~30μm,这时雾很浓,能见度差,水平视度<1km。

（10）霾

霾表示空气中因悬浮着大量的烟、尘等微粒而形成的混浊现象。它常与大气的能见度降低相联系。

（11）烟雾

烟雾是一种固液混合态的气溶胶,具有烟和雾的两重性。当烟和雾同时形成时,就构成了烟雾。粒子的粒径<1μm。

6.3.4 制药废气处理方法

含尘废气的处理实际上是一个气、固两相混合物的分离问题,可利用粉尘质量较大的特点,通过外力的作用将其分离出来;含无机或有机污染物的废气是根据所含污染物的物理性质和化学性质，通过冷凝、吸收、吸附、燃烧、催化等方法进行无害化处理。

（1）冷凝法

冷凝法是医药化工行业处理废气的主要方法，由于不同物质的物理性质不同，饱和蒸汽压便是其中一种，在不同的温度、气压下，制药有机废气的饱和蒸气压是不同的。冷凝回收法便是利用这一物理特性，通过适当调整生产系统的温度和气压，将制药有机废气中气态的污染物过滤出来。对于沸点较高的溶剂，冷凝回收法较其他方法而言，回收效率是比较高的。冷凝回收法主要适用于处理具有较高回收价值的溶剂、具有较高浓度的制药有机废物等。该方法操作简单，不会涉及许多净化设备，效果比较稳定，具有一定的安全性，对空气没有直接污染，尤其适合处理高浓度废气。通常情况下，冷凝法处理废气的最佳温度是−13℃左右。

（2）吸附法

吸附法是应用时间较长的废气处理方式，目前在我国已经有上百年的历史。吸附法通过吸附、吸附剂再生这两个环节来实现有机废气处理。吸附剂是指具有较大的比表面积的多孔固体物质。制药有机废气接触吸附剂，气体中的部分有害物质能够吸附到吸附剂表面而滞留下来，达到分离部分有害物质、净化气体的作用。吸附剂吸收某类有害物质的容量是有限的，达到吸附饱和后，将吸附剂进行再生处理，可以再次吸收有害物质。吸附剂再生的同时还能够回收附着在吸附剂表面的有机化合物。吸附法的原理是利用吸附剂表面的选择吸附作用，将气体状态的物质有选择地进行吸附，再通过解吸附的作用将气体释放出来，处理效果与吸附剂的类型息息相关。根据吸附形式的差异，可以分为化学吸附和物理吸附两种类型。吸附法主要适用于处理浓度比较低的有机污染物、对环保要求比较严格且排放到大气环境中的有机废气。我国化工医药企业在废气处理上应用范围最广的是物理吸附。与焚烧法相比，该方法不需要额外加入其他辅助染料，可以充分节约能源。吸附处理装置如图6−26所示。

图6−26　吸附处理装置

（3）焚烧法

焚烧法处理制药工业废气主要分为直接焚烧法和催化焚烧法。直接焚烧法适用于可燃性气体废气的处理，但可燃气体含量较低时，不适合使用直接焚烧法。催化燃烧法是现阶段常用的废气处理方法，原理是在高温下，通过加入催化剂来加速废气中的有害气体的分解速率，优点是反应过程中没有火焰产生，安全性能良好，燃烧点低，能量消耗较小。但是废气含有S、N、Cl等元素时，催化过程会有氮化物、硫化物及氯化氢等有毒有害气体生成，同时这些物质也会对催化剂的使用效果造成恶劣影响。

（4）生物法

工业废气生物处理技术是将废气通过生物滤池和生物洗涤进行净化处理。原理是利用微生物来吸收化工医药企业的有机废气，并将其作为自身生长繁殖的养料，同时将废气分解成二氧化碳、水等无污染的物质，以达到废气处理的目的。对于某些氯化物气体以及硫化气体有着重要的作用，还可以将其转化成有用的气体。生物法的应用需要在湿度控制器中进行加湿，并使废气沿着过滤材料通过生物床气垫板均匀向上移动。待处理的气相通过连续的吸附、扩散和对流作用将废气中所含的有机物降解为水和二氧化碳，并与过滤材料表面活性生物层中的微生物发生反应。与其他废气处理技术相比，此种技术适用范围广，成本低，不会出现二次污染，具有较高的应用效率。生物法处理装置如图6-27所示。

图6-27　生物法处理装置

（5）新型处理工艺

工业废气低温等离子体技术是一种比较新颖的处理技术，但是成本较高，限制了其大规模使用。随着科学技术的发展，还有人开发出了比较新型的工艺处理流程，包括固态颗粒过滤、催化燃烧、简易固硫、光解净化、低温等离子体处理和生物滤池处理流程，其优点是工业废气处理干净高效，且较为实用，能使工业尾气处理效率得到提高。

此外，工业废气的处理方法还有光解净化技术、变压吸附技术和微波催化氧化技术，因其处理废气效率高、经济节能、无二次污染、周期短等特点而受到工业界的关注和研究。

（6）组合工艺处理法

由于制药行业生产过程中产生的废气成分十分复杂，处理难度很大，因此在实际生产中多采用组合工艺对废气进行净化处理。以某制药企业为例，考虑到废气产生的来源与组分，采用分类收集和处理的原则，分类处理采用"冷凝+吸收+吸附+焚烧"的组合工艺对废气进行净化处理。结果表明，排气中非甲烷总烃的质量浓度为23.1mg/m³，处理效果显著，满足 GB 37823—2019《制药工业大气污染物排放标准》非甲烷总烃排放要求。该处理系统简单实用，兼顾环境效益和社会效益。该企业的废气处理工程流程如图6-28所示。

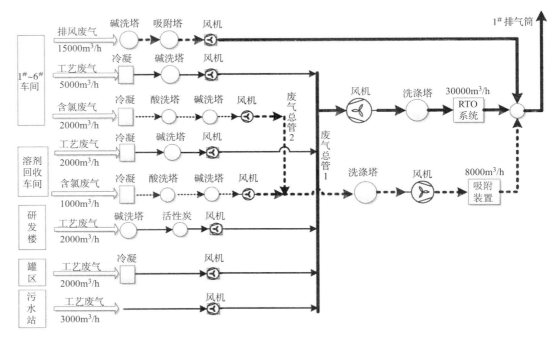

图6-28　某制药企业废气处理工程流程图

6.3.5　制药废气处理工程实例

以某制药厂废气处理设计为例进行废气综合治理分析。该企业生产能力为年产6万吨饱和聚酯树脂，生产所排放废气有异味，对生产废气采用了收集集中处理方式，具有良好效果。

（1）屋顶集气罩

在生产车间的屋顶上设置多个集气盖，以确保将整个密封系统进行处理。同时，为降低后期检修难度，可以就全密闭罩开设一个类似于反应釜加料口的检查盖，维修时只需要打开即可，正常生产时全部密闭。屋顶集气罩如图6-29所示，屋顶集气处理装置如图6-30所示。

图6-29　屋顶集气罩

图6-30　屋顶集气处理装置

（2）一楼集气间

在生产过程中，二楼集气室可能存在负压或正压。在负压状态下，不会有废气泄漏。但是，当焚烧炉的供气量少且存在正压时，容易产生排气泄漏的问题，引起周围的空气污染。因此，有必要优化密封设计，可以采用储气量大的缓冲罐，以确保废气在正压下不会泄漏。在设计过程中，对现有的混凝土集气室进行了进一步的密封优化，并更改了主要检查门的结构，通过人孔盖打开和关闭，以确保废气不会泄漏。一楼集气间如图6-31所示。

图6-31　一楼集气车间

（3）车间废气排放

为了减少废气对周围环境的影响，生产车间被封闭，但仍然存在泄漏问题。通过对车间顶棚的集气室和车间一楼的集气室进行气密性改造和优化，可以有效避免废气泄漏。但是，需要注意的是，当燃烧气体量与废气量之间不平衡时，"无路可走"的废气会引起局部正压升高，对安全性构成一定的威胁。对于焚化，当风量波动时，可以通过实际进气口提供新鲜空气以满足要求。进气口的设计要求是只能进气而不能泄漏。

6.3.6　制药废气排放标准

目前，对化学制药厂排放废气中的污染物的管理，主要执行《制药工业大气污染物排放标准》（GB 37823—2019）。该标准规定了制药工业大气污染物排放控制要求及监测和监督管理要求。制药工业大气污染物排放限值见表6-9，另外，特征污染物大气排放限值见表6-10，国内有关制药标准对最高污染物允许排放浓度限值的比较见表6-11。

表6-9　制药工业大气污染物排放限值

单位：mg/m³

序号	污染物项目	化学药品原料药制造、生物药品制造、医药中间体生产和药物研发机构工业废气	发酵尾气及其他制药工艺废气	污水处理站废气	污染物排放监控位置
1	颗粒物	30[a]	30	—	车间或生产设施排气筒
2	NMHC[b]	100	100	100	
3	TVOC[c]	150	150	—	
4	苯系物[d]	60	—	—	
5	光气	1	—	—	
6	氰化氢	1.9	—	—	
7	苯	4	—	—	
8	甲醛	5	—	—	

续表

序号	污染项目	化学药品原料药制造、生物药品制造、医药中间体生产和药物研发机构工业废气	发酵尾气及其他制药工艺废气	污水处理站废气	污染物排放监控位置
9	氯气	5	—	—	车间或生产设施排气筒
10	氯化氢	30	—	—	
11	硫化氢	—	—	5	
12	氨	30	—	30	

a 对于特殊药品生产设施排放的药尘废气，应采用高效空气过滤器进行净化处理或采取其他等效措施。高效空气过滤器应满足GB/T 13544—2008中A类过滤器的要求，颗粒物处理效率不低于99.9%。特殊药品包括青霉素等高致敏性药品、β-内酰胺结构类药品、避孕药品、激素类药品、抗肿瘤类药品、强毒微生物及芽孢菌制品、放射性药品。

b 非甲烷总烃。

c 根据企业使用的原料、生产工艺流程、生产的产品、副产品，结合GB 37823—2019标准附录B和有关环境管理要求等，筛选确定计入TVOC（总挥发性有机化合物）的物质。

d 苯系物包括苯、甲苯、二甲苯、三甲苯、乙苯和苯乙烯。

表6-10　特征污染大气排放限值

单位：mg/m³

序号	污染物分类	污染物项目	地区		污染物排放监控位置
			一般地区	重点地区	
1	致癌物质	三氯乙烯	1	1	车间或生产设施排气筒
2		苯	4	4	
3		甲醛	5	5	
4	毒性物质	光气	0.5	0.5	
5		氰化氢	1.9	1.9	
6		丙烯醛	3	3	
7		硫酸二甲酯	5	5	
8		氯气	5	5	
9	光化学活性物质	甲苯	25	15	
10		二甲苯	40	20	
11		二甲基亚砜	100	50	
12		四氢呋喃	100	50	
13	其他特征物质	氨	20	10	
14		氯化氢	20	10	
15		甲醇	50	30	

表6-11　国内有关制药标准对最高污染物允许排放浓度限值的比较

污染物项目	上海生物地标	浙江生物地标	浙江化合物地标		河北氢霉素地标	河北工业地标	天津VOCs地标
			排放限值	特别限值			
颗粒物	20	10	15	10	—	—	—
氯化氢	30	10	10	5	—	—	—
氨	—	—	10	5			

续表

污染物项目		上海生物地标	浙江生物地标	浙江化合物地标		河北氢霉素地标	河北工业地标	天津VOCs地标
				排放限值	特别限值			
苯		10	10	1.0	1.0	—	—	—
甲苯		32	32	—	—	—	—	—
二甲苯		50	50	—	—	—	—	—
苯系物		—	—	30	20	—	—	—
氯苯类		50	50	—	—	—	—	—
苯酚		80	80	—	—	—	—	—
酚类化合物		—	80	—	—	—	—	—
甲醇		100	80	20	10	—	20	—
甲醛		20	20	1.0	1.0	—	—	—
二氯甲烷		—	20	40	20	—	—	—
三氯甲烷		—	—	20	20	—	—	—
乙酸乙酯		—	—	40	20	—	—	—
乙酸丁酯		—	—	—	—	200	—	—
正丁醇		—	—	—	—	100	—	—
丙酮		—	—	40	20	60	60	—
乙腈		—	—	20	—	—	—	—
非甲烷总烃		80	80	—	60	—	60	—
VOCs(或TVOC)		—	—	150	100	—	—	40
臭气浓度		—	800(500)	800	500	2000	—	—
其他物质	A类	—	—	—	2.0	2.0	—	—
	B类	—	—	—	20	20	—	—
二噁英类		—	—	—	0.1	—	—	—

注　A类：苯、苄基类、丙烯酰胺、1,3-丁二烯、氯乙烯、三氯乙醛、环氧氯丙烷、环氧乙烷、甲醛、氯甲基醚、丙烯醛、1,2,3-三氯丙烷、三氯乙烯、双氯甲醚、四氯乙烯、苯酚、2-硝基甲苯、2-甲基苯胺。

B类：苯乙烯、对二氯苯、二噁烷、1,3-二氯丙醇、二氯甲烷、呋喃、环氧丙烯、对二甲苯、四氢呋喃、二甲基亚砜、三氯甲烷、乙醛、四氯化碳、硝基甲烷、乙酸乙烯酯、丙烯酸乙酯、邻苯二酚、间二甲苯、乙苯、乙酸丙酯、甲基异丁酮、二甲胺、甲苯、甲基丙烯酸甲酯、丙烯酸、丁醛、邻二甲苯、N,N-二甲基乙酰胺、乙醚、三甲胺、丙烯酯、对氯苯胺、氯丁二烯、三氯乙酸、1,2-二氯乙烷、硝基苯、乙二醇、五氯苯酚、丙烯酸甲酯、正丁酯、丙烯酸正丁酯、丙烯酸异丁酯。

在评价污染源对外界环境的影响时，可执行GB Z1—2010《工业企业设计卫生标准》中《居住区大气中有害物质的最高容许浓度》的规定；在评价大气污染物对车间空气的影响时，可执行《车间空气有害物质的最高容许浓度》的规定。

6.4　制药废渣处理工艺

随着经济社会的快速发展，我国产生的固体废物的总量不断攀升。由于国内各区域的科技发展水平和管理水平不同,各种因为固体废物管理处置不当所引发的环境污染问题也日益显现,严重影响人体健康,损害生态安全。目前,国家提出了固废处理的"三化"原则,"三化"原则是指对固体废物污染防治采用减量化、资源化、无害化为指导思想。减量化是采取措施,减少固体废物的产生量,最大限度地合理利用资源和能源,这是治理固体废物污染环境的首要措施。资源化是指对已产生的固体废物进行回收加工、循环利用或其他再利用等,称为废物的综合利用,使废物经过处理转化为二次原料,减少浪费,获得经济效益。无害化是指对已产生但又无法或暂时无法进行综合利用的固体废物进行对环境无害或低害的安全处理,以此来减少或减轻固体废物的危害。因此,妥善处理固体废物,对防范环境风险、改善生态环境质量具有重大意义。

固体废物(简称"固废")是指已失去原来的使用价值,或虽未失去使用价值但被放弃的物质。其种类繁多、成分复杂且数量很大,主要是在人类生产和消费过程中产生的泥状物质和固体,包括从废水或废气中分离的固体颗粒,是环境污染的主要来源之一。固体废物多表现为固体或半固体状态,主要包括危险废物、工业固体废物和城市生活垃圾三类。固体危险废弃物本身的构成十分复杂,并且由于世界各国的经济发展水平不一,或者在能源研究上投入的力度不一,实际上不同地区的固废处理技术也呈现出参差不一的状态,即使是一个国家内部的不同地区也会存在技术发展不平衡的现象。固废污染是当前环境治理工作的核心问题。固废不仅会随空气、水流和土壤进行扩散,还会经过长时间的积累,对自然环境造成严重污染,最终对人体健康造成威胁。

药品的制作过程烦琐,所需要的辅料不仅种类多而且结构复杂,其间会产生大量的有毒有害物质,不同企业、不同的生产工艺所产生的废水污染物成分各不相同,导致制药产生的废渣成分复杂、毒性大、水量变化大、可生化性能差等特点,给废水处理增加了很多困难。总而言之,制药废渣的处理已到刻不容缓的地步。

制药厂常见废渣包括:蒸馏残渣,失活的催化剂,废活性炭,胶体残渣,反应残渣;不合格的中间体和产品,以及沉淀、生物处理等污泥残渣等。废渣的主要处理方法有综合利用法、焚烧法和填土法等。

6.4.1　综合利用法

综合利用法实质上是资源再利用,这样不仅解决了废渣的污染问题,而且实现了资源的充分利用,节约了生产成本。

6.4.2　焚烧法

焚烧法是使被处理的废渣与过量的空气在焚烧炉内进行氧化燃烧反应,从而使废渣中所含的污染物在高温下氧化分解而被破坏,是一种高温处理和深度氧化的综合工艺。焚烧能大大减少废渣的体积,消除其中的许多有害物质,又能回收热量,因此,对于一些暂时无回收价值的可燃性废渣,特别是当用其他方法不能解决或处理不彻底时,焚烧则是一个有效的方法。该法可使废渣完全氧化成无害物质,COD_{cr} 的去除率可达99.5%以上。因此,适宜处理有机物含量较高或热值较高的废渣。

6.4.3　填土法

填土法即土地填埋废渣。在制药"三废"处理领域，虽然经过一百多年的发展，至今已经比较成熟，但是仍然存在着诸多问题，只有采用多种工艺联合处理的方法，才能做到稳定达标排放，甚至是变废为宝，实现资源综合利用的目的。

6.4.4　高温堆肥法

高温堆肥处理技术是一种在生态农业快速发展过程形成的处理技术，在一定的控制条件下，在微生物作用下，有机废弃物能够有效发生降解。目前，人们对高温堆肥处理技术的运用越来越广泛。另外，因为固体废物种类呈不断上升趋势，大大提高了固体废物的处理难度，严重降低了固体废弃物的综合处理效率。高温堆肥处理工艺的主要步骤有预处理、发酵、腐熟、填埋处置残渣。

6.4.5　水泥固化法

在固体废弃物处理中，水泥固化的处理方式是目前最常见的一种固体废弃物处理技术。众所周知，水泥是人们日常生活常用的一种固化剂，同时也是无毒无害的固化剂。以水泥为主的固化剂，其固化效果非常明显。在工业固废处理中运用水泥固化处理技术，主要是把工业固废密封在水泥中，其目的是避免工业固废中的有害物质扩散至人们生存的环境中。与此同时，运用水泥固化的处理方式，还能减少对环境二次污染，把废弃物和环境隔绝。

6.4.6　石灰固化法

石灰固化技术不同于焚烧处理技术和水泥固化处理技术，该技术运用于工业固废的处理工作，具有一定的独特性。首先，在工业固废的处理过程中，难免会遇到一些含有重金属或有毒元素的废弃物，而石灰固化处理技术的运用，不仅能对该有毒废弃物中的有毒物质展开消毒工作，还能减少二次污染的现象发生；其次，石灰固化的处理技术整体成本较低，而且相比水泥固化技术而言，操作更简单；最后，石灰固化的处理技术对整体环境影响较小，因其本身就是易获取的天然材料，再加上石灰具有消毒作用，所以在工业固废处理中运用石灰固化，在对工业固废进行处理的同时，起到保护环境、对环境消毒等作用。

6.4.7　热裂解综合利用法

固废焚烧易对环境产生二次污染，但热裂解可避免产生环境污染。热裂解是指在缺氧气情况下，可燃原料内的有机物产生热分解。与焚烧相比，热裂解过程产生的气体量很少，通过热裂解作用，大分子量的碳氢化合物裂解成小分子物质，这些小分子物质可成为燃料气或燃料油。同时，裂解后，固废中的硫和重金属等有害物质进入炭黑中，对这些物质进一步去除也较容易，且炭黑也属于可利用二次资源。该技术目前没有得到广泛推广，主要原因是处置成本较高。

6.4.8　塑性固化处理法

塑性固化技术是一种新型的工业固体废弃物处理技术。工业固体废弃物的体积大，占地面积很大，而且。随着时间的积累，工业固体废弃物中的有毒物质会随着空气和雨水进入环境中造成污染。塑化技术可以对一些特殊的工业固体废弃物进行处理，其处理方式是改变工业固体废弃物的物理外形，压缩废弃物的体积，缩小废弃物的占地面积，实现处理的目的。此外，在减小工业固体废弃物的占地面积的同时，可以有效避免工业固体废弃物中的有毒物质进入环境中，提高工业固体废弃物的处理效果。

6.4.9　超临界水氧化法

超临界水氧化法目前已经在欧美和日本等发达国家推广开来，主要应用在有机废水、塑料降解和生物污泥的处理之中。美国奥斯汀在1995年就建立起了一座商业性的处理装置，主要用来处理长链有机物和胺类危废物。这种处理方法的流程比较简单，但是会受到多方面因素的影响。在SCWO的处理过程中，如果介质水中的有机质达到2%，氧化过程可以实现完全自热，相对于其他方法来说，可以有效节约能源。

6.4.10　生物处理法

生物处理技术是利用微生物对有机固体废弃物的分解作用使其无害化，可以使有机固体废弃物转化为能源、食品、饲料和肥料，还可以从废品和废渣中提取金属，是固体废弃物资源化的有效技术方法，应用比较广泛的有堆肥、制沼气、废纤维素制糖、废纤维生产饲料、生物浸出等。

6.4.11　破碎技术

为了使进入焚烧炉、填埋场、堆肥系统等废弃物的外形减小，须预先对固体废弃物进行破碎处理。经过破碎处理的废物，由于消除了大的孔隙，不仅尺寸大小均匀，而且质地也均匀，有利于在填埋过程中压实。固体废弃物的破碎方法很多，主要有冲击破碎、剪切破碎、挤压破碎、摩擦破碎等，此外还有专用的低温破碎和混式破碎等。应用较多也更有效的固废垃圾撕碎机是剪切式撕碎机。对于填埋垃圾和堆肥垃圾，则应用螺旋辊粉碎机更为有效。

6.4.12　固体废弃物处理相关标准和政策

固体废弃物处理相关标准和政策的发展历程研究对于掌握技术成果转化和建立科学评价指标具有重要指导意义。研究发现，我国对固体废弃物的处理大致经历从认识、管控到治理三大阶段。一是认识阶段，政策法规集中在对固体废弃物的检测认知，然后建立危险固体废弃物的贮存、填埋、运输等过程管理和处置标准，如危险废物贮存污染控制标准等。二是管控阶段，首次颁布部分危险废物管理办法与指南，出台生活垃圾及污泥管理等相应的防治和管理意见，例如，2010年出台《关于加强城镇污水处理厂污泥污染防治工作的通知》等。三是治理阶段，在此阶段我国完善了工业固体废物、生活垃圾等防治制度，对危险废物的经营、固体废物的进口标准等颁布了一系列政策法规，如《黄金行业氰渣污染控制技术规范》等。总体来说，我国的固体废弃物处理政策标准已逐步面向细分领域，对不同类型的污染物控制已建立了明确的操作规范和控制标准，固体废弃物处理技术的评价指标体系需要紧扣相应的处理标准和规范，并将相关的行业标准规范作为衡量技术水平的最根本的前提和基础。

排放源（企业）环境统计指标包括企业管理、固废排放管理、固废污染控制管理三个类型的指标（表6-12）。

表6-12 工业固体废弃物排放源及管理关键统计指标框架

指标分类	指标	获得方式	主要参数	辅助参数	参数值获得方式
企业概况	所属行业及代码	参考行业分类表			
	总产值（现价）（万元/年）				
	生产经营天数（天/年）				
	新扩建改建项目名称、时间				
	产品的名称				
	产品年产量（t或数目）				
	年末职工人数（人）				
固废排放管理	固废名称、编号	参考国家固体废物编码表			
	固废年产生量（t/年）	工艺流程物料平衡/排污系数法	原料使用量（t）产品重量（t）	单位产品质量（kg）	购买单据 标准化生产定义
	固废当年贮存量（t）		贮存场所名称时间		
	固废当年贮存量（t）		贮存场所名称时间		
	总贮存面积（km²）		相关手续票据		
	固废年排放量（t/年）	产生量-一年贮存量			
	固废排放最终去向（处理厂/最终处置场）		处理厂/填埋场名称和地点 企业固废处理/处置费用	每吨数固废处理/处置费用	运输及接受单据 财务报表支出项目
	固废年清运费用（万元）	单位清运费用 总清运量	单位清运费用（元）		财务报表支出项目
	固废年清运总量（t）	一年内各种型号车辆运载总量	单位车辆运载量（t）车辆数目（辆次）清运频率		交易数据
污控管理	上年缴纳排污费总额（万元）				
	年内污染治理项目投资（万元）		新增固废投资（万元）设计处理能力（t/年）竣工实际年处理能力（t/年）		

有关固废处理技术评估指标体系及方法研究，近年来，我国对绿色技术评价的主要方法以专家同行评议和合格评定模式为主。国家生态环境部启动国家环境技术管理项目，以第三方验证机构对环境技术性能验证为主的环境保护技术验证评价（environmental technology verification，ETV）逐渐兴起。鉴于环境技术验证评估体系的建立和完善需要一个过程，真实数据和信息的严重缺失以及经费不足等也是目前较大的困难，对于绿色技术的评估仍需要借助原有专家评估体系工作的经验。

综合运用专家同行咨询与标准化评价法等，在评价指标体系的设计上重点考虑了以下原则：一是要注重技术的应用性，技术筛选评估的目的在于推动固废处理技术产业化，促进优秀成熟的绿色技术转化应用，因此在体系设计上要注重技术的市场前景、落地转化的成熟度以及承接落地的综合条件等。二是要建立分类评价的思路，需要结合固废处理技术细分领域特点，建立专业的、有针对性的指标评价体系。三是定性与定量相结合，注重指标体系的规范和可操作性，在科学、全面、合理的前提下，力求实际应用过程中方便、简洁、可行。

为遵循固体废弃物减量化、资源化、无害化的处理原则，指标体系的构建包括以下过程：第一，结合固废资源化产业发展特点和相关评价标准，开展技术指标调研和数据收集分析，建立指标库，将现有科技评价体系中涉及的所有相关指标进行梳理总结。第二，从固废处理技术领域出发，对能体现技术本质特征、满足成果转化需求的指标进行筛选和比较，如主要污染物的减排量、资源的回收效率、能耗水平等，删除不重要、重复以及难以评价衡量的指标，征求业内专家意见，对初步筛选指标进行判断衡量，将指标进行归类，厘清结构关系，确定核心维度及指标。第三，对核心指标进行权重赋值，并对具体指标的衡量标准进行定义，形成最终的指标体系。因此，将固废资源化处理技术三类评价内容分类形成技术先进性、技术成熟度、生态环境效益、经济效益、研发水平的5个一级指标和下分的16个二级指标。一级指标用于快速识别技术，进行宏观分析，具有简洁快速、省时省力等特点，可以用于对一般技术初步定性判断。二级指标是在一级指标基础上的延伸，对一级指标进行具体阐述。具体指标体系见表6-13。

表6-13 固废处理技术评价指标体系

一级指标	二级指标	指标说明
技术先进性	主要污染物去除率	是指固体废弃物处理过程中主要污染物消减量占原有污染物的百分比
	固废减量率	技术对固体废弃物的处理效率，是指处理后固废量占处理总量的百分比
	资源回收效率	处理技术回收效率，即该技术回收资源占原有污染物总量的百分比
	有害污染物去除率	技术对固废中潜在有毒有害及重金属等的去除效率
技术成熟度	研发应用阶段	处理技术目前所处的产量化进展
	技术的稳定性	技术产品质量的稳定性及可靠性
	技术的可复制推广性	技术在不同应用场景的复制推广性
生态环境效益	废物生产量（吨/万吨固废）	技术在处理过程中二次污染产生的废水、废气、废渣的排放量

一级指标	二级指标	指标说明
生态环境效益	废物的处置工艺	处理过程中废物的处置率和无害化程度，包括废水的回收处理率、废气的除臭措施及无害化处理、废渣的二次处理
	药剂消耗水平（吨/万吨固废）	处置过程所消耗的药剂量
	耗电量（kW·h/吨固废）	固废处理过程中的耗电量，以处理单位固体废弃物的消耗量为计量指标
	环境政策	用于说明是否符合国家和地方有关环境法律、法规，污染物排放是否达到国家、地方和行业的排放标准、排放许可证和总量控制的要求
经济效益	技术产品应用成本（元/t固废）	技术应用中的研发、设备费用、物耗、劳动力成本等
	发展前景	处理技术领域的国家政策导向及发展前景
	市场竞争	技术产品的市场规模、盈利能力、竞争情况等
	产业链协同	技术产业上下游产业发展情况及产业链协同发展等
研发水平	支撑后续研发背景	技术支持后续的持续创新研发能力
	核心人员技术水平	技术核心研究团队的研究背景及研究水平
	团队管理运营能力	技术团队的管理能力、运营及绩效激励能力

6.4.13 结论

现阶段，资源越来越紧张，环境问题日益突出，固废的处理技术和综合利用也得到人们的广泛关注。将固废进行有效的利用，将其转化为二次资源，已成为社会各界关注的热点问题。我国固废综合利用具有非常广阔的前景，通过综合利用和有效回收，实现物尽其用与变废为宝，使资源得到充分利用，经济效益和社会效益实现协调统一。2018年以来，党中央国务院高度重视固废管理工作，启动了《中华人民共和国固体废物污染环境法》的修订和执法检查相关工作，并在长江经济带等重点地区开展固体废物大排查，严格固体废物全过程的管理。《中华人民共和国环境保护税法》对工业固废排放征收环保税，以及污染防治攻坚战的打响，为我国工业固废的资源化利用尤其是高质量发展提供了难得的机遇。未来，工业固废综合利用高质量发展将依靠创新驱动。企业、大学院所、相关部门周密配合，共同加强技术研发，使工业固废综合利用的技术有所突破。同时，在技术上形成良好的创新平台，培养出更多创新人才，使工业固废综合利用技术创新保持可持续性，从而使工业固废综合利用产业向高质量方向不断推进。

思考题

1. 简述制药废水的种类及特点。
2. 废水的污染物检测指标有哪些？

3．制药废水治理的主要原则是什么？按其作用原理可以划分为哪几大类？

4．简述废水可生化性及其评价方法。

5．常见的制药废水预处理方法有哪几种？

6．简述化学制药厂废气的种类及特点。

7．简述固废处理的"三化"原则及其意义。

参考文献

［1］李宇庆，马楫，钱国恩．制药废水处理技术进展［J］．工业水处理，2009，29（12）：5-7.

［2］张博菲．制药废水厌氧生物处理工艺研究［D］．西安：西安工程大学，2017.

［3］叶露．MBR工艺处理制药废水性能及膜污染调控机制研究［D］．杭州：浙江大学，2019.

［4］鲍艳霞．制药废水处理方法研究［J］．绿色科技，2011（8）：144-145

［5］邢书彬，任立人．制药工业废水污染控制技术研究［J］．精细与专用化学品，2009（3）：16-18.

［6］白亚龙，李祥生．工业废水治理方法研究［J］．山东工业技术，2019（2）：33，23.

［7］刘鹏．工业废水废气的治理方法探讨［J］．居舍，2018（21）：219.

［8］曾柏淞．工业废水处理方法研究进展［J］．化学工程与装备，2020（9）：257-258.

［9］黄辉华．煤气化废水可生化性研究［D］．青岛：青岛科技大学，2014.

［10］陈壁波．废水可生化性评价方法及中段废水可生化性的评价［J］．广西轻工业，2006（5）：65-67.

［11］郭文成，吴群河．BOD_5/COD_{cr}值评价污水可生化性的可行性分析［J］．环境科学与技术，1998（3）：39-41.

［12］韩玮．污废水可生化性评价方法的可行性研究［J］．环境科技，2004（3）：8-10.

［13］韩庆莉．应用瓦勃氏技术研究工业污水的可生化性［J］．环境保护科学，1994（2）：60-65.

［14］张本兰，裴健，王海燕．瓦勃氏呼吸仪测定乐果合成废水的可生化性［J］．环境污染治理技术与设备，1991（4）：76-79.

［15］陈华，李燕，严莲荷，周申范．瓦氏呼吸仪对硝基苯类污染物可生化性的研究［J］．环境工程，2004（5）：83-84，90.

［16］王小英．用生化呼吸线法进行焦化废水的可生化性研究［J］．山西焦煤科技，2006（4）：17-19.

［17］邱文芳．环境微生物学技术手册［M］．北京：学苑出版社，1990.

［18］杜飞．草浆中段废水对好氧微生物抑制性的研究［D］．西安：陕西科技大学，2006.

［19］朱伟．华勃氏呼吸仪在农药废水可生化性研究中的应用［J］．农药，1988（3）：1-3，23，21.

［20］裴凤荣．华勃氏呼吸仪在选矿废水生化处理中的应用［J］．化工矿山技术，1992（5）：53-55．

［21］雷宁．B/C值对生化系统处理效果的影响［J］．工业，2016（3）：75．

［22］朱勇强，徐梦雅，钱亮，等．采用生化微反应器对废水可生化性测定方法的初探［J］．工业水处理，2020，40（1）：91-95．

［23］王友．制药废水处理工艺技术研究［J］．科学技术创新，2020（7）：155-156．

［24］楼菊青．制药废水处理进展综述［J］．重庆科技学院学报，2006（4）：13-15，20．

［25］姜冰．厌氧与好氧生物反应器处理制药废水的研究［D］．天津：天津大学，2008

［26］张博，邓蕾，钱江枰，等．厌氧生物处理技术的研究进展及其绿色化发展［J］．浙江化工，2020，51（10）：42-46，50．

［27］史凌楠．水处理中脱氮除磷的理论与技术研究［J］．内蒙古科技与经济，2019（17）：103，105．

［28］张卉．抗生素制药废水深度处理工艺［J］．化工管理，2018（27）：206-207．

［29］王鑫峰．制药废水深度处理工艺技术分析［J］．当代化工研究，2019（16）：78-79．

［30］朱仁官．智能控制在污水处理中的有效运用［J］．科学技术创新，2019（22）：183-184．

［31］冯海霞．浅析污水处理中智能控制的应用及要点［J］．山东工业技术，2016（23）：143，58．

［32］刘文仲．环境与健康系列谈之五：大气污染物种类及来源［J］．开卷有益（求医问药），2008（5）：46-47．

［33］吕燕青．浅析医药化工行业的废气处理［J］．资源节约与环保，2020（5）：77．

［34］盛祥．化工医药企业废气治理技术研究进展［J］．资源节约与环保，2019（3）：63．

［35］刘万伟．探讨化工工业三废处理技术方法及环境保护［J］．科技风，2020（10）：141．

［36］商永圭．医药行业废气处理工程案例［J］．上海化工，2020，45（4）：21-24．

［37］李佳润．医药化工企业废气处理技术探讨［J］．中国石油和化工标准与质量，2019，39（2）：220-221．

［38］周俊．石油化工废气处理技术应用研究［J］．中国资源综合利用，2020，38（9）：174-176．

［39］杨徐烽．浅谈固废处置现状及处理技术［J］．资源节约与环保，2020（7）：105-106．

［40］颜燕．工业固废的收集、处理与资源化利用技术研究［J］．皮革制作与环保科技，2020，1（6）：67-68，71．

［41］王智勇．浅谈固体废物综合处理技术的现状与措施［J］．低碳世界，2019，9（12）：46-47．

［42］冯霞．固体废物综合处理技术的现状及对策［J］．中国资源综合利用，2019，37（10）：50-52．

［43］罗顺，游玉萍，林义民，等．我国工业固废的产业规模和处理技术现状［J］．材料研

究与应用，2018，12（3）：178–182.

［44］孙新宗，吴昕昊. 工业固废的收集、处理与资源化利用技术［J］. 化工管理，2019
（9）：62–63.

［45］工业固废危废的五大处置技术［J］. 江西建材，2019（1）：125–126.

［46］周鑫，贾中帅. 我国现行固废处理政策法规分析［J］. 现代矿业，2019，35（12）：
1–6.

［47］中国环境科学研究院固体废物污染控制研究所. 危险废物经营单位记录和报告经营情
况指南［M］. 北京：中国环境科学出版社，2009.

［48］刘舒生，宋国君，李艳霞，等. 论固体废物排放统计指标体系设计［J］. 中国环境监
测，2008（3）：35–42.

［49］高东峰，黄进，林翎，等. 工业固体废物综合利用技术评价浅析［J］. 标准科学，
2013（4）：16–19.

［50］张静园，张春鹏，张丁，等. 固体废弃物处理技术评价指标体系研究与实践［J］. 科
技管理研究，2020，40（15）：89–94.

第7章 含氟药物

含氟药物

7.1 概述

元素氟（F），主要以冰晶石（Na_3AlF_6）、萤石（CaF_2）和氟磷灰石 $[Ca_{10}(PO)_{46}F_2]$ 的形式存在。尽管自然界中非常丰富，但与之形成鲜明对比的是，由于其盐（冰晶石、萤石和氟磷灰石）以及在自然条件下氟化物的亲核性较差，限制了其向水性生物系统的输送，致使含有碳氟键的天然有机分子非常罕见。氟原子的范德瓦耳斯半径接近氢离子，且电负性大，吸引电子的能力很强，与碳原子的结合更牢固，键能更高。因此，向有机分子中引入含氟基团能显著增强母体结构的亲脂性、渗透性和抗氧化性，使含氟有机化合物的稳定性和生物活性比不含氟的类似物更强。因而在医药和农药领域有很多的应用，氟取代已成为药物研发的重要策略之一。

含氟新药最开始在医学上的应用研究是在1954年，Josef Fried研发了9位氟取代的可的松衍生物，作为糖皮质激素其活性比未取代的高10～20倍，首次公开展示了将氟原子引入有机分子中对改善其生理活性的重要作用。1957年，Charles Heidelberger合成5−氟尿嘧啶，实现了癌症治疗的历史性突破。随着有机化学和药物化学工作者的不懈努力，含氟药物发展十分迅速，并且迅速提升的技术集中于开发有效的策略、试剂和催化剂，以通过亲核、亲电或自由基反应将含氟基团掺入各种有机结构中，使分子中含有一个或多个氟原子的候选药物变得司空见惯。

含氟药物的应用及研究前景相当可观。2011～2016年1月31日，美国FDA共批准新药188个，其中含氟药物42个，占比22.34%。2018年和2019年美国FDA批准的80个新分子实体药物中，含氟小分子药物占被批准新药数目的40%。含氟药物的治疗领域主要为抗肿瘤、抗感染、心血管系统以及呼吸、神经系统，且大型公司在含氟药物的研发中仍占主导地位。

本章从对含氟新药的研发、含氟仿制药的工艺以及绿色氟代制药技术的应用三方面展开，说明有机氟化合物在目前上市药物或预上市药物中所占的比例以及在药物化学中占据的重要作用。

7.2 含氟新药研发

近年来，新药研究的理论、方法和各种技术平台得以发展和提高，含氟药物的研发前景相当乐观。含氟新药不仅在数量上占据较大比重，在其创新性等其他方面的优势也不容忽视。目前，有25%～30%的新药研发都建立在氟化学原料产品基础之上。

新药开发具有艰巨性和至今难以预测的风险性，每一个新药的研发均是耗时10年以上的巨大工程。其中不仅涉及药物设计与开发的一般原理、方法和技术，还与市场、管理等诸多综合因素息息相关。含氟新药创造了医药史上的两大奇迹：首个年销售额超过百亿美元的处方药，辉瑞公司开发的阿托伐他汀（Atorvastatin，药品名称Lipitor™，立普妥）；2013年美国吉利德公司研发的治愈丙型肝炎的突破性治疗药物索菲布韦（Sovaldi），为首个获批用于丙型肝炎全口服治疗的药物，其复方销售额约为120亿美元。以下通过含氟新药的研发案例介绍含氟药物在医疗界占据的地位。

20世纪60年代，单胺氧化酶抑制剂和单胺再摄取抑制剂被认为是最有效的抗抑郁药。其中，具有三环结构的单胺再摄取抑制剂代表性药物丙米嗪能有效地抑制去甲肾上腺素（NA）的再摄取，而丙米嗪的三级胺类似物阿米替林和氯米帕明，则能更有效地抑制5-HT（5-羟色胺）的再摄取。Carlsson等通过临床观察进一步发现，含三级胺的三环类药物能通过抑制5-HT的再摄取来改善病人情绪，而含二级胺的三环类药物（如去甲阿米替林等）由于对NA的再摄取强于对5-HT的再摄取，因而是通过抑制对NA的再摄取发挥抗抑郁的作用。之后单胺神经递质5-HT和NA与抑郁症的病理密切相关的这一研究结果也被其他科学家证实。20世纪70年代，约翰霍普金斯大学的研究人员Shaskan和Snyder等使用大鼠下丘脑和纹状体切片进行了［^{3}H］-5-HT再摄取动力学研究，研究发现，在亚微摩尔浓度下，［^{3}H］-5-HT在充氧的Krebs-Henseleit缓冲液中的再摄取与所处生理条件下的温度、葡萄糖和钠的含量及潜伏期的时间密切相关，而且这一再摄取过程可被钠—钾ATP酶特异性抑制剂乌本苷阻断。

然后，礼来公司的研究人员Wong受到Carlsson研究的启发，提出苯氧苯丙胺类化合物（图7-1）在化学结构上的微弱变化可能会影响对5-HT的再摄取的选择性和特异性。于是，他挑选了55个具有苯氧苯丙胺结构的化合物和2个萘氧系列的化合物进行了体外单胺再摄取抑制活性测试。Wong等发现，LY82816和它的一级胺衍生物——去甲氟西汀对神经末梢5-HT的再摄取的抑制作用很强，并且对NA再摄取的抑制较弱。进一步的构效关系研究发现，4-三氟甲基取代的衍生物作用为最好，当其被其他取代基包括4-甲基、4-甲氧基、4-氯、4-氟取代或4-无取代等时，抑制活性均下降。同时，将三氟甲基从4-位移动到3-位或2-位时，对5-HT的再摄取抑制作用明显减弱（表7-1）。

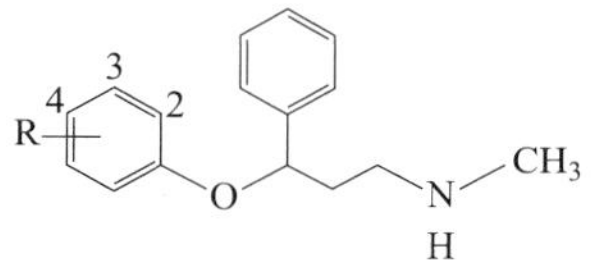

图7-1　苯氧苯丙胺类化合物

表7-1　苯氧苯丙胺类化合物对大鼠5-HT和NA的再摄取抑制率

取代基R	再摄取抑制率（K_i）/(nmol/L)	
	5-HT	NA
2-OCH$_3$（LY94939，尼索西汀盐酸盐）	1371	2.4
4-CF$_3$（LY82816，氟西汀草酸盐）	17	2703
4-CF$_3$（一级胺，去甲氟西汀）	17	2176
4-CH$_3$	95	570
4-OMe	71	1207
4-Cl	142	568
4-F	638	1276
H	102	200
2-CF$_3$	1489	4467
3-CF$_3$	166	1328

　　氟西汀（图7-2）在这类动物模型中没有显示出显著的体内活性，因而建立5-HT在体内的再摄取抑制模型至关重要。Wong等通过建立三种方法，评估氟西汀和去甲氟西汀作为体内5-HT再摄取抑制剂的有效性和选择性，最终确定氟西汀在大鼠脑内是选择性5-HT再摄取抑制剂。1976年首次对人服用氟西汀进行临床研究，不仅首次验证了氟西汀能对人血小板中5-HT的再摄取进行有效的选择性抑制，而且发现氟西汀对心血管系统不会产生肾上腺素样作用，即使这两个作用都发生在外周系统。氟西汀经历了一波三折的临床Ⅰ、Ⅱ、Ⅲ期试验，礼来公司于1983年向美国FDA提交了氟西汀的新药申请，美国FDA同意推荐氟西汀作为新型抗抑郁药物进入市场。

　　20世纪70年代，随着H^+/K^+-ATP酶及其作用机制的发现，抗分泌药物的研发有了新的进展——质子泵抑制剂（PPI）。在努力寻找治疗消化性溃疡的药物过程中，武田公司和AB Hässle公司都证实了2-（3-吡啶基）硫代乙酰胺具有强的抗分泌和抗溃疡活性，但有意料之外的不良反应。接下来，武田公司通过筛选800多个化合物，发现了替莫拉唑，该分子具有强的分泌活性，但稳定性差，且有甲状腺毒性。AB Hässle公司通过结构改造得到了吡考拉唑，并基于此研发出第一个PPI——奥美拉唑。但奥美拉唑的药物代谢动力台（简称"药动学"）和作用个体差异较大，生物利用度较低。出于对更优良化合物的追求，武田公司很快发现，在替莫拉唑基础上引入氟基可改善药物化学和药物效应动力台（简称"药效台"）特征，由此得到了兰索拉唑和泮托拉唑（图7-3），从此开启了PPI的研发。

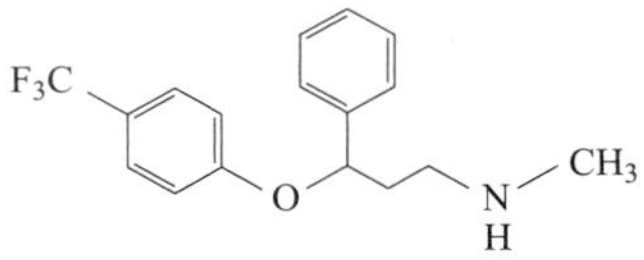

图7-2　氟西汀结构式

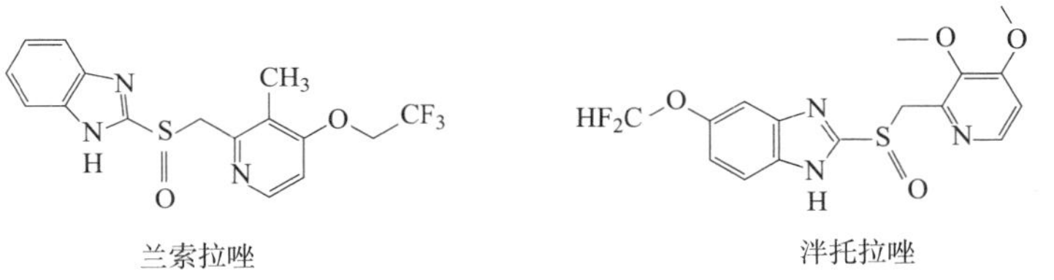

兰索拉唑　　　　　　泮托拉唑

图7-3　抗溃疡药结构式

　　含氟基团的引入从多个角度促进了兰索拉唑、泮托拉唑的生物活性；增加了药物分子的亲脂性，提高了生物利用度，促进药物在人体的快速吸收并有足够的药量到达壁细胞。提高了亲核性，加速了兰索拉唑在壁细胞部位的活化。促进了药物与靶蛋白有效结合，抑酸作用更强；提高了药物分子的稳定性，使血药浓度更稳定，药物作用时间更长。

　　20世纪70年代，日本第一制药公司研究的喹诺酮类抗菌药物项目——氧氟沙星［图7-4（a）］，于1990年成功在美国上市，并很快成为畅销的抗菌药物。在此基础上日本第一制药公司通过对该药物的"再开发"，并积极与美国强生公司合作，推出了单一手性体的左氧氟沙星［图7-4（b）］，于1996年底在美国上市。

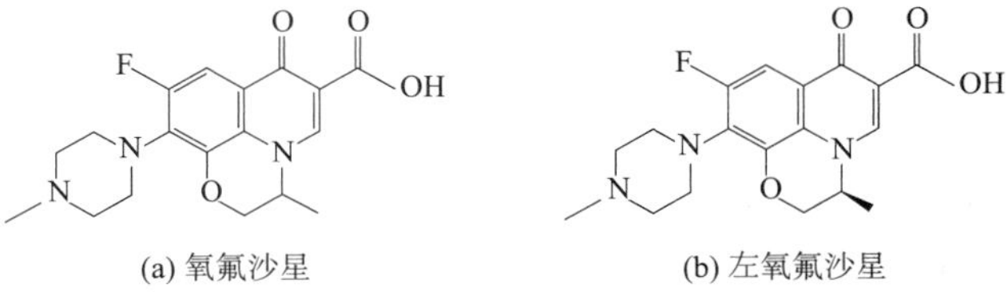

　　纵观左氧氟沙星的研发历程可以发现，左氧氟沙星是一个典型的通过

(a) 氧氟沙星　　　　(b) 左氧氟沙星

图7-4　抗菌药结构式

结构优化得来的改良型药物，相比于在主环6或8位加入氟原子的第二代的氧氟沙星，第三代的单一手性体的左氧氟沙星不仅抗菌活性大大提高，而且抗菌谱增加，从抗革兰氏阴性菌、阳性菌扩大到衣原体、支原体、军团菌、链球菌及结核杆菌等，且在各组织和体液中均有良好分布，适用于呼吸道、肠道、皮肤软组织和泌尿道感染疾病，同时药代动力学及安全性也有了很大改善，综合临床疗效相似甚至优于第三代头孢菌素。单独服用氧氟沙星左旋体的优点在于，改善了药物的理化性质，主要是提高了水性，提高了疗效和安全性，这些在临床应用中具有极大的意义。后续的口服和注射给药人体代谢动力学数据显示，左旋体有更好的药物代谢性能，临床结果也显示，左氧氟沙星具有较氧氟沙星更为优越的临床效果。左氧氟沙星的成功充分证明了跟踪药物研发（follow-on drug R&D）或结构优化是创新药物研究的主要策略之一，具有重要的科学价值。因此，药物化学、结构优化等传统药物研究方法在含氟新药研发中依然处于中心地位。

20世纪80年代，随着洛伐他汀的上市，阿托伐他汀（图7-5）进入Ⅰ期临床研究。阿托伐他汀的开发实现了从模仿创新到同类药物最佳的过程，不仅是医药界的翘楚，更是商业上的奇迹。当时，他汀类药物的有效性和安全性虽然得到了证实，但也引发了制药界的一些争议。因为对之前美伐他汀疑似致癌事件的恐惧，很多学者认为天然骨架的六氢萘环可能与毒性相关。1984年，默沙东公司首先发现吡喃酮骨架可以替代六氢萘环，进而发现联苯骨架衍生物仍具有高活性。Parke-Davis公司在默沙东公司的联苯结构基础上，设计合成了2-苯基吡咯衍生物，最终开发了第五个上市也是最成功的阿托伐他汀。降血脂药物阿托伐他汀是典型的模仿创新药。模仿创新药物创制策略的优势在于原创药物（洛伐他汀）已经在临床试验中证实了有效性和安全性，项目风险小。无需像新药研发一样去建立方法和模型，而且生物评价方法成熟。同一靶点先上市的药物已经得到市场认可，后开发药物只要有特点和优势就易被市场所接受。

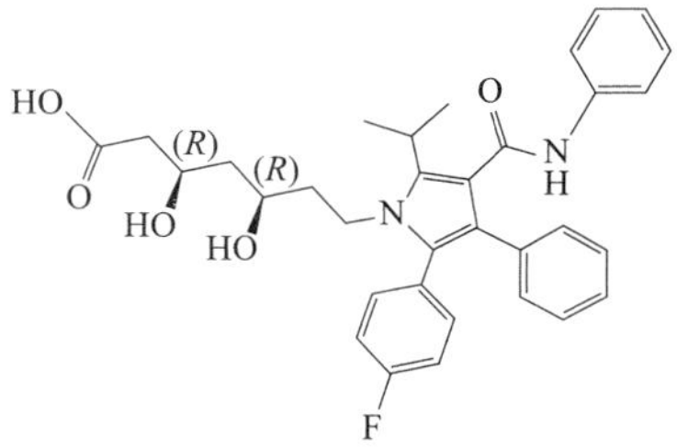

图7-5　阿托伐他汀结构式

2006年，Codexis公司采用先进的基因技术，利用酶催化的专一选择性、催化反应在温和中性条件下进行的特点，合成了阿托伐他汀的高质量手性中间体。这一成果获得了"绿色反应条件奖"。

丙型肝炎（简称"丙肝"）是由丙型肝炎病毒（HCV）感染引起的病毒性肝炎，全球有超过1.5亿人口感染HCV，我国也有1000万人感染丙肝。该病隐匿性强，由于感染者经常不显现症状或者症状很轻，易被患者忽视。但它会逐渐侵蚀人类的健康，逐步发展为肝硬化和肝癌。据报道，感染HCV后20年，肝硬化的发生率将达到10%～15%。每年大约有50万人因为丙肝及其并发症进行肝移植或死亡。

目前治疗丙肝的方案有两种：PR（聚乙二醇干扰素联合利巴韦林）和DAAs（直接抗病毒药物，directacting antivirals）。但PR方案有很明显的缺点，24～48周内注射聚乙二醇干扰素和服用抗病毒药物利巴韦林，费用昂贵且毒副作用强，总体治愈率为54%～56%，且用药时间长，给药不方便。而之后出现的DAAs方案的总体治愈率提高到90%以上，且服用时间较短，大多为口服，用药方便，使丙肝成为可治愈的疾病。索非布韦（Sofosbuvir），正是DAAs

药物之中的佼佼者，自索非布韦被美国FDA于2013年批准上市，即成为该年度获批的最重要的新药之一。

首先，找寻靶点，设计出与靶点结合的抑制剂。设计出不易脱靶、毒性小且活性高的化合物是DAAs药物的关键所在。经过科学家的大量试验设计及积累的经验，筛选出尿苷的类似物作为潜在药物进行测试。然后，解决生物利用度与代谢问题，3′,5′–二异丁酸酯前药RG7128（mericitabine）（图7-6）被设计出来，目的是促进化合物在肠道内的吸收与代谢。

在肝靶向核苷酸前药的设计探索中，通过对抗丙肝病毒药物2′-脱氧-2′-氟-2′-C-甲基胞苷PSI-6130的代谢产物的观测发现（图7-7），单磷酸PSI-6130可以转化为三磷酸形式，三磷酸PSI-6130才是活性代谢物。令人惊奇的是，单磷酸PSI-6130也可以在胞苷脱氨酶的作用下进一步转化为三磷酸PSI-6206，并且三磷酸PSI-6206有着很长的半衰期，活性也优于三磷酸PSI-6130。但是PSI-6206却无法转化为三磷酸PSI-6206。这是一个重大的发现，说明单磷酸尿苷衍生物可能就是能成长为理想的DAAs药物（直接抗病毒药物）。但是其受限于含磷酸基团的化合物对人体的吸收相当不友好，因为这类化合物都具有电负性。

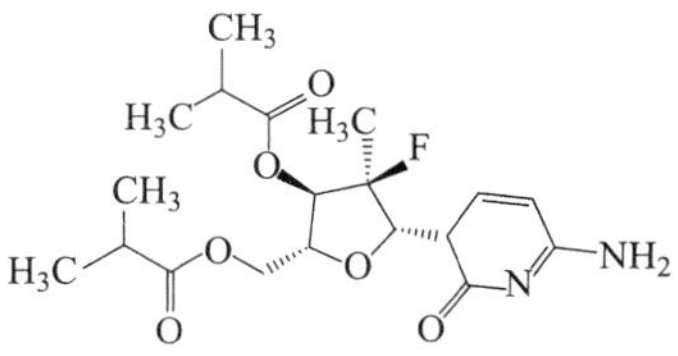

图7-6　RG7128结构式

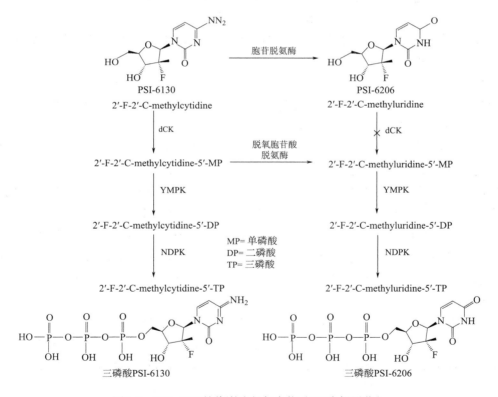

图7-7　PSI-6130的代谢途径与产物（PSI为假尿苷）

科学家仍采用前药设计，通过丰富的经验与SAR（构效关系）研究，第一个前药PSI-7672［图7-8（a）］被设计出来。随后，大量的衍生物也被合成，经过一系列毒理学试验，确定了取代基的种类和位置。该化合物进行临床试验，Ⅰ期试验显示出其具有良好的安全性与药物动力学参数，每日一次给药，病人的耐受程度也很高，是一个成功的药物。但它并不是一个单体，而是具有不同手性的混合物。随后科学家在手性合成方法中发现S构型的化合物才具有活性。这种单一手性构型化合物索非布韦［图7-8（b）］对丙肝病毒（HCV）NS5B聚合酶具有很强的抑制作用［NS5B是一种依赖RNA的RNA聚合酶（RdRp）］，其EC_{90} = 0.42μM，且对所有基因型HCV均有活性。

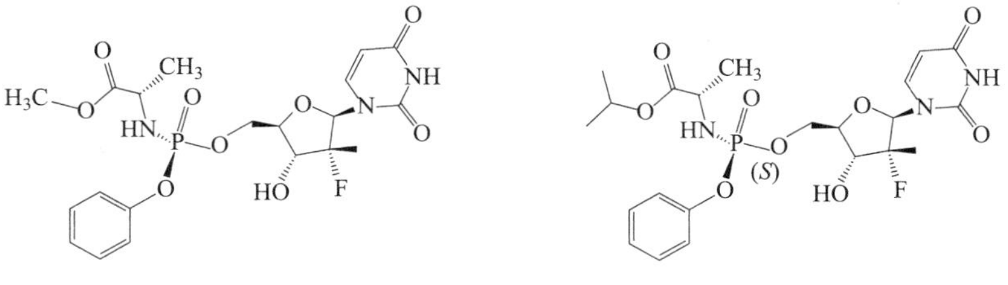

(a) PSI-7672   (b) 索非布韦

图7-8　前药PSI-7672和索非布韦结构式

对于靶向HCV NS5B聚合酶的药物，索非布韦是成功上市的唯一药物。该药是首个无需联合干扰素就能安全有效使用的治疗丙肝的药物，临床试验证实，索非布韦主要针对1和4型的丙肝。针对2型丙肝，该药物联合利巴韦林的持续病毒学应答率（SVR）为89%～95%；针对3型丙肝，该药物联合利巴韦林的SVR为61%～63%。成功研制的NS5B抑制剂，也是抗HCV的有效疗法，它使丙肝治愈成为可能。

2019年10月，恒瑞医药公司提交的氟唑帕利［图7-9（a）］胶囊1类新药上市申请获得国家药品监督管理局药品审评中心（CDE）批准。氟唑帕利是一种聚腺苷二磷酸核糖聚合酶［poly（ADP-ribose）polymerase，PARP］抑制剂，PARP抑制剂通过抑制肿瘤细胞DNA损伤修复、促进肿瘤细胞发生凋亡，从而增效放疗及烷化剂和铂类药物化疗的疗效。氟唑帕利单药用于复发性卵巢癌（包括输卵管癌、原发性腹膜癌）含铂治疗达到完全缓解或部分缓解后的维持治疗，可显著延长患者的无进展生存期。恒瑞医药公司的氟唑帕利胶囊是国内首个提交上市申请的PARP抑制剂，可能成为首个国内自主开发的PARP抑制剂。

甲磺酸阿帕替尼片［图7-9（b）］是恒瑞医药历时10年研发的具有自主知识产权的小分子抗血管生成靶向药物。研究表明，这种抗血管生成药物与PARP抑制剂联合具有协同增效作用。恒瑞医药还在开展氟唑帕利、甲磺酸阿帕替尼的多个单药或联合用药临床研究，未来有望造福更多患者。

2020年7月，百济神州生物科技有限公司宣布国家药品监督管理局（NMPA）药品审评中心（CDE）已受理其在研PARP1和PARP2抑制剂帕米帕利［图7-9（c）］的上市申请。此次帕米帕利申报的适应证为拟用于治疗既往接受过至少两线化疗、携有致病或疑似致病的胚系BRCA（乳腺癌）突变的晚期卵巢癌、输卵管癌或原发性腹膜癌患者。

帕米帕利是具有口服活性的高选择性PARP抑制剂，对PARP1和PARP2的半抑制浓度（IC50）值分别达到较低的nM级别，其能透过血脑屏障，可用于包括实体瘤在内的多种肿瘤的研究。

从上述几例含氟药物中可以看出，业界含氟新药的研发前景相当乐观，不仅在商业上获得了巨大的成果，更重要的是把救命治人落到实处，给人民提供了放心药。

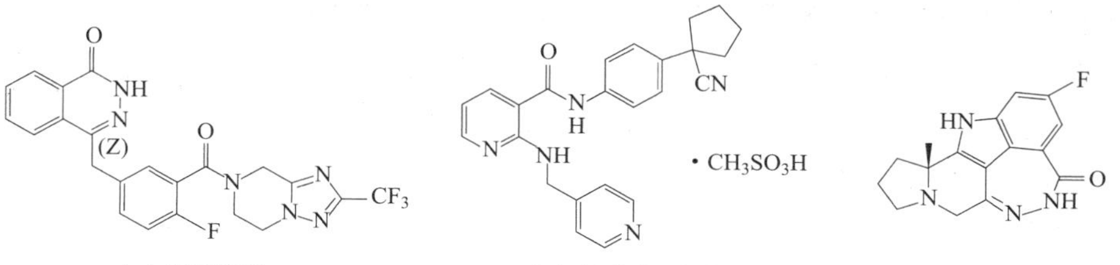

(a) 氟唑帕利　　　　　　　(b) 甲磺酸阿帕替尼　　　　　　(c) 帕米帕利

图7-9　PARP抑制剂及小分子抗血管生成靶向药物结构式

7.3　含氟仿制药工艺

国内外仿制药对于保障人民健康都发挥着重要作用。欧、美、日等国家和地区仿制药市场占有率已经达到50%以上，并依然以10%左右的速度快速增长，是创新药增长速度的2倍。美国是仿制药替代率最高的国家，从美国仿制药学会发布的报告来看，2015年美国仿制药在处方量当中的占比是89%，金额只占27%，仿制药为美国整个医疗系统节省2270亿美元。新中国成立以来，我国在仿制药的研发和产业化方面实现了从无到有，取得了较大的发展，质量合格的仿制药是我国人民享有健康保障的重要支撑之一。仿制药也是我国生物医药产业发展的重要组成部分，高质量的仿制药研发能够提高我国制药行业发展的质量，保障药品安全性和有效性，促进我国生物医药产业的升级、结构调整和国际竞争力，实现进口药品的替代，降低原研药的价格。2018年国家卫生健康委员会联合11部门联合发文，加快落实仿制药供应保障及使用政策工作方案，使国内仿制药迎来了行业发展的春天，促进了仿制药研发，提升了我国医药企业升级转型速度。

7.3.1　阿托伐他汀钙的合成工艺

阿托伐他汀钙，商品名立普妥，化学名为（3R,5R）-7-［2-（4-氟苯基）-5-异丙基-3-苯基-4-（苯氨基甲酰基）吡咯-1-基］-3,5-二羟基庚酸钙盐（图7-10）。阿托伐他汀在1997年由美国辉瑞公司推出，是第三代他汀类血脂调节药物。阿托伐他汀及其代谢产物的化学结构与HMG-CoA（羟甲基戊二酸单酰辅酶A）还原酶相似，且与HMG-CoA还原酶的亲和力高，对该酶有竞争性抑制作用，从而抑制低密度脂蛋白胆固醇合成和抗动脉粥样硬化效应。因此能阻碍内源性胆固醇的合成，从而有效治疗高血脂症。多个国家临床应用经验超过20年，安全性、疗效也被临床实践证实。阿托伐他汀对慢性疾病的治疗效果显著。适用于高胆固醇血症、高血压、冠心病和心绞痛等临床应用，能够促进人体代谢，保障身体健康。

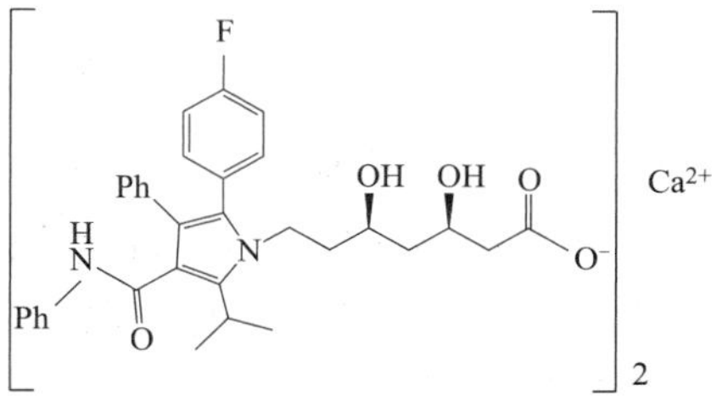

近年来，国内外对其研究和应用越来越广泛，因此，优化其合成工艺，降低生产及用药成本，具有明显的经济效益和社会效益。阿托伐他汀钙的合成方法较

图7-10　阿托伐他汀钙结构式

多，现以手性拆分法、不对称合成法、1,3-偶极环加成法和Paal-Knorr合成法为例，对阿托伐他汀钙的合成方法和步骤特点进行介绍。并且介绍Paal-Knorr合成法中的中间体M-4［4-氟-α-（2-甲基-1-氧代丙基）-γ-氧代-N，β-二苯基苯丁酰胺］的合成方法，对各条路线的关键步骤及各方法的特点进行分析讨论。

（1）手性拆分法

1991年，Roth小组通过手性拆分法合成了阿托伐他汀钙。以3-氨基-1-丙醛缩乙二醇和2-溴-对氟苯乙酸乙酯为原料，经缩合、胺酰化、酯水解得到α-酰胺酸，后经关环、缩醛脱保护得关键中间体，中间体经过反应得到阿托伐他汀内酯，经甲苯—乙酸乙酯重结晶得顺式构型产物。2009年，叶健等发表的专利中提及以（R）-2-甲基-苄胺为拆分剂，经过手性拆分后在NaOH、CaCl₂的作用下形成钙盐（图7-11）。由于该合成路线比较烦琐，且要通过手性拆分的途径来获得产物，因此产率低，成本较高，在工业生产中并不常用。

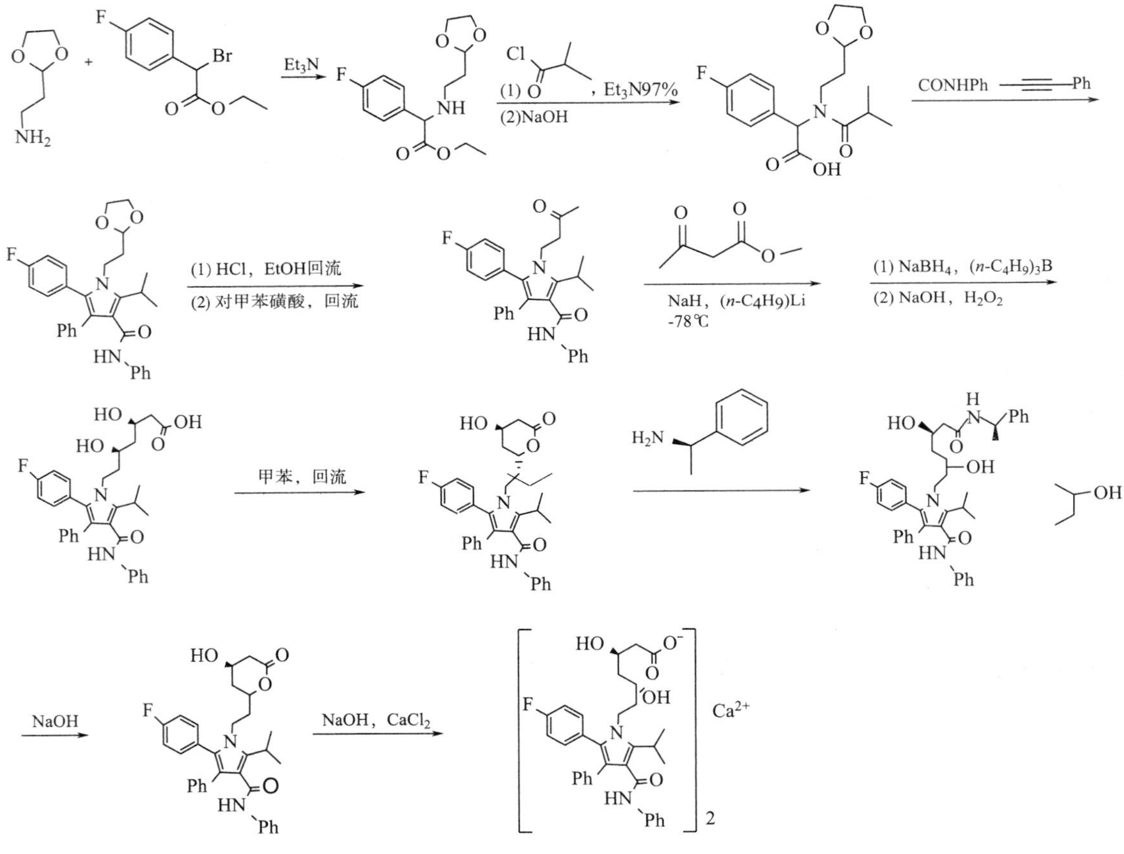

图7-11　手性拆分法合成阿托伐他汀钙路线

（2）不对称法

近年来，Braun小组、Lee小组、Lim小组等主要通过不对称合成法合成了阿托伐他汀钙。分别通过优化反应中间体来改变合成阿托伐他汀的路线，得到的结果各不相同。Lee小组用手性醋酸酯进行非对映选择性羟醛缩合，在LDA（二异丙基氨基锂）作用下与乙酸叔丁酯进行酯交换，再经过立体选择性还原，随后进行酯水解，再在CaCl₂作用下形成阿托伐他汀钙

（图7-12）。但该方法进行羟醛缩合时区域选择性差，收率低。

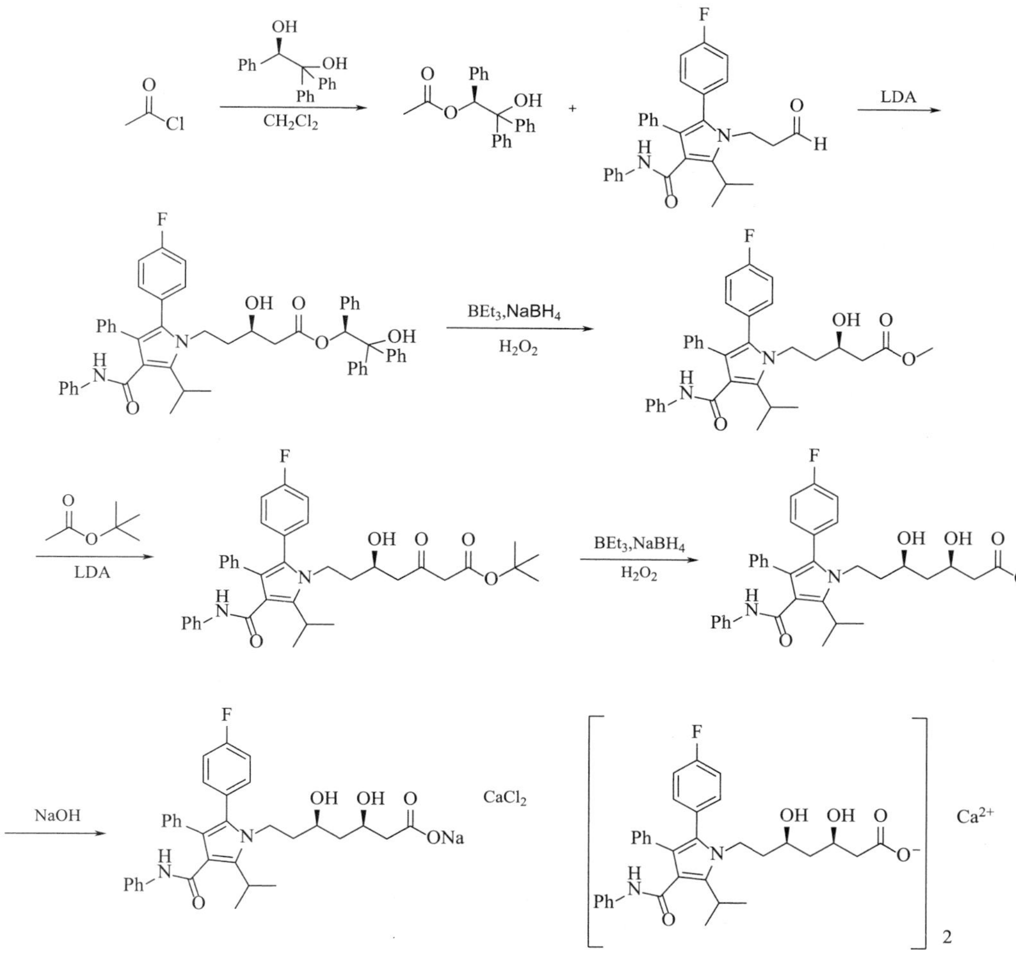

图7-12　不对称法合成阿托伐他汀钙路线

（3）1,3-偶极环如成法

阿托伐他汀的吡咯结构的构建常存在非对应选择性差、产量低的缺陷。2015年，Lopchuk研究发现，使用1,3-偶极环加成法经过一系列反应可以合成阿托伐他汀钙（图7-13）。但在制备有些中间化合物时需要柱色谱纯化，不适合工业化生产。

（4）Paal-Knorr合成法

Paal-Knorr合成法的核心是重要中间体M-4[4-氟-α-(2-甲基-1-氧代丙基)-γ-氧代-N,β-二苯基苯丁酰胺]和阿托伐他汀中间体ATS的合成。M-4与ATS-9经Paal-Knorr反应得到阿托伐他汀内酯，再经水解得到阿托伐他汀钙（图7-14）。

7.3.2　索非布韦的合成工艺

索非布韦（Sofosbuvir）是吉利德公司开发用于治疗慢性丙肝的药物，于2013年经美国FDA批准在美国上市，并且是首个获批用于丙肝全口服治疗的药物。它是一种丙型肝炎病毒

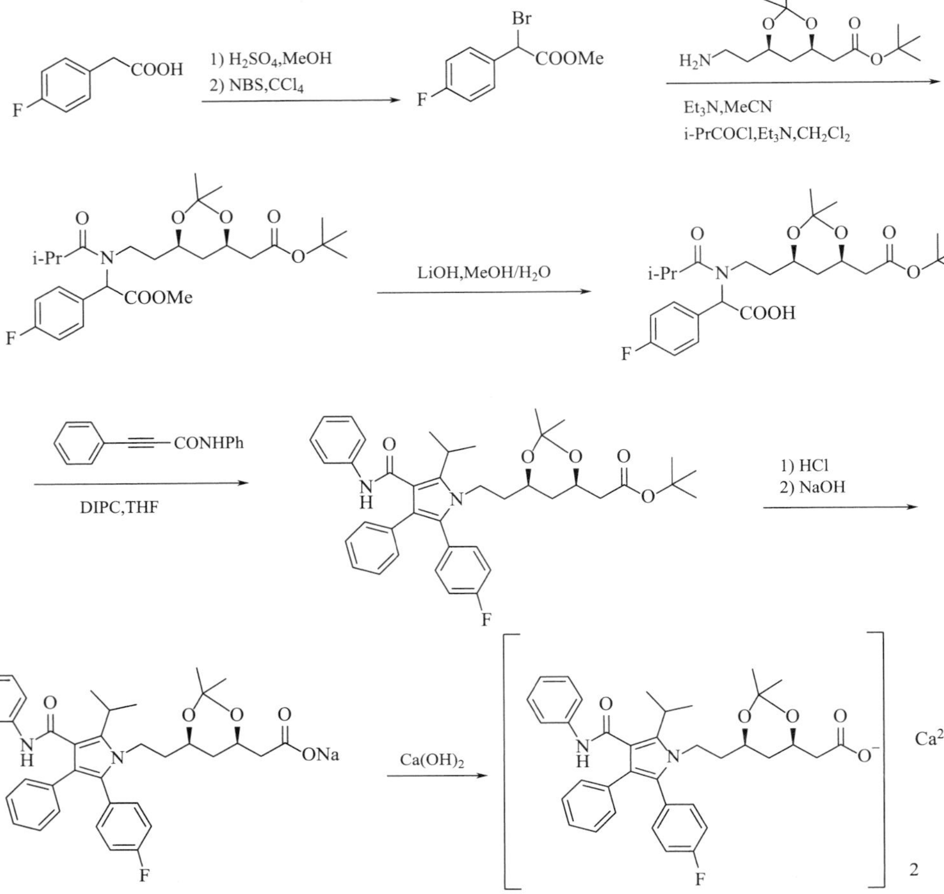

图7-13 1,3-偶极环加成法合成阿托伐他汀钙路线

（NBS—N-溴代琥珀酰亚胺）

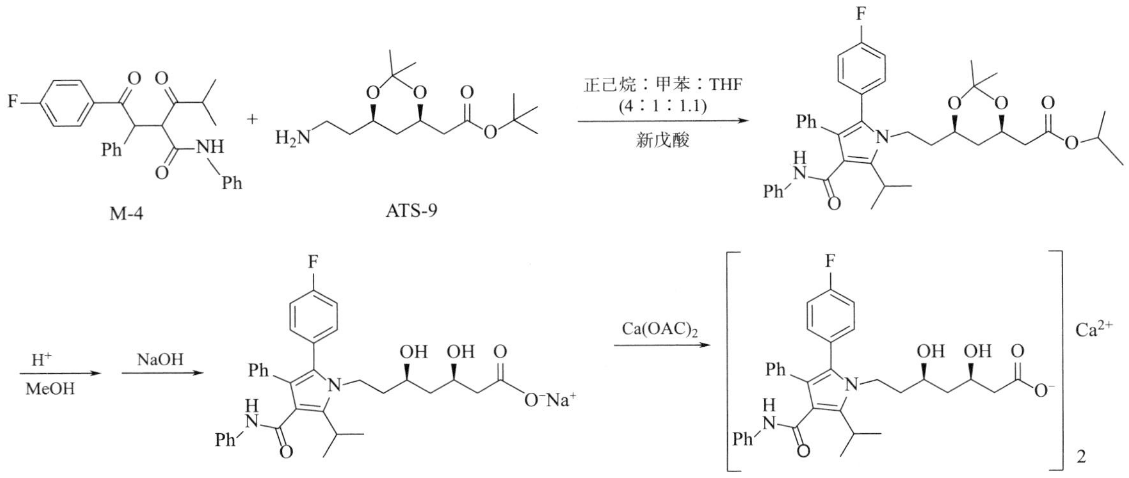

图7-14 Paal-Knorr法合成阿托伐他汀钙路线

（HCV）特异性NS5B聚合酶的核苷抑制剂，针对特定基因型丙肝治疗，脱离对干扰素的依赖，使丙肝患者的生活质量得到极大提高，是丙肝治疗药物领域的重大突破。经临床验证，索非布韦无须联合干扰素，只需每天单次口服药物，药物之间的相互作用较少，出现不良反应的情况少。关于索非布韦的合成主要有以下几条路线。

（1）合成路线一

Michael等用3.6摩尔当量的多取代呋喃化合物、芳基磷酰胺试剂与9摩尔当量N-甲基咪唑在THF中反应过夜，产物经高效液相色谱（HPLC）柱分离得到纯化产物索非布韦，收率为20%（图7-15）。该路线使用过量溶剂，成本较高，收率较低。

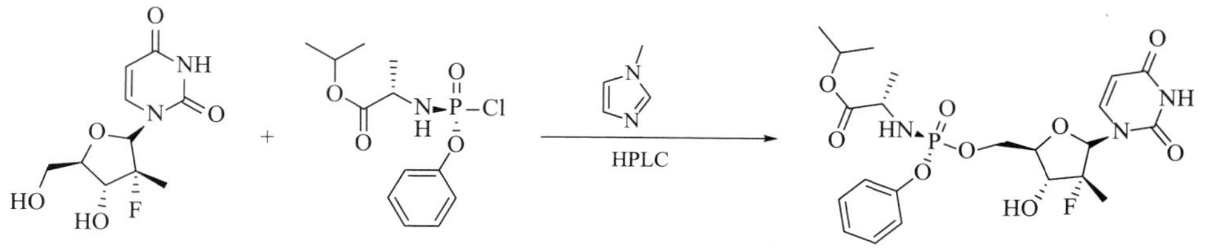

图7-15　索非布韦的合成路线一

（2）合成路线二

Ross等以（2′R）-2′-脱氧-2′-氟-2′-甲基尿苷为原料，用二氯化磷酸苯酯、L-丙氨酸异丙酯盐酸盐、五氟苯酚反应得到消旋的混合物，在甲基叔丁基醚—正己烷（体积比1∶4）溶液中经诱导拆分得到单一光学纯度的化合物，最后该化合物与取代呋喃化合物在叔丁基氯化镁（t-BuMgCl）作用下得到目标化合物索非布韦（图7-16）。该路线选择性地保护了核苷上的3′-羟基，磷酸酯部分只能与2′-伯醇处羟基进行反应，随后脱去3′处保护基，即得到目标化合物索非布韦。该反应中以L-丙氨酸异丙酯盐酸盐为拆分剂，拆分剂易得。但是总反应路线长、产率低，不适于工业化生产。

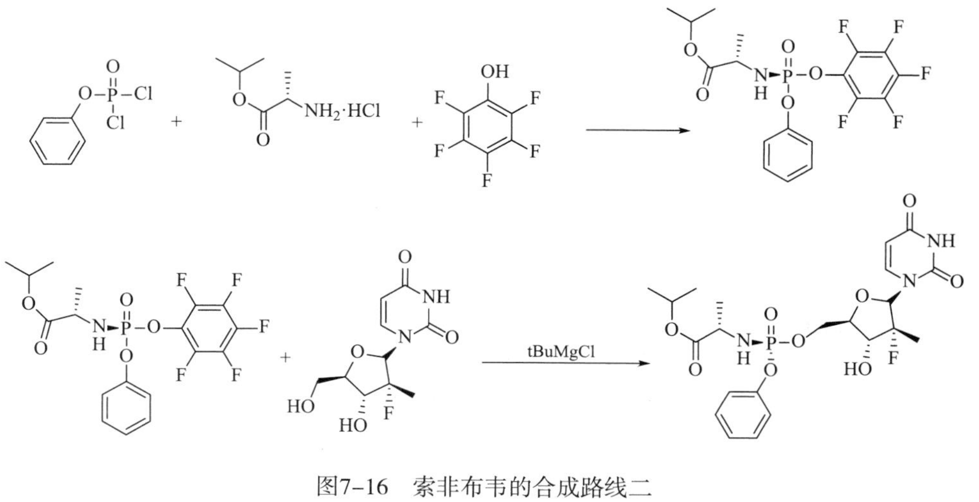

图7-16　索非布韦的合成路线二

（3）合成路线三

许学农等以（2′R）-2′-脱-2′-氟-2′-甲基尿苷为原料，用L-丙氨酸异丙酯盐酸盐、4-硝基苯二氯化磷及苯酚为原料制得混合物，拆分后得到单一构型化合物，接着在叔丁基氯化镁（tBuMgCl）作用下反应，制得索非布韦（图7-17）。该路线原料易得，工艺简洁。

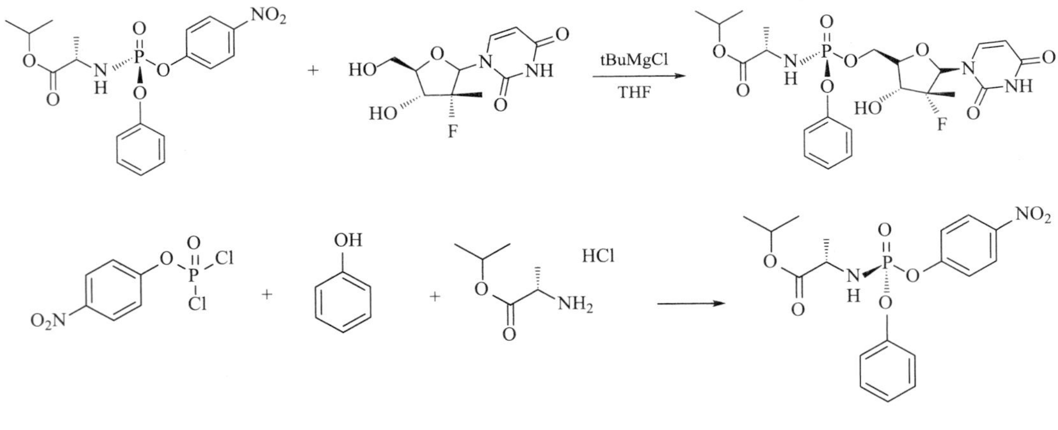

图7-17 索非布韦的合成路线三

（4）合成路线四

Wang等以取代呋喃化合物为原料，在三叔丁氧基氢化锂铝［Li(O-tBu)$_3$AlH］作用下得到还原产物后，在4-二甲氨基吡啶（DMAP）、乙酸酐（Ac$_2$O）作用下得到羧酸酯衍生物，然后与N4-苯甲酰基胞嘧啶进行取代反应，在乙酸溶液中脱掉保护基，最后在氨甲醇溶液中脱羟基保护基得到化合物索非布韦（图7-18）。该方法中间体合成简便，没有苛刻的条件，反应周期短，容易操作，总收率达到20%，适合工业化生产。

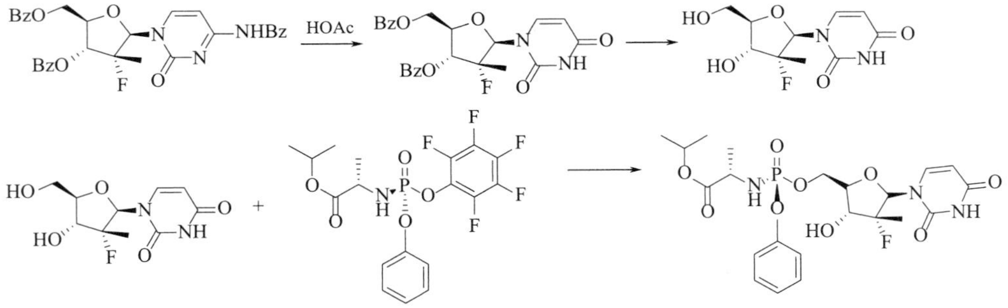

图7-18 索非布韦的合成路线四

7.3.3 七氟醚的合成工艺

七氟醚的化学名称为七氟异丙基甲醚，也叫七氟烷，是有香味、无刺激性的无色透明液体，是一种优良的新型全身麻醉剂，与常规麻醉剂相比具有不可燃性、诱导期短、恢复快、代谢能力强、对人体基本无毒、无副作用等优点。目前，七氟醚已经被列入国家医疗保险的范畴。因此，七氟醚的市场需求广泛，市场前景较好。关于七氟醚的合成主要有以下几条路线。

（1）合成路线一

Coon等发现六氟异丙醇在多聚甲醛以及发烟H$_2$SO$_4$条件下，以70%产率一步反应生成七氟醚（图7-19）。

Bieniarz等认为该合成路线的反应副产物较多，包括二氟甲基六氟异丙醚等，不易分离提纯。并且氢氟酸对设备要求高，对操作环境影响大，因此进行工业化大规模生产相当困难。

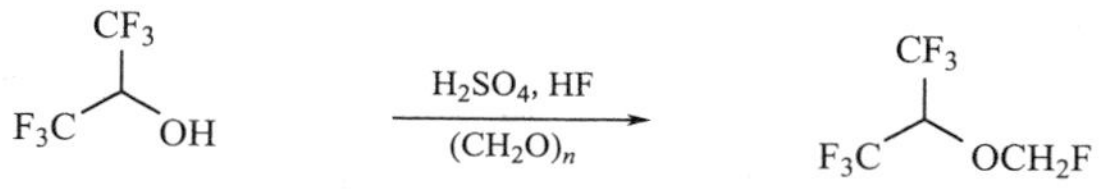

图7-19　七氟醚的合成路线一

（2）合成路线二

经过改进后的七氟醚合成方法报道：同样以六氟异丙醇为原料，通过KF、CH_2Cl_2条件下氟化反应生成七氟醚（图7-20）。但产率低、形成副产物多并且分离困难，不易提纯是这种合成方法的弊端。

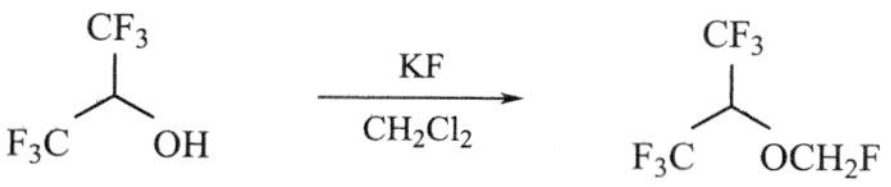

图7-20　七氟醚的合成路线二

（3）合成路线三

Linas等报道以六氟异丙醇为原料，第一步先制得氯甲基六氟异丙醚，再与氢氟酸在二异丙胺存在条件下反应，得到七氟醚（图7-21）。

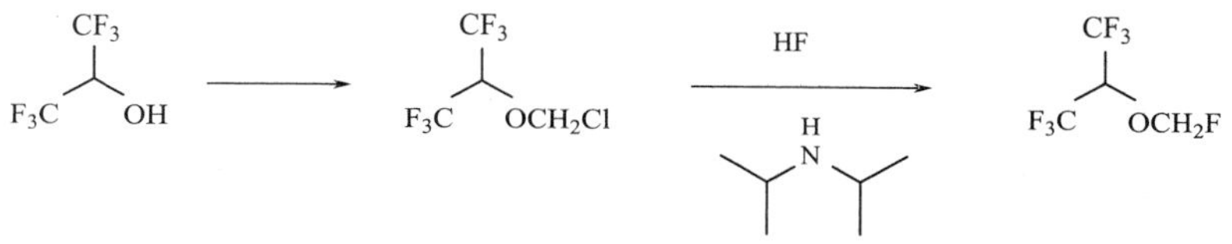

图7-21　七氟醚的合成路线三

（4）合成路线四

冯超等在此基础上进行改进。先将六氟异丙醇上的羟基进行氯甲基化反应，生成六氟异丙基氯甲基醚；随后以聚乙二醇400（PEG-400）作溶剂，KF为氟化剂，反应温度为95℃，反应时间为2.5h，进行卤素交换反应，即得目标产物七氟醚，产率为99.3%（图7-22）。

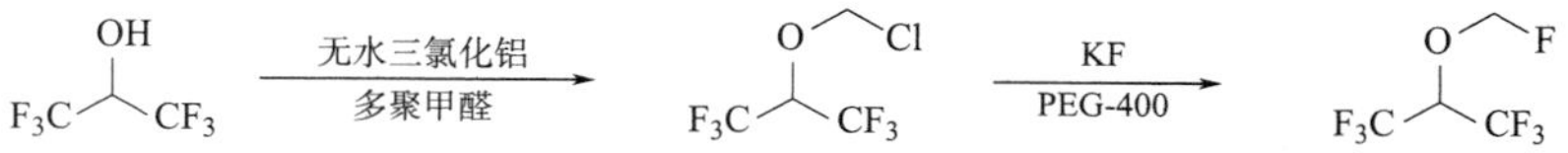

图7-22　七氟醚的合成路线四

7.4　绿色氟代制药技术应用

含氟药物几乎覆盖所有的临床治疗领域，合成更多含氟化合物并研究其生理活性是新药开发的热点领域。因此，含氟化合物的合成方法研究已经成为当今有机氟化学的重要任务之一。通过直接或间接的氟代方法，将氟原子引入药物中，在含氟药物的工艺创新和潜在的含氟新药开发中发挥着重要作用。

随着人们环保意识的逐步增强，绿色化工技术也得到了进一步发展和应用，并且逐渐成为推动我国化工行业发展的决定性力量。绿色化工又称可持续发展化工，是指利用现代科学方法及原理，减少或消灭对人类健康、社区安全、生态环境有害的原料、催化剂、助剂、产物、副产物等的使用和产生，突出从源头上控制污染的产生，研究环境友好的新原料、新反应、新过程、新产品，以实现化学工业与生态环境和谐发展。绿色氟代制药技术的应用可以打破新药创制的瓶颈，开展含氟新药的设计和合成，加快重大含氟仿制药的产业化，解决氟代关键技术及绿色生产过程的安全、环保等共性问题。本章节将分别从单氟代技术、二氟甲基化技术和三氟甲基化技术三个方面进行阐述。

7.4.1 单氟代技术

单氟代指的是通过反应向母体分子中引入单个氟原子，尽管引入氟原子后分子整体的体积不会发生太大的改变，但是可以改变相邻基团的酸碱性以及分子的优势构象，从而影响化合物的生物利用度或与靶标蛋白的相互结合能力，这对设计药物分子具有重要意义。目前已上市的单氟甲基药物有维生素 D_3、治疗急性或慢性炎症药物舒林酸（Sulindac）、治疗鼻炎和哮喘药物氟托溴铵（flutropium bromide）以及治疗骨质疏松药物奥当卡替（Odanacatib）（图7-23）。

在有机分子中引入单个C—F键的一般策略，根据氟原子的传递形式主要有亲核、亲电和自由基氟化反应。近年来，大量的氟源被使用，包括碱金属氟化物（如KF、CsF）、HF基试剂（如HF/吡啶、$Et_3N \cdot 3HF$），以及常见的N—F试剂Selectfluor［1-氯甲基-4-氟-1，4-重氮化二环2，2，2辛烷双（四氟硼酸）盐］、NFSI（N-氟代双苯磺酰胺）、DAST（二乙胺三氟化硫）等，还有重要的含氟砌块。使用这些含氟试剂可以在不同的化学结构中引入氟原子。

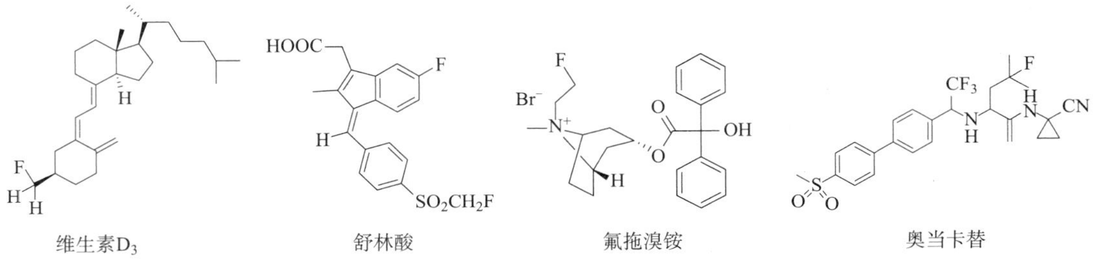

图7-23 单氟甲基药物

维生素D₃   舒林酸   氟拖溴铵   奥当卡替

7.4.1.1 使用含氟试剂引入单氟原子

（1）C—H键氟化

在单氟化反应中，常见的是将C—H键转化为C—F键，在科学家的研究中，可以发现有很多的氟化试剂和方法可以完成。2013年，许丹倩和徐振元等利用多元含氮杂环作为导向基团，以金属钯盐作为催化剂，NFSI作为氟化试剂，成功实现了杂环邻位的选择性单氟化反应（图7-24）。

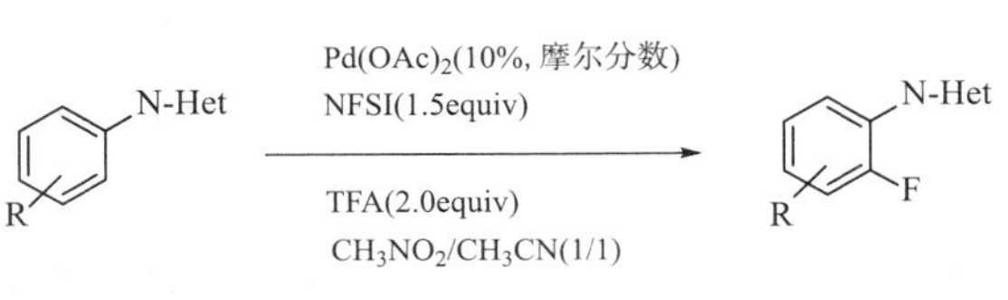

图7-24 芳基C—H键氟化

相较于芳环上C（sp²）—H键，脂肪链的C（sp³）—H键的键能更大，因此金属催化剂催化活化C（sp³）—H键并实现氟化反应更具挑战性。2015年，中国药科大学徐云根课题组同样用NFSI作氟化试剂，以8-氨基喹啉作为双齿导向基团，开发了钯催化羧酸衍生物的C（sp³）—H氟化反应（图7-25）。

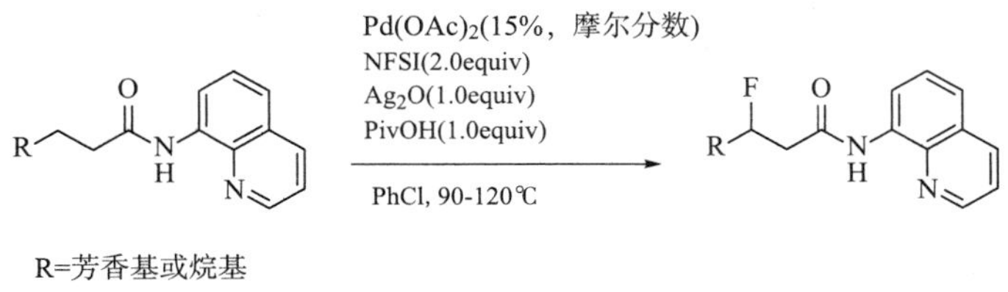

R=芳香基或烷基

图7-25　脂肪族C—H键氟化

除了NFS，Selectfluor、Et₃N-3HF、金属氟化物等试剂都可以实现C—H键的氟化。Ping Liu等在4-二甲氨基吡啶（DMAP）存在条件下，利用Selectfluor进行亲电单氟化反应，将芳基取代咪唑并［1,2-a］吡啶进行亲电单氟化反应，合成区域选择性的含氟产物（图7-26）。

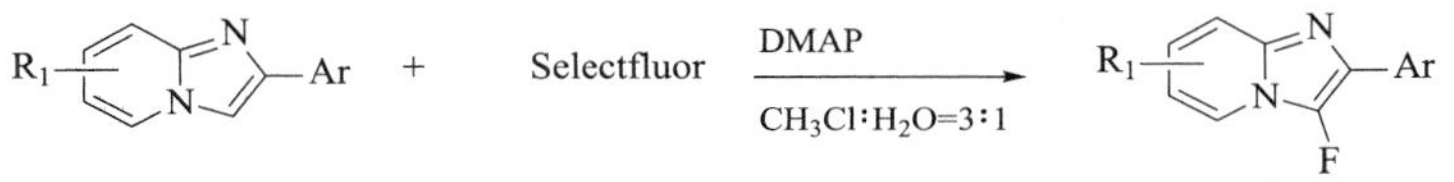

图7-26　Selectfluor参与的C—H键氟化

（2）C—X键氟化

卤素交换氟化法因为区域选择性好，原料廉价易得，工艺简单，安全性可靠，取得了巨大的发展，是目前工业上应用最为广泛的氟化方法。Hartwig研究团队报道了以AgF为氟源，在简单的铜试剂作用下对芳基碘化物进行氟化，得到了一系列单氟取代的芳基氟化物（图7-27）。

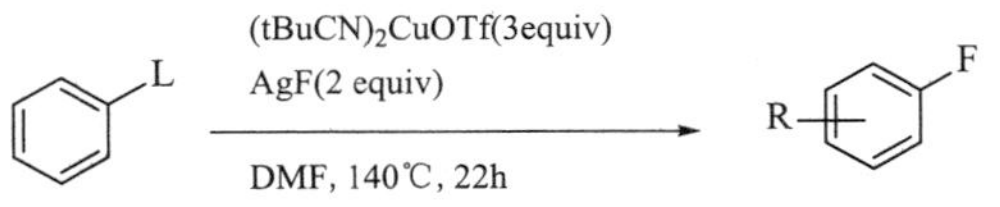

图7-27　AgF参与的芳基C—I键氟化

2013年，Zhang等报道了烯丙基溴化物与Et₃N-3HF作用，选择性氟化合成相应烯丙基氟化物的方法（图7-28），该方法以溴化铜为催化剂，具有反应条件温和、位置选择性高、官能团兼容性好的特点。

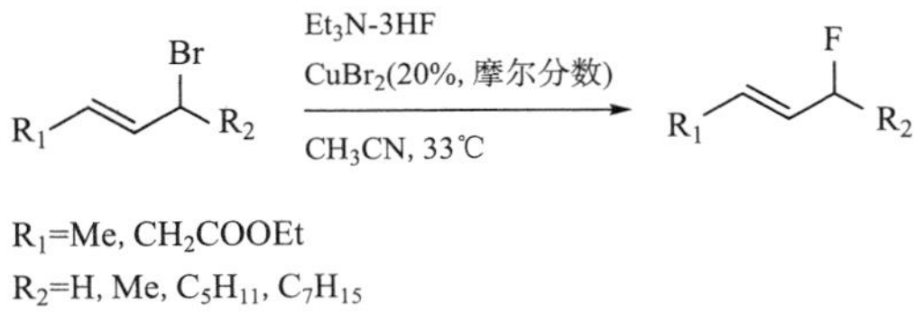

R₁=Me, CH₂COOEt
R₂=H, Me, C₅H₁₁, C₇H₁₅

图7-28　Et₃N-3HF参与烯丙基C—Br键氟化

霍夫和同事描述了使用四丁基二氟化氢铵（TBABF）作为氟源进行的氟化反应，他们最多以中等产量获得了所需的氟化酮（图7-29）。

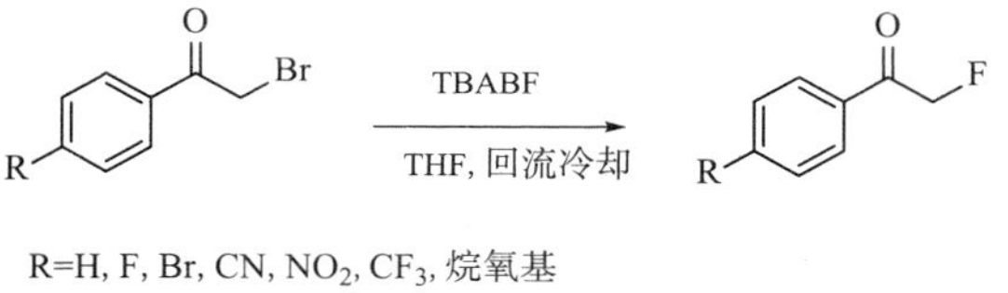

R=H, F, Br, CN, NO₂, CF₃, 烷氧基

图7-29　TBABF参与的C—X键氟化

（3）脱氧氟化法

脱氧氟化是将醇或者含羰基的底物通过脱氧反应最终达到氟化置换效果的一类反应，主要包括将羟基上氧脱去、羰基转化为二氟亚甲基以及羧基转化为酰氟。醇和酸的脱氧氟化也是合成含氟化物的最有效方法之一。许多相关的氟化试剂已经开发，常用的有脱氧氟化试剂（phenofluor）、DAST、Et₃N-3HF等。

Beaulieu等报道了两种新型脱氧氟化试剂：（二乙氨基）二氟锍鎓四氟硼酸盐XtalFlour-E与吗啡啉基二氟锍鎓四氟硼酸盐XtalFlour-M。但研究发现，反应中需加入其他氟化试剂Et₃N-3HF作为氟源才能显著提高反应的转化率（图7-30）。该方法适用的底物范围非常广泛，不仅包括伯醇、仲醇、叔醇，还包括烯丙醇、醛、酮以及羧酸。

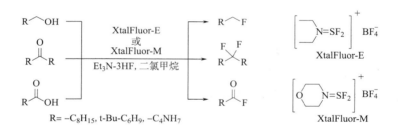

R= –C₈H₁₅, t-Bu-C₆H₉, –C₄NH₇

图7-30　Et₃N-3HF参与的脱氧氟化法

Li和同事报告了脂肪族羧酸以Selectfluor为氟源，在AgNO₃催化下的自由基脱羧氟化反应（图7-31）。经过许多实例检验，这种方法适用于各种各样的官能团。

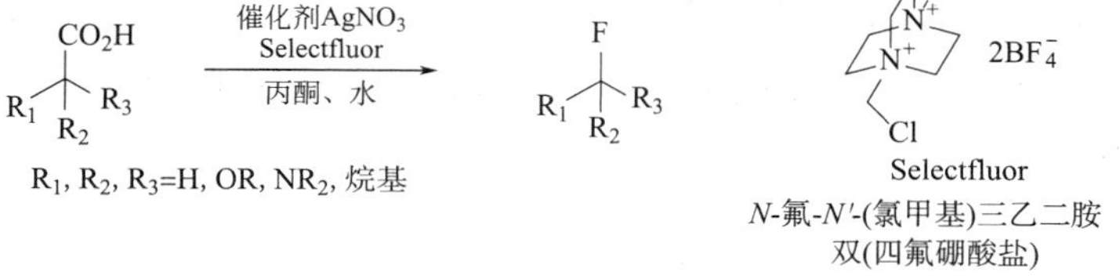

R₁, R₂, R₃=H, OR, NR₂, 烷基

Selectfluor
N-氟-N'-(氯甲基)三乙二胺
双(四氟硼酸盐)

图7-31　Selectfluor参与的脱羧氟化法

（4）其他氟化法

有研究者报道，烯烃在化合物氢氟酸类氟化试剂的作用下，生成马氏加成的含氟烷基化合物（图7-32）。

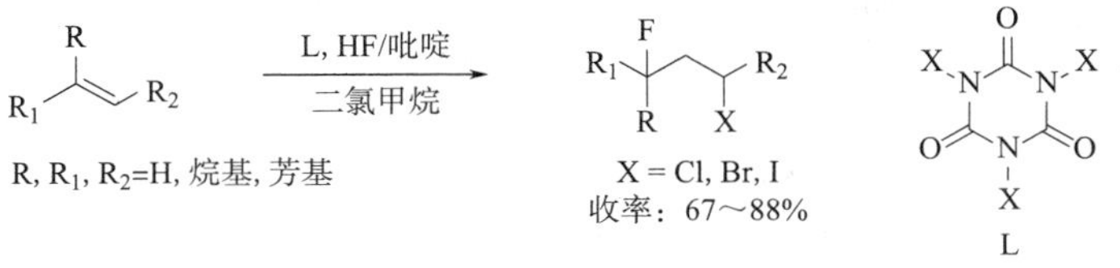

图7-32 HF参与的烯烃加成氟化法

在氢氟酸—吡啶的作用下，一些化合物还可以发生氧化氟化反应（图7-33），尤其是对叔丁基的氧化生成氟原子作用很强。

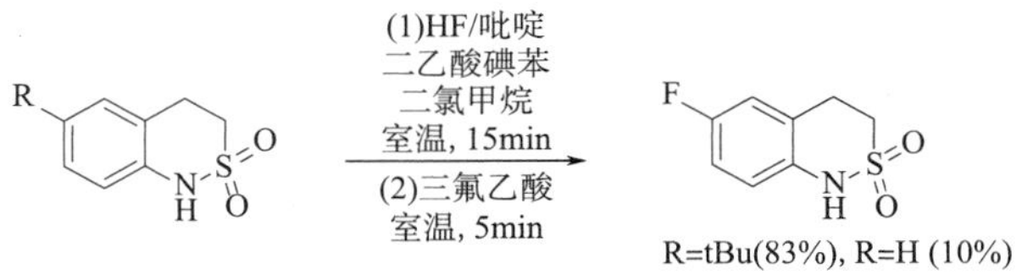

图7-33 氢氟酸-吡啶参与的氧化氟化法

Kita等将对映选择性氟化条件应用于烯烃的对映选择性氨基氟化，使用手性芳基碘化合物和氟化氢源作为氟化剂，得到环状化合物手性氟化哌啶（图7-34）。

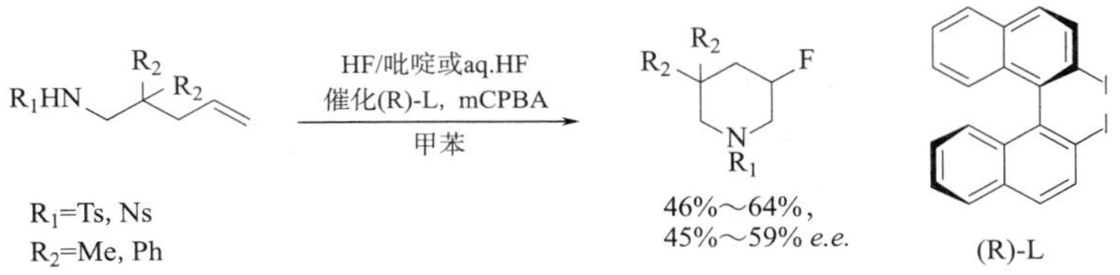

图7-34 对映选择性氟化法

7.4.1.2 使用含氟砌块引入单氟原子

除了通过氟化试剂合成含氟化合物的方法外，还可以使用含氟砌块引入氟原子。在单氟化反应中，最常用的砌块是单氟溴/碘乙酸乙酯。2002年，有报道研究溴氟乙酸乙酯与醛、酮反应生成γ-氟-α-羟基酯的非对映体混合物，在引入含氟砌块的同时使碳氧双键还原为羟基（图7-35）。

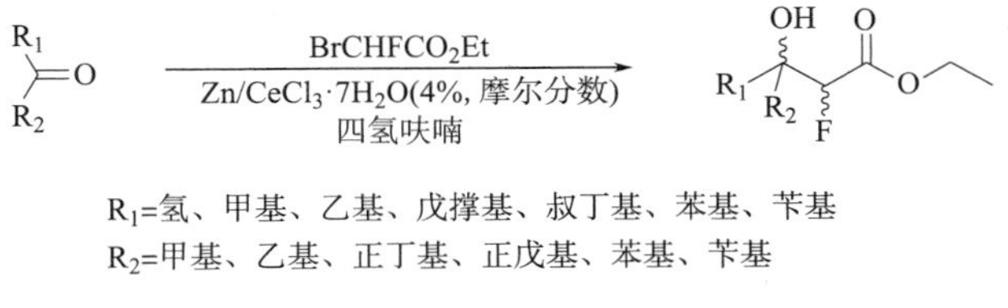

图7-35 单氟溴乙酸乙酯参与的羰基氟化法

2017年，Ackermann课题组报道由膦/羧酸盐辅助钌（Ⅱ）催化的间位C—H单氟甲基化，在P（3-C$_6$H$_4$CF$_3$）$_3$作为添加剂，单氟溴乙酸在乙酯存在条件下，完成了前所未有的远程碳氢单氟甲基化反应（图7-36）。

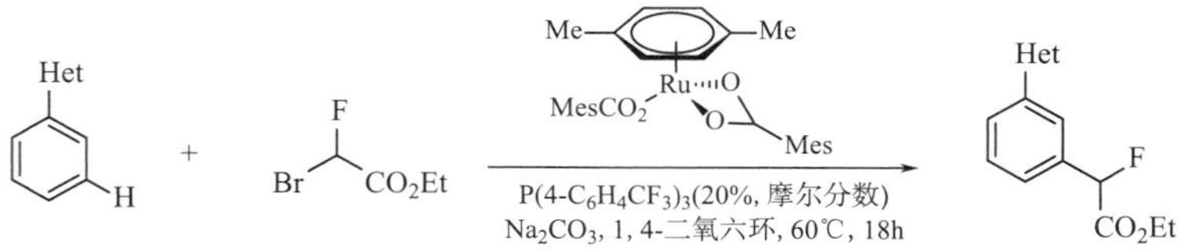

图7-36　单氟溴乙酸乙酯参与的C—H键氟化

2019年，王细胜课题组研究了一种以BrCH$_2$F为氟源的温和、高效的镍催化异芳基溴化物的还原交叉偶联直接单氟甲基化反应（图7-37）。该方法效率高，官能团相容性广，适用于工业原料丰富的芳基和异芳基溴化物。这一策略为单氟甲基化分子的合成提供了一种有效的方法。

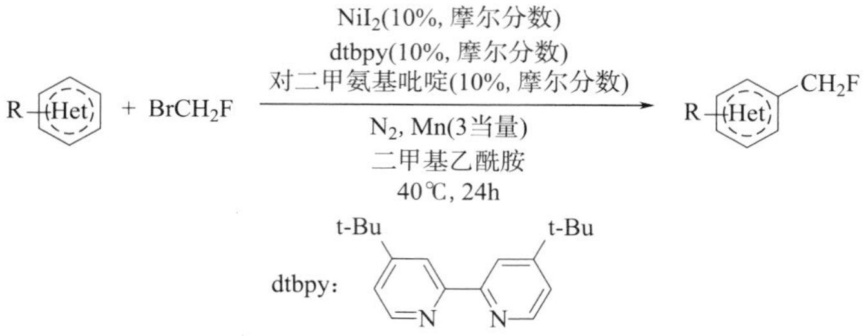

图7-37　BrCH$_2$F参与的C—Br键氟化

7.4.1.3　单氟甲基化反应在药物合成中的应用

2015年，Britton及其同事报道了以乙苯衍生物为底物，NFSI作为氟化试剂，使用光催化剂或自由基引发剂（AIBN）引发的苄基C—H键的氟化。此外，光催化氟化可以适应连续流动反应，而不影响产率，且可应用于制备含氟布洛芬，收率达70%（图7-38）。

图7-38　NFSI试剂参与的单氟甲基化反应

2015年，Tang及其同事报道了以紫杉醇的酯衍生物为底物，使用4.0当量K$_2$S$_2$O$_8$和2.5当量的Selectfluor II（PF6）作为氟化试剂，实现sp^{3}碳原子的氟化，并以33%的分离产率得到其氟化产物（图7-39）。

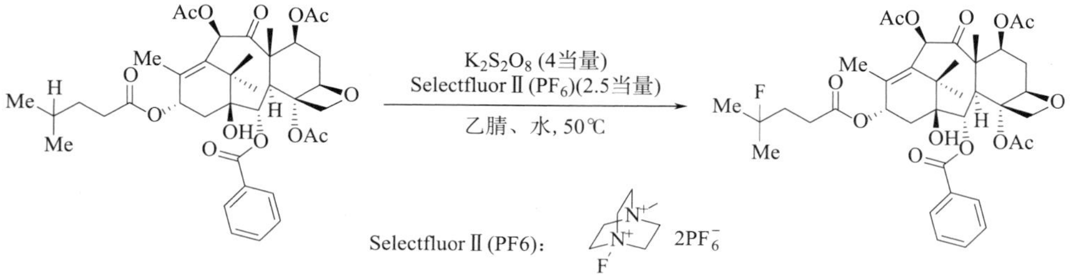

图7-39　Selectfluor II（PF6）试剂参与的单氟甲基化反应

2015年，DiRocco and Britton报道了以亮氨酸甲酯为底物，NFSI为氟化试剂，Na$_4$W$_{10}$O$_{32}$为光催化剂，实现了光催化sp^{3}碳原子的氟化在用于治疗骨质疏松症和骨转移的药物Odanacatib合成中的应用（图7-40）。

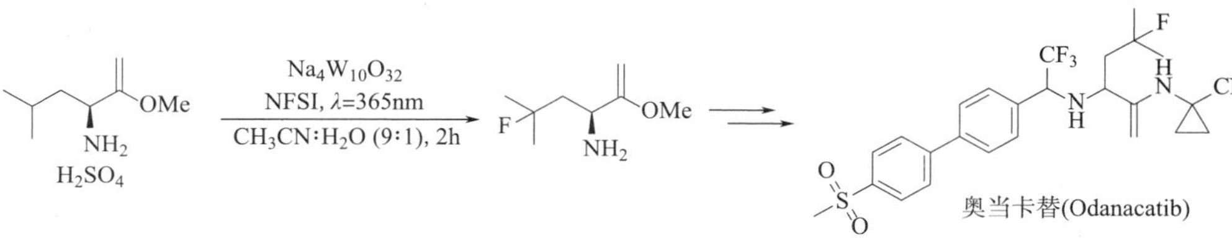

图7-40　NFSI试剂参与的光催化单氟甲基化反应

2019年，吴范宏课题组以3-氟-3-（2,2,2-三氟-1,1-二羟乙基）-6（三氟甲基）二氢吲哚-2-酮为原料，经溴代、苄基化、Suzuki偶联和脱苄反应得到消旋的Flindokalner（图7-41）。

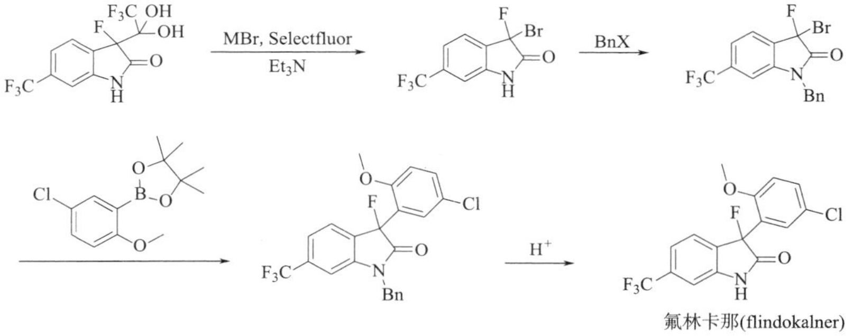

图7-41　Selectfluor试剂参与的光催化单氟甲基化反应

7.4.2　二氟甲基化技术

近年来，二氟甲基（CF$_2$H）因其特殊的化学性质，已经引起人们的广泛关注。CF$_2$H和CF$_3$均具有强的亲脂性和吸电子性，CF$_2$H中的氢原子也可以作为氢键的给体参与氢键作用，可以更加有效地增强有机分子的生理活性。因此，对生物活性分子进行二氟甲基化已成为改造其生物活性的一种有效手段，在新型药物设计和农药开发中日益受到研究人员的重视。现已上市销售的含二氟甲基的药物有用于非洲锥虫病的治疗药物依氟鸟氨酸（Eflomithine）、磷酸二酯酶Ⅳ抑制剂药物罗氟司特（Roflumilast）、非甾体抗炎药地拉考昔（Deracoxib）、除草剂噻唑烟酸（Thiazopyr）、冠脉扩张药利奥地平（Riodipine）、HCV/NS3/4A抑制剂药物Glecaprevir，在研新药有儿童自闭症孤独症药物GRN-529以及LpxC抑制剂药物等。如今，如何向有机分子中引入二氟甲基在近些年来得到了快速的发展，但与三氟甲基相比，二氟甲基化仍然不理想，亟需开发更多的二氟甲基化方法（图7-42）。

目前各种进行二氟甲基化反应的试剂按照其反应机理可分为亲核二氟甲基化试剂、亲电二氟甲基化试剂以及二氟甲基自由基供体等。按照二氟甲基化试剂的不同结构可分为7类（表7-2）：

①含氟甲烷类（XCF$_2$H，X=F、Br、Cl、I）。

②四甲基硅烷（TMS）类，该试剂应用范围广，可对不同杂化碳原子、巯基、杂环、

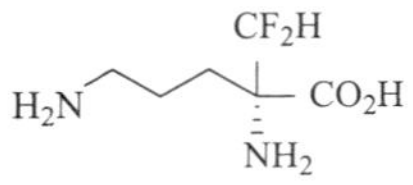
依氟鸟氨酸

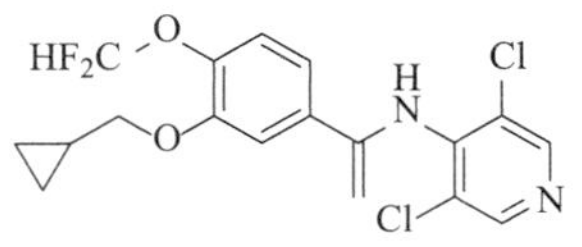
罗氟司特

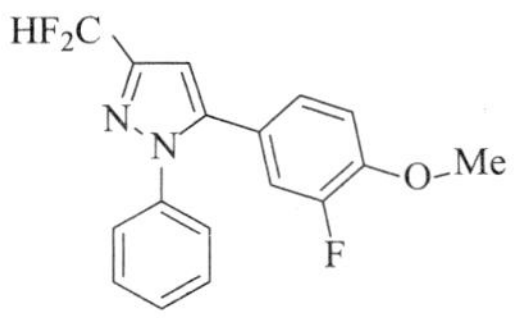
地拉考昔

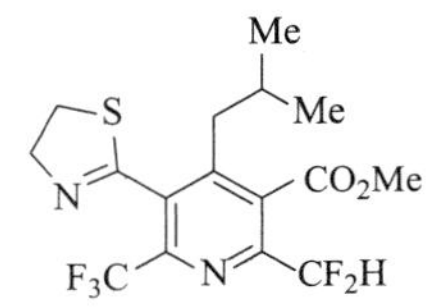
噻唑烟酸

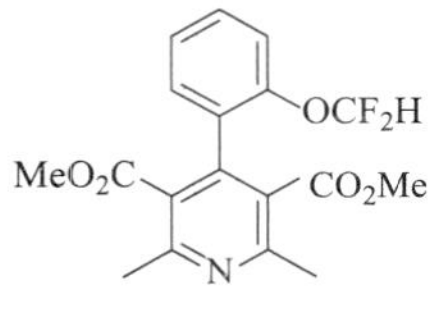
利奥地平

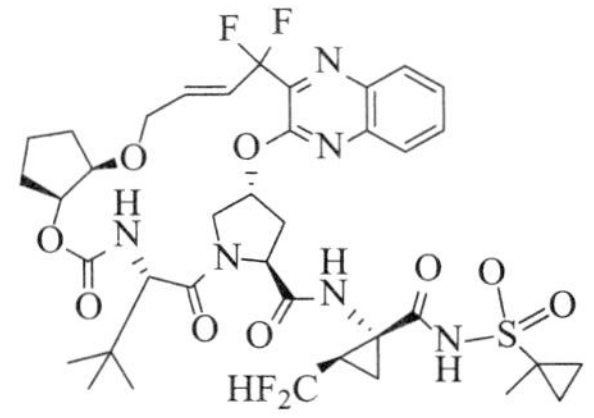
Glecapreir

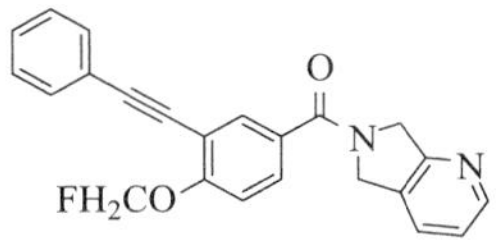
GRN-529

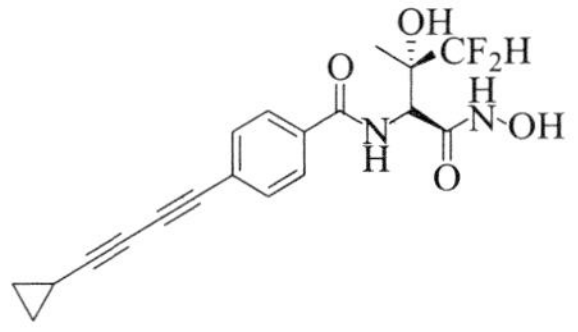
LpxC抑制剂

图7-42　二氟甲基药物

醛、酮、羧酸等结构进行二氟甲基化反应。

③含氟羧酸及羧酸衍生物类。

④含氟磷酸酯类。

⑤含氟砜类，可用于烯烃、杂芳环、氧原子的二氟甲基化及扩环反应。

⑥二氟甲基金属试剂，用于丁酰氯、烯丙位、芳杂环的二氟甲基化反应。

⑦其他类型试剂。这些氟化试剂反应活性高，会带来反应条件激烈、反应复杂等缺点，不太适合于结构复杂有机氟化合物的合成。

表7-2　二氧甲基化试剂分类及反应类型一览表

试剂分类	试剂	反应类型
含氟甲烷类	CH_2F_2、$CHBrF_2$、$CHClF_2$、$CHIF_2$	羰基α-C、芳（杂）环芳烃二氟甲基化反应
TMS类	$TMSCF_2H$、$TMSCF_2Cl$、$TMSCF_2Br$	sp^3碳、sp^2碳、炔烃、O原子、S原子、杂芳烃、醛、酮、羧酸、烯烃的二甲基化反应及扩环反应
含氟羧酸及羧酸衍生物类	$ClCF_3COONa$、$BrCF_2COOH$、$BrCF_2Et$	O原子、N原子、杂芳烃的二氟甲基化反应
含氟磷酸酯	$BrCF_2PO(OEt)_2$	O原子、N原子的二氟甲基化
含氟砜类	HCF_2SO_2Cl、FSO_2CF_2COOH、HCF_2SO_2-NHNHBoc、HCF_2SO_2Na	杂芳烃、O原子、烯烃及末端炔烃的二氟甲基化及环化、内酯化反应
二氟甲基金属试剂	［$(SIPr)Ag(CF_2H)$］、［$Cu(O_2CCF_3)(phen)$］、$(NHC)Cu(CHF_2)$、$(bpy)CuSCF_3$、［$(DMPU)_2Zn(CF_2H)_2$］、$(TMEDA)Zn(CF_2H)_2$、$(DMPU)_2Zn(CF_2H)_2$	酰氯、O原子、烯丙位、杂芳烃的二氟甲基化反应
其他	TFEDMA、［双(二氟乙酰氧基)碘］苯、*S*-二氟甲基锍盐、*S*-二氟甲基-*S*-二(对二甲苯基)锍四氟硼酸盐、*N*-甲苯磺酰基-*S*-二氟甲基-*S*-苯基亚磺酰亚胺、二氟甲基三苯基鏻甲磺酸鎓盐、双-甲硅烷基化二氟烯胺	杂芳烃、O原子、S原子、烯烃的二氟甲基化反应

7.4.2.1　羰基α–C的二氟甲基化反应

2016年，肖吉昌课题组报道了一种在Cs_2CO_3存在下，使用二氟甲基三苯基溴化磷（DFPB）对α–芳基醛或酮进行二氟甲基化的新方法，反应可以高收率地得到含α–CF_2H的醇化合物（图7-43）。

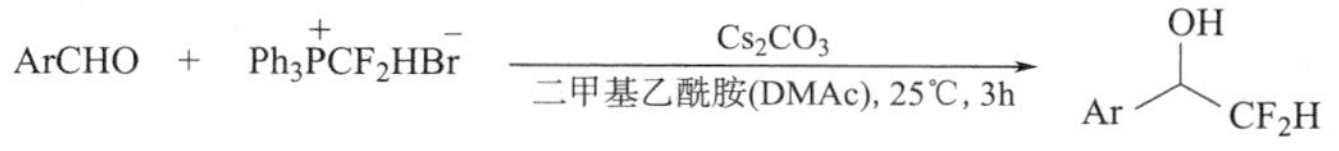

$$ArCHO \quad + \quad Ph_3\overset{+}{P}CF_2HB\overset{-}{r} \quad \xrightarrow[\text{二甲基乙酰胺(DMAc), 25℃, 3h}]{Cs_2CO_3} \quad$$

图7-43　二氟甲基三苯基溴化磷参与的二氟甲基化反应

同年，胡金波课题组在以Me_3SiCF_2H为二氟甲基化试剂对醛、酮类化合物的二氟甲基化大量研究的基础上，引入冠醚，实现对可烯醇化酮类化合物的亲核二氟甲基化（图7-44）。

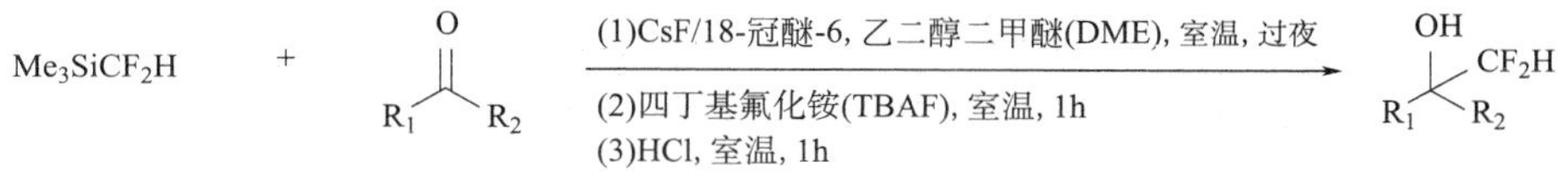

图7-44　Me_3SiCF_2H参与的二氟甲基化反应

7.4.2.2　sp^2碳原子的二氟甲基化反应

2017年，唐向阳课题组报道了以CuI为催化剂，配体为五甲基二乙烯三胺（PMDETA）。以$BrCF_2CO_2Et$为二氟烷基化试剂，苯乙烯衍生物、1,1–取代的烯烃等化合物在该条件下均可较高收率地获得二氟烷基化产物，反应对于未活化的脂肪烯烃也可获得具有立体和空间选择性的相应产物（图7-45）。

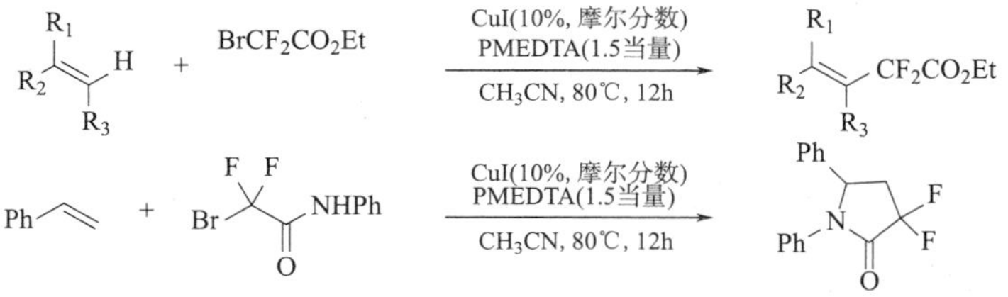

图7-45　$BrCF_2CO_2Et$试剂参与的二氟甲基化反应

7.4.2.3　卤代芳烃的二氟甲基化反应

2017年，Sanford等以氮杂环卡宾的氯化亚酮络合物［（NHC）CuCl］和二氟甲基三甲基硅烷（TMSCHF$_2$）为原料，首次合成了基于氮杂环卡宾配体（NHCs）的可稳定分离的（NHC）Cu（CHF$_2$）络合物，可应用该络合物对碘苯类化合物进行二氟甲基化反应（图7-46）。

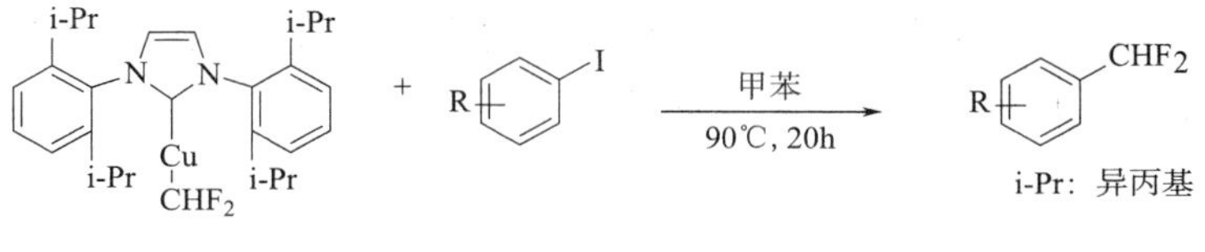

图7-46　TMSCHF$_2$试剂参与的二氟甲基化反应

7.4.2.4 芳烃C—H键的二氟甲基化反应

2016年，郝健课题组等以AgOTf为催化剂，KF为助剂，二氯乙烷（DCE）为反应溶剂，TMSCF₂COOEt为二氟烷基化试剂，对苯、甲苯、二甲苯及三甲苯等芳香烃及其衍生物进行芳香环C—H键的官能化研究（图7-47）。

图7-47　TMSCF₂COOEt试剂参与的二氟甲基化反应

2017年，Shibata等报道了在HF₂CSO₂Na/Ph₂PCl/Me₃SiCl的反应体系下进行苯酚和萘酚C—H键的直接二氟甲硫基化反应（图7-48）。

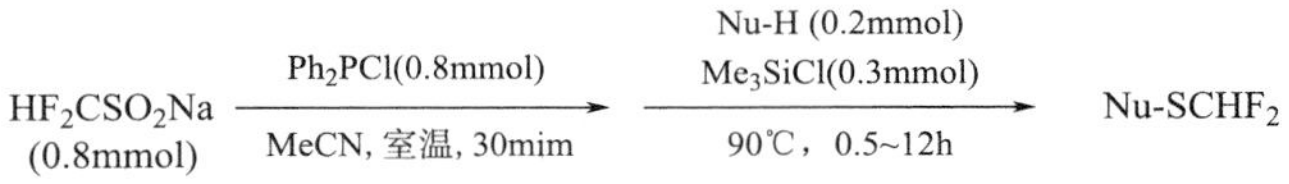

图7-48　HF₂CSO₂Na试剂参与的二氟甲基化反应

7.4.2.5 芳基硼酸的二氟甲基化反应

2017年，张新刚课题组从廉价的一氯二氟甲烷（ClCF₂H）出发，以钯为催化剂，Xantphos为配体、对苯二酚为添加剂、K₂CO₃作为碱，高效地实现了系列芳基硼酸（酯）的二氟甲基化（图7-49）。

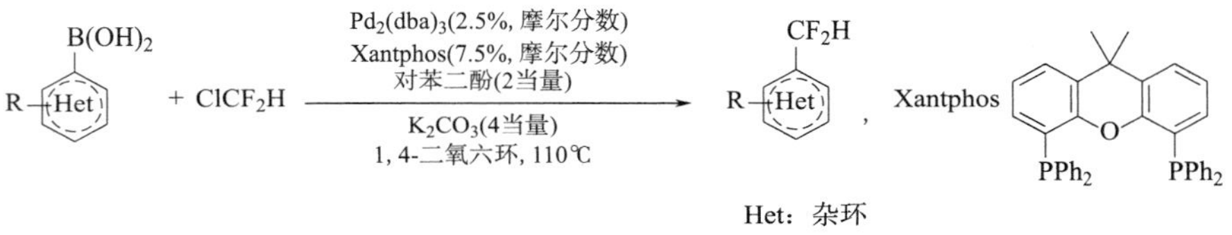

图7-49　卤代二氟甲烷试剂参与的二氟甲基化反应

7.4.2.6 脱氧氟代反应

2005年，Shoji Hara使用α,α-偕二氟-N,N-二乙基间甲基苯乙胺（DFMBA）和Et₃N-3HF在微波辐射或紫外辐射下有效地将醛基化合物转化为相应的二氟甲基化合物（图7-50）。

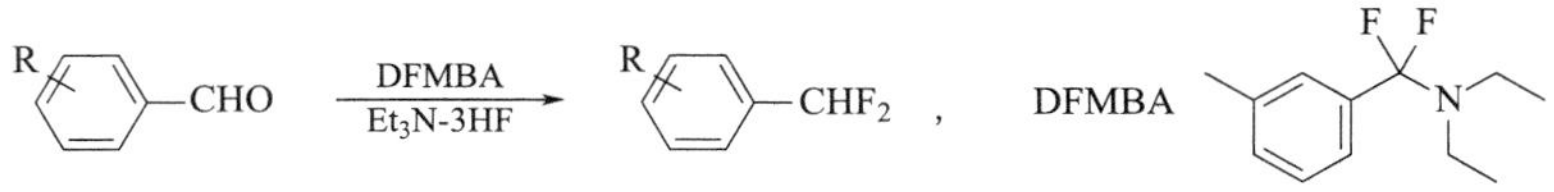

图7-50　Et₃N-3HF试剂参与的二氟甲基化反应

2016年，E. J. Corey报道了以（S）-4-羟脯氨酸甲酯为原料，BAST为氟化试剂，二氯甲烷（DCM）为溶剂，实现了其脱氧二氟烷基化（图7-51）。

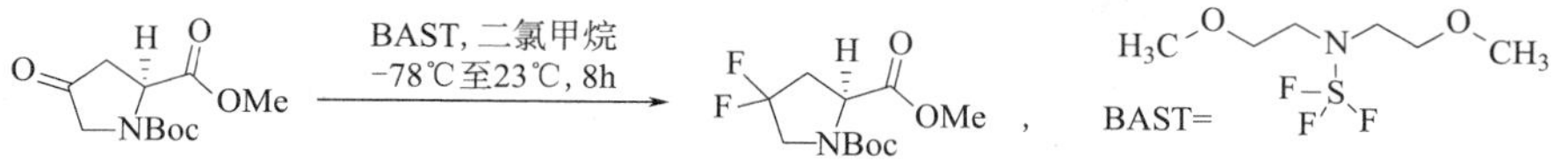

图7-51　DAST试剂参与的二氟烷基化反应

7.4.2.7　二氟代技术在合成含氟药物中的应用

2019年，吴范宏课题组以α,α,α-碘二氟萘乙酮和烯烃为底物，在1倍当量的铜粉存在下，以DMF为溶剂，在120℃条件下反应1h，通过自由基加成环合的串联过程，得到了结构新颖的环合产物，并应用于含氟舍曲林衍生物的合成（图7-52）。

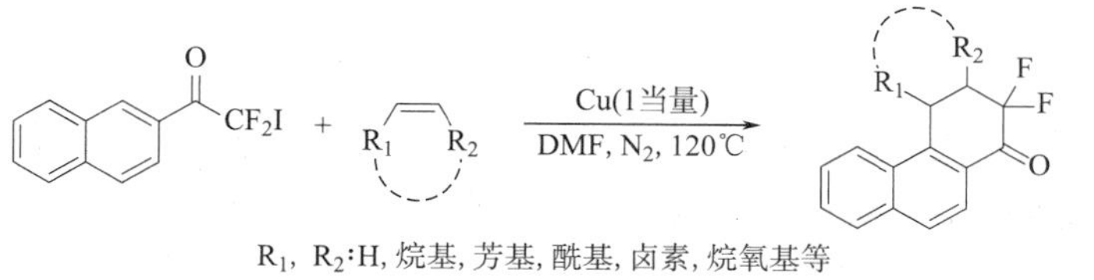

R_1, R_2:H, 烷基, 芳基, 酰基, 卤素, 烷氧基等

图7-52　自由基环合二氟烷基反应

2020年，Liu Wei小组第一个用烷基吡啶盐通过铜催化偶联反应，进行铜催化脱氨二氟甲基化可以将烷基胺快速转化为二氟甲基化产物等排体，并应用于苯基吡啶非布索坦衍生物、含CF_2H曲格列汀与克林沙星的合成（图7-53）。

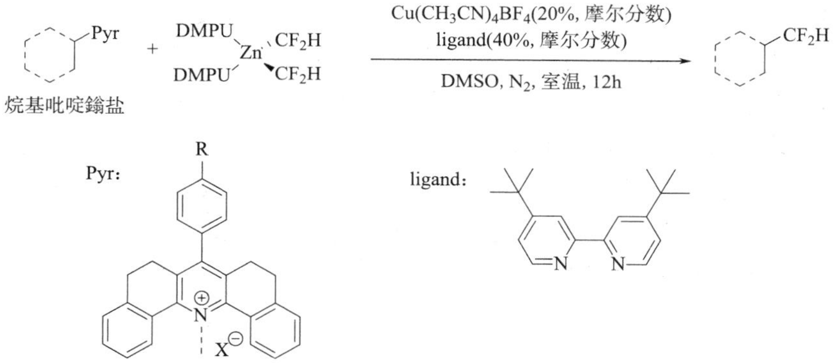

图7-53　脱氨二氟甲基化反应

2017年，林金顺等报道了以商用氟烷基磺酰氯为自由基源，在Cu（Ⅰ）/CPA催化的烯烃与各种氟烷基磺酰氯的不对称自由基分子内胺二氟烷基化反应，$e.e.$值92%～95%。他们所合成的产物可以作为关键的医药中间体，用于天然生物碱吡咯里西啶的合成（图7-54）。

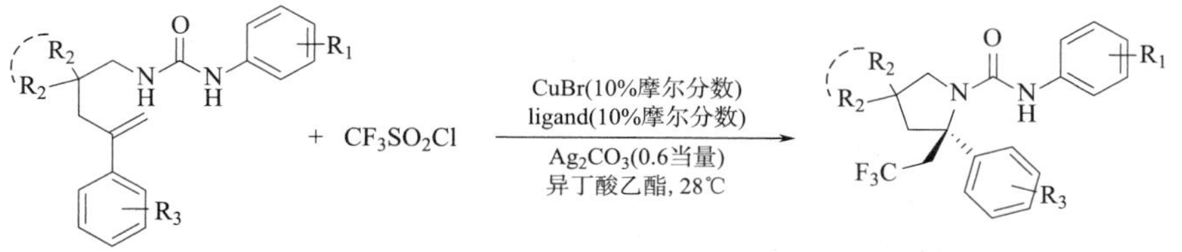

图7-54

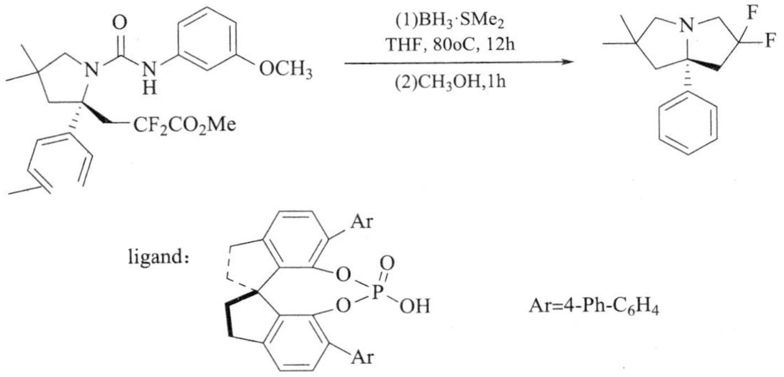

图7-54 内胺二氟烷基化反应

尽管现有的二氟甲基化方法满足了简单和一些相对复杂分子的官能化，也为更加复杂分子的官能化提供了经验技术积累，但该领域仍然存在着一些问题需要解决。首先，对于直接二氟甲基化反应而言，通常都需要用到Ru、Ir、Ag、Pd、Cu的络合物，成本比较昂贵。其次，具有普适性的二氟甲基化方法仍然是一个具有挑战性的目标，特别是复杂（生物活性）分子的后期二氟甲基化。因此，发展高效、高选择性、低成本的二氟甲基引入手段也必将成为有机氟化学研究的热点。

7.4.3 三氟甲基化技术

三氟甲基（CF_3）具有强电负性和高亲脂性，向有机分子中引入该基团可以显著改善母体化合物的物理、化学性质和生理活性，包括酸碱性、脂溶性、生物可利用度、代谢稳定性以及与蛋白质的结合能力等。因此，三氟甲基在药物化学领域扮演着极为重要的角色，诸多医药和农药分子中均含有三氟甲基结构单元（图7-55）。此外，三氟甲基化合物也广泛应用于功能材料领域，如染料和液晶材料等。因此，开发廉价易得的新型三氟甲基化试剂以及将三氟甲基引入有机分子的高效合成方法一直是有机氟化学领域的热点研究课题。在有机氟化学的不断发展中，三氟甲基化反应取得了重大的突破。

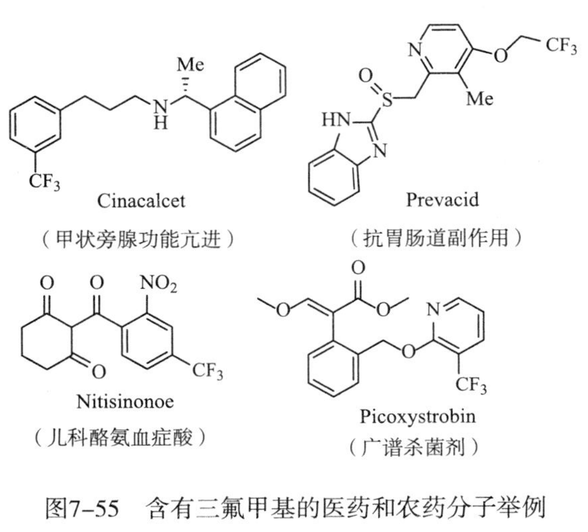

图7-55 含有三氟甲基的医药和农药分子举例

目前，合成三氟甲基化的方法主要分为两大类。一类是间接三氟甲基化法，该方法是将某些活性碳原子转化为三氟甲基；另一类是直接三氟甲基化法，该方法是往底物中直接引入三氟甲基或含三氟甲基的基团。但目前发展的间接三氟甲基化的方法都存在诸多缺陷。首先，这些高活性的氟化试剂都具有较高的毒性；其次，该类反应对仪器设备和操作人员都有相当高的要求，对反应底物也有一定的要求，因此要想往复杂分子中通过此类间接三氟甲基化法引入三氟甲基难度很大，只能选择迂回的路线通过含三氟甲基的合成砌块来合成复杂分子（图7-56）。

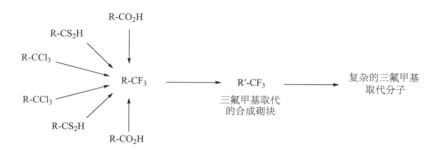

图7-56　间接法引入三氟甲基

相比间接三氟甲基化法的种种不足，直接三氟甲基化法更方便、快捷，备受科学家的关注。三氟甲基化试剂的发展是引入三氟甲基的关键因素之一。经过几十年的发展，科学家研发了一系列直接三氟甲基化试剂，主要包括亲核三氟甲基化试剂、亲电三氟甲基化试剂以及产生三氟甲基自由基的三氟甲基化试剂。新的三氟甲基化试剂在不断被开发和发展，化合物中引入三氟甲基的方法也有许多。常见的三氟甲基化试剂有胡课题组的三氟甲基砜试剂，卿课题组的三氟甲磺酸酐和高价碘试剂，还有Umemoto试剂和Togni试剂等。三氟甲基化试剂在光氧化还原催化、过渡金属催化等条件下可以合成不同类型的三氟甲基化合物。

7.4.3.1　SP杂化碳原子的三氟甲基化反应

SP杂化碳原子主要来源于炔烃，而能够实现在SP杂化碳原子上引入三氟甲基的底物主要为末端炔烃。作为重要的含氟砌块，含三氟甲基的炔烃类化合物已在医药、农药和材料科学领域得到广泛的应用。因此，含三氟甲基的炔烃类化合物的合成方法就尤为重要。

早在1993年，Umemoto等报道炔基金属试剂与亲电三氟甲基化试剂在-78℃的低温条件下反应得到中等收率的芳基三氟甲基炔烃类化合物（图7-57）。

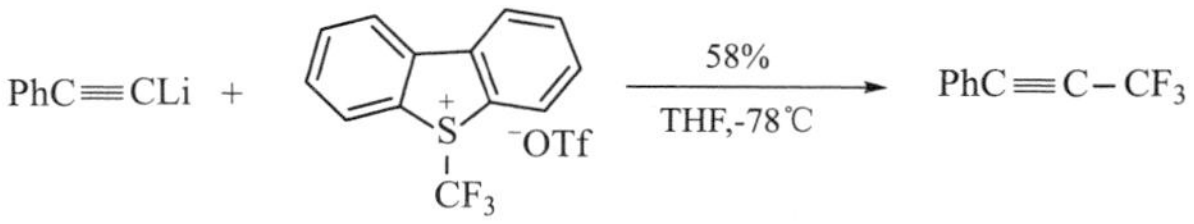

$$PhC\equiv CLi \ + \ \text{（二苯并噻吩鎓盐）} \ \xrightarrow[\text{THF,-78℃}]{58\%} \ PhC\equiv C-CF_3$$

图7-57　炔基金属试剂参与的三氟甲基化反应

2010年，卿凤翎课题组首次报道了末端炔烃与三氟甲基三甲基硅（$TMSCF_3$）的氧化三氟甲基化反应。该反应无须预先官能团化，也不需要使用有毒有害试剂。该反应代表了一种高效、温和且官能团兼容性好的构建一系列含三氟甲基的炔烃类化合物的方法（图7-58）。值得注意的是，该反应需要使用当量铜来促进反应顺利进行，同时原料的加料顺序和加料速度对反应产物的选择性和产率也有较大的影响。

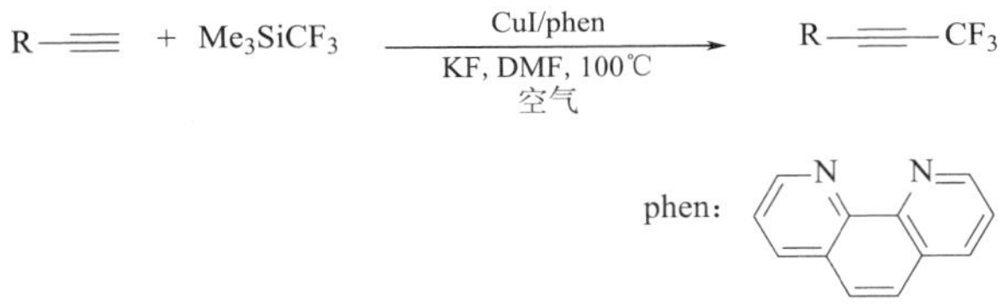

图7-58　TMSCF₃参与的炔烃三氟甲基化反应

　　傅尧研究小组和翁志强研究小组分别利用三氟甲基锍盐和高价碘亲电三氟甲基化试剂实现了温和条件下铜催化末端炔烃的三氟甲基化反应（图7-59）。该类反应通常在室温条件下就可以进行，并且展示了更好的官能团兼容性和普适性。

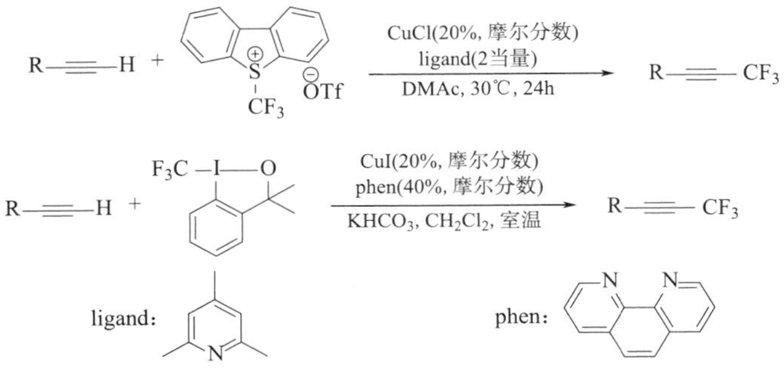

图7-59　铜催化端炔亲电三氟甲基化反应

7.4.3.2　SP² 杂化碳原子上的三氟甲基化反应

　　众所周知，三氟甲基芳香族化合物（Ary–CF₃）类化合物是一类重要的含氟功能有机分子单元，它已广泛地应用于各个领域，如液晶材料、染料、表面活性剂等，此外，在医药、农药领域也得到广泛的应用。

（1）芳基卤代物的三氟甲基化反应

　　早在1969年，Mcloughlin和Thrower，Kobayashi和Kumadaki两个课题组分别报道在铜粉存在下，CF₃I与碘代芳烃反应可以得到中等收率的三氟甲基取代的芳香化合物。2009年，Amii小组报道了利用1,10-菲罗啉（邻菲罗啉）作为配体，三氟甲基三乙基硅烷作为三氟甲基化试剂与芳基碘代物在碘化亚铜催化下的三氟甲基化反应（图7-60）。该方法底物范围广，可以耐受多种官能团。

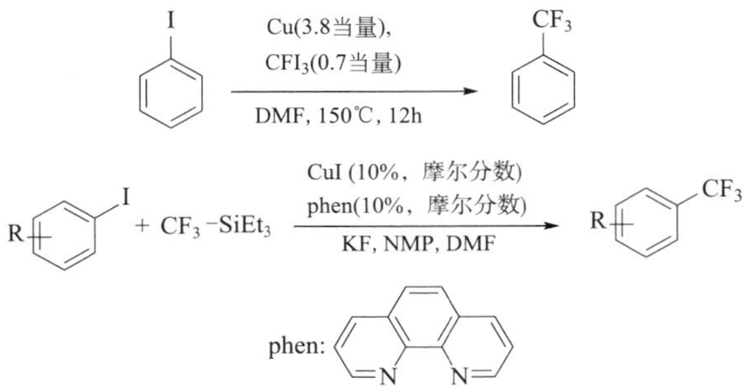

图7-60　铜催化卤代芳烃三氟甲基化反应

2010年，Buchwald小组首次实现了DMF-N,N-二甲基酰胺NMP-N-甲基吡咯烷酮Pd（0）/Pd（II）催化循环下，廉价的氯代芳香化合物的三氟甲基化（图7-61），而且通过中间体单晶等手段对Pd（0）/Pd（II）催化循环机理进行了深入研究。但该反应通常需要较高的反应温度，且三氟甲基化试剂三氟甲基三乙基硅烷（CF₃TES）和膦配体价格昂贵。

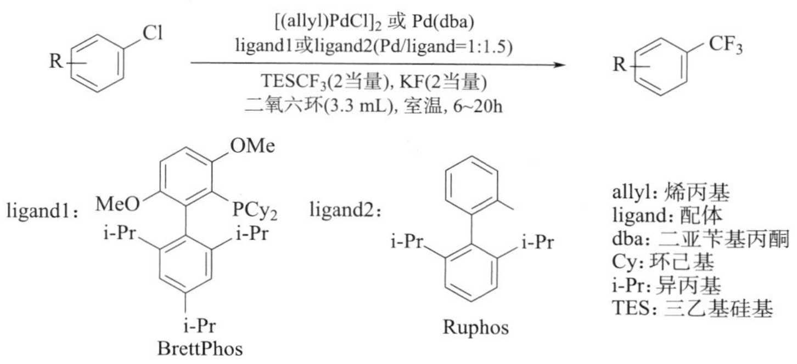

图7-61 钯催化氯代芳烃的三氟甲基化反应

Samant等将十二烷基硫酸钠（SDS）胶束引入Pd催化溴代芳烃的三氟甲基化反应体系，SDS胶束具有各向异性，对生成ArCF₃过程有很大的促进作用（图7-62）。该反应体系官能团兼容性好，能够适用于含有—OH、—CO、—CHO和—NH₂等活泼官能团的底物。

（2）芳基硼酸试剂的三氟甲基化反应

卿凤翎课题组根据其提出的氧化三氟甲基化反应机理，报道了首例利用CF₃TMS为CF₃来源，化学计量铜促进的芳基硼酸氧化三氟甲基化反应（图7-63）。该反应条件温和，芳基以及烯基硼酸都能高产率地转化为相应的三氟甲基化产物。

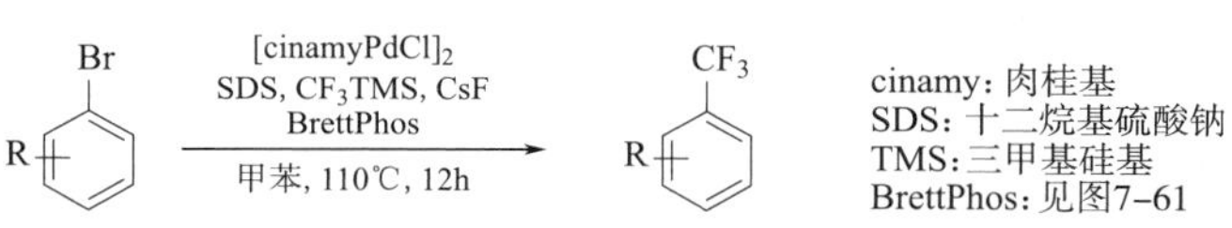

图7-62 SDS胶束中Pd催化溴代芳烃的三氟甲基化反应

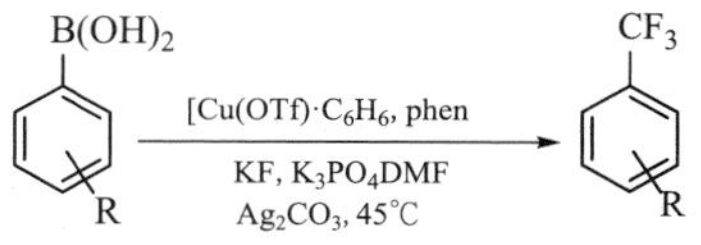

图7-63 芳基硼酸氧化三氟甲基化反应

自此之后，清华大学刘磊等、中国科学院上海有机化学研究所沈其龙等和肖吉昌等分别开展了芳基硼酸与亲电三氟甲基化试剂的反应研究，发展了反应条件温和的三氟甲基化方法（图7-64）。

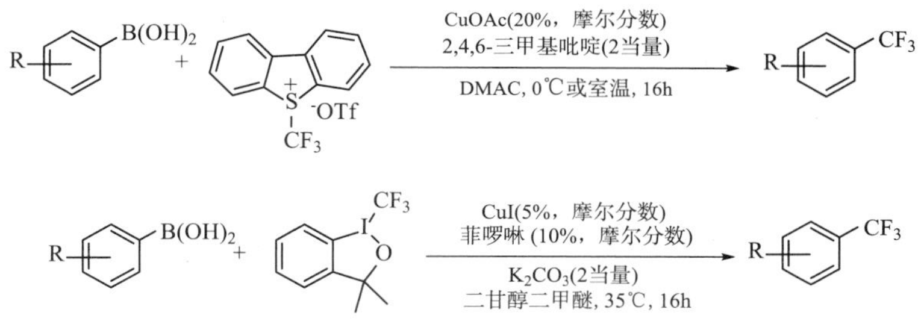

图7-64

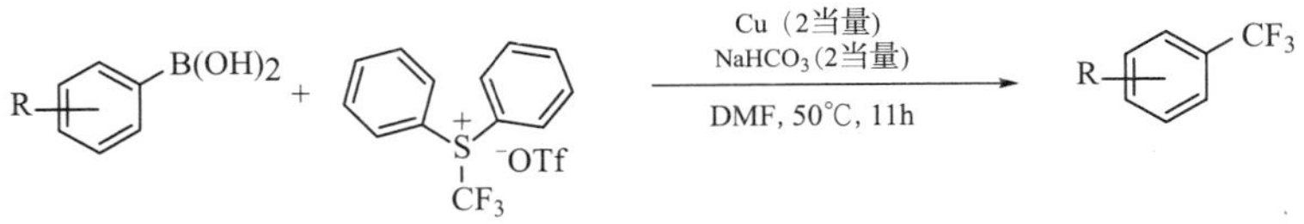

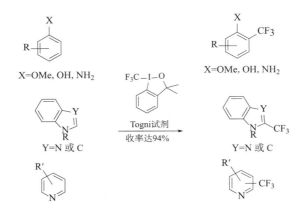

图7-64　铜催化芳基硼酸氧化三氟甲基化反应

（3）芳基C—H键的三氟甲基化反应

Togni小组发现了亲电三氟甲基化试剂——1-三氟甲基-3,3-二甲基-1,2-苯并碘氧杂戊环（Togni试剂）后，对其在三氟甲基引入反应中的应用进行了广泛的研究。2010年，该小组实现了Togni试剂与芳胺、酚、甲氧基取代的芳烃以及杂芳烃直接进行的芳环三氟甲基化反应（图7-65）。

图7-65　Togni试剂促进的芳环直接三氟甲基化反应

同年，Yu小组报道了首例Pd（Ⅱ）催化的导向芳烃C—H键活化三氟甲基化反应。吡啶、噻唑、咪唑等基团都能作为该反应的导向基。利用Umemoto亲电三氟甲基化试剂，在醋酸铜和三氟乙酸（TFA）作为添加剂的条件下，能够很好地实现区域选择性的邻位C—H键活化/三氟甲基化（图7-66）。

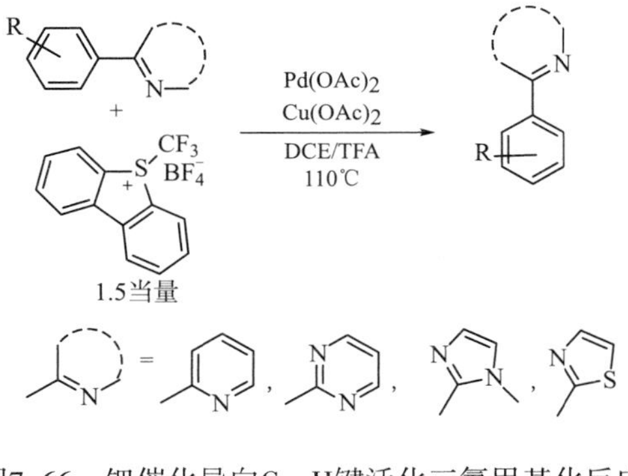

图7-66　钯催化导向C—H键活化三氟甲基化反应

2017年，Martin报道了苯乙烯的三氟甲基化反应，在蓝光的照射下，使用三氟甲基亚磺酸钠通过自由基反应机理，在苯乙烯结构中引入三氟甲基的方法（图7-67）。该方法是对催化羧化反应的补充。

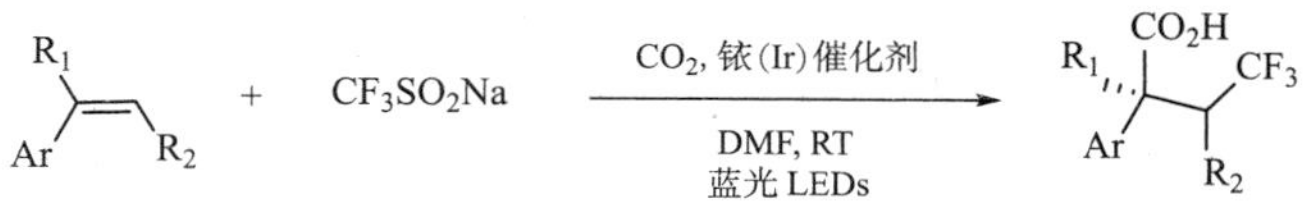

图7-67　苯乙烯的三氟甲基化反应

7.4.3.3　SP³杂化碳原子上的三氟甲基化反应

近年来，使用金属催化剂（尤其是Pd和Cu催化剂），化学家们在SP³碳上的三氟甲基化反应方面取得了重大进展。1987年，Matsubara等首次报道了Pd催化多氟烷基碘与烯丙基锡试剂的偶联反应，从而在烯丙基位引入CF_3（图7-68）。该反应在室温下即可进行，但产率低，此外，反应需要使用有毒有害锡试剂。

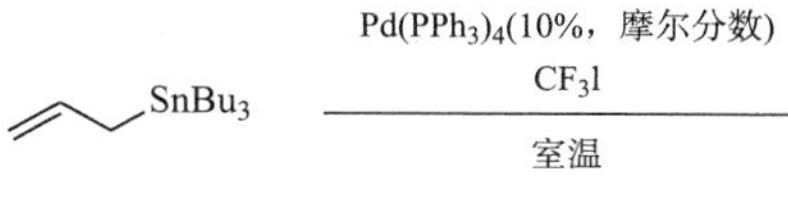

图7-68　钯催化烯丙基锡试剂三氟甲基化反应

2004年，Shreeve等发展了一类新的离子液体用于铜促进的$TMSCF_3$对烯丙基、苄基以及烷基卤代物的三氟甲基化反应（图7-69）。值得注意的是，在反应体系下，亲核三氟甲基化优先进攻苄位卤素，而芳基卤素可以很好地保留。

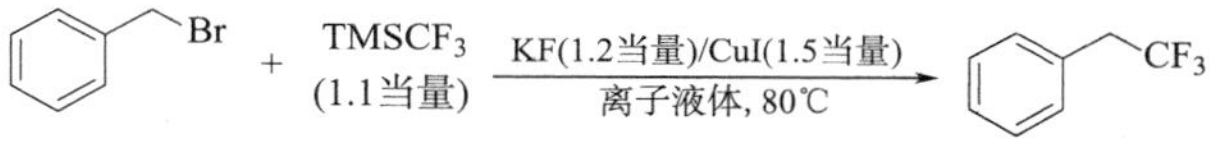

图7-69　离子液体中铜促进的三氟甲基化反应

SP³碳上引入CF_3的另一个重要进展是Mac Millan小组报道的有机催化羰基α位三氟甲基化。在2009年，该小组首次报道了光促进的有机小分子催化的利用三氟碘甲烷作为三氟甲基源的醛的α位三氟甲基化反应。机理研究表明，此反应是通过自由基路径实现的。但由于三氟碘甲烷对环境不友好，而且不易于操作，于是在2010年，该小组利用Togni试剂作为三氟甲基化试剂，氯化亚铜作为Lewis酸，在有机催化剂催化下实现了醛α位的三氟甲基化反应。随后，他们进一步实现了光催化的一步法烯醇硅烷的α位三氟甲基化反应。该反应可以拓展到酮、酯、酰胺α位的三氟甲基化（图7-70）。

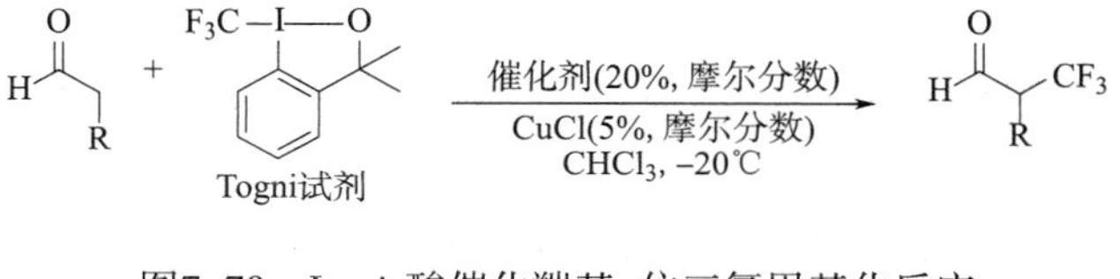

图7-70　Lewis酸催化羰基α位三氟甲基化反应

材料、医药、农药等行业的迅速发展，给有机氟化学的研究提出了更多新的挑战。三氟甲基类化合物作为有机氟化学的重要分支，其发展及研究更是科学家的重点关注对象。综上所述，可以看出，通过三氟甲基化试剂，能够方便地在各种化合物中引入三氟甲基基团。虽然合成三氟甲基化合物的途径很多，但仍然有许多方面待改善提高。寻找更加高效廉价的催化剂和配体以及三氟甲基化试剂，进一步拓展底物应用范围，探索更加温和的反应条件和简单的操作过程，以及扩大三氟甲基化反应在潜在药物分子和功能有机材料中的应用仍然需要更加深入的研究。

思考题

1. 氟化物的来源有哪些？从自然和人工的角度举例说明。
2. 写出以六氟异丙醇为原料制备七氟醚的合成路线。
3. 二氟甲基化的基本反应类型有哪些？请举例说明。
4. 化合物中引入氟原子，会引起什么性质的改变？请举例说明。

参考文献

[1] 杨林，朱利霞，张蓓. 中国冰晶石生产技术现状及发展趋势 [J]. 无机盐工业，2009，41（9）：8-10.

[2] 桑鹏，邹建卫，许林. 氟在药物设计与开发中的应用 [J]. 化学通报，2009，72（11）：973.

[3] 韩俭，杨小荣，赵素英. 含氟药物的研究进展 [J]. 中国药房，2011，22（1）：67-69.

[4] 王江，柳红. 氟原子在药物分子设计中的应用 [J]. 有机化学，2011，31（11）：1785-1798.

[5] Fred B, Frank P. Dwyer Dichloro-bis-(2, 2'-dipyridyl)-iron (II) and Dichloro-bis-(1, 10-Phenanthroline)-iron (II) [J]. J. Am. Chem. Soc., 1954, 76: 1455.

[6] 王帅，罗欣，陈玉文. 近5年获美国FDA批准的新药及其治疗领域分析 [J]. 中国药房，2014，25（13）：1156-1158.

[7] Munos B. Lessons from 60 Years of Pharmaceutical Innovation [J]. Nat. Rev. Drug Discov., 2009, 8: 959-968.

[8] Endo A. The Discovery and Development of HMG-CoA Reductase Inhibitors [J]. J. Lipid Res., 1992, 33（11）: 1569-1582.

[9] 刘正和. 全球首个抗HCV全口服新药索非布韦 [J]. 山东化工，2014，43（4）：48-51.

[10] Markowiak M, Czyrak A, Wedzony K. The Involvement of 5-HT1A Serotonin Receptors in the Pathophysiology and Pharmacotherapy of SchizophrDenia [J]. Psychiatr Pol, 2002（34）: 607-621.

[11] Carlsson A, Corrodi H, Fuxe K, et al. Effects of Some Antidepressant Drugs on the Depletion of Intra neuronal Brain Catecholamine Stores Caused by 4, α-Dimethyl-Metatyramine [J].

Eur. J. Pharmacol, 1969（5）：367–373.

［12］Carlsson A，Corrodi H，Fuxe K，et al. Effect of Antidepressant Drugs on the Depletion of Intraneuronal Brain 5–Hydroxytryptamine Stores Caused by4–methyl– α –Ethyl–Meta–Tyramine［J］. Eur. J. Pharmacol，1969（5）：357–366.

［13］Shaskan E G，Snyder S H. Kinetics of serotonin accumulation into slices from rat brain：relationship to catecholamine uptake［J］. J. Pharm. Exp. Ther. 1970，175（2）：404–418.

［14］Wong D T，Bymaster F P. Development of antidepressant drugs. Fluoxetine (Prozac) and other selective serotonin uptake inhibitors［J］. Adv. Exp. Med. Biol. 1995，363：77–95.

［15］Fuller R W，Wong D T，Robertson D W. Fluoxetine，a Selective Inhibitor of Serotonin Uptake［J］. Med. Chem. Rev.，1991，（11）：17–34.

［16］Ganser A L，Forte J G. K^+–Stimulated ATPase in Purified Microsomes of Bullfrog Oxyntic Cells［J］. Bichem Biophys Acta，1973（307）：169–180.

［17］Lorentzon P，Sachs G，Wallmark B. Inhibitory Effects of Cations on the Gastric H^+，K^+–ATPase. A Potential–Sensitive Step in the K^+limb of the Pump Cycle［J］. J. Biol. Chem.，1988（263）：10705–10710.

［18］Federsel H J. Facing Chirality in the 21st Century：Approaching the Challenges in the Pharmaceutical Industry［J］. Chirality，2003（15）：S128–142.

［19］Appelbaum P C，Hunter P A. The Fluoroquinolone Antibacterials：past，Present and Future Perspectives［J］. Int. J. Antimicrob Agents，2000（16）：5–15.

［20］Bertino J，Fish D. The Safety Profile of the Fluoroquinolones［J］. Clin. Ther.，2000（22）：798–817.

［21］Cilla D D，Whitfield L R，Gibson D M，et al. Multiple–Dose Pharmacokinetics，Pharmacodynamics，and Safety of Atorvastatin，an Inhibitor of HMG–CoA reductase，in Healthy Subjects［J］. Clin. Pharmacol Ther.，1996，60（6）：687–695.

［22］Zou Y C，Hu D Y. The Clinical Application of Statins and it's Perspectives［J］. Adv Cardiovasc Dis.，2001，22（5）：261–264.

［23］李钊. 阿托伐他汀的药理作用及临床应用进展［J］. 临床医药文献电子杂志，2018，5（68）：193–194.

［24］Xu S. Graphical Synthetic Routes of Atorvastatin Calcium［J］. Chin. New Drug J.（中国新药杂志），2006，15（22）：1913–1917.

［25］Ye J，Liu Y，Li C L. Method for Preparing Atorvastatin Calcium：China，101613312A［P］. 2009– 12–30.

［26］Braun M，Devant R.（R）– and（S）–2–Acetoxy–1，1，2–Triphenylethanol Effective Synthetic Equivalensof a Chiral Acetate Enolate［J］. Tetrahedron Lett.，1984，25（44）：5031–5034.

［27］Lee H T，Woo P W K. Atorvastatin，an HMG–CoA Reductase Inhibitor and Effective Lipid–Regulating Agent［J］. J Labelled Cpd Radiopharm，1999，42（2）：129–133.

［28］Lim Y M，Han Y T，Lee B G. Process for the Preparation of Atorvastatin：WO，

2009054693A2〔P〕.2009-04-30.

〔29〕Mothana B，Boyd R J. A Density Functional Theory Study of the Mechanism of the Paal-Knorr Pyrrole Synthesis〔J〕.J. Mol. Struc. Theochem.，2007，811（1/3）：97-107.

〔30〕叶腾飞，卞晓岚，朱利明.治疗丙肝药物索非布韦的研究进展〔J〕.药学服务与研究，2015，15（5）：370-373.

〔31〕Sofia M J，Du J，Wang P，Nagarathnam D. Preparation of nucleoside phosphoramidate prodrugs as antiviral agents〔P〕.WO 2008121634，2008-10-09.

〔32〕Ross B S，Reddy P G，Zhang H R. Synthesis of Dias Tereomerically Pure Nucl Eotide Phosphoramidates〔J〕.J. Org. Chem.，2011，76（20）：8311-8319.

〔33〕Moussa I，Leon M B，Baim D S. Impact of Sirolimus-Eluting Stents on Outcome in Diabetic Patients a SIRIUS〔J〕.Circulation，2004，109（19）：2273-2278.

〔34〕许学农.索非布韦的制备方法：中国，201410635081〔P〕.2014-12-11.

〔35〕Wang P Y，Stec W，Chun B K. Prep Aration of Alkyl- Substituted 2-Deoxy-2-Fluoro-Dribo Furanosyl Pyrimidines and Purines and Their Derivatives：EP，2348029A1〔P〕2011-07-27.

〔36〕储晓英，薛庆生，于布为.七氟醚对大鼠局灶性脑缺血再灌输损伤的保护作用〔J〕.中华麻醉学杂志，2006：79-81.

〔37〕王毅，任建刚，李惠黎.七氟醚的新法合成〔J〕.精细化工，1998（1）：53-55.

〔38〕Ogari A，Ntonio C，Edson L. Process for the Preparation of Chlormethyl 2,2,2-Rifluoro-4-（Trifluoromethyl）Ethylether：WO，2008037039〔P〕.2008-04-03.

〔39〕Christopher B，Highland P，Komepati V. Method for Synthes Izing Sevoflurane and an Intermediate Thereof：US，6100434〔P〕.2000-08-08.

〔40〕Linas V. Diisopropylamine Mono（hydrogen Fluoride）for Nucleophilic Fluorination of Sensitive Substractes：Synthesis of Sevoflurane〔J〕.J. fluorine chem.，2001（111）：11-16.

〔41〕冯超.七氟醚的合成研究〔D〕.南京：南京理工大学，2007.

〔42〕Lou S J，Xu D Q，Xia A B，et al. Pd（OAc）$_2$-Catalyzed Regioselective Aromatic C—H Bond Fluorination. Chem. Commun.，2013（49）：6218-6220.

〔43〕Zhu Q，Ji D，Liang T，et al. Efficient Palladium-Catalyzed C—H Fluorination of C（sp^3）—H Bonds：Synthesis of β-Fluorinated Carboxylic Acids〔J〕.Org. Lett.，2015（17）：3798-3801.

〔44〕Liu P，Gao Y，Gu W，et al. Regioselective Fluorination of Imidazo〔1,2-a〕pyridines with Selectfluor in Aqueous Condition〔J〕.J. Org. Chem.，2015，80（22）：11559-11565.

〔45〕Ito H，Mitamura Y，Segawa Y，Itami K. Thiophene-based，radial π-conjugation：synthesis，structure，and potophysical properties of cyclo-1,4-phenylene-2',5'-thienylenes[J].Angew. Chem. Int. Ed. 2015，54，（1）：159-163.

〔46〕Zhang Z X，Wang F，Mu X. Copper catalyzed regioselective fluorination of allylic halides〔J〕.Copper - Catalyzed Regioselective Fluorination of Allylic Halides. Angew. Chem. Int. Ed.，

2013（52）：7549-7553.

［47］ Francis B, Louis P B, Courchesne M C, et al. Aminodifluorosulfinium Tetrafluoroborate Salts as Stable and Crystalline Deoxofluorinating Reagents ［J］. Org. Lett., 2009（11）：5050–5053.

［48］ Buckingham F, Calderwood S, Checa B, et al. Oxidative fluorination of N-arylsulfonamides ［J］. J. Fluorine Chem. 2015, 180：33-39.

［49］ Ocampo R, Dolbier W R, Abboud K A, et al. Catalyzed Reformatskii Reactions with Ethyl Bromofluoroacetate for the Synthesis of α-Fluoro-β-hydroxy Acids ［J］. J. Org. Chem., 2002（67）：72–78.

［50］ Ruan Z, Zhang S K, Zhu C, et al. L. Ruthenium（II）- Catalyzed meta C—H Mono-and Difluoromethylations by Phosphine/Carboxylate Cooperation ［J］. Angew. Chem., Int. Ed., 2017（56）：2045-2049.

［51］ Yin H, Sheng J, Zhang K Fan, et al. Nickel-Catalyzed Monofluoromethylation of （Hetero）aryl Bromides via Reductive Cross-Coupling ［J］. Angew Chem. Int. Ed., 2019（58）：5069-5074.

［52］ Nodwell M B, Bagai A, Halperin S D, et al. ChemInform Abstract：Direct Photocatalytic Fluorination of Benzylic C—H Bonds with N - Fluorobenzenesulfonimide ［J］. Chem. Commun., 2015（51）：11783-11786.

［53］ Zhang X, Guo S, Tang P. Transition-metal free oxidative aliphatic C—H fluorination ［J］. Org. Chem. Front., 2015（2）：806–810.

［54］ Halperin S D, Kwon D, Holmes M, et al. Development of a Direct Photocatalytic C—H Fluorination for the Preparative Synthesis of Odanacatib ［J］. Org. Lett., 2015（17）：5200-5203.

［55］吴范宏，梁俊清，吴晶晶，等. 一种Flindokalner消旋体的新合成方法：中国 110240558A ［P］. 2019- 09- 17.

［56］ Deng Z, Lin J H, Cai J, et al. Direct Nucleophilic Difluoromethylation of Carbonyl Compounds ［J］. Org. Lett., 2016（18）：3206-3209.

［57］ Chen D, Ni C, Zhao Y, et al. Bis（difluoromethyl）trimethylsilicate Anion：A Key Intermediate in Nucleophilic Difluoromethylation of Enolizable Ketones with Me_3SiCF_2H ［J］. Angew. Chem. Int. Ed., 2016（55）：12632-12636.

［58］ Wang X, Zhao S, Liu J, et al. Copper Catalyzed C—H Difluoroalkylations and Perfluoroalkylations of Alkenes and （Hetero）arenes ［J］. Org. Lett., 2017（19）：4187-4190.

［59］ Bour J R, Kariofillis S K, Sanford M S. Synthesis, Reactivity, and Catalytic Applications of Isolable （NHC）Cu（CHF₂）Complexes ［J］. Organometallics, 2017（36）：1220-1223.

［60］ Li J, Wan W, Ma G, et al. Silver-mediated C-H Difluoromethylation of Arenes ［J］. Eur. J. Org. Chem. 2016,（28）：4916-4921.

［61］ Huang Z, Matsubara O, Jia S, et al. Difluoromethylthiolation of Phenols and Related

Compounds with a HF$_2$CSO$_2$Na/Ph$_2$PCl/Me$_3$SiCl System［J］. Org. Lett.，2017(19)：934-937.

［62］Feng Z，Min Q，Fu X，et al. Chlorodifluoromethane-Triggered Formation of Difluoromethylated Arenes Catalysed by Palladium［J］. Nat. Chem.，2017（9）：918-923.

［63］Furuya T，Fukuhara T，Hara S. Journal of Fluorine Chemistry. Synthesis of gem-difluorides from aldehydes using DFMBA［J］. J. Fluorine Chem.，2015(126)：721‒725.

［64］Mahender R K，Bhimireddy E，Thirupathi B，et al. Cationic Chiral Fluorinated Oxazaborolidines. More Potent，Second-Generation Catalysts for Highly Enantioselective Cycloaddition Reactions［J］. J. Am. Chem. Soc.，2016（138）：2443-2453.

［65］Peng P，Huang G Z，Sun Y X，et al. Copper-Mediated Cascade Radical Cyclization Ofolefins with Naphthalenyl Iododifluoromethyl Ketones［J］. Org. Biomol. Chem.，2019（17）：6426‒6431.

［66］Zeng X J，Yan W H，Zacate S，et al. Copper-Catalyzed Deaminative Difluoromethylation［J］. Angewandte Chemie，International Edition，2020（59）：16398-16403.

［67］Lin J S，Wang F L，Dong X Y，et al. Catalytic Asymmetric Radical Aminoperfluoroalkylation and Aminodifluoromethylation of Alkenes to Versatile Enantioenriched-Fluoroalkyl Amines［J］. Nature Commun.，2017（8）：14841.

［68］Nina S，Michael M，Christian G. Trapped in Misbelief for Almost 40 Years：Selective Synthesis of the Four Stereoisomers of Mefloquine［J］. Chem. Eur. J.，2013（19）：17584-17588.

［69］Umemoto T，Iahihara S. Power-Variable Electrophilic Trifluoromethylating agents. S-，Se-，and Te-（trifluoromethyl）Dibenzothio-，-seleno-，and Telurophenium Salt System［J］. J. Am. Chem. Soc.，1993（115）：2156-2164.

［70］Chu L L，Qing F L. Copper-Mediated Aerobic Oxidative Trifluoromethylation of Terminal Alkynes with Me$_3$SiCF$_3$［J］. J. Am. Chem. Soc.，2010（132）：7262-7263.

［71］Luo D F，Xu J，Fu Y，Guo Q X. Copper-catalyzed trifluoromethylation of terminal alkynes using Umemoto's reagent［J］. Tetrahedron Lett. 2012，53，（22）：2769-2772.

［72］Weng Z Q，Li H F，He W M，et al. Mild Copper-Catalyzed Trifluoromethylation of Terminal Alkynes Using an Electrophilic Trifluoromethylating Reagent［J］. Tetrahedron，2012（68）：2527-2531.

［73］McLoughlin V C R，Throwre J. A Route to Fdiates［J］. Tetrahedron，1969（25）：5921-5940.

［74］Oishi M，Kondo H，Amii H. Aromatic trifluoromethylation catalytic in copper［J］. Chem. Comm. 2009，（14）：1909-1911.

［75］Cho E J，Senecal T D，Kinzel T，et al. The Palladium-Catalyzed Trifluoromethylation of Aryl Chlorides［J］. Science，2010（328）：1679-1681.

［76］Samant B S，Kabalka G W. A novel catalytic process for trifluoromethylation of bromoaromatic compounds［J］. Chem. Comm. 2011，47，（25）：7236-7238.

［77］Chu L L，Qing F L. Copper-Mediated Oxidative Trifluoromethylation of Boronic Acids［J］.

Org. Lett., 2010（12）: 5060–5063.

［78］Xu Jun, Luo D F, Xiao B, et al. Copper–catalyzed trifluoromethylation of aryl boronic acids using a CF_3^+ reagent［J］. Chem. Comm. 2011, 47, （14）: 4300–4302.

［79］Liu T, Shen Q. Copper–Catalyzed Trifluoromethylation of Aryl and Vinyl Boronic Acids with An Electrophilic Trifluoromethylating Reagent［J］. Org. Lett., 2011（13）: 2342–2345.

［80］Zhang C P, Cai J, Zhou C B, et al. Copper–Mediated Trifluoromethylation of Arylboronic Acids by Trifluoromethyl Sulfonium Salts［J］. Chem. Commun., 2011（47）: 9516–9518.

［81］Wiehn M S, Vinogradova E V, Togni A. Electrophilic trifluoromethylation of arenes and N–heteroarenes using hypervalent iodine reagents［J］.J. Fluorine Chem. 2010, 131, （9）: 951–957.

［82］Wang X S, Yu J Q. Pd（II）–Catalyzed ortho–Trifluoromethylation of Arenes Using TFA as a Promoter［J］. Am. Chem. Soc., 2010（132）: 3648–3649.

［83］Matsubara S, Mitani M, Utimoto K. A facile preparation of 1–perfluoroalkylalkenes and alkynes. Palladium catalyzed reaction of perfluoroalkyl iodides with organotin compounds［J］. Tetrahedron Lett. 1987, 28（47）: 5857–5860.

［84］Kim J, Furukawa T, Nomura Y, et al. Cu–Mediated Chemoselective Trifluoromethylation of Benzyl Bromides Using Shelf–Stable Electrophilic Trifluoromethylating Reagents［J］. Org. Lett., 2011（13）: 3596–3599.

［85］Nagib D A, Scott M E, MacMillan D W C. Enantioselective α–Trifluoromethylation of Aldehydes via Photoredox Organocatalysis［J］. J. Am. Chem. Soc., 2009（131）: 10875–10877.

［86］Allen A E, MacMillan D W C. The productive merger of Iodonium salts and organocatalysis: a non–photolytic approach to the enantioselective α–trifluoromethylation of aldehydes[J].J. Am. Chem. Soc. 2010, 132（14）: 4986–4987.

第8章 培南类药物

8.1 概况

　　碳青霉烯是美国20世纪80年代开发的一种全新化学结构的新型抗菌剂，碳青霉烯（CARB-APENEM）和青霉烯（PENEM）类抗生素合称为培南类药物。自20世纪80年代中期世界第一只培南类抗生素——亚胺培南在日本上市以来，国外至少已开发出十几只培南类抗生素产品，其中亚胺培南、美罗培南、帕尼培南和多利培南等多个培南类抗生素已进入世界畅销药物排名榜的前100名。

　　培南类药物能在短时间内迅速崛起并与头孢菌素、大环内酯类抗生素形成分庭抗礼之势，主要归功于其所具有的抑制耐药菌株的效果。碳青霉烯类抗生素的化学结构（图8-1）中均具有β-内酰胺环，与青霉素类抗生素的不同在于其噻唑环中C2和C3间为不饱和键，4位上的硫原子被碳原子所取代。

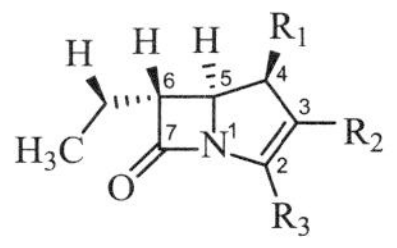

图8-1　碳青霉烯母核

　　构效关系研究表明，碳青霉烯类抗生素所共有的碳青霉烯母核对β-内酰胺酶具有高度稳定性，C-6位的α-羟乙基侧链的反式构象，使得碳青霉烯类抗生素有极强的耐酶作用，若构象改变，则几乎不具耐β-内酰胺酶的作用。C-4β位引入甲基等取代基可提高对肾脱氢肽酶（DHP-1）的稳定性。C-3位是碳青霉烯类抗生素的最主要的化学结构修饰位置，按其化学结构可分为硫取代、碳取代、三稠环和多稠环类，而适当地改变C-3位取代基有改善抗菌活性、体内药代动力学与不良反应等的作用。该类药物抗菌谱广（几乎包括了所有临床上常见的病原菌），抗菌作用强，对头孢菌素耐药菌仍可发挥优良抗菌作用。细菌对该类药物不存在交叉耐药性，尤其对革兰阴性菌及厌氧菌都有强大的抗菌活性。临床适用于多种细菌感染治疗。一是重症感染，在病原体明确前，为了尽量覆盖可能的病原菌，常作为经验性治疗的首选药物；二是多重耐药菌感染的治疗，尤其是需氧菌和厌氧菌的混合感染；三是头孢菌素及复方制剂疗效不理想的细菌引起的腹膜炎、肺炎、败血症等。

　　自碳青霉烯类（penems，中国统一译名为"培南类"）开发上市以来，发展势头十分强劲。目前，全球已上市的培南类药物共有8个，其中单方6个，分别是美罗培南、法罗培南、比阿培南、厄他培南、多尼培南和泰比培南；复方2个，分别是亚胺培南/西司他丁、帕尼培南/倍他米隆。国际市场上已上市和在研的培南类药物有11种之多，其中中国山东轩竹生物科技有限公司正在开发新药——百纳培南、艾帕培南。中国已批准上市的培南类药物有6种，即亚胺培南/西司他丁、美罗培南、帕尼培南/倍他米隆、法罗培南、厄他培南和比阿培南（表8-1）。

表8-1　碳青酶烯类进入中国市场情况

名称	供应厂商	商品名	中国首次上市时间
亚胺培南（Imipenem）	杭州默沙东制药	泰能（Tienamn）	1991年
帕尼培南（Panipenem）	日本三共株式会社	克倍宁（Carbenin）	2002年
美罗培南（Meropenem）	住友制药（苏州）	美平（Mepem）	1999年
法罗培南（Faropenem）	鲁南制药集团	君迪	2006年
厄他培南（Ertapenem）	美国默沙东	怡万之（INVANZ）	2005年
比阿培南（Biapenem）	江苏正大天晴药业	天册	2009年

来自国际抗生素工业界的最新消息，过去几年来，国际医药市场上增长速度最快的3类抗生素新药为：碳青霉烯类（即"培南类"），糖肽类（glycopeptides），噁唑烷酮类（如linezolide等）。此3类新型抗生素的销售额合计已占目前国际抗生素市场大约20%的份额，且发展势头十分强劲。

培南类药物如此炙手可热，一方面是其临床有价值，能有效解决头孢类抗生素耐药性问题；另一方面，则是由于其研发、生产与其他抗生素类相比，技术壁垒更高，市场竞争相对较小。目前，美罗培南和亚胺培南两个品种是培南类药物市场的主导品种。

美罗培南是培南类药物的"领头羊"，其市场正处于稳定增长期。美罗培南由日本住友制药公司与英国ICI制药公司开发，1994年在意大利上市，1999年进入中国市场，现在是国家医保乙类用药。医院抽样数据表明，从2006年以来，美罗培南一直处于培南类药物市场的领先地位。

亚胺培南由美国默沙东公司在1979年研制成功，是进入中国最早的培南类药物，其与西司他丁钠组成复方制剂。

与美罗培南和亚胺培南/西司他丁钠相比，培南类药物中的"新丁"厄他培南、法罗培南等也"不甘示弱"。厄他培南是默沙东公司开发的新型长效注射用培南类药物，2005年进入中国市场，商品名为"怡万之"。唯一口服给药的培南类药物法罗培南钠，市场表现也不俗。虽然厄他培南等新药增长势头迅猛，但是主宰培南类药物市场格局的仍是以美罗培南为代表的成熟品种。

尽管培南类药物原研厂家均为国外企业，但中国企业强大的仿制创新能力和优势明显的原料药生产能力相互配合，使培南类药物本土化趋势正在不断加强，市场份额上升很快，具有取代进口药的发展趋势。国内厂家已经相继拿到培南类药物的原料药和制剂生产批文，并且原料药优势也在不断扩大。以美罗培南为例，中国生产的美罗培南原料药在2006年时已经居全球美罗培南原料药销量之首。

8.1.1　国际上主要在研培南类药物品种及开发方向

（1）**托莫培南**（tomopenem）

托莫培南是一个旨在用于院内感染的注射用碳青霉烯类抗生素，对革兰阳性和阴性菌有极广谱的抗菌作用，其中对耐甲氧西林金黄色葡萄球菌（MRSA）和铜绿假单胞菌（MexAB-

OprM）的抗菌活性与亚胺培南/西司他丁和美罗培南相当。托莫培南抗MRSA的活性与其对青霉素结合蛋白（PBP-2a）的高亲和性有关，而抗铜绿假单胞菌的活性主要取决于对变异的铜绿假单胞菌有活性。

（2）**阿祖培南（razupenem）**

阿祖培南对革兰阳性菌有广谱的抗菌活性，覆盖范围包括 MRSA、对万古霉素中度耐药的金黄色葡萄球菌（VISA）和耐万古霉素的粪肠球菌（VREF）等，对铜绿假单胞菌等革兰阴性菌也具抗菌作用。阿祖培南对铜绿假单胞菌的作用机理是减少药物从细胞外膜膜孔蛋白和从 MexAB-OprM系统的流出。阿祖培南对MRSA的PBP-2a和耐氨苄西林VREF的PBP-5有高亲和性。

（3）**国际上培南类品种开发方向及展望**

①增强对铜绿假单胞菌和MRSA的活性。

②开发口服品种。口服碳青霉烯抗生素都是酯型前体药物，口服吸收好，能在体内迅速被酯酶水解成原药而发挥作用。

③寻找对革兰阳性菌（包括MRSA）、阴性菌（包括铜绿假单胞菌）和脆弱拟杆菌等都有很强作用的碳青霉烯类抗生素。现已上市的碳青霉烯类抗生素虽大多都有广谱的抗革兰阳性和阴性菌活性，但目前还缺抗MRSA和抗铜绿假单胞菌作用均很强的品种。

④降低药物的中枢神经系统毒性。在已上市的碳青霉烯类抗生素中，亚胺培南与癫痫发作的相关性较高，而多利培南、美罗培南、厄他培南和比阿培南的相关性较低。在今后的新药开发中，药物的中枢神经系统毒性不容忽视。

⑤延长药物的半衰期。药物半衰期长可减少给药次数，保证药效。

8.1.2 培南类药物的特点及发展分析

（1）**亚胺培南**

亚胺培南是中国最早用于临床和投产的碳青霉烯类抗生素，对重危细菌感染、难治性感染显示出良好的疗效；其产量仅次于美罗培南，是中国的第二大碳青霉烯产品。由于亚胺培南在国际市场上需求数量不如美罗培南大，加上国外厂商拥有较大的亚胺培南生产能力，因此中国亚胺培南原料药在国际市场上与日美等国厂商竞争需要时日。

（2）**帕尼培南**

帕尼培南的生物活性、有效性、安全性与亚胺培南相似。对革兰阳性菌、阴性菌、需氧菌和厌氧菌都有强作用；对金黄色葡萄球菌和耐甲氧西林金黄色葡萄球菌的活性比亚胺培南强；对β-内酰胺酶的稳定性及诱导作用与美罗培南相似；对中枢神经系统毒性低。

（3）**美罗培南**

美罗培南是目前国内生产厂家最多、年产量最高的一只碳青霉烯类抗生素产品。据统计，国内有30多家公司在生产该产品，产品链有分工，如各自负责美罗培南母核、侧链中间体和原料药合成等。

医学界普遍认为美罗培南是目前屈指可数的少数几只能治疗各种感染性疾病的广谱抗生素产品，因此美罗培南在今后几年仍将是国际临床医学界使用的主要抗生素产品。

中国美罗培南产量已跃居世界第一位，出口数量在国际市场上具领先地位。随着中国生产4AA（4-乙酰氧基氮杂环丁酮）技术获得突破性进展，并高质量快速增长，将确保中国碳青霉烯类药物在国际市场上的优势地位。

（4）法罗培南

法罗培南别名呋罗培南，是唯一既可口服又可注射的培南类品种，国内制剂为口服剂型。其抗菌谱广，尤其对厌氧菌特别有效，对除铜绿假单胞菌和不动杆菌属外的需氧和厌氧菌具有广谱的抗菌效应；抗菌活性优于现有头孢类口服抗生素；医院重度感染患者最佳选择用药。

（5）厄他培南

与亚胺培南和美罗培南相比，厄他培南对医院感染病原菌，如铜绿假单胞菌以及不动杆菌属细菌等抗菌作用略差，但是仅需每天1次单药应用，所以推荐用于治疗社区获得性严重感染（包括需氧菌和厌氧菌的混合感染）。国外证实厄他培南治疗常见社区获得性感染安全、有效，而且减少给药次数和避免联合用药，可以方便患者用药，节省医疗开支，在临床应用中具有较好前景。

（6）比阿培南

比阿培南对临床耐药菌株引起的感染症（尤其是绿脓杆菌引起的败血症）效果较好，其结构特殊，杀菌强大快速，临床疗效好，不良反应少而轻。上市后就受到临床医学界的欢迎。与其他已上市的碳青霉烯类抗生素相比，其肾毒性几乎为零，且无中枢神经系统毒性，是更安全、有效的碳青霉烯类抗生素。

（7）多尼培南

多尼培南是一种很有发展前景的新型碳青霉烯药物，是仅限于18岁以上患者使用的碳青霉烯类。对β-内酰胺酶与DHP-1稳定，可用于治疗G+菌和G-菌引起的感染，不良反应少而轻（消化道反应）。其对G+菌、G-菌以及对头孢菌素和青霉素类的耐药菌都有效。活性与亚胺培南相当。临床显示肺炎治疗效果好于美罗培南，不良反应少。

（8）泰比培南

该品是日本明治制果制药公司2009年4月在日本上市，口服颗粒剂，治疗肺炎、中耳炎、副鼻腔炎，是目前唯一批准用于儿童的口服培南类药物。其结构特点是C-3位侧链为噻唑基取代的氮杂环丁烷基团，同时通过在C-2位羧酸形成匹伏酯形成前药，提高了口服吸收性。本品的口服吸收性优于现在已经上市的大多数β-内酰胺类抗生素。临床显示，其比青霉素系列及头孢系列具更强的抗菌性；与其他注射用的碳青霉烯类抗生素相比，表现出同等程度或更强的抗菌效果；特别是针对近几年引起儿童感染主要原因的耐青霉素肺炎链球菌、耐红霉素肺炎链球菌及流感嗜血杆菌表现出较强的抗菌效果。

8.1.3 培南类药物基本知识产权概况

以上市时间为顺序，培南类药物的8个品种的基本情况见表8-2。

表8-2 培南类药物基本知识产权概况

名称	上市时间	研发商	专利情况
亚胺培南	1985	美国默沙东	化合物专利：US5147868
帕尼培南	1994	日本三共株式会社	无

名称	上市时间	研发商	专利情况
美罗培南	1994	日本住友	化合物专利：US4943569
法罗培南	1997	日本三共株式会社	化合物专利：US4997829
厄他培南	2002	美国默沙东	化合物专利：US5652233； US5478820
比阿培南	2002	日本Lederle公司	化合物专利：US4990613
多尼培南	2005	日本盐野义制药	化合物专利：US5317016 晶形专利：CN95193672.7；CN01810309.X； CN200710127224.9
泰比培南	2009	日本明治制果株式会社	化合物专利：EP0632039 制备方法专利：US5783703；US5534510；EP0717042； CN1708504

亚胺培南的化合物专利US5147868已于2009年9月15日到期。为了提高帕尼培南的安全性，该品与有机离子运送抑制剂倍他米隆以1∶1比例合成为复合制剂帕尼培南／倍他米隆，该药化合物已在抗生素杂志公开。

美罗培南的化合物专利US4943569已于2010年6月21日到期。日本住友制药株式会社于1999年1月4日申请获得了本品注射剂药品行政保护，已于2006年7月4日期限届满。

法罗培南1985年就在日本申请专利JP60，47103，1991年在美国申请了等同专利US4997829，现已过期。

比阿培南的化合物专利US4990613已于2008年2月5日到期。

厄他培南的化合物专利US5652233已于2013年8月2日到期，具体化合物专利US 5478820于2016年5月21日到期，同族中国化合物专利CN93101472于2013年2月4日到期。

多尼培南化合物专利US5317016于2012年8月14日到期，其同族中国专利CN92111069.3保护的是不定型产品制备工艺，已于2012年8月20到期。但多尼培南在中国有5种晶型专利，包括Ⅰ、Ⅱ晶形专利CN95193672.7于2015年4月28日到期，Ⅲ、Ⅳ晶型专利CN01810309.X于2021年3月30日到期，Ⅴ晶型专利CN200710127224.9于2007年7月3日申请。

泰比培南酯的核心专利为EP0632039，优先权日为1993年7月1日，权利要求内容为化合物专利、制备方法专利、组合物专利及用途专利。该专利未在中国进行申请，且已过有效申请时限。除核心专利中公开的制备方法外，后续又有新的制备方法专利公开（US5783703，US5534510和EP0717042），但此三项专利均未在中国进行专利申请。通过WO2004043973在中国申请了专利CN1708504，该专利报道的路线并非是经典的培南类制备方法。

8.1.4　国产培南类药物开发和批准情况

由于市场前景看好，自1992年以来，中国多家制药企业和医药科研机构先后投入科技资源，进行培南类药物的开发研究，已经相继拿到培南类药物的原料药和制剂生产批文。截至2020年9月，从NMPA网站数据库检索，培南类药物报批情况见表8-3。

表8-3　培南类药物报批情况

名称	批准文号			申报受理（在审或临床）		
	原料药	制剂	进口上市	原料药	制剂	进口注册
亚胺培南	4	10	10	—	3	2
帕尼培南	—	1	1	—	—	—
美罗培南	8	24	3	1	1	—
法罗培南	4	9	3	1	—	—
厄他培南	1	1	3	—	—	—
比阿培南	6	6	—	—	1	—
多尼培南	—	—	—	11	14	—
泰比培南	—	—	—	18	18	—

8.1.5　碳青霉烯类抗生素的医院用药情况

近年来，全身性抗生素的用药金额仍然保持着不断增长的趋势，其复合增长率达到了两位数。而碳青霉烯类药物的增长幅度大大超过整个抗生素类别的增长，其复合增长率达到了30%以上。这使它在抗生素类别中的用药份额不断提高。

在国家医保（2021版）目录中收载有5个碳青霉烯类药物成为医保目录乙类品种，包括亚胺培南/西司他丁、美罗培南、比阿培南、法罗培南、厄他培南。

全球已上市的8个碳青霉烯类品种，国内除了多尼培南、泰比培南尚未进口和国产化，其他6个品种都已经进入IMS（Intercontinental Marketing Services）全国医院用药的数据库（图8-2）。

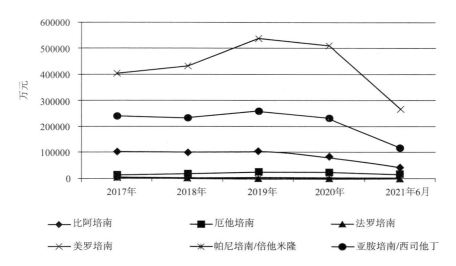

图8-2　IMS全国医院碳青霉烯类药物用药趋势

从目前来看，IMS全国医院数据库6个品种中的重量级选手当属美罗培南和亚胺培南/西司他丁如图8-3所示。

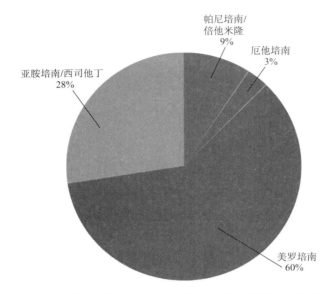

图8-3 2020年IMS全国医院碳青霉烯类药物用药份额（金额）

目前，亚胺培南/西司他丁的增长已经趋缓，而美罗培南和帕尼培南/倍他米隆近年来的增长势头较好，5年来的复合增长率都超过了30%，法罗培南和厄他培南的增长势头也很好，复合增长率达到了50%以上。

由于法罗培南、厄他培南和帕尼培南医院使用量基数较低，近年来增长较快。但在临床上没有展现优效性，故未能像美罗培南那样脱颖而出成为碳青霉烯类产品中的佼佼者。这3个培南类药物目前均为国际市场上的"小品种"培南类产品。据了解，国内已有厂家在生产上述培南类抗生素原料药。但产能较小，无法与美罗培南和亚胺培南等大宗碳青霉烯类产品相比。据有关部门估计，上述3个小品种培南类药物全国总产量要想超过10t，需要较长的市场培育发展期。

8.2　国内培南类药物产品工艺技术和成本分析

8.2.1　法罗培南

法罗培南结构式、侧链如图8-4所示，通过逆向工程可拆分为母核和侧链。

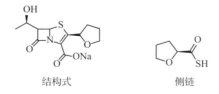

结构式　　　　　　　　　　侧链

图8-4　法罗培南结构式、侧链

法罗培南由4AA开始经四步合成反应和一步精制得到。所使用侧链可以市场购买也可以自制。制备过程有硫化氢产生，需要密闭吸收装置。法罗培南合成路线图解如图8-5所示，总摩尔收率约40%。随着工艺的改进，预计原料成本在4000元/kg以下可期。

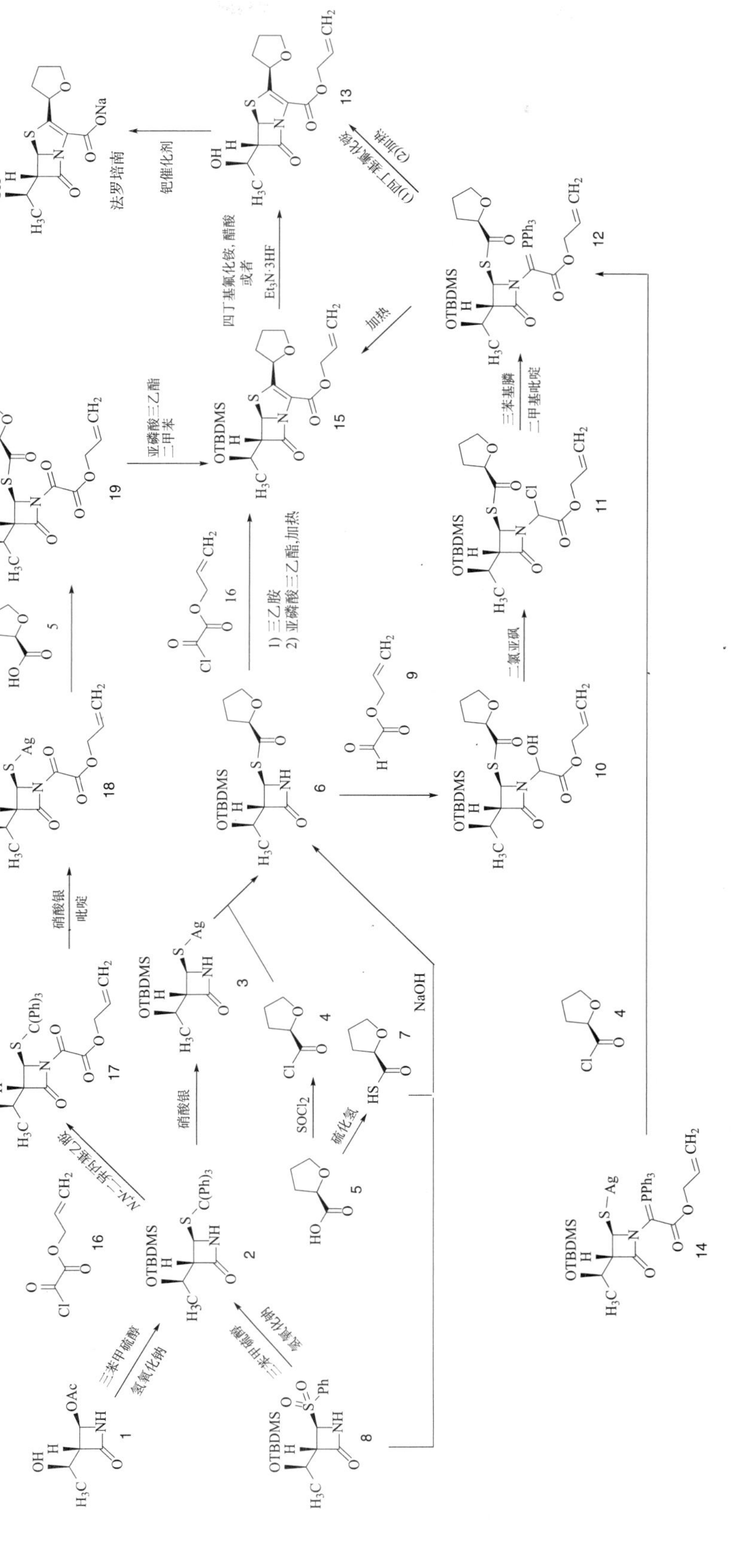

图8-5　法罗培南的合成路线图解

8.2.2　亚胺培南

亚胺培南结构式、母核与侧链如图8–6所示，母核、侧链皆有供应可及，合成路线如图8–7所示。

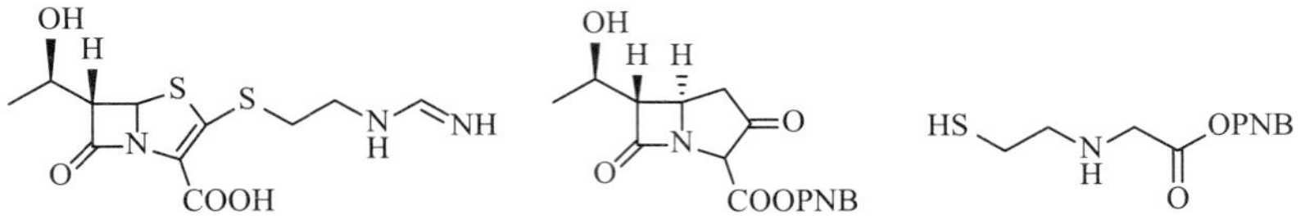

结构式　　母核　　侧链

图8–6　亚胺培南结构式、母核和侧链

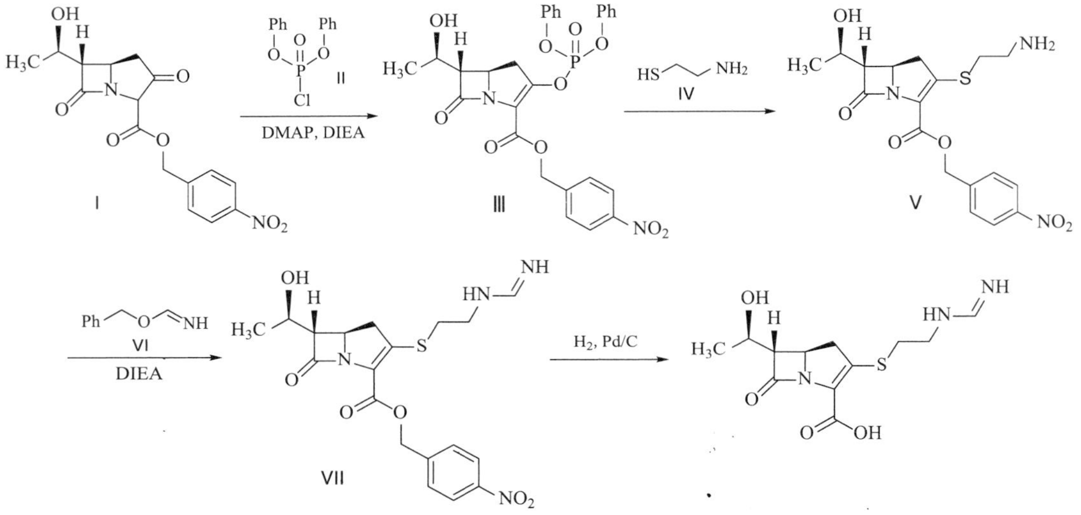

图8–7　亚胺培南合成路线

亚胺培南由4AA开始经六步合成反应和一步精制得到，总摩尔收率约30%，原料成本在25000元/kg左右。由于亚胺培南很不稳定，致使其加氢摩尔收率较低，只有55%～60%。其质量稳定性需要关注并重点研究。

8.2.3　美罗培南

美罗培南结构式、母核与侧链如图8–8所示，母核、侧链有供应可及。如自制侧链，常规设备即可，无特殊要求。

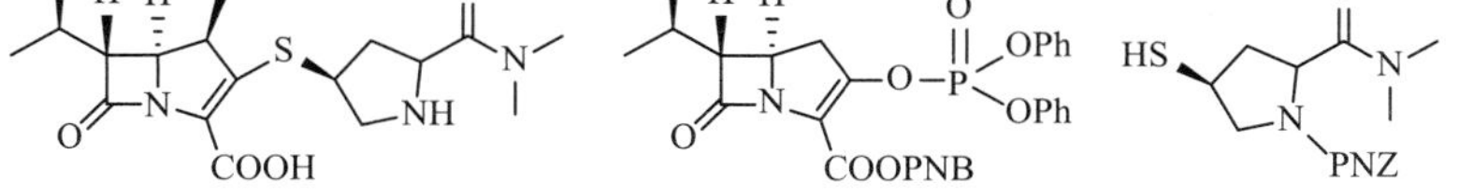

结构式　　母核　　侧链

图8–8　美罗培南结构式、母核和侧链

美罗培南由4AA开始经九步合成反应和一步精制得到，合成路线如图8-9所示。此工艺路线较为成熟，由母核和侧链对接、加氢、精制得到美罗培南，摩尔收率为60%以上，原料成本已达到每千克千元级别。

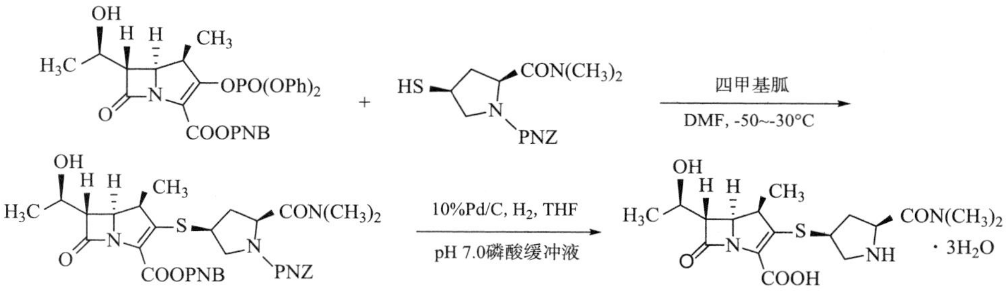

PNB：对硝基苄基
PNZ：对硝基苄基羰基

图8-9　美罗培南合成路线

8.2.4　比阿培南

比阿培南结构式、母核和侧链如图8-10所示，侧链有供应可及。

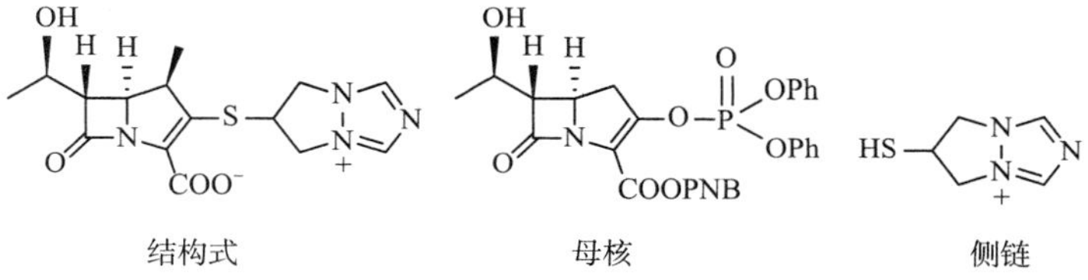

图8-10　比阿培南结构式、母核和侧链

比阿培南合成工艺是母核和侧链对接、加氢、精制，收率60%以上。主要合成步骤如图8-11。其侧链为11步合成反应，资源占用大，因此比阿培南侧链价格较高，对比阿培南原料制造成本影响较大。

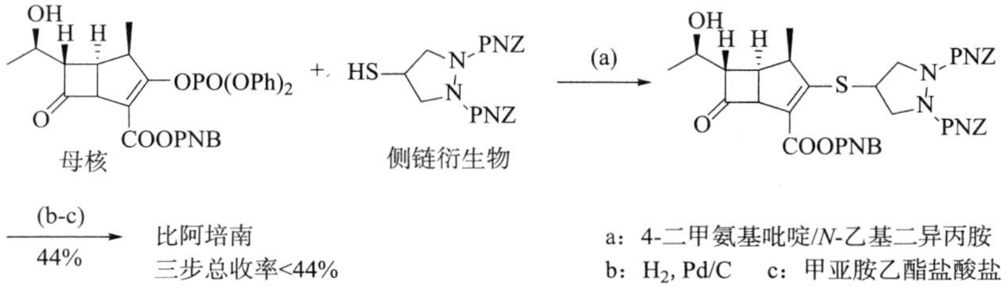

图8-11　比阿培南主要合成步骤

8.2.5　帕尼培南

帕尼培南结构式、母核和侧链如图8-12所示，侧链可以市场购买。帕尼培南的合成路线如图8-13所示。

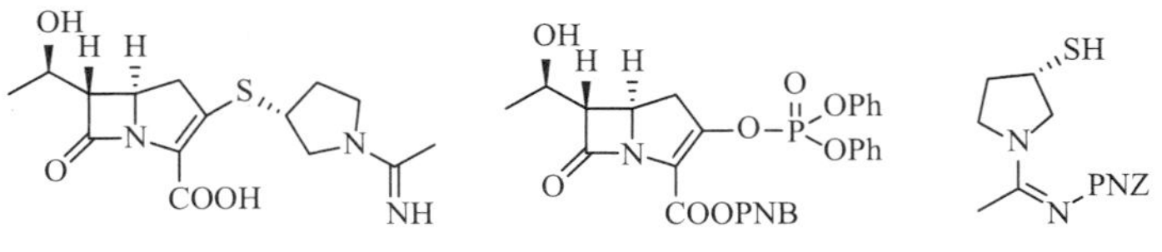

图8-12　帕尼培南结构式、母核和侧链

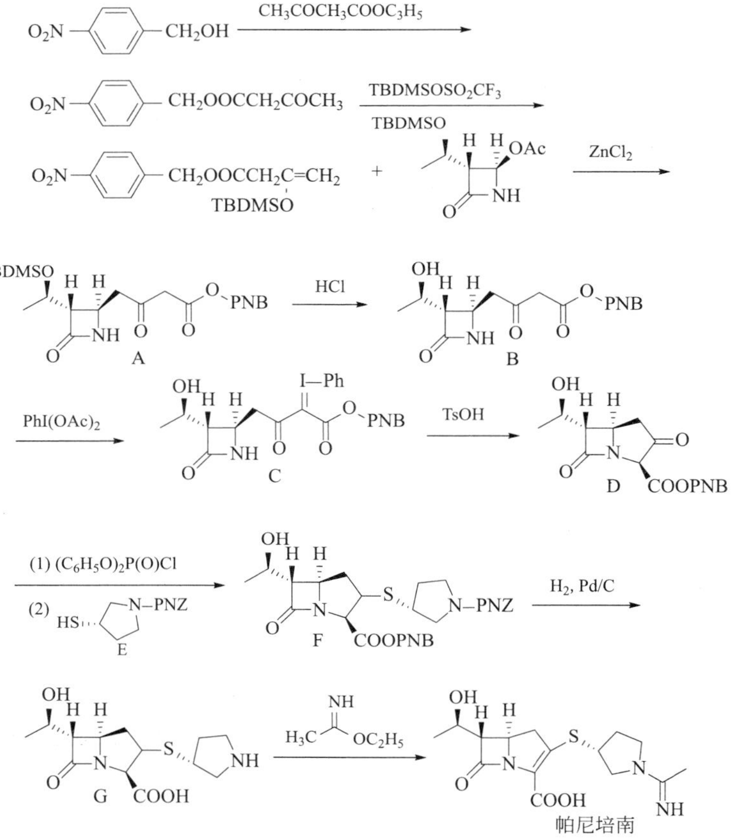

图8-13　帕尼培南合成路线

8.2.6　厄他培南

厄他培南结构式、母核和侧链如图8-14所示，侧链可以市场购买。厄他培南合成路线如图8-15所示.

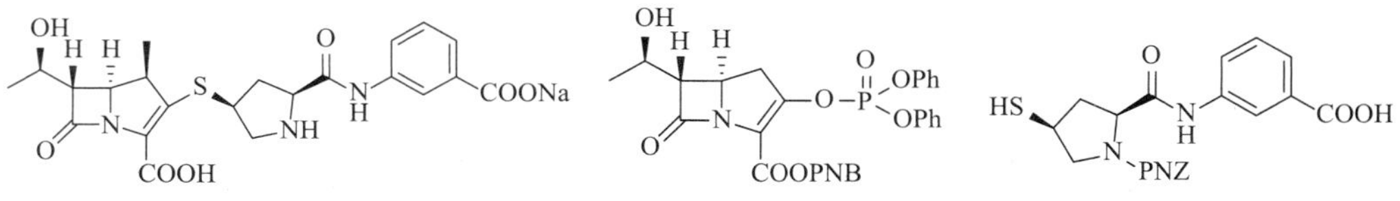

图8-14　厄他培南结构式、母核和侧链

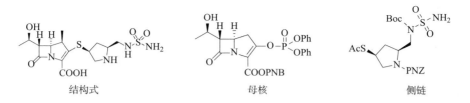

图8-15　厄他培南合成路线

8.2.7　多尼培南

多尼培南结构式、母核和侧链如图8-16所示，侧链有供应可及。

结构式　　　　　　　　　母核　　　　　　　　　侧链

图8-16　多尼培南结构式、母核和侧链

8.2.8　泰比培南

泰比培南结构式如图8-17所示，其合成路线如图8-18所示。

综上所述，培南类原料的合成技术对其成本和质量影响较大，也会影响其临床应用。美罗培南与亚胺培南相比，抗菌活性好，毒副作用低，有成本优势，故而美罗培南在逐步蚕食亚胺培南市场，并成为培南系列药物的主力军。其他培南类尚处于生产技术稳定期，随着新技术开发，侧链及中间体成本进一步下降，培南类市场会持续扩大。

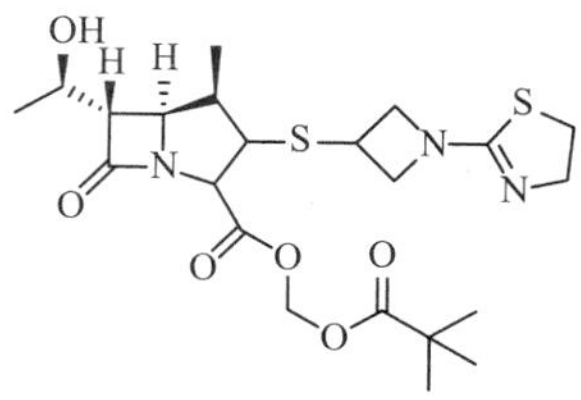

图8-17　泰比培南结构式

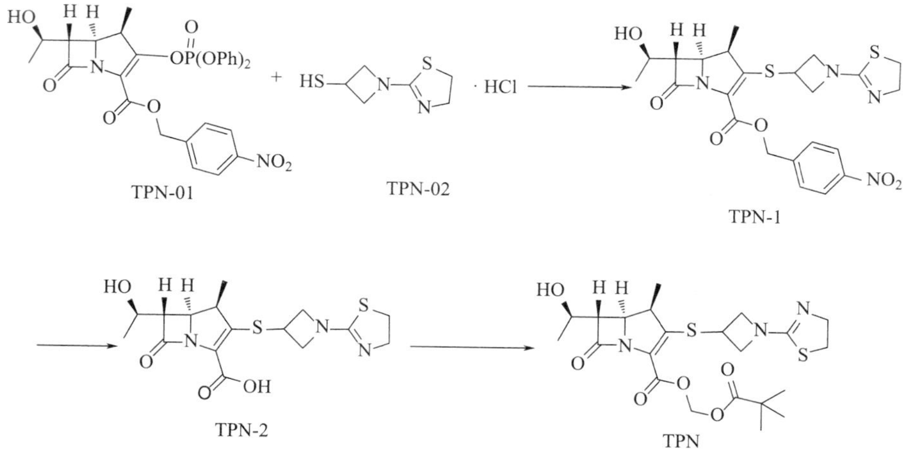

图8-18　泰比培南合成路线

8.3　关键中间体4AA工艺路线研究

　　4AA（4-乙酰氧基氮杂环丁酮）是一种重要的医药中间体产品，它是生产碳青霉烯类抗生素（即培南类）原料药的关键原料，其合成工艺研究一直都非常活跃，有许多文献和专利报道。除法罗培南外，其他已上市的培南均采用4BMA或MAP作为母核开始，即4AA→4BMA→MAP→培南产品。据了解，培南原料制备多采用从4BMA开始，5步合成得到MAP，再与侧链缩合、氢化还原、精制得到产品。

　　早期常见的合成方法有Staudinger烯酮—亚胺环加成法、微波辐射法、以手性试剂为原料的合成法等。后来随着不对称合成技术的发展，化学家将不对称合成技术用于该中间体的合成，并取得了较大进展，为进一步研究开发4AA的合成工艺提供基础。

8.3.1　实验室合成法

　　Shiozaki等最早用6-氨基青霉烷酸（6-APA）作为手性原料，成功地合成了4AA，但产品收率较低。在此基础上对原来合成工艺改进，通过优化反应时间、试剂的种类以及用量，最终产品收率可达到27.9%。其合成工艺路线如图8-19所示。

　　该工艺以6-APA为原料经溴化、酯化、格氏化、羟基保护、开环、氧化得到4AA。其中溴化反应中极易停留在一溴代产物步骤，导致所需的二溴化产物收率低，反应时间较长，操作也

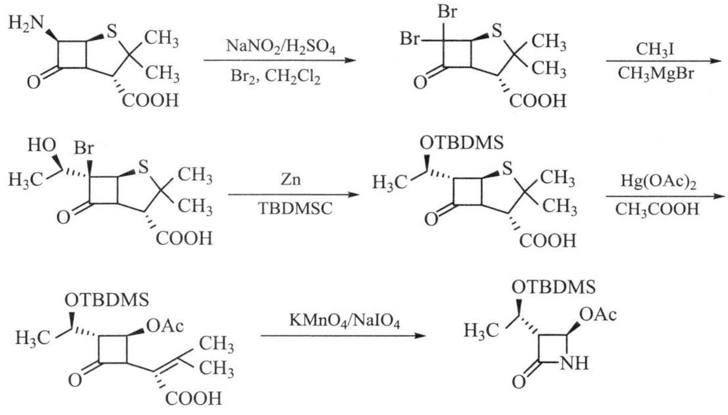

TBDMSC=叔丁基二甲基氯硅烷

图8-19　4AA实验室合成路线

比较复杂。且一些原料成本较高，对环境也会造成污染，因而不适合于工业化大规模生产。

8.3.2　环化法

（1）Staudinger*环加成法*

应用"2+2"环加成反应成环，是一种重要的合成氮杂环丁酮的方法，其中以Staudinger研究的烯酮—亚胺合成法最常见。该法是以酰氯或重氮酮作为烯酮前体，与亚胺发生亲核加成反应成环。该法反应步骤简洁，产品收率高，但最终产物有3种存在形式（顺式、反式、顺反异构共存），亚胺和酰氯的取代基、溶剂的性质、试剂的添加顺序都直接影响氮杂环丁酮的生成和产物的立体构型。Banick和Becker在多环芳香亚胺与酰氯反应生成反式氮杂环丁酮的研究报道中指出，亚胺氮原子上较大的取代基很有可能决定产物的立体构型。

为了控制立体构型，人们对该法进行深入研究，通过改善反应条件（如采用手性胺、手性酮、催化剂等）可获得较高的立体选择性产物。如Sasaki等用烯醇内酯与希夫碱进行不对称环加成得到3-乙酰基-2-氮杂环丁酮，合成产物具有较高的收率和立体选择性。此外，文献报道直接构建β-内酰胺四元环的环加成方法还有烯醇—亚胺环加成、烯烃—异氰酸酯环加成、金属卡宾—亚胺环加成、吖啶的羰基化反应等。Cozzi等报道了一种类似烯醇—亚胺环成的方法，该法能以较高的收率和较好的立体选择性制备4AA。其合成路线如图8-20所示。

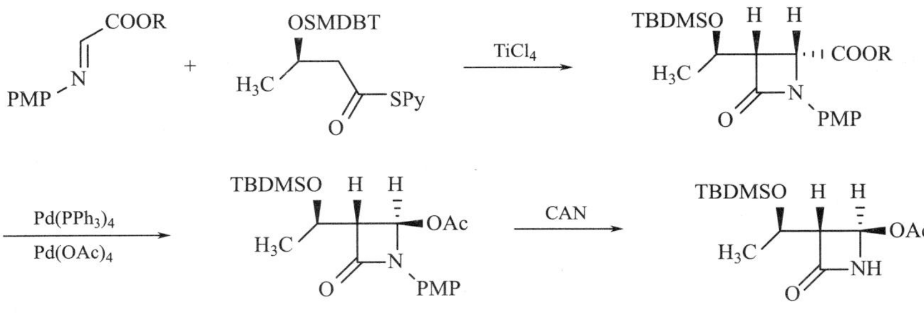

PMP=4-Meoph; Py=2-Pyridyl；CAN=硝酸铈铵

图8-20　Staudinger环加成法

（2）分子内环合法

Risi等报道了一种以简单分子内环化反应、较好的收率和较高的立体选择性实现了外消旋体氮杂环丁酮的合成路线，即以乙酰乙酸甲酯为原料，在乙酰丙酮锌的催化作用下，同氰甲酸酯反应生成β-氨基酮酯，经N保护后，分别进行碳氧双键和碳碳双键的还原，最后环化得到氮杂环丁酮。反应过程如图8-21所示。

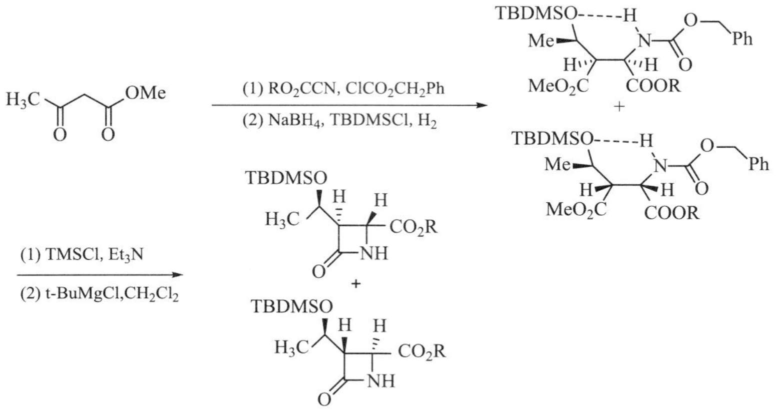

图8-21　分子内环合法1

Tatsuta等以易得的起始原料2-氨基-2,6-去氧-α-D-吡喃葡萄糖苷，通过骨架重排和立体选择差向异构化反应，合成了4-乙酰基-3-羟乙基-2-氮杂环丁酮。反应过程如图8-22所示。

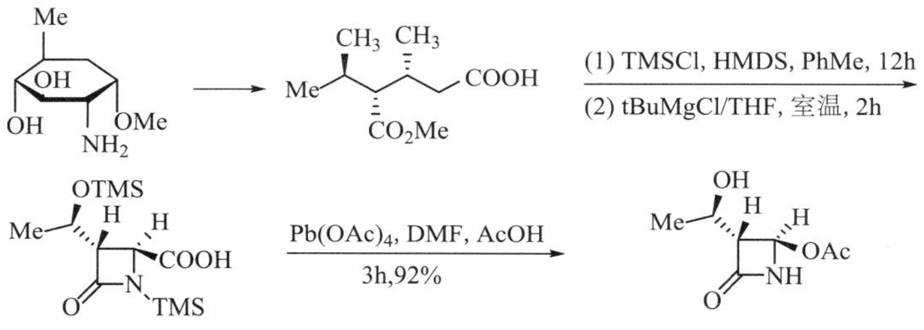

图8-22　分子内环合法2

（3）其他环加成法

通过手性烯醇（硫）醚与磺酰氯异氰酸酯的环加成反应来实现4AA的合成，在许多研究中都有报道。日本KanegaFuchi公司也通过这种环加成法实现了4AA的合成，并已用于工业化生产，合成路线如图8-23所示。

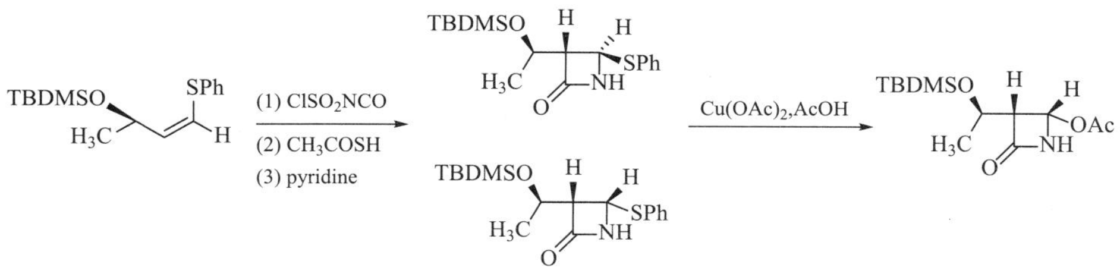

图8-23　其他环加成法1

其中手性烯醇（硫）醚的合成方法在不同的研究中所用的起始原料不一样，如以手性试剂（R）-1,3-丁二醇为原料来制备手性烯硫醚，其合成路线如图8-24所示。

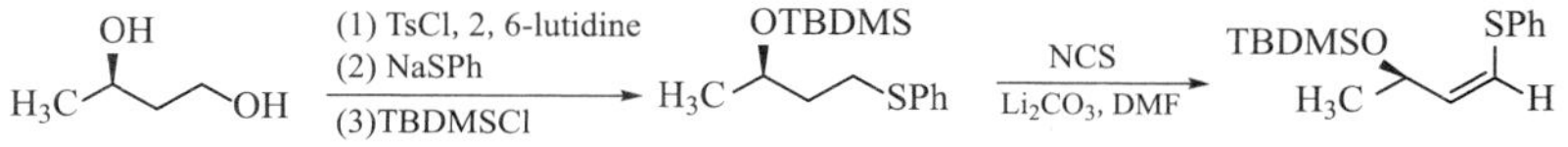

图8-24 其他环加成法2

日本Suntory-NipponSoda公司也通过该法制备了手性烯硫醚，并最终实现了4AA的工业化生产。Lee等直接以乙烯基硫化醚与磺酰氯异氰酸酯反应来合成氮杂环丁酮，并得到两种构型比为2.7∶1的苯硫醚氮杂环丁酮。

环化法虽然可以实现4AA的合成，但普遍存在立体选择性低、收率低的问题，不适于大量生产。

8.3.3 手性源合成法

现用于4AA合成的天然手性源主要有L-苏氨酸、L-天冬氨酸、S-乳酸乙酯等，其中报道最多的是L-苏氨酸。Hanessian等从L-苏氨酸出发，经2,3-环氧丁酰胺的C3—C4环化中间体，通过如图8-25所示路线合成4AA。

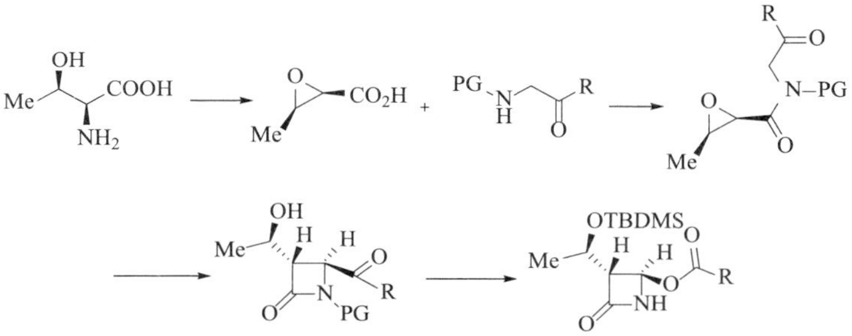

图8-25 L-苏氨酸出发合成4AA

通过环氧丁酰胺C3-C4环化反应来获得氮杂环丁酮，工艺关键点是：环氧丁酰胺C_3—C_4的环化；杂环C4上的Baeyer-Villiger氧化。该法具有原料易得、反应条件温和、收率高、立体选择性好的优点，因而这种以L-苏氨酸为原料合成4AA的方法有望成为以后工业化的首选工艺。但合成过程中中间产物（2R,3R）-2,3-环氧丁酸稳定性差，且N保护基团及R取代基的选择都影响4AA的合成收率和立体选择性。最初用对氧基苯丙氨酸（PMP）作为N保护基团，但是需要大量的硝酸铈铵来脱除保护基，成本高，环境污染大。

在此基础上，Laurent等改进了上述合成工艺，通过加入氢氧化钠形成环氧丁酸的钠盐，提高了中间体环氧丁酸的稳定性，并优化N保护基及R取代基，改用二苯基苄基作为N保护基团，可以通过氢化或酸水解脱保护，最终产品收率达到47%。Cainelli等以手性试剂（R）-3-羟基丁酸甲酯为原料经4步反应合成4AA，这一反应具有较高的立体选择性，合成路线如图8-26所示。

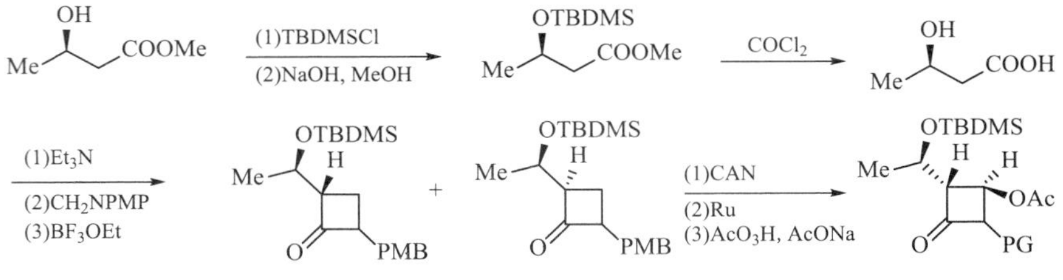

图8-26　合成4AA

8.3.4　不对称催化合成

上述4AA的合成方法各自存在着工业化大规模生产的困难。理想的合成工艺应具有原料易得、步骤简单、反应条件温和且易控制、产品成本低、质量好、收率高以及环境友好的特点。

不对称催化合成是近年新开发的技术，将该技术用于4AA的合成，通过不对称合成控制产物立体构型，建立符合构型要求的3个连续手性中心，成功实现了非天然（碳）青霉烯的合成。日本高砂香料公司通过氢化催化不对称合成技术成功实现了4AA的工业化生产，其合成路线如图8-27所示。

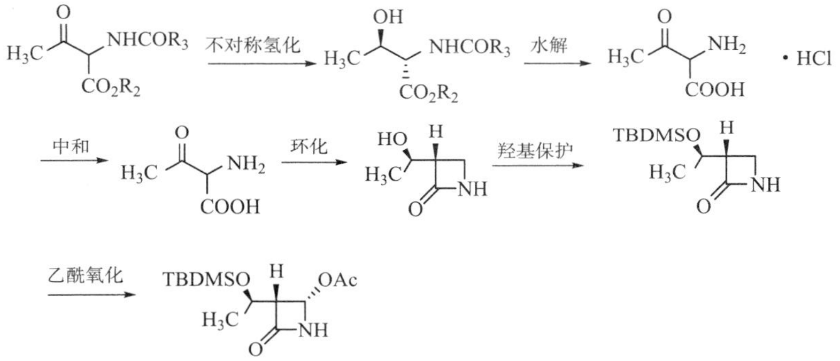

图8-27　氢化催化不对称合成

整个合成工艺的关键步骤是利用不对称氢化催化合成来获得两个手性中心，需应用两种特定的催化剂：一个催化剂通过动力学拆分来实现不对称氢化催化，一步获得产品结构中的两个连续手性中心；另一个是氧化催化剂，主要是为了在β-内酰胺的4位上获得乙酰氧基。

目前已知的4位乙酰氧化方法有4-羧酸氮杂环丁酮衍生物的醋酸高铅氧化、4-羧酸氮杂环丁酮的电极氧化、4-硅氧基氮杂环丁酮的氧化等。早先通用方法是首先合成4位有取代基的氮杂环丁酮，然后用乙酰氧基取代4位上的基团。但该合成过程步骤烦琐，难以将4位上的基团转化为乙酰氧基，且立体选择性较差，因而不利于工业化生产。经改进后，在稀有金属钌的催化作用下，氮杂环丁酮与乙酸直接反应来实现4位的乙酰氧化。也有报道用铼为催化剂，能以较小的摩尔比催化底物。该路线所用的原料及各相关化学物质都具有无毒无公害的优点，且相对于以前的各种合成法具有合成路线较短、收率较高且立体选择性好的优势，既保证了产品的纯度又具有较高的收率，不失为一条较为理想的合成路线。但稀有金属价格昂贵，有待研究新型催化剂，寻求廉价的催化剂更有利于工业化生产。

随着碳青霉烯类抗生素在临床上的广泛运用，其对中间体的需求量也越来越大。因此其合成工艺值得深入研究和改进，实现质量可控、经济可行、环境友好目标。

通过对4-乙酰氧基氮杂环丁酮各种合成方法的总结和分析，以乙酰乙酸甲酯为起始原料，合成具有3个手性碳的4-乙酰氧基氮杂环丁酮的路线，与目前文献报道的大多数路线相比，操作简便、生产成本低、催化剂可以循环回收利用、环境友好，具有良好的工业化应用前景。

8.4　4AA产业化放大技术

4AA具有良好的工业化应用前景，其产业化发展也很快速。4AA是一种重要的医药中间体产品，它是生产碳青霉烯类抗生素原料药的主要原料。业内有共识认为，4AA价格走向是决定中国碳青霉烯类抗生素发展的关键因素。近年来，中国4AA市场供应呈供销两旺之势，这与碳青霉烯类药物发展有关。

由于市场前景看好，自20世纪90年代，中国多家制药企业和医药科研机构先后投入大量人力物力，进行培南类药物的开发研究。研究初期，合成培南类药物的主要中间体原料4AA从日本进口，每公斤价格在600美元左右，所以国产培南类药物的价格居高不下，从而影响了此类药物的可及性。现在，由于中国已能自行生产4AA，而国产4AA价格仅为进口产品的1/4～1/3，所以，利用国产4AA生产的培南类抗生素原料药在国际市场上具有更大的竞争力。

中国生产培南类原料药的企业有十几家，规模较大的分布在长三角地区。其中有几家企业既能生产培南类原料药和制剂，又能配套生产4AA，打造了研发、生产及临床推广一体化平台，实现了产品价值链整体优势。

由于国内众多厂商均看好培南类原料药的市场前景，所以合成培南所需的关键中间体4AA变得非常紧俏。目前，中国已有数十家企业能够生产并销售4AA，总产能已经达到千吨。

国际上，美国为世界上最大的培南类原料药生产国和出口国，欧洲的原料药生产规模相对偏小，亚洲以日本、中国、印度和韩国为主要的培南类生产基地。日本是全球最大的4AA出口国；中国、韩国、印度也在快速发展。据了解，中国独立开发的4AA新合成工艺，生产成本仅为进口的1/3，相信国产4AA在全球市场份额会越来越大。

在培南类抗生素的合成中，技术瓶颈是基于三个连续的手性中心，选择适当的羟基、羰基、氨基、酰胺保护基，即能保护又能顺利脱去，这些技术难点体现在氮杂环丁酮的合成中。因此，4AA是合成这些抗生素的关键中间体，通过对其合成技术突破可以实现多种培南类抗生素药物的开发，从而为研发新型抗生素奠定基础，并对提高人民健康水平和促进国民经济发展具有重大意义。

4AA的合成研究一直都非常活跃，较早采用的合成方法存在合成路线长、收率低、成本高等缺点，不利于规模化生产。随着碳青霉烯类抗生素的广泛运用，对中间体的需求量越来越大，因而，很有必要开发成本低、适合产业化的合成路线。

8.4.1　4AA合成的最新技术路线

诸多合成路线中，以苏氨酸为出发物合成4AA的路线，因反应步骤少、反应条件不苛刻、易于控制、原料价廉易得等特点而得到关注。

①梁承武等采用L-苏氨酸为起始物的合成路线，通过各个反应步骤的优化，克服了上述缺点，达到工业化生产的目的。其合成路线如图8-28所示。

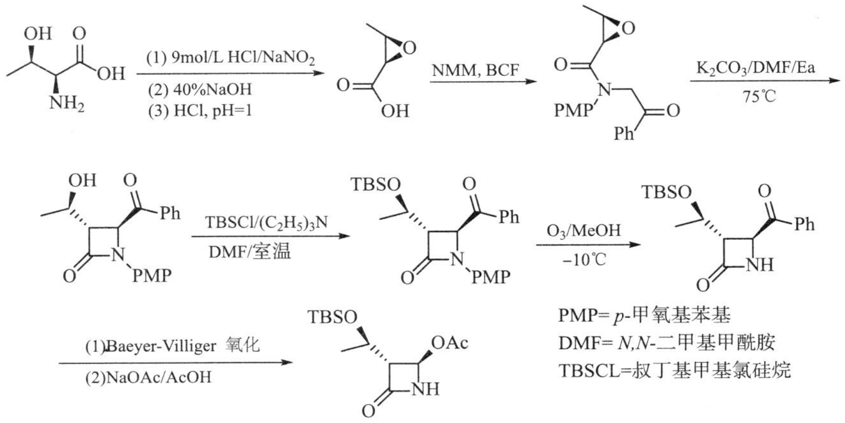

图8-28 4AA合成路线（一）

该试验通过封闭的方法进行重氮化反应、混合溶剂替代单一溶剂、臭氧替代硝酸铈铵（CAN）、过量的醋酸添加到Baeyer-Villiger氧化反应的方法改进了L-苏氨酸为起始物合成4AA的路线。通过此次改进，以L-苏氨酸为起始物的4AA反应路线更接近于实际工业化生产。从L-苏氨酸出发经过6步反应合成4AA的产率为17.2%，产品纯度达到99.3%（质量分数）。旋光度和熔点都与产品的标准品一致。因此，此合成路线已经完全达到工业化生产的目标。但此合成路线具有如下的缺点：环氧丁酰胺环合反应的立体选择性差；最终产物的纯化不易；产生废气、废水和重金属污染等。

②武燕杉等采用由L-苏氨酸1生成手性环氧丁酸2，与3缩合生成4，4在四氯化钛作用下生成氮杂环丁酮5，然后引入羟基保护基生成6，6经氧化使乙酰基转变为乙酰氧基生成7，然后7脱去胺基保护基生成目标化合物（图8-29）。借用类似化合物引入保护基的方法，不加入任何溶剂，直接将反应物混合，油浴加热至90℃后反应完全，收率约为99%。反应时间短，节约试剂，并且后处理简单易行，产物不必纯化，可直接用于下步反应。

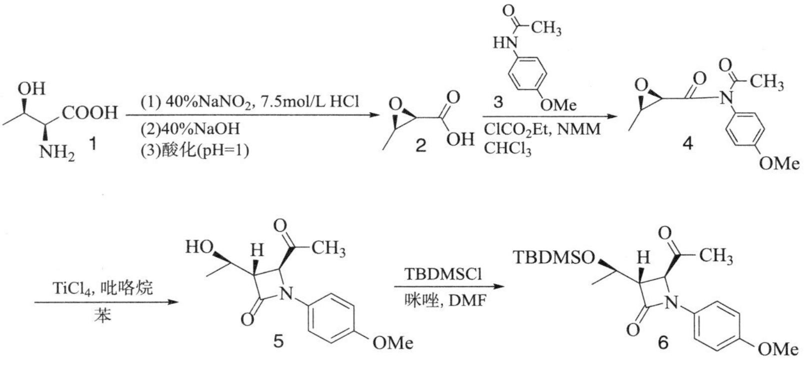

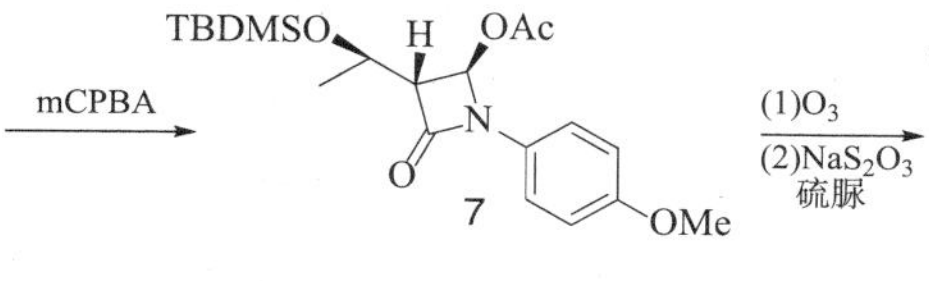

图8-29　4AA合成路线（二）

③崔振华、郑玉林等通过对4AA的合成进行研究，提供了以L–苏氨酸为原料制备4AA的完整的中试合成方法。合成路线如图8-30所示。

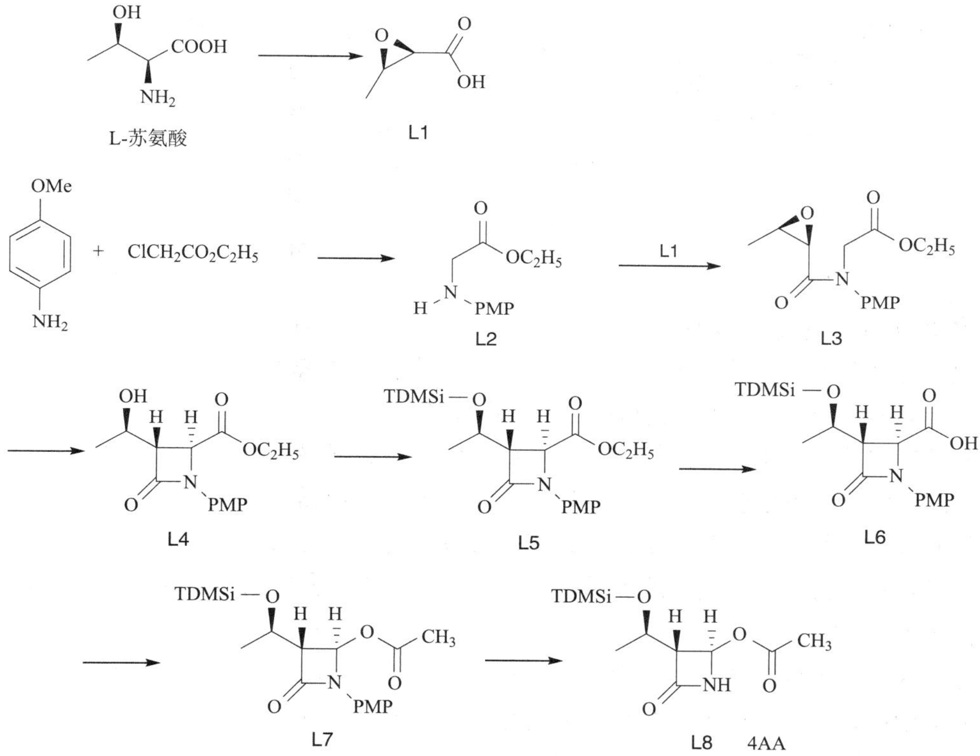

图8-30　4AA合成路线（三）

该合成路线的工艺特点如下：

a.中间体L1的合成。乙酸乙酯萃取出中间体L1，经无水硫酸镁干燥、浓缩得中间体L1的乙酸乙酯溶液，直接用于下一步反应。

b.中间体L3的合成。4–甲氧基苯胺与氯甲酸乙酯反应生成混合酸酐，采用N–甲基吗啉作缚酸剂效果最佳。不需分离出混合酸酐，在–15℃，混合酸酐与中间体L1反应生成中间体L3，收率95%以上。

c.中间体L5的合成。用卟啉锰作催化剂，过一硫酸氢钾代替传统氧化剂四氧化三铅，解决了重金属污染的问题，中间体L5的收率95%以上。

d.以L–苏氨酸为原料，经过多步反应合成4AA，总收率达到35%以上，液相色谱纯度达99.0%以上。

④徐晓岚等以6-氨基青霉烷酸为原料，经溴代、酯化制得6,6-二溴青霉烷酸甲酯3；又将其在低温、格氏试剂作用下与乙醛反应，得到中间体(3S,5R,6S)-6-溴-6-[(R)-1-羟基乙基]青霉烷酸甲酯4，经还原、羟基保护得到6-[(R)-1-(叔丁基二甲基硅氧基)乙基]青霉甲酯6，再经开环、氧化断裂等步骤得到目标产物1，总收率为25.19%。合成路线如图8-31所示。

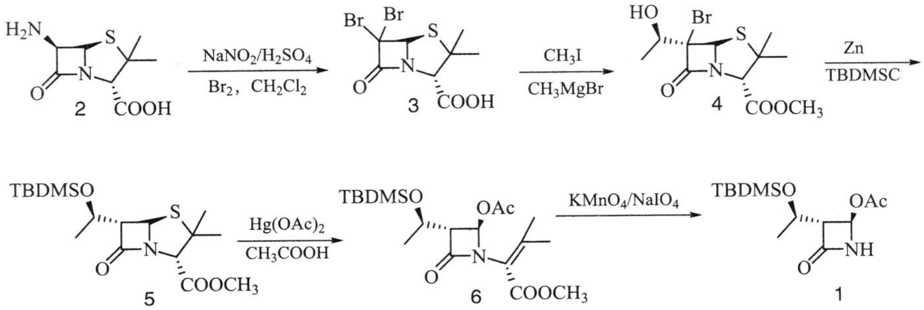

图8-31　4AA合成路线（四）

8.4.2　产业化放大研究基本方法

产业化也即开发的产品从实验室试验阶段，通过中试放大试验，直至大生产，确保生产出符合设计标准的产品，并上市销售的整个生命周期过程。

药品开发要符合《中国药品管理法》《药品生产质量管理规范》等法规要求，研究要基于"质量源于设计"的思想，药品的标准要达到有效性、安全性、质量可控性的要求。

为使开发的产品工艺达到安全科学、合理可行，研制出的药品达到安全、有效、稳定和可控的最终目的，要进行工艺路线的研究和确定、工艺步骤方法的研究和确定、工艺条件的评价和优化工作。

工艺研究决定了生产的工程技术和产业化生产的系列问题，也是传统产业走向世界与国际接轨的关键所在，工艺的创新和技术更新是行业发展的最终趋势所在，加大创新研究及现代高新技术与手段在生产中的应用是工艺研究的重要内容。工艺研究应采用现代新技术、新工艺、新材料和新设备，并结合计算机模拟技术和大数据，进一步提升工艺技术水平。

工艺研究包括小试工艺研究、中试工艺研究、产业化工艺研究。

①小试工艺研究是在实验室规模的条件下进行，研究化学合成反应步骤及其规律，最终选择合理的工艺路线，确定质量保证的工艺参数与操作条件，为中试放大研究提供技术资料。一般起始物投料量在10g以下，结合反应路线、特点、工艺成熟度和物料价值选择投料量。

②中试工艺研究是在中试规模的条件下进行工艺试验。研究放大方法及其影响因素，确定最佳工艺参数及其控制，为工程设计和工业化生产提供数据。一般在符合安全和质量条件的场所进行1~3批，比实验室规模放大50~100倍，起始物投料量在千克级，结合反应特点、工艺成熟度、商业批和物料价值选择批量。

③产业化工艺研究是基于中试研究成果，初步制定出生产工艺规程，包括工艺步骤和关

键控制参数、质量标准和方法等。按照方案进行3批的工艺验证，在各项指标达到预期要求后，进行正式生产管理程序。一般在符合安全和GMP条件的场所进行，按照商业批规模设计起始物投料量，比中试规模放大10倍以内，一般在千克级至吨级，结合反应特点、工艺成熟度、商业批和物料价值选择批量。

8.4.3 产业化放大技术解决方案

4AA产业化放大技术解决方案主要内容包括工艺路线选择、原辅料可及性、设备及材质选择、公用工程和辅助、安全与环保、经济评价及社会效益评价等。

工艺路线选择遵循安全性、合规性、经济性指导原则，本着原料可及、工艺稳定、质量可控、环境友好、经济可行设计理念。

选择以L-苏氨酸为起始原料的4AA产业化工艺路线。此工艺主要步骤是将L-苏氨酸与亚硝酸钠等加入反应釜中，在低温条件下进行成环反应，同时以对氨基苯甲醚合成氨基物，随后二者缩合，缩合物在一定的温度条件下进行有选择性的环合，再经硅烷化、水解、氧化和二次氧化，得4AA粗品，再经正己烷精制后，结晶、离心、烘干、包装得成品，检验。选择此路线的依据是：

①工艺稳定，质量可控。经过缩合、环合、硅烷化、水解、氧化、精制工艺步骤得到产品。

②原料来源稳定，采购可及。其使用的20多种主要原料包括L-苏氨酸、亚硝酸钠、氨基苯甲醚、丙酮、乙酸乙酯等，国内有稳定货源供应，有竞品和议价空间。

③设备仪器国产替代，经济可行。经过对关键设备的规格、材质研究，可以选择搪玻璃与不锈钢的材质，200~2000L反应釜、离心机、冷换热器等设备国内有稳定生产企业。

④安全合规，环境友好。产生的废气、废液经过化学法和物理法处理，循环使用或达标排放；主要溶剂乙酸乙酯、甲醇、三氯甲烷、正己烷、三乙胺等通过精馏回收，检验合格循环使用；固废主要是吸附用活性碳，按规定由环保专业企业处理。

4AA的主要质量标准见表8-4。

表8-4 4AA主要质量标准

项目	规格
性状	白色或类白色粉末
鉴别	阳性
熔点	104~110℃
水分	≤0.2%
比旋度$[\alpha]_D^{20}$	46°~49°（C=0.98CHCl$_3$）
含量（4AA）	≥98.0%，按无水物计算

8.4.4 4AA有关物质的检测方法

色谱柱：Kromasil C-18（150mm×4.6mm×5μm），柱温30℃，流动相乙腈（40：60）。称取1.36g磷酸二氢钾，用水溶解并稀释到1000mL，用稀NaOH调节pH为6.5。检测波长UV210nm，

流速1.5mL/min，进样量20μL。供试溶液配制称取100mg样品，用乙腈溶解并稀释至50.0mL。按面积归一法计算杂质含量，按照外标法计算4AA含量。

本章介绍的碳青霉烯类药物是一类含碳青霉烯环的新型广谱的β–内酰胺类抗生素，而且是迄今为止抗菌谱最广、抗菌活性非常强的抗生素。特别是随着耐药菌问题的严峻情势，在传统抗生素药物中很难再找到更有抗耐药"亮点"的新品种，因此扮演着抗临床重症感染最后一道防线的重要角色，使本类药物在全球及国内的使用量迅速增长。再加上培南类药物在技术工艺上具有一定门槛和附加值高等特点，所以持续地吸引了国内外大量企业的目光，他们甚至希望培南类药物未来成长为像头孢类一样规模的"大"品种。然而，作为被喻为"人类抗感染最后一道防线"的药品，在临床上是作为二线用药。政府对抗生素合理应用的指导原则和昂贵的价格也极大地限制了培南类药物使用数量上的扩张。这些因素都决定了碳青霉烯类药物在短期内仍然是一类高附加值、小规模的"贵族"品种。

随着人类与细菌耐药性抗争不断演变和深化，在临床治疗中还有几种因素推动培南类抗生素市场的加速发展。第一，临床上新的治疗概念："早期恰当强有力的抗生素治疗，降阶梯，短疗程"，如果按照这个理念，则培南类药物将逐渐成为临床治疗严重感染的一线药物；第二，原料本土化的发展格局已经确立，半衰期长、可口服的新药将是开发热点，尤其是开发儿童用口服抗生素；第三，细菌耐药性的日趋严重，培南类和抗菌增效剂的复方制剂，以及临床联合用药等将会是新的开发方向；第四，新技术、新工艺、新材料、新设备的开发，如生物酶法、新型金属螯合催化剂、手性技术等与定向合成技术的结合应用，会大幅降低原料制备成本；第五，药品集中采购政策全覆盖。这些都将带给众多企业对市场前景无限的期待。

思考题

1. 写出碳青霉烯类母环结构，并说明 C3、C4、C6 主要构效关系。
2. 简述碳青霉烯类药物的主要开发方向。
3. 简述以 L- 苏氨酸为起始原料制备 4AA 合成路线。
4. 合成 4AA 过程中的氧化反应和常用氧化剂有哪些？

参考文献

［1］陈桂平. 一种比阿培南关键中间体的合成［J］. 广东化工，2020，47（24）：23–24.

［2］马攀，陈勇川. 新型碳青霉烯类抗菌药物亚胺培南/雷巴坦的研究进展［J］. 中国药房，2020，31（13）：1659–1664.

［3］郭伟，解春文，王文笙，等. 替比培南酯有关物质的合成［J］. 中国药科大学学报，2018，49（3）：286–290.

［4］姚云凡，王辉，杜宝权，等. 替比培南匹伏酯的合成工艺研究［J］. 中国药物化学杂

志，2018，28（6）：470-473．

［5］陈明龙，赵思，汪祝胜，等．替比培南侧链的合成工艺研究［J］．广州化工，2018，46（1）：60-61．

［6］王莹，张珩，吴炜，等．碳青霉烯骨架的合成研究［J］．国际药学研究杂志，2017，44（12）：1145-1149．

［7］沈华良，邓鸿，陈玉涛，等．泰比培南酯工艺改进［J］．化工时刊，2019，33（8）：13-15，48．

［8］林振广，等．法罗培南合成路线图解［J］．齐鲁药事·Qilu Pharmaceutical Affairs 2006，25（1）：44-45．

［9］张京伟．美罗培南合成工艺研究［D］．北京：北京化工大学，2008．

［10］陈君，等．1β-甲基碳青霉烯类抗生素：比阿培南的合成综述［J］．2011，39（15）42-44．

［11］张玲，等．帕尼培南的合成［J］．化学试剂，2009，31（Ⅱ），941-944．

［12］张义风，等．碳青霉烯类抗生素厄他培南的合成［J］．Journal of China Pharmaceutical University 2007，35（4）：305-310．

［13］Shiozaki M，Ishida N. Base-induced cyclization of dimethoxy benzyl-N-bis（ethoxycarbonyl）methyl-bromo-3-hydroxybutyl amide［J］．Chemistry Letters，1983（2）：169-172．

［14］崔振华，郑国钧．4-乙酰氧基氮杂环丁酮的合成工艺研究［J］．化学试剂，2007，29（9）：569-571．

［15］Banik B K，Becker F F. Unprecedented stereoselectivity in the Staudinger reaction with polycyclic aromatic imines［J］．Tetrahedron Letters，2000，41（34）：6551-6554．

［16］Saidjalolov S，Edoo Z，Fonvielle M，et al. Synthesis of carbapenems containing peptidoglycan - mimetics and inhibition of the cross - linking activity of a transpeptidase of the L，D specificity［J］．Chemistry - A European Journal，2020，27（10）：3542-3551．

［17］Valiullina Z R，Galeeva A M，Gimalova F A，et al. Synthesis and In Vitro Antibacterial Activity of New C-3-Modified Carbapenems［J］．Russian Journal of Bioorganic Chemistry，2019，45（5）：398-404．

［18］Maguire C，Agrawal D，Daley M J，et al. Rethinking Carbapenems：A Pharmacokinetic Approach for Antimicrobial Selection in Infected Necrotizing Pancreatitis［J］．Annals of Pharmacotherapy，2021，55（7）：902-913．

［19］Valiullina Z R，Galeeva A M，Lobov A N，et al. Primary Amine - Promoted Ring Opening in Carbapenem-derived p-Nitrobenzyl Esters［J］．Russian Journal of Organic Chemistry，2020，56（2）：287-291．

［20］Khasanova L S，Valiullina Z R，Galeeva A M，et al. New Azetidinone Building Block for Carbapenems［J］．Russian Journal of Organic Chemistry，2019，55（3）：377-380．

［21］Sasaki A，Goda K. Synthetic studies of carbapenem and penem- antibiotics Ⅱ. Synthesis of 3 -acetyl -2-azetidinone（2+2）cycloaddition of diketene and schiff bases［J］．Chemical Pharmaceutical Bulletin，1992，40（5）：1094-1097．

［22］Cozzi F，Annunzziata R，Mauro C. A short stereoselective synthesis of（3R,4R）-4-acetoxy -3 -[(R)-1'((t-butyldimethylsilyl)oxy)ethyl]-2-azetidinone，key intermediate for the preparation of carbapenem antibiotics［J］．Chirality，1998（10）：91-94.

［23］Takehisa O. Process for preparing 4-acetoxy-3-hydroxyethylazetizin-2- one derivatives：EP0167154［P］．1986-01-08.

［24］Nakatsuka T，Iwata H，Tanaka R. A facile conversion of the phenylthio group to acetoxy by copper reagents for a practical synthesis of 4-acetoxya- zetidin -2 -one derivatives from（R）-butane-1，3-diol［J］．Journal of the Chemical Society- Chemical Communications，1991（9）：662-664.

［25］Lee M J. Process for stereoselective preparation of 4-acetoxya- zetidinones：WO9807690［P］．1997-04-30.

［26］De R C，Pollini G P，Veroneze A C. A new simple route for the synthesis of（+/-）-2-azetidinones starting from beta -enaminoketoesters［J］．Tetrahedron Letters，1999，40（38）：6995-6998

［27］Tatsuta K，Takahasi M，Tanaka N，et al. Novel synthesis of（+）-4-acetoxy-3-hydroxyethyl-2-azetidinone from carbohydrate-Aformal total synthesis of（+）-thienamycin［J］．Journal of antibiotics，2000，53（10）：1231-1234.

［28］Rathod P D，Ganagakhedkar K K，Aryan R C. Process for the preparation of penems and its intermediate：WO 004028［P］．2007-11-01.

［29］Hanessian S. A new synthesic strategy for the penems. Totalsynthesis of（5R,6S,8R）-6-（a-hydroxyethyl）-2-（hydroxymethyl）penem-3-carboxylic acid［J］．Journal of American Chemical Society，1985（107）：1438-1439.

［30］Laurent M，Ceresiat M. Synthesis of（1R,3S,4S）-3-［1-（tertbutyl dimethyl silyloxy）ethyl］-4-（cyclopropyl carbonyloxy）azetidin-2-one［J］．European Journal of Organic Chemistry，2006（16）：355-376.

［31］ Grosjean F，Huche M，Larcheveque M. Molecular modeling of regloselectivity of glycidic acid opening reactions by aliphatic -amines［J］．Tetrahedron，1994，50（31）：9325-9334.

［32］Kronenthal D R，Han C Y，Taylor M K. Oxidative N-dearylation of 2-azetidinones. P-Anisidine as a source of Azetidinone Nitrogen［J］．Journal of Organic Chemistry，1982（47）：2765-2768.

［33］Cainelli G，Galletti P. A practical synthesis of a key intermediate for the production of β -lactam antibiotics［J］．Tetrahedron Letters，1998，39（42）：7779-7782.

［34］Takao S. Preparation of 4-acetoxyazetidinones：JP2231471［P］．1990-09-13.

［35］Takao S. Production of 4-acetoxyazetidinones：JP4208261［P］．1992-07-29.

［36］Takao S. Hidenori K. Acetyloxylation process for production 4-acyloxya- zetidinone with osmium catalyst：US 5191076［P］．1993-03-02.

［37］Carthy M P A. Synthesis of a key intermediate for the total synthesis of streptovaricin［J］．

Tetrahedron Letters，1982，23（41）：4199-4202.

［38］Morl M，Kagechika K. New synthesis of 4 –acetoxy –2 –azetidinones by use of electrochemical oxidation［J］. Tetrahedron Letters，1988，29（12）：1409-1412.

［39］Takao S，Hidenori K. Substituted acetoxyazetidinone derivativesand process for preparing 4 –acyloxyazetidinone derivatives：US5606052［P］. 1997-02-25.

［40］梁承武，等. 4-乙酰氧基氮杂环丁酮的合成［J］. 沈阳药科大学学报，2012，29（5）：355-355.

［41］武燕杉，等. 青霉烯关键中间体4AA的合成工艺改进［J］. 中国抗生素杂志，2009，34（2）：167-168.

［42］崔振华，等. 4-乙酰氧基氮杂环丁酮的合成工艺研究［J］. 化学试剂，2007，29（9）：569-571

［43］任学军，郑玉林，张道凌，等. (3S,4S)-4-［(R)-1-羧基乙基］-3-［(R)-1-（t-丁基二甲基硅烷氧基）乙基］氮杂环丁烷-2-酮的合成［J］. 中兽医医药杂志，2012（2）：77-78.

［44］徐晓兰，等. 4-乙酰氧基氮杂环丁酮合成工艺研究综述［J］. 精细化工中间体，2009，39（2）16-17.

［45］元英进，赵广荣，孙铁民. 制药工艺学［M］. 北京：化学工业出版社，2017.

第9章　发酵工程制药工艺

发酵工程制药工艺

9.1　概述

发酵工程是生物技术四大支柱之一，是生物技术药物最主要的生产手段，从自然界中筛选的菌种、基因工程和细胞工程的研究结果都要通过微生物或细胞发酵工程来实现。

发酵（fermentation）是利用微生物（细胞）在有氧或无氧条件下的生命活动来制备微生物菌体（细胞）或其代谢产物的过程，也是有机物分解代谢释放能量的过程。

发酵工程（fermentation engineering）是指利用微生物（细胞）的生长和代谢活动，通过现代工程技术，在生物反应器中生产有用物质的一种技术系统。

发酵工程制药是指利用微生物（细胞）代谢过程生产药物的生物技术，即人工培养的微生物（细胞），通过体内的特定酶系，经过复杂的生物化学反应过程和代谢作用，最终合成人们所需要的药物，如抗生素、氨基酸、有机物、维生素、辅酶、酶抑制剂、激素、各种细胞因子、单克隆抗体及其他生理活性物质。

9.1.1　发酵工程制药历史

发酵技术除了用于酒、酱油、醋、奶酪等的制作外，3000年前，中国已有用长霉的豆腐治疗皮肤病的记载；在我国民间早有种牛痘预防天花的实践；明代李时珍的《本草纲目》等医书中就有利用"丹曲"和"神曲"治疗疥疮、腹泻等疾病的记载。这一时期发酵产品的生产全是靠经验，不能人为控制发酵过程。

1590年，荷兰人詹生制作了世界上最早的显微镜，使人类观察微生物成为可能。1857年，法国人巴斯德证实了酒精发酵是由微生物引起的。此外，巴斯德还研究了乳酸发酵、醋酸发酵等，并发现这些发酵过程都是由不同的菌引起的，从而奠定了初步的发酵理论。1897年，毕希纳发现磨碎的酵母仍使糖发酵形成酒精，从而确定是酵母菌细胞中的酶将葡萄糖转化为酒精，揭开了发酵现象的本质。

1905年，德国的罗伯特·柯赫等首先应用固体培养基分离培养出炭疽芽孢杆菌、结核芽孢杆菌、霍乱芽孢杆菌等病原细菌，建立了一套研究微生物纯种培养的技术方法。此后，随着纯种微生物的分离及培养技术的建立，以及密闭式发酵罐的设计成功，使人们能够利用某种类型的微生物在人工控制的环境条件下进行大规模的生产，逐步形成了发酵工程。20世纪30年代，发酵产品（如乳酸、酒精、丙酮、柠檬酸、淀粉酶等）开始进入医疗领域。此时的发酵技术相对自然发酵没有较大变化，仍采用设备要求低的固体、浅盘液体发酵以及厌氧发酵，生产规模小、工艺简单、操作粗放，处于近代发酵工程的雏形期。

近代发酵工程可以说是从青霉素的工业化生产开始的。青霉素是弗莱明偶然发现的，他发现金黄色葡萄球菌培养皿中长青绿色霉菌，周围的葡萄球菌菌落已被溶解，这意味着霉菌的某种分泌物能抑制葡萄球菌。鉴定表明，上述霉菌为点青霉菌，弗莱明将其分泌的抑菌物质称为青霉素。1939年，弗莱明将菌种提供给澳大利亚病理学家弗洛里和生物化学家钱恩分别进行菌种优化、青霉素提取和药理试验。1945年，弗莱明、弗洛里、钱恩因发现青霉素及其临床效用共同荣获了诺贝尔生理学或医学奖。

20世纪40年代初，第二次世界大战爆发，对青霉素的需求大增，迫使人们对发酵技术进行深入研究，逐步采用液体深层发酵替代原先的固体或液体浅盘发酵进行生产，即青霉素的工业大规模生产。为了达到深层发酵的各项技术要求，开发了空气无菌过滤系统和可通入无菌空气的、机械搅拌式的密闭式发酵罐。采用液体深层发酵技术，再配以离心、溶剂萃取和冷冻干燥等技术，使青霉素的生产水平有了很大的提高，其中发酵水平从液体浅盘发酵的40U/mL效价提高到200U/mL。随后，链霉素、金霉素等抗生素相继问世，抗生素工业迅速崛起，大大促进了发酵工业的发展，使有机酸、维生素、激素等都可以用发酵法大规模生产。抗生素工业的发展建立了一整套好氧发酵技术，大型搅拌发酵罐培养方法推动了整个发酵工业的深入发展，为现代发酵工程奠定了基础。发酵工程技术成为近代生物制药工业的基础技术。1953年5月，中国第一批青霉素诞生，揭开了中国生产抗生素的历史。

工业发酵过程是一个随时间变化的、非线性的、多变量输入和输出的动态的生物学过程。科学家在深入研究微生物代谢途径的基础上，通过对微生物进行人工诱变，先得到适合生产某种产品的突变类型，再在人工控制的条件下培养，大量产生人们所需要的物质，即代谢控制发酵新技术。以该技术为基础，氨基酸发酵工业得到快速发展。1957年，日本用微生物生产谷氨酸成功。目前，代谢控制发酵技术已经应用于核苷酸、有机酸和部分抗生素等的生产中。20世纪70年代，开始利用固定化酶或细胞进行连续发酵。

20世纪80年代以来，发酵工程进入了现代发酵工程阶段，可以通过人为控制和改造微生物，合理控制发酵工艺和过程，从而得到人们需要的各种产品。随着工业自动化水平不断升级，计算机也在发酵系统中发挥了越来越大的作用，目前已经能够实现自动记录和自动控制发酵过程的全部参数，明显提高了生产效率，实现发酵工程的高度自动化。

1973年，Cohen等在体外获得了含四环素和新霉素抗性基因的重组质粒，并在大肠埃希菌中培养成功，这是人类历史上第一次成功实现了基因重组，标志着生物技术的核心技术——基因工程技术的开始。它向人们提供了一种全新的技术手段，使人们可以按照意愿在试管内切割DNA、分离基因并经重组后导入宿主细胞，最终获得相应的药物等产品。20世纪90年代，基因工程技术快速发展，并大量引入发酵工业中，使发酵工业发生革命性的变化。目前，可以利用DNA重组技术和细胞工程技术的发展，开发新的工程菌和新型微生物；开发新型的生理活性多肽和蛋白质类药物，如干扰素、白介素、促红细胞生成素等；研制新型菌体制剂和疫苗。发酵工程制药的发展历程见表9-1。

表9-1 发酵工程制药的发展历程

时间	事件
1676年	荷兰人列文虎克自制显微镜观察了杆菌、球菌、螺旋菌等
1857年	法国人巴斯德证实了酒精发酵是由微生物引起的

续表

时间	事件
1905年	德国的罗伯特·柯赫等建立了一套研究微生物纯种培养的技术方法
1930年	发酵产品（如乳酸、酒精、淀粉酶等）开始进入医疗领域
1942年	青霉素大规模工业化生产，建立液体深层发酵技术
1953年	中国第一批国产青霉素诞生
1957年	日本用微生物发酵生产谷氨酸成功
1973年	基因重组技术诞生，通过构建基因工程菌（细胞）生产基因工程药物

9.1.2 发酵类型

微生物发酵工业产品种类繁多，但就其发酵类型而言可分为微生物菌体本身、微生物产生的酶、微生物的代谢产物、利用微生物转化反应所得的产物、生物工程菌和工程细胞产物等的发酵。

9.1.2.1 微生物菌体发酵

这是以获得具有多种用途的微生物菌体细胞为目的产品的发酵。由于微生物菌体具有不同的用途，因此根据不同的微生物的生理学特性采用不同的发酵工艺。作为传统的菌体发酵工业，主要包括用于面包业的酵母发酵及用于人类或动物食品的微生物菌体蛋白（单细胞蛋白）发酵两种类型。另外，还有一些新的菌体发酵产物，如香菇类、依赖虫蛹生存的冬虫夏草以及从多孔菌科的茯苓菌获得的名贵中药茯苓和担子菌的灵芝，帮助消化的酵母菌片和具有整肠作用的乳酸菌制剂等。菌体发酵工业还包括微生物杀虫剂的发酵，如苏云金杆菌、蜡样芽饱杆菌和侧孢芽孢杆菌，其细胞中的伴孢晶体可毒杀鳞翅目、双翅目的害虫。还包括防治人、畜疾病的疫苗等。一些具有致病能力的微生物菌体，经发酵培养，再减毒或灭活后，可以制成用于主动免疫的生物制品。这类发酵的特点是细胞的生长与产物积累成平行关系，生长速率最大时期也是产物合成速率最高阶段，生长稳定期产量最高。

9.1.2.2 微生物酶发酵

酶是由活细胞产生的生物催化剂，普遍存在于动物、植物和微生物中，可直接从生物体中分离纯化。早期酶的生产多以动植物为原料，但随着酶制剂应用的日益广泛，需求量的迅速扩大，单纯依赖动植物来源的酶已不能满足需求，而且从动植物组织中大量提取酶，经常要涉及技术、经济甚至伦理上的问题。由于微生物具有生长繁殖快、产量高、培养方法简单、酶品种齐全等方面的优点，目前工业应用的酶大多来自微生物发酵。我国酶制剂主要是α-淀粉酶、蛋白酶、糖化酶等。医药用的酶制剂也得到大力发展，如用于抗癌的天冬酰胺酶、用于治疗血栓的纳豆激酶和链激酶、用于医药工业的青霉素酰化酶等。随着酶和细胞的固定化技术的发展，进一步促进了发酵工业和酶的应用范围。酶生物合成受到微生物的严格调节控制。为了提高酶的生产能力，就必须解除酶合成的控制机制，如在培养基中加入诱导剂来诱导酶的产生，或者诱变和筛选菌的变株来提高酶的产量。医药用酶制剂和酶调节剂的临床应用加速了新品种的研究开发，同时促进了涉及酶发酵工业发展的生产菌种的选育、发酵过程的自动化控制和酶产品的分离纯化等各项技术的进步。

9.1.2.3　微生物的代谢产物发酵

微生物代谢产物的种类很多，按照产物产生的时期、与菌体生长繁殖的关系分为初级代谢产物和次级代谢产物两种类型。初级代谢产物（primary metabolite）是菌体对数生长期的产物，如氨基酸、蛋白质、核苷酸、核酸、维生素、糖类等，这类代谢产物对菌体生长、分化和繁殖都是必需的，也是重要的医药产品。次级代谢产物（secondary metabolite）一般在菌体生长的稳定期合成，与菌体生长繁殖无明显关系，具有较大的经济价值，如抗生素、生物碱、色素、酶的抑制剂、细胞毒素等。其中抗生素是最大一类由发酵生产的微生物次级代谢产物，具有广泛的抗菌作用和抗癌、抗病毒、抗虫等生物活性，已成为发酵工业的重要组成部分。

9.1.2.4　微生物转化发酵

长期以来，人们总是从自然界中分离、鉴别和合成各类化合物，直到1864年巴斯德发现醋酸杆菌（Bacillus aceticus）能使乙醇氧化为乙酸后，人类才开始通过生物转化来合成化学物质。后来又相继出现了山梨醇在弱氧化醋酸杆菌（Acetobacter suboxydans）作用下转化成山梨糖，山梨糖为维生素C的中间体，在工业上产生了重大的经济价值。利用这种微生物代谢过程中的某一种酶或酶系将一种化合物转化为含有特殊功能基团产物的生物化学反应称为微生物转化（microbial transformation），包括脱氢反应、氧化反应（羟基化反应）、脱水反应、缩合反应、脱羧反应、氨化反应、脱氨反应、异构化反应等。微生物转化相比于化学反应具有立体专一性强、转化条件温和、转化效率高和对环境无污染等优点。应用最广泛的微生物转化是甾体的生物转化，能制备许多甾体药物中间体，并能使化学方法难以反应的部位产生反应，如甾体C-11羟基化、A环芳构化和边链降解等。

9.1.2.5　生物工程菌发酵

随着生物制药技术的发展，尤其是基因工程和细胞工程技术的发展，使得发酵制药所用的微生物菌种不仅局限在天然微生物的范围内，已发展了大量新型的工程菌株，以生产天然菌株所不能产生或产量很低的生理活性物质，拓宽了微生物制药的范围。迄今累计已有160余种基因工程药物投放市场。基因工程菌的构建过程是先将目的基因分离纯化，通过体外的DNA重组技术将目的基因插入载体，拼接后转入新的宿主细胞，构建成工程菌（或细胞），并使目的基因在工程菌体内进行复制和表达，从而获得目的产物。工程菌的发酵工艺不同于传统的抗生素等的发酵，需要对影响目的基因表达的各种因素及时进行分析和优化，如培养基的组成不仅影响工程菌的生长速率，而且还影响重组质粒的稳定性和外源基因的高效表达。培养温度对工程菌的高效表达有显著调控作用，影响基因的复制、转录、翻译或与小分子调节分子的结合；培养温度的高低还影响蛋白质的活性和包涵体的形成。在不同的发酵条件下，工程菌的代谢途径可能发生变化，因而对产物的分离纯化工艺造成影响。

9.1.2.6　动、植物细胞培养

细胞是一切动、植物生命体的基本组成单位。细胞虽小，但其生理生化功能却非常精密、复杂，并有较高的繁殖力，可以生产许多种医药产品。随着基因工程技术的发展，人们逐渐认识到许多基因产物不能在原核细胞内表达，它们需要经过真核细胞所特有的翻译后修饰及正确的切割、折叠才能具有与自然产物分子一样的生物功能。人们采用细胞操作技术，对原代细胞、转化细胞系等进行融合和重组构建出工程细胞系。利用上述的各种细胞系在特

制的动、植物细胞反应器中、在适宜的培养条件下进行培养，获取含有不同代谢产物的细胞群体，再用适当的方法从细胞群体中提取、纯化所需的代谢产物。

细胞培养的另一重大进展是干细胞株的建立，这已成为国际上研究的热点。干细胞是指未充分分化但具有再生为各种组织器官和个体潜在功能的细胞。血液干细胞能够分化、生产整个血液系统，用造血干细胞移植来治疗白血病和一些遗传性血液病，是医学界正在探索的课题。美国科学家成功地将胚胎干细胞分化成人类骨髓中的造血先驱细胞，并进一步培养成红细胞、白细胞和血小板。这些结果预示着人类有可能获得取之不尽的血源。我国科学家已成功地将干细胞体外培养成胃和肠黏膜组织，这是继利用干细胞原位培养皮肤组织后，人类在再生组织器官方面的又一重大成果。此外，我国在干细胞低温及超低温气相和液相保存技术、定向温度保存技术及超低温干细胞保存抗损伤技术等方面已经处于世界领先水平。随着理论研究的日臻完善和试验技术的迅猛发展，干细胞技术必将在临床治疗和生物医药等领域产生划时代的成果，必将导致传统医疗手段和医疗概念的一场重大革命。

9.1.3 发酵工程药物

发酵工程药物包括药用菌体，如酵母菌片、乳酸菌制剂等；各种代谢产物，如氨基酸、蛋白质、维生素、抗生素等；酶制剂，如用于抗癌的门冬酰胺酶等。目前，发酵工程已广泛应用于抗生素、维生素、氨基酸、核酸、糖、免疫调节剂，药用酶及酶抑制剂、基因工程药物等的生产。

9.1.3.1 抗生素

目前已发现的抗生素种类不少于9000种，很多是通过微生物发酵法获得，占全部抗生素的70%，有价值的抗生素几乎全由微生物产生。放线菌占2/3，霉菌占1/4，其余的为细菌。包括内酰胺类抗生素、大环内酯类抗生素、四环类抗生素及氨基糖苷类抗生素等。

9.1.3.2 维生素

维生素是具有特殊功能的小分子有机化合物，是人体生命活动必需的一类物质，通过外界摄取，可以防治因维生素不足而引起的各种疾病。通过发酵法生产的有维生素B_2、维生素B_{12}、维生素C等。

9.1.3.3 氨基酸

氨基酸是构成蛋白质的基本组成单位，通过特定的空间排列构成生物活性蛋白质，其中苏氨酸、缬氨酸、亮氨酸、异亮氨酸、赖氨酸、色氨酸、苯丙氨酸、甲硫氨酸为必需氨基酸。绝大多数氨基酸可用发酵法生产，菌种主要有细菌和酵母菌。目前全世界天然氨基酸的总产量已达百万吨，氨基酸及其衍生物类药物达100多种，分为单个氨基酸制剂和复方氨基酸制剂两类。

9.1.3.4 核酸

具有药用价值的核酸、核苷酸、核苷、碱基及其衍生物，称为核酸类药物。肌苷酸、腺苷酸、ATP、辅酶A、辅酶I等核酸类药物在治疗心血管疾病、肿瘤方面有特殊疗效。核酸类药物的主要生产方法有酶解法、半合成法、直接发酵法，其中半合成法指微生物发酵和化学合成并用的方法。例如，肌苷酸可以采用半合成法制备，也可以通过产氨短杆菌腺嘌呤缺陷型突变株直接发酵获得。采用半合成法生产肌苷酸分为两步，首先发酵制备肌苷，然后磷酸化转变为肌苷酸。

9.1.3.5　糖

糖类分为单糖、双糖和多糖。糖类药物中研究最多的多糖类药物在抗肿瘤、抗辐射、抗感染方面疗效显著。来源于微生物的多糖主要有酵母多糖、细菌脂多糖、香菇多糖、灵芝多糖、蘑菇多糖等。采用发酵法可生产D-甘露醇、1,6-二磷酸果糖、右旋糖酐、多抗甲素、真菌多糖等。

9.1.3.6　免疫调节剂

免疫调节剂是微生物产生的一类小分子生理活性物质。在免疫活性上，可加强或抑制抗体的产生，包括免疫增强剂和免疫抑制剂。免疫增强剂能增强机体免疫应答，对恶性肿瘤、病毒及真菌感染有效，如抑氨肽酶B等。免疫抑制剂具有免疫抑制作用，能抑制自然杀伤细胞和淋巴细胞，使机体的免疫能力降低。例如，多孢木霉菌产生的环孢菌素A、链霉菌产生的FK506等免疫抑制剂主要用于抑制器官移植排斥反应。

9.1.3.7　药用酶

人类的疾病大多数与酶缺乏或合成障碍有关。药用酶是指具有治疗和预防疾病功效的酶，在助消化、消炎、心血管疾病及抗肿瘤等方面有显著疗效。包括治疗消化不良和有消炎作用的蛋白酶，用于治疗白血病的L-门冬酰胺酶，用于防护辐射损伤的超氧化物歧化酶，用于防治血栓性疾病的组织纤溶酶原激活剂等。发酵法是药用酶的主要生产方法，可利用枯草杆菌生产淀粉酶、蛋白酶，利用大肠埃希菌生产青霉素酰化酶等。

9.1.3.8　酶抑制剂

酶抑制剂类药物具有降血脂、降血压、抗血栓、降血糖、抗肿瘤等方面的疗效。例如，游动放线菌产生的阿卡波糖是α-葡萄糖苷酶抑制剂，可治疗糖尿病；HMG-CoA还原酶抑制剂洛伐他汀的主要产生菌是土曲霉和红曲霉，可降血脂，治疗高胆固醇症；奥利司他为胰脂酶抑制剂，是全球唯一的非处方（OTC）减肥药。

9.1.3.9　基因工程药物

利用基因工程菌、基因工程细胞的培养与发酵获得的药物就是基因工程药物，可用于肿瘤、器官移植免疫排斥、类风湿关节炎、心血管疾病、病毒感染性疾病及糖尿病等的治疗。主要包括人胰岛素、白（细胞）介素、干扰素、粒细胞-巨噬细胞集落刺激因子、人血管生成素、人生长激素、人促红细胞生成素及组织纤溶酶原激活剂等。例如，利用基因工程酵母菌生产重组人胰岛素，可治疗糖尿病；利用大肠埃希菌表达重组人粒细胞-巨噬细胞集落刺激因子，可治疗化疗后产生的白细胞减少症、白血病等；利用基因工程细胞培养生产重组人红细胞生成素，可治疗慢性肾衰竭引起的贫血。

9.2　发酵设备及灭菌技术

9.2.1　发酵设备

生物反应器是利用酶或生物体（如微生物）所具有的生物功能，在体外进行生化反应的装置系统，主要用于生物的培养与发酵等。发酵工程中的生物反应器是发酵罐（fermentation tank）。发酵罐是发酵工厂中主要的设备，为微生物生命活动和生物代谢提供了一个合适的场所。除了发酵罐外，发酵设备还包括种子制备设备、辅助设备（无菌空气和制冷）、基质或培养基处理设备（粉碎、液化与灭菌）、产品提取与精制设备（产品分离），以及废物回收处理设备（环保设备）。

通风发酵设备是生物工业中最重要的一类生物反应器，有机械搅拌式、气升式、鼓泡式、自吸式等多种类型，可用于传统发酵工业与现代生物工业。

机械搅拌式发酵罐，也称标准式或通风式发酵罐，是指既具有机械搅拌又具有压缩空气分布装置的发酵罐。机械搅拌发酵罐在发酵制药生产中应用广泛，它是利用机械搅拌器的作用，使空气和发酵液充分混合，促使氧在发酵液中溶解，以保证供给微生物生长繁殖所需要的氧气，广泛用于抗生素、氨基酸、柠檬酸等发酵工程药物的生产。

机械搅拌式发酵罐主要部件包括罐身、搅拌器、轴封、中间轴承、空气分布器、挡板、冷却装置及视镜等，结构如图9-1所示。

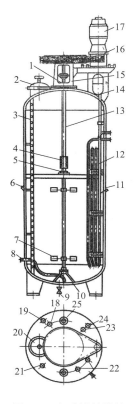

图9-1　发酵罐的结构

1—轴封　2，20—人孔　3—梯子　4—连轴节　5—中间轴承　6—热点偶联孔　7—搅拌器　8—通风管　9—放料口
10—底轴　11—温度计　12—冷却管　13—轴　14，19—取样口　15—轴承柱　16—三角皮带传动　17—电动机　18—压力表
21—进料口　22—补料口　23—排气口　24—回流口　25—视镜

罐体必须密封，形状为圆柱状，两端用椭圆形或碟形封头焊接而成，小型发酵罐罐顶和罐身采用法兰连接，材料一般为不锈钢。为便于清洗，小型发酵罐顶设有清洗用的手孔。中大型发酵罐则装设有供维修、清洗的人孔。罐顶还装有视镜及孔灯，在其内部装有压缩空气或蒸汽吹管。在发酵罐的罐顶上的接管有进料管、补料管、排气管、接种管和压力表接管，

在罐身上的接管有冷却水进出管、进空气管、取样管、温度计管和测控仪表接口。

发酵罐应具有适宜的径高比。发酵罐的高度与直径之比一般为1.7～4，罐身越长，氧的利用率较高；发酵罐能承受一定压力；发酵罐的搅拌通风装置能使气液充分混合，实现传质传热作用，保证发酵过程中所需的溶解氧；发酵罐应具有足够的冷却面积；发酵罐内应尽量减少死角，避免藏垢积污，灭菌彻底，避免染菌；搅拌器的轴封应严密，尽量减少泄漏。

机械搅拌式发酵罐不仅能为制药企业节省可观的投资，还可大大节省能耗等运行费用，同时提高产品产量与收率。

9.2.2　灭菌技术

（1）概述

发酵系统中通常含有丰富的营养物质，容易受到杂菌污染。如果发酵过程污染杂菌，不仅消耗营养物质，还可能分泌一些抑制产生菌生长的物质，造成生产能力下降；另外，杂菌的代谢产物可能会严重改变培养基性质，使产物的提取困难，或抑制目标产物的合成，甚至分解产物；如果污染了噬菌体，会造成微生物细胞的裂解，引起失效。总之，染菌会给发酵带来很多负面影响，轻则造成产品质量下降或收率降低，重则导致产物全部损失。因此，整个发酵过程必须保证纯种培养，需要在整个发酵生产过程中，在每个工序采用适宜的灭菌技术，保证整个发酵过程在无菌条件下进行。

灭菌是指用化学的或物理的方法杀灭或除掉物料或设备中所有有生命的有机体的技术或工艺过程。简单说，就是杀死物体内外的一切微生物及其孢子，灭菌后的物体不再有可存活的微生物。培养基、发酵设备、空气除菌和种子的无菌操作是确保正常生产的关键。

工业生产中常用的灭菌方法有化学物质灭菌、辐射灭菌、过滤介质除菌、加熟灭菌（包括火焰灭菌、干热灭菌和湿热灭菌）。

湿热灭菌是指直接用蒸汽灭菌，一般的湿热灭菌条件为121℃（表压约0.1MPa），维持20～30min。由于蒸汽具有很强的穿透能力，而且在冷凝时会放出大量的冷凝热，因此很容易使蛋白质凝固而杀死各种微生物。由于在杀死微生物的同时也会破坏培养基中的营养成分，甚至会产生不利于菌体生长的物质，因此，在工业培养过程中，除了尽可能杀死培养基中的杂菌外，还要尽可能减少培养基中营养成分的损失。综上所述可知，在湿热灭菌时选择较高的温度，采用较短的时间，以减少培养基的破坏，即高温快速灭菌法。湿热灭菌广泛用于培养基及发酵设备的灭菌。

（2）培养基的灭菌

培养基的灭菌操作方法有分批灭菌、连续灭菌。连续灭菌也叫连消，培养基在发酵罐外经过一套灭菌设备连续加热灭菌，冷却后送入已灭菌的发酵罐内。具体过程就是将配制好的并经预热（60～75℃）的培养基用泵连续输入由蒸汽加热的加热塔，使其在短时间内达到灭菌温度（126～132℃）。然后进入维持罐（或维持管，进行物料保温灭菌的设备），在灭菌温度下维持5～7min后再进入冷却管，使其冷却至接种温度并直接进入已事先灭菌（空罐灭菌）过的发酵罐内，如图9-2所示。

（3）发酵设备的灭菌

发酵设备的灭菌操作方法有空罐灭菌、实罐灭菌。发酵主要设备为发酵罐和种子罐，

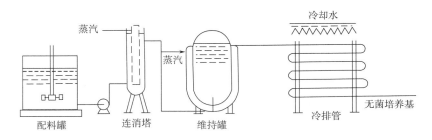

图9-2 连续灭菌流程图

它们各自都附有原料（培养基）调制、蒸煮、灭菌和冷却设备，通气调节和除菌设备，搅拌器等。

①空罐灭菌，也称空消。无论是种子罐、发酵罐，还是尿素（或液氨）罐、消泡罐，当培养基（或物料）尚未进罐前对罐进行预先灭菌，为空罐灭菌。空罐灭菌一般维持罐压0.15～0.2MPa、罐温125～130℃、时间30～45min。空罐灭菌之后不能立即冷却，以避免罐压急速下降造成负压（甚至把罐体压瘪）而染菌。应先开排气阀，排除罐内蒸汽，待罐压低于空气压力时，通入无菌空气保压，开冷却水冷却到所需温度，将灭菌后的培养基输入罐内。

②实罐灭菌，又称分批灭菌，是指将配制好的培养基放入发酵罐中用蒸汽加热，达到灭菌温度后维持一定时间，再冷却到接种温度。实罐灭菌时，发酵罐与培养基一起灭菌。

（4）空气的灭菌

好气性发酵过程中需要大量的无菌空气，空气的灭菌操作方法有过滤除菌、热杀菌、静电除菌、辐射杀菌等。实际生产中所需的除菌程度要根据发酵工艺而定，既要避免染菌，又要尽量简化除菌流程，以减少设备投资和正常运转的动力消耗。

如酵母培养所用的培养基成分以糖为主，酵母菌能利用无机氮，要求的pH较低，一般细菌较难繁殖，而酵母的繁殖速度又较快，能抵抗少量的杂菌影响，因此对无菌空气的要求不是十分严格，采用高压离心式鼓风机通风即可。而一些氨基酸、抗生素等，发酵周期长，耗氧量大，无菌程度要求也高，即要求无菌、无灰尘、无杂质、无水，并要求有一定的温度和压力，空气必须经过严格的脱水、脱油和过滤除菌处理后才能通入发酵罐。

（5）附属设备的灭菌

发酵罐的附属设备包括空气过滤器、补料系统、消沫剂系统、移种管路等，它们也需要灭菌。

总空气过滤器灭菌时，进入的蒸汽压力必须在0.3MPa以上，灭菌过程中总过滤器要保持压力在0.15～0.2MPa，保温1.5～2.0h。对于新装介质的过滤器，灭菌时间适当延长15～20min。灭菌后要用压缩空气将介质吹干，吹干时空气流速要适当，流速太小吹不干，流速太大容易将介质顶翻，造成空气短路而染菌。分空气过滤器在发酵罐灭菌之前需进行灭菌，维持压力0.15MPa灭菌2h，灭菌后用空气吹干备用。

补料罐的灭菌温度视物料性质而定，如糖水罐灭菌时蒸汽压力为0.1MPa（120℃），保温30min。小体积补料罐采用实消灭菌方式；如果补料量较大，则采用连续灭菌较为合适。消沫剂罐灭菌时，其蒸汽压力为0.15～0.18MPa，保温60min。补料管路、消沫剂管路可与补料罐、消沫剂罐同时进行灭菌，要求蒸汽压力为0.15~0.18MPa，保温时间为1h。移种管路灭菌一般要求蒸汽压力为0.3~0.35MPa，保温1h。上述各种管路在灭菌之前要进行气密性检查，以防泄漏和"死角"的存在。

9.3　发酵工程制药工艺过程

发酵工程制药工艺过程包括菌种的选育与保藏；种子的制备；培养基的配制；培养基、发酵罐以及辅助设备的灭菌；将已培养好的有活性的纯菌株以一定量接种到发酵罐中，控制在最适条件下生长并生成代谢产物；产物的提取、精制，以得到合格的产品；发酵过程中产生的废物、废水的回收或处理。具体流程如图9-3所示。

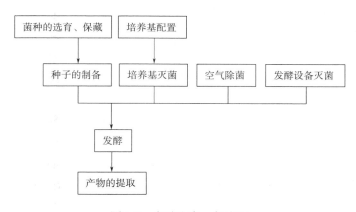

图9-3　发酵生产一般流程

9.3.1　菌种

9.3.1.1　常见的药用微生物

常用的制药工业微生物有细菌、放线菌、霉菌及酵母菌，其中霉菌和酵母菌属于真菌。

（1）细菌

细菌（*Bacterium*）的种类繁多，用处也很大，在制药工业中也占有极其重要的地位。细菌是具有细胞壁的原核单细胞微生物，以细胞个体形态为特征。大多数细菌个体大小在0.5~4.0μm，由于它们是单细胞结构，一般以杆形或球形形式存在。大多数细菌用二分裂进行无性繁殖，少数以其他的方式繁殖，如有性繁殖。目前，利用细菌在制药工业上生产氨基酸、维生素、辅酶及抗癌药物等，已成为生产药物的一个重要方面。

（2）放线菌

放线菌（*Actinomyces*）是介于细菌和真菌之间的一类微生物。是一类单细胞有分支的丝状微生物，因在培养基上向四周生长的菌丝呈放射状而得名。放线菌与细菌一样，在构造上不具有完整的核，没有核膜、核仁及线粒体。放线菌是产生抗生素最多的一类微生物。制药工业上常见的放线菌有链霉菌属（*Streptomyces*）、诺卡菌属（*Nocardia*）、小单泡菌属（*Micromonospora*）、游动放线菌属（*Actinoplanes*）等。

（3）真菌

真菌（*Fungus*）属于真核生物，但不含叶绿素，无根、茎、叶，由单细胞或多细胞组成，按有性和无性方式繁殖。它们在自然界中分布广泛，土壤、水、空气和动植物体表均有存在，以寄生或腐生方式生活。在制药工业上有的是利用真菌的各种代谢产物包括次级代谢产物，如抗生素（青霉素、头孢菌素、灰黄霉素等）、维生素（核黄素）、酶制剂、各种有机酸、葡萄糖酸、麦角碱等。

9.3.1.2 菌种的选育

进行药物的发酵生产前，首先挑选符合生产要求的菌种，再进行菌种的选育和保藏。优良的菌种应容易培养，发酵过程容易控制；产品产量高，且容易分离；遗传性状稳定；是非病原菌，不产有害生物活性物质或毒素；费用低等。

菌种的选育就是对已有菌种的生产性能进行改良，使产品的质量不断提高，或使它更适应工艺的要求。天然菌种的生产性能较低，一般需要进行选育。菌种的选育包括自然选育和人工选育。人工选育又分为诱变育种、杂交育种、原生质体融合育种和基因工程育种。下面主要介绍自然育种和诱变育种。

（1）自然育种（nature screening）

自然育种是指利用微生物的自然突变进行优良菌种选育的过程。自然突变的变异率很低，主要用于纯化菌种和生产菌种复壮，有时也用于选育高产菌株。微生物的遗传变异是绝对的，稳定是相对的；退化性的变异是多数的，进化性的变异是少数的。因此在生产过程和菌种保藏过程中菌种都出现一些退化现象，要经常对生产菌株进行选育复壮。

常用的自然育种方法是单菌落分离法，即把生产中应用的菌种制成单细胞悬浮液，接种在适当的培养基上，培养后，挑取在初筛平板上具有优良特征的菌株进行复筛，根据试验结果再挑选2~3株优良的菌株进行生产性能试验，最后选出目的菌种。

（2）诱变育种（mutation breeding）

诱变育种指采用合适的诱变剂处理均匀分散的微生物细胞群，在引起多数细胞致死的同时，其遗传物质DNA和RNA的化学结构发生改变，从而引起少数存活微生物的遗传变异。自然突变的频率极低，不能满足育种的需要。为了获得适合大规模工业生产所需的优良生产菌种，一般需要进行大量的诱变育种，通过提高菌种的突变频率，扩大变异幅度，进一步提高其生产能力，改善性能。诱变育种是菌种改良的重要手段。诱变育种过程包括诱变和筛选突变株，进行突变株的筛选比诱变过程更重要，图9-4是诱变育种的流程图。

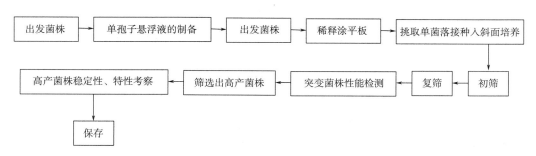

图9-4 诱变育种的流程图

①诱变处理。诱变育种时的主要操作步骤与自然选育方法基本相同，只是将制备的单细胞悬浮液用诱变剂处理后再涂布于平板上。诱变剂指能提高基因突变频率的物理、化学、生物因子，包括物理诱变剂（紫外线等）、化学诱变剂（碱基类似物等）和生物诱变剂（噬菌体）。

②突变株的筛选。突变株的筛选方法有随机筛选和推理筛选两种。随机筛选是诱变育种技术中一直采用的初筛方法，它是将诱变处理后形成的单细胞菌株，不加选择地随机进行发酵并测定其单位产量，从中选出产量最高者进一步复试。这种方法较为可靠，但随机性大，需要进行大量筛选。

为了大大减少筛选的盲目性，提高筛选效率，常采用推理筛选。推理筛选是根据生产菌的生物合成途径或（和）代谢调控机制设计的筛选突变型方法。例如，筛选得到前体或其类似物抗性突变株，可以消除前体的毒性和反馈抑制作用，提高目的产物的产量。筛选得到的诱导酶突变株，在生长期即可合成某些次级代谢产物，大大缩短发酵周期。此外，根据推理筛选，还得到了膜渗透突变株、形态突变株、代谢途径障碍突变株及抗生素酶缺失突变株等。

9.3.1.3　菌种的保藏

为保持菌种的活力及其优良性能，要进行微生物菌种的妥善保藏。菌种的保藏就是根据微生物生理、生化特点，通过人工创造条件，使微生物的代谢处于不活泼、生长繁殖受抑制的休眠状态。主要是低温、干燥、缺氧的状态。

菌种的保藏方法有定期移植保藏法、沙土管保藏法、液体石蜡保藏法、液氮超低温冻结保藏法、真空冷冻干燥保藏法、低温冻结保藏法、谷粒（麸皮）保藏法等。不同微生物适应不同的保藏方法，在对菌株的特性和使用特点综合考虑后，选择合适的保藏方法。

（1）**定期移植保藏法**

定期移植保藏法是指将菌种接种于适宜的培养基中，最适条件下培养，待生长充分后，于4～6℃进行保存并间隔一定时间进行移植培养的菌种保藏方法，也称传代培养保藏法，包括斜面培养、穿刺培养、液体培养等。它是最早使用而且现今仍然普遍采用的方法。该法比较简单易行，不需要特殊设备，能随时观察所保存的菌株是否死亡、变异、退化或污染了杂菌。但保藏菌种仍有一定的代谢活性，保存时间不能太长；传代多，菌种容易发生变异；要进行定期转种，工作量大。

（2）**沙土管保藏法**

将洗净、烘干、过筛后的沙土分装在小试管内，经彻底灭菌后备用。将需要保藏的菌种，先在斜面培养基上培养，再注入无菌水洗下细胞或孢子制成菌悬液，均匀滴入已灭菌的沙土管中，孢子即吸附在沙子上。将沙土管置于真空干燥器中，吸干沙土管中水分，最后将沙土管用火焰熔封后存放于低温（4～6℃）干燥处保藏，称为沙土管保藏法。产生芽孢或分生孢子的菌种多用沙土保藏法保藏。

（3）**液体石蜡保藏法**

液体石蜡保藏法是将菌种接种在适宜的斜面培养基上培养成熟，斜面上注入灭菌的液体石蜡，使其覆盖整个斜面并高于斜面1cm，然后直立放置于低温（4～6℃）干燥处保存，可保存2～10年。此法不能用于可利用石蜡为碳源的微生物。

（4）液氮超低温冻结保藏法

液氮超低温冻结保藏法是用保护剂将菌种制成菌悬液并密封于安瓿管内，在-35℃冻结后，保藏在-196℃的液氮中，或在-150℃的氮气中长期保藏的方法。它的原理是利用微生物在-30℃以下新陈代谢趋于停止而有效地保藏微生物。这是适用范围最广的微生物保藏法，保存期最长，但保藏费用高，仅用于保存经济价值高、容易变异，或其他方法不能长期保存的菌种。

（5）真空冷冻干燥保藏法

该方法是将微生物冷冻，在减压下利用升华作用除去水分，使细胞的生理活动趋于停止，从而长期维持存活状态。事实上，从菌体中除去大部分水分后，细胞的生理活动就会停止，可以达到长期维持生命状态的目的。为了防止冻结和水分不断升华对细胞的损害，需要加保护剂（脱脂牛奶等）制备细胞悬液。该方法适用于绝大多数微生物菌种的保存，一般可保存5~10年，最长可达15年。

（6）低温冻结保藏法

将需要保存的菌种（孢子或菌体）悬浮于10%的甘油或二甲亚砜保护剂中，低温（一般为-70~-20℃）冻结。该法优点是存活率高、变异率低、使用方便。

（7）谷粒（麸皮）保藏法

该法属于载体保藏方法，是根据传统制曲原理来保藏微生物的方法。首先称取一定量的麦粒（或大米、小米等谷物），与自来水1:（0.7~0.9）混合，加水后的麦粒放于4℃冰箱一夜或边加热边不断搅拌直至浸泡透，再用蒸汽121℃灭菌30min，趁热将麦粒摇松散。冷却后，将新鲜培养的菌悬液滴加在麦粒中，摇匀，放于适当温度下培养，每隔1~2天摇动一次，待麦粒上的孢子成熟后，存放于干燥器内或减压干燥，低温保藏。

9.3.2 培养基

培养基（culture medium）是人们提供微生物生长繁殖和生物合成各种代谢产物所需要的、按照一定比例配置的多种营养物质的混合物。选择的培养基的原则是：能满足产物最经济的合成；发酵后所形成的副产物少；原料价格低廉、性能稳定、资源丰富、便于采购运输，能保证生产上的供应；应能满足总体工艺的要求。培养基的组成和配比是否恰当对微生物的生长、产物的合成、工艺的选择、产品的质量和产量等都有很大的影响。

9.3.2.1 培养基的成分

药物发酵培养基主要由碳源、氮源、无机盐类、生长因子和前体等组成。

（1）碳源

碳源是组成培养基的主要成分之一，其主要作用是供给菌种生命活动所需要的能量，构成菌体细胞成分和代谢产物。药物发酵生产中常用的碳源有糖类、脂肪、某些有机酸、醇或碳氢化合物。

（2）氮源

氮源的主要作用是构成微生物细胞物质和含氮代谢物。可分为有机氮源和无机氮源。有机氮源有花生饼粉、黄豆饼粉、玉米浆、蛋白胨、尿素等。无机氮源有氨水、硫酸铵、氯化铵、硝酸盐等。

（3）无机盐类

药物发酵生产菌和其他微生物一样，在生长、繁殖和生物合成产物过程中，都需要某些无机盐类和微量元素。其主要功能是作为生理活性物质的组成成分或生理活性作用的调节物。例如，磷在菌体生长、繁殖和代谢活动中具有重要作用，但磷过量会对某些抗生素的合成产生抑制作用。

（4）生长因子

生长因子是一类对微生物正常代谢必不可少且不能用简单的碳源或氮源自行合成的有机物，如维生素等，酵母膏、玉米浆等天然材料富含生长因子，可用作对生长因子要求高的微生物培养基。

（5）前体

在药物的生物合成过程中，被菌体直接用于药物合成而自身结构无显著改变的物质称为前体。在发酵培养基中加入前体能明显提高产品的产量，在一定条件下还能控制菌体合成代谢产物的流向。另外，在发酵过程中加入促进剂、抑制剂或微量生长因子等物质，也可提高产品的产量。

9.3.2.2　培养基的分类及选择

（1）培养基的分类

①按培养基组成物质的纯度分。可分为合成培养基和天然培养基。合成培养基是用完全了解的化学成分配成，适用于研究菌体的营养需要、产物合成途径等。但是培养基营养单一，价格较高，不适用于大规模工业生产。天然培养基含有一些具体成分不明确的天然产品（如玉米糊、豆粉等），其营养丰富、价格便宜，适用于大规模培养微生物，缺点是成分不明确，影响生产。目前，工业生产一般用半合成培养基。半合成培养基采用一部分天然有机物作碳源、氮源和生长因子，再加入适量的化学药品配制而成。

②按培养基的状态分。可分为固体培养基、半固体培养基和液体培养基。固体培养基是指在液体培养基中加入一定量凝固剂，使其成为固体状态，适合于菌种和孢子的培养和保存。半固体培养基是在配好的液体培养基中加入少量的琼脂，一般用量为0.5%～0.8%，主要用于微生物的鉴定。液体培养基80%～90%是水，其中配有可溶性的或不溶性的营养成分，是发酵工业大规模使用的培养基。

③按培养基在生产中的用途分。可分为孢子培养基、种子培养基和发酵培养基。孢子培养基是供菌种繁殖孢子的一种常用固体培养基。营养不要太丰富（特别是有机氮源），否则只产菌丝，不产或少产孢子。无机盐浓度要适量，否则会影响孢子量和孢子颜色。要注意孢子培养基的pH和湿度。生产中常用的孢子培养基有麸皮培养基，大（小）米培养基，由葡萄糖、无机盐、蛋白胨等配置的琼脂斜面培养基。种子培养基是供孢子发芽和菌种生长繁殖用的。营养成分应是易被菌体吸收利用的，同时要比较丰富与完全，其中氮源和维生素的含量要高些，但总浓度以略稀薄为宜，以便菌种的生长繁殖。最后一级种子培养基的成分最好能接近发酵培养基，使种子进入发酵罐后能迅速适应，快速生长。发酵培养基是供菌种生长、繁殖和合成产物之用。既要使种子接种后迅速生长，达到一定的菌体浓度，又要使长好的菌体能迅速合成所需产物。发酵培养基的组成除有菌体生长所必需的元素和化合物外，还要有产物所需的特定元素、前体和促进剂等。一般属于半合成培养基。

（2）培养基的选择

发酵培养基成分和配比的选择对菌体生长和产物形成有着重要的意义。要注意快速利用的碳（氮）源和慢速利用的碳（氮）源的相互配合，发挥其各自优点；选用适当的碳氮比。氮源过多，菌体生长旺盛，pH偏高，不利于代谢产物积累；氮源不足，菌体繁殖量少，影响产量。碳源过多，pH偏低；碳源不足，易引起菌体衰老和自溶。

9.3.3 种子制备

种子的制备对于发酵工程是非常重要的环节。种子的浓度及总量要能满足发酵罐接种量的要求，所以要进行种子的扩大培养。种子扩大培养是指将保存在沙土管、冷冻干燥管中处于休眠状态的生产菌种接入试管斜面活化后，再经过扁瓶或摇瓶及种子罐逐级扩大培养而获得一定数量和质量的纯种的过程。

种子的制备过程分为实验室阶段和生产车间阶段，如图9-5所示。

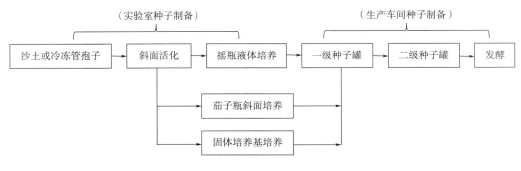

图9-5 种子制备流程

①在实验室阶段。对于不产孢子和芽孢的微生物，将种子扩大培养到获得一定数量和质量的菌体；对于产孢子的微生物，将种子扩大培养到获得一定数量和质量的孢子。对于不同的微生物，采用的培养基不同。这个阶段使用的设备为培养箱、摇床等实验室常见设备，在工厂这些培养过程一般都在菌种室完成。

②在生产车间阶段。最终都是获得一定数量的菌丝体。这样在接种后就可以缩短发酵时间，有利于获得好的发酵结果。这个阶段的培养基要有利于孢子的发育和菌体的生长，营养要比发酵培养基丰富。种子培养在种子罐中进行，一般由发酵车间管理。种子罐一般用碳钢或不锈钢制成，结构相当于小型发酵罐，可用微孔压差法或打开接种阀在火焰的保护下接种，在接种前要经过严格的灭菌。

影响种子质量的因素有原材料的质量、培养温度的控制、培养环境的湿度、通气与搅拌、斜面冷藏时间、种子培养基及pH等。在种子培养过程中，要提供适宜的生长环境，定时进行菌种稳定性的检查及种子无杂菌检查，从而保证纯种发酵。

9.3.4 发酵过程

发酵过程是利用微生物生长、代谢活动生产药物的关键阶段。在发酵罐使用之前，应先检查电源是否正常，空压机、循环水系统是否能正常工作。同时要检查管道是否通畅及废水废气管道的完好情况。气路、料路、发酵罐罐体及培养基必须用蒸汽进行灭菌,保证系统处于无菌状态。接种时先用火焰对接种口进行灭菌,在接种口放置酒精圈,点燃后燃烧1min左右,接种量一般为5%~20%。培养发酵罐压力保持在0.02~0.05MPa,根据各培养条件设定温度和通气量。大多数微生物的发酵周期为2~8天,但也有少于24h或长达2周以上的。在发酵过程中,要定时取样分析和进行无菌试验,观察代谢变化、产物含量情况及有无杂菌污染。

以抗生素发酵生产过程中的代谢变化来说明发酵的几个阶段。抗生素是次级代谢产物,次级代谢的代谢变化过程分为菌体生长期、产物合成期和菌体自溶期。在菌体生长期,碳源、氮源和磷酸盐等营养物质不断消耗,新菌体不断合成,其代谢变化主要是碳源和氮源的分解代谢以及菌体细胞物质的合成代谢;在产物合成期,产物产量逐渐增多,直至达到高峰,生产速率也达到最大,代谢变化主要是碳源、氮源的分解代谢和产物的合成代谢;在菌体自溶期,菌体衰老,细胞开始自溶,氨氮含量增加,pH上升,产物合成能力衰退,生产速率下降。此时,发酵过程必须停止,否则产物不仅受到破坏,还会因菌体自溶而给发酵液过滤和提取带来困难。在这三个代谢变化阶段,对营养物质的需求量不同,可间歇或连续补加灭菌过的碳源和氮源;或根据生产工艺要求,补加前体等物质促进产物的生成;加入消泡剂控制发酵产生的泡沫;根据对溶解氧的不同需求,控制通风量、搅拌速度的大小;此外,要控制温度、pH、CO_2含量等发酵影响因素。

9.3.5 发酵方式

微生物发酵过程的操作方式有分批发酵、连续发酵及补料分批发酵。采用不同的发酵操作方式,会使微生物代谢规律发生变化。

9.3.5.1 分批发酵

分批发酵(batch fermentation)是一种间歇式的培养方法,在每一批次的培养过程中,不再加入其他营养物料。待生物反应进行到一定程度后,将全部培养液倒出进行后道工序的处理。分批发酵的设备要求较少,操作也较简单,工业微生物生产中经常采用。分批发酵时,微生物所处的环境在发酵过程不断地变化,需要通过人工调节影响产物形成的参数,使代谢产物浓度达到最高值。

9.3.5.2 连续发酵

连续发酵(continuous fermentation)是指培养基料液连续输入发酵罐,并同时以相同流速放出含有产品的发酵液,使发酵罐内料液量维持恒定,微生物在近似恒定状态(恒定的基质浓度、恒定的产物浓度、恒定的pH、恒定菌体浓度、恒定的比生长速率)下生长的发酵方式,但工业上很少应用连续发酵,多用于实验室操作。主要是因为连续发酵延续的时间长,发生杂菌污染的概率也就增加,难以保证纯种培养。

9.3.5.3 补料分批发酵

补料分批发酵(fed-batch fermentation)是介于分批发酵和连续发酵之间的一种操作方法,是指在分批发酵过程中,间歇或连续地补加营养物质,但不取出发酵液的发酵方式。

这种发酵方式使发酵系统中维持很低的基质浓度。与连续发酵相比不需要严格的无菌条件,不会产生菌种老化和变异等问题。但要考虑生物反应器的供氧能力和培养过程中大量代谢产物积累后的细胞毒性。

9.3.6 产物提取

通过发酵过程获得的目的产物大多存在于发酵液中，也有些存在于菌体细胞内，而发酵液和菌体中都有产物存在的情形也比较常见。发酵液中除了有发酵产物外，还有菌体细胞、其他代谢产物、残余培养基等，因此发酵液的提取精制工作要分三个阶段，分别为发酵液的预处理、固液分离、细胞破碎、提取（初步纯化）和精制（高度纯化），如图9-6所示。

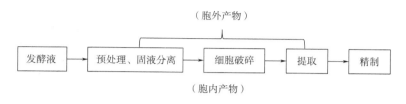

图9-6　发酵产物的提取

发酵液经过预处理（加热、调节pH、絮凝等）、固液分离和细胞破碎后可除去发酵液中的菌体细胞和不溶性固体等杂质。具体来说，对于胞外产物，只需直接将发酵液预处理及过滤，获得澄清的滤液，作为进一步纯化的出发原液；对于胞内产物，则需首先收集菌体进行细胞破碎，使代谢产物转入液相中，然后进行细胞碎片的分离。

提取过程常用的方法有沉淀法、吸附法、离子交换树脂法、凝胶层析法和溶剂萃取法等。

沉淀法是最古老的分离和纯化生物物质的方法，主要用于蛋白质等大分子的提取（如 L-天冬氨酸酶），也可用于抗生素（如四环素）等小分子的提取；吸附法主要用于抗生素等小分子物质的提取。在发酵工业的下游加工过程中，吸附法还可应用于发酵产品的除杂、脱色，目前应用大孔网状聚合物吸附剂可提取抗生素、维生素、酶蛋白等多类发酵药物。离子交换树脂法应用广泛，可用于很多发酵药物的提取过程，如溶菌酶、细胞色素C、肝素、胰岛素、硫酸软骨素等大分子药物及链霉素等抗生素的提取。凝胶层析法适用于分离和提纯蛋白质、酶、多肽、激素、多糖、核酸类等物质。溶剂萃取法在抗生素提取中应用很广，包括液—液萃取和液—固萃取，液—液萃取适用于胞外产物的情况，可将存在于发酵液中的产物提取出来，如青霉素、红霉素、林可霉素、麦迪霉素等抗生素的提取；液—固萃取适用于胞内产物的情况，可将菌丝体内的产物提取出来，如制霉菌素、灰黄霉素、球红霉素等的提取。

提取过程可除去与产物性质差异较大的杂质，使产物浓缩，并明显提高产品的纯度。精制过程去除与产物的物理化学性质比较接近的杂质，包括色谱分离法、结晶等操作，也可重复或交叉使用上述五种基本提取方法。

9.4　发酵过程控制

发酵工业过程分为上游工程（菌种）、发酵和下游工程（发酵产品的提取精制）三个阶段。即首先进行高性能生产菌株的选育和种子的制备；然后在人工或计算机控制的发酵罐中进行大规模培养，生产目的代谢产物；最后收集目的产物并进行分离纯化，获得所需要的产品。微生物发酵要取得理想的效果，即取得高产并保证产品的质量，就必须对发酵过程进行严格的控制。

9.4.1　影响发酵过程的因素

发酵过程是利用微生物代谢活动获取目的产物的过程，是发酵药物生产中决定产量和质量的关键阶段。发酵产物的生成不仅涉及微生物细胞的生长、生理和繁殖等生命过程，又涉及各种酶所催化的生化反应。发酵控制的目的是使发酵过程向有利于目的产物的积累和产品质量提高的方向进行。因此，发酵过程复杂，控制过程比较困难。微生物发酵水平主要受生产菌种自身性能和环境条件的影响，因此，微生物在合成产物过程中的生物合成途径及代谢调控机制是微生物药物研究的重要内容，据此可推测出生产菌种对环境条件的要求。

在发酵生产中，生产菌种相关的营养条件和环境条件，如培养基组成、温度、pH、氧的需求、泡沫、发酵过程中补料等，直接影响发酵过程，进行合理的生产工艺控制，最大限度地发挥生产菌种的合成产物的能力，进而取得最大的经济效益。

发酵过程中微生物的代谢变化可通过各种检测装置测出的参数反映出来，主要参数包括物理参数、化学参数和生物学参数。

9.4.1.1　物理参数

（1）温度（℃）

指整个发酵过程或不同阶段中所维持的温度。

（2）罐压（MPa）

罐压是发酵过程中发酵罐维持的压力。罐内维持正压可以防止外界空气中的杂菌侵入，以保证纯种的培养。一定的罐压可以增加发酵液的溶解氧浓度，间接影响菌体的代谢。罐压一般维持在表压0.02 ~ 0.05MPa。

（3）搅拌转速（r/min）

搅拌转速是指搅拌器在发酵过程中的转动速度，通常以每分钟的转数来表示。它的大小与氧在发酵液中的传递速率和发酵液的均匀性有关。增大搅拌转速可提高发酵液的溶解氧浓度。

（4）搅拌功率（kW）

搅拌功率是指搅拌器搅拌时所消耗的功率，常指1m³发酵液所消耗的功率（kW/m³），它的大小与体积溶氧系数KLa有关。

（5）空气流量［m³/（m³·min）］

空气流量是指每分钟内每单位体积发酵液通入空气的体积，是需氧发酵中重要的控制参数之一。一般控制在0.5 ~ 1.0m³/（m³·min）。

（6）黏度（Pa·s）

黏度大小可以作为细胞生长或细胞形态的一项标志，也能反映发酵罐中菌丝分裂过程的情况。它的大小可影响氧传递的阻力，也可反映相对菌体浓度。

9.4.1.2　化学参数

（1）pH（酸碱度）

发酵液的pH是发酵过程中各种产酸和产碱的生化反应的综合结果。它是发酵工艺控制的重要参数之一。它的高低与菌体生长和产物合成有着重要的关系。

283

（2）**基质浓度**（g/100mL或mg/100mL）

基质浓度是指发酵液中糖、氮、磷等重要营养物质的浓度。它们的变化对产生菌的生长和产物的合成有着重要的影响，也是提高代谢产物产量的重要手段。因此，在发酵过程中，必须定时测定糖（还原糖和总糖）、氮（氨基氮和铵盐）等基质的浓度。

（3）**溶解氧浓度**［ppm或饱和度（%）］

溶解氧是需氧菌发酵的必备条件。利用溶氧浓度的变化，可了解产生菌对氧利用的规律，反映发酵的异常情况，也可作为发酵中间控制的参数及设备供氧能力的指标。

（4）**氧化还原电位**（mV）

培养基的氧化还原电位是影响微生物生长及其生化活性的因素之一。对各种微生物而言，培养基最适宜和所允许的最大电位值应与微生物本身的种类和生理状态有关。

（5）**产物的浓度**（pg/mL）

产物的浓度是发酵产物产量高低或生物合成代谢正常与否的重要参数，也是决定发酵周期长短的依据。

（6）**废气中的氧浓度**（分压，Pa）

废气中的氧浓度与产生菌的摄氧率和KLa有关，从废气中氧和CO_2的含量可以算出产生菌的摄氧率、呼吸商和发酵罐的供氧能力。

（7）**废气中CO_2的含量**（%）

废气中的CO_2是由产生菌在呼吸过程中放出的，测定它可以算出产生菌的呼吸商，从而了解产生菌的呼吸代谢规律。

9.4.1.3　生物学参数

（1）**菌体浓度**（cell concentration）

菌体浓度指单位体积培养液中菌体的量，是控制微生物发酵过程的重要参数之一，特别是对抗生素等次级代谢产物的发酵控制有重要作用。菌体浓度的大小和变化速度对菌体合成产物的生化反应有重要的影响，因此测定菌体浓度具有重要意义。

（2）**菌丝形态**

在丝状菌的发酵过程中，菌丝形态的改变是生化代谢变化的反映。一般都以菌丝形态作为衡量种子质量、区分发酵阶段、控制发酵过程的代谢变化和决定发酵周期的依据之一。

目前，较常测定的参数有温度、罐压、空气流量、搅拌转速、pH、溶解氧、效价、糖含量、NH_2-N含量，前体（如苯乙酸）浓度、菌体浓度（干重、离心压缩细胞体积）等，不常测定的参数有氧化还原电位、黏度、排气中的O_2和CO_2含量等。

根据测定的参数可计算得到其他重要的参数，例如，根据发酵液的菌体量和单位时间的菌体浓度、溶氧浓度、糖浓度、氮浓度和产物浓度等的变化值，可分别计算得到菌体的比生长速率、氧比消耗速率、糖比消耗速率、氮比消耗速率和产物比生产速率。它们是控制产生菌代谢、决定补料和供氧工艺条件的主要依据。

9.4.2　营养条件的影响及其控制

在发酵过程中，需要加入营养基质维持微生物的生长和促进产物的合成，主要包括碳源、氮源、磷酸盐、前体和无菌水等，来自培养基和发酵过程中的补料。不同的微生物对营养条件要求不同，培养基的成分和配比合适与否，对生产菌的生长发育、产物的合成有很大的影响。

很多微生物药物是次级代谢产物，发酵过程分为菌体生长期（发酵前期）和产物分泌期（发酵中后期）。如何控制发酵条件、缩短菌体生长期、延长产物分泌期并保持最大比生产速率是提高产物产量的关键。采用一次投料的分批发酵时，无法延长产物的分泌期，而采用中间补料的发酵方式时，则可以通过中间补料的方法使菌体培养中期的代谢活动受到控制，延长分泌期，提高产量。直接或间接的反馈控制参数可控制补料的时机。直接控制是指直接以限制性营养物浓度作为反馈控制参数，如控制氮源、碳源等。间接控制是指以溶解氧、pH、呼吸商、排气中二氧化碳分压及代谢物质浓度等作为反馈控制参数。

9.4.2.1 碳源浓度的影响及其控制

按照利用的快慢，碳源分为迅速利用的碳源（速效碳源）和缓慢利用的碳源（迟效碳源）。葡萄糖等速效碳源吸收快，利用快，能迅速参加代谢、合成菌体和产生能量，但具有阻遏分解代谢物作用，会抑制产物的合成。而迟效碳源被菌体缓慢利用，不易产生分解产物阻遏效应，有利于延长次级代谢产物的分泌期，如乳糖、蔗糖、麦芽糖、玉米油分别为青霉素、头孢菌素C、盐霉素及核黄素发酵生产的最适碳源。

使用葡萄糖等容易利用的碳源时，要严格控制它们的浓度才能不产生抑制药物合成的作用。例如，青霉素发酵中，采用流加葡萄糖的方法可得到比乳糖更高的青霉素单位；反之，青霉素合成量很少。因此，在使用速效碳源时，浓度的控制是非常重要的。在发酵过程中以补加糖类来控制碳源浓度，提高产物产量，是生产上常用的方法，残糖量、pH等发酵参数可作为补糖的依据。

9.4.2.2 氮源浓度的影响及其控制

氮源主要用来构成菌体细胞物质（如氨基酸、蛋白质、核酸）及药物等含氮代谢产物，有迅速利用的氮源和缓慢利用的氮源之分。前者易被菌体利用，明显促进菌体生长，但高浓度铵离子会抑制竹桃霉素等抗生素的合成。

发酵工业中常采用含迅速利用的氮源和缓慢利用的氮源的混合氮源。迅速利用的氮源能促进菌体生长繁殖，包括氨水、铵盐和玉米浆等；缓慢利用的氮源，在容易利用的氮源耗尽时才被利用，可延长次级代谢产物合成期，提高产物的产量，包括黄豆饼粉、花生饼粉和棉子饼粉等。

除培养基中的氮源外，在发酵过程中还需要补加一定量的氮源。根据残氮量、pH及菌体量等发酵参数补加各类氮源：

①补加某些具有调节生长代谢作用的有机氮源，可提高土霉素、青霉素等的发酵单位（效价），如酵母粉、玉米浆、尿素等。

②补加氨水或硫酸铵等无机氮源，当pH偏低又需补氮时，可加入氨水；当pH偏高又需补氮时，可加入生理酸性物质如硫酸铵等。

为了避免氨水过多造成局部偏碱影响发酵，一般由空气分布管通入，通过搅拌作用与发酵液迅速混合，并能减少泡沫的产生。

9.4.2.3 磷酸盐浓度的影响及其控制

磷是微生物生长繁殖必需的成分，也是合成代谢产物所必需的。磷酸盐能明显促进产生菌的生长。菌体生长所允许的磷酸盐浓度比次级代谢产物合成所允许的浓度大得多，两者平均相差几十至几百倍。适合微生物生长的磷酸盐浓度为0.3 ~ 300mmol/L，适合次级代谢产物合成所需的浓度平均仅为0.1mmol/L，磷酸盐浓度提高到10mmol/L就会明显地抑制次级代谢产物的合成。例如，正常生长所需的无机磷浓度会抑制链霉素的形成，在基础培养基中要采用适当的磷酸盐浓度。

初级代谢产物发酵对磷酸盐的要求不如次级代谢产物发酵严格。在抗生素发酵中常采用亚适量（对菌体生长不是最适量但又不影响菌体生长的量）的磷酸盐浓度。磷酸盐的最适浓度必须结合当地的具体条件和使用的原材料进行试验确定。此外，当菌体生长缓慢时，可适当补加适量的磷，促进菌体生长。

9.4.2.4　前体浓度的影响及其控制

在某些抗生素发酵过程中加入前体物质，可以控制抗生素产生菌的生物合成方向及增加抗生素产量。例如，在青霉素发酵中加入苯乙酸等前体，可提高青霉素的产量。由于过量的前体对产生菌有毒性，所以要严格控制前体的浓度，必须采用少量多次或连续流加的方法加入。

在发酵过程中，随着菌体的生长繁殖，菌体浓度不断增加，代谢产物增多，发酵液的表观黏度在逐渐增大，而通气效率逐渐下降，对菌的代谢活动会产生不利的影响，严重时就能影响产物的合成。为了解决这个问题，有时需要补加一定量的无菌水来降低发酵液浓度及表观黏度，从而提高发酵单位产量。

除了补加碳源、氮源、磷酸盐、前体和无菌水外，为了菌的生长或产物合成需要，需要补加某些无机盐或微量元素。总之，在发酵过程中，必须根据生产菌的特性和目标产品生物合成的要求，对营养基质的影响和控制进行深入细致的研究，才能取得良好的发酵效果。

9.4.3　培养条件的影响及其控制

9.4.3.1　温度的影响及其控制

（1）温度对发酵的影响

①温度影响反应速率。微生物发酵过程都是在各种酶的催化作用下进行的，温度的变化直接影响发酵过程中各种酶催化反应的速率。

②温度影响产物的合成。温度可改变发酵液的物理性质，如发酵液的黏度、基质和氧在发酵液中的溶解度和传递速度、菌体对某些基质的分解和吸收速率等，从而间接影响生产菌的生物合成。

③温度影响生物合成的方向。例如，用黑曲霉生产柠檬酸时，温度升高导致草酸产量增加，柠檬酸产量降低。四环素产生菌金色链霉菌同时产生金霉素和四环素，当温度低于30℃时，这种菌合成金霉素能力较强；温度提高，合成四环素的比例也提高，温度达到35℃时，金霉素的合成几乎停止，只产生四环素。

（2）引起温度变化的因素

在发酵过程中，发酵温度的变化是由发酵热导致的。发酵热包括生物热、搅拌热、蒸发热、辐射热和显热。其中生物热和搅拌热是产热因素，蒸发热、辐射热和显热是散热因素，即发酵热=生物热+搅拌热−蒸发热−辐射热−显热。其中生物热是微生物在生长繁殖过程中产生的热能。在发酵进行的不同阶段，生物热的大小会发生显著变化，进而引起发酵热的变化，最终导致发酵温度的变化。

（3）最适温度的选择

①根据菌种选择。微生物种类不同，所具有的酶系及其性质不同，所要求的温度范围也不同。例如，黑曲霉生长温度为37℃，谷氨酸产生菌棒状杆菌的生长温度为30～32℃，青霉菌生长温度为30℃。

②根据发酵阶段选择。

a. 发酵前期。由于菌量少，发酵目的是尽快达到大量的菌体，应取稍高的温度，促使菌的呼吸与代谢，使菌生长迅速。

b. 发酵中期。菌量已达到合成产物的最适量，发酵需要延长周期，从而提高产量，因此中期温度要稍低一些，可以推迟衰老。因为在稍低温度下，氨基酸合成蛋白质和核酸的正常途径关闭得比较严密，有利于产物合成。

c. 发酵后期。产物合成能力降低，延长发酵周期没有必要，可提高温度，刺激产物合成直到放罐。例如，四环素生长阶段28℃，合成期26℃，后期再升温；黑曲霉生长阶段37℃，产糖化酶32～34℃。但也有的菌种产物形成比生长温度高，如谷氨酸产生菌生长阶段30～32℃，产酸34～37℃。最适温度的选择要根据菌种与发酵阶段做试验。

9.4.3.2　溶解氧的影响及其控制

氧是需氧微生物生长所必需的，微生物细胞很少能利用空气中的氧，仅能利用溶解氧（disolve oxygen，DO），因此溶解氧是发酵控制的最重要参数之一。氧在水中的溶解度很小，需要不断地进行通风与搅拌，才能满足发酵需氧的要求。

（1）影响供氧的因素

①搅拌。搅拌把通入的空气泡打散成小气泡，小气泡从罐底上升速度慢，增加了气液接触面积和接触时间；搅拌会造成涡流，使气泡螺旋形上升，有利于氧的溶解；搅拌可形成湍流断面，减少气泡周围液膜的厚度，增大体积溶氧系数；搅拌可保持菌丝体于均匀的悬浮状态，有利于氧的传递以及营养物和代谢产物的输送。

②通气（空气流量）。发酵罐的空气是压缩空气经鼓泡器通入发酵罐。通气量以每分钟每升培养基通入多少升空气计。

另外，发酵液的黏度、微生物的生长状态、泡沫的产生均会影响供氧。

（2）影响溶解氧的因素

①微生物的种类和生长阶段。不同微生物呼吸强度不一样；同样的微生物，在不同生产阶段需氧不一样，一般菌体生长阶段的摄氧率大于产物合成期的摄氧率。因此，认为培养液的摄氧率达最高值时，培养液中菌体浓度也达到了最大值。

②培养基的组成。菌丝的呼吸强度与培养基的碳源有关，如含葡萄糖的培养基表现出较高的摄氧率。

③培养条件的影响。培养液的pH、温度等影响溶氧。温度越高，营养成分越丰富，其呼吸强度的临界值也相应地增长。当达到最适pH时，微生物的需氧量也最大。

④二氧化碳浓度的影响。在相同压力条件下，CO_2在水中的溶解度是氧溶解度的30倍。因而发酵过程中如不及时将培养液中的CO_2从发酵液中除去，势必影响菌体的呼吸，进而影响菌体的代谢活动。

（3）溶解氧的控制

发酵过程应保持氧浓度在临界氧浓度以上。临界氧浓度一般指不影响菌的呼吸所允许的最低氧浓度。例如，青霉素发酵的临界氧浓度在5%～10%，低于此值会对产物合成造成损失。在发酵生产中，生物合成最适氧浓度与临界氧温度是不同的。例如，对于头孢菌素C发酵，其呼吸临界氧浓度为5%，其生物合成最适氧浓度为10%～20%；对于卷曲霉素，呼吸临界氧浓度为13%～23%，而合成需要的最低允许氧浓度为8%。

在发酵不同阶段，溶解氧浓度会受到不同因素的影响。在发酵前期，由于生产菌的大量生长繁殖，耗氧量大，溶解氧明显下降；在发酵中后期，需要根据实际情况进行补料，溶解氧的浓度就会相应发生改变。此外，设备供氧能力的变化、菌龄的不同、通风量改变以及发酵过程中某些事故的发生都会使发酵液中的溶解氧浓度发生变化。

发酵过程中，有时会出现溶解氧浓度明显降低或明显升高的异常情况。引起溶解氧明显降低的原因包括：污染好气型杂菌，大量溶解氧被消耗掉；菌体代谢发生异常，需氧要求增加，溶解氧下降；设备或工艺控制发生故障或变化，如搅拌速度变慢或停止搅拌、消泡剂过多、闷罐等。供氧条件不变，溶解氧异常升高的原因包括：耗氧出现改变，如菌体代谢异常，耗氧能力下降，溶解氧上升；污染烈性噬菌体，导致产生菌尚未裂解呼吸已经受到抑制，溶解氧有可能迅速上升，直到菌体破裂后，完全失去呼吸能力，溶解氧直线上升。

发酵液的溶解氧浓度是由供氧和需氧共同决定的。当供氧大于需氧时，溶解氧浓度上升；反之就会下降。就供氧来说，发酵设备要满足供氧要求，可通过调节搅拌转速或通气速率来控制供氧；而需氧量主要受菌体浓度的影响，可以通过控制基质浓度来达到控制菌体浓度的目的。

9.4.3.3　pH的影响及其控制

pH是微生物代谢的综合反映，又影响代谢的进行，所以是十分重要的参数。

（1）pH对发酵的影响

①pH影响酶的活性。微生物生长代谢是在体内酶的作用下进行的，pH会影响酶的活性。因此，微生物菌体的生长繁殖及产物的合成都是在一定pH环境中完成的，即发酵过程中的所有酶催化反应都会受到环境pH的影响。当pH抑制菌体某些酶的活性时，使菌的新陈代谢受阻。

②pH影响微生物细胞膜所带电荷。由于pH影响微生物细胞膜所带电荷，从而改变细胞膜的透性，影响微生物对营养物质的吸收、代谢物的排泄，因此影响新陈代谢的进行。

③pH影响培养基某些成分和中间代谢物的解离。由于pH影响培养基某些成分和中间代谢物的解离，从而影响微生物对这些物质的利用。

④pH影响代谢方向。pH不同，往往引起菌体代谢过程不同，使代谢产物的质量和比例发生改变。例如，黑曲霉在pH=2～3时发酵产生柠檬酸，在pH近中性时，则产生草酸。谷氨酸发酵，在中性和微碱性条件下积累谷氨酸，在酸性条件下则容易形成谷氨酰胺和乙酰谷氨酰胺。

⑤pH影响菌体的形态。不同pH对菌体的形态影响很大。当pH高于7.5时，菌体易于老化，呈现球状；当pH低于6.5时菌体同样受抑制，易于老化。而pH在7.2左右时，菌体处于产酸期，呈现长的椭圆形；pH在6.9左右时，菌体处于生长期，呈"八"字形并占有绝对的

优势。

（2）发酵过程pH变化的原因

①基质代谢。

a. 糖代谢。特别是快速利用的糖，分解成小分子酸、醇，使pH下降。糖缺乏，pH上升（是补料的标志之一）。

b. 氮代谢。当氨基酸中的氨基被利用后pH会下降；尿素被分解成NH_3，pH上升，NH_3被利用后，pH下降；当碳源不足时，氮源当碳源利用，pH上升。

c. 生理酸碱性物质被利用后pH会上升或下降。

②产物形成。某些产物本身呈酸性或碱性，使发酵液pH变化。如有机酸类产生使pH下降，红霉素、林可霉素、螺旋霉素等抗生素呈碱性，使pH上升。

③菌体自溶，pH上升。在发酵后期，菌体的自溶会造成pH上升。

（3）pH的控制

①根据微生物的种类和产物调控pH。每一类菌都有其最适的和能耐受的pH范围。例如，细菌在中性或弱碱性条件下生长良好，而酵母菌和霉菌喜欢微酸性环境。微生物生长阶段和产物合成阶段的最适pH往往不一致。这不仅与菌种的特性有关，还与产物的化学性质有关。例如，链霉菌的最适生长pH为 6.2 ~ 7.0，而合成链霉素的合适pH为6.8 ~ 7.3。

②调节好基础料的pH。考察培养基基础配方，控制一定配比，可考虑通过加入一些缓冲剂（磷酸盐或碳酸盐）。基础料中若含有玉米浆，pH呈酸性，必须调节pH。若要控制消后pH在6.0，消前pH往往要调到6.5 ~ 6.8。

③通过补料调节pH。在补料与调节pH没有矛盾时采用补料调节pH，通过pH测量，来控制补料，可加入糖、尿素、酸或碱等。可通过调节补糖速率和空气流量来调节pH；当NH_2–N低、pH低时补氨水；当NH_2–N低、pH高时补$(NH_4)_2SO_4$。

9.4.3.4　CO_2的影响及其控制

CO_2是微生物生长繁殖过程中的代谢产物，是细胞代谢的重要指标。作为基质可参与某些合成代谢，并对微生物发酵具有抑制或刺激作用。

（1）CO_2对发酵的影响

培养基中的CO_2含量变化对菌丝的形态有直接影响，例如，对产黄青霉菌丝形态的影响：CO_2含量在0 ~ 8%，菌丝主要呈丝状；CO_2含量在15% ~ 22%，则膨胀、粗短的菌丝占优势；CO_2分压达到8kPa时，则出现球状或酵母状细胞，致使青霉素合成受阻，青霉素的比生产速率降低40%左右。

CO_2及HCO_3都影响细胞膜的结构。它们通过改变膜的流动性及表面电荷密度来改变膜的运输性能，影响膜的运输效率，从而导致细胞生长受到抑制，形态发生改变。此外，溶解的CO_2会影响发酵液的酸碱平衡，使发酵液的pH下降；或与其他物质发生化学反应；或与生长必需金属离子形成碳酸盐沉淀，造成间接作用而影响菌体生长和产物合成。

（2）CO_2含量的控制

除了微生物代谢外，二氧化碳主要来自通气和补料等。其大小受许多因素影响，如菌体呼吸速度、发酵液流变学特性、通气搅拌程度、罐压及发酵罐规模等。此外，发酵过程中遇到泡沫上升"逃液"现象时，如增大罐压消泡，会使CO_2溶解度增加，对菌体生长不利。

CO_2浓度通常通过通风和搅拌来控制，在发酵罐中不断通入空气，代谢产生的CO_2可随废气排出，使之低于能产生抑制作用的浓度。

9.4.3.5　泡沫的影响及其控制

（1）泡沫对发酵的影响

在发酵过程中，由于通气和搅拌，代谢气体的产生，培养基中糖、蛋白质和代谢物等表面活性物质的存在，使发酵液中产生一定量的泡沫。泡沫的存在可以增加气液接触面积，增加氧传递速率。但泡沫过多就会带来不利的影响，如发酵罐的装料系数减小等。严重时会造成"逃液"，从而增加染菌的机会，导致产物的损失。

（2）泡沫的影响因素

泡沫的多少不仅与通风、搅拌的剧烈程度有关，还与培养基的成分及配比有关。例如，一些有机氮源容易起泡；糖类起泡能力低，但其黏度大，有利于泡沫稳定。培养基的灭菌方法也会改变培养基的性质，从而影响培养基的起泡能力。此外，在发酵过程中，随着微生物代谢的进行，培养基性质改变，也会影响泡沫的消长。如霉菌发酵，随着发酵的进行，各种营养成分被利用，使发酵液表面黏度下降，表面张力上升，泡沫寿命缩短，泡沫减少。在发酵后期，菌体自溶，发酵液中可溶性蛋白质增加，有利于泡沫产生。

（3）泡沫的控制

有效控制泡沫是正常发酵的基本条件。消除泡沫的方法有机械消泡和消泡剂消泡两类。

机械消泡包括罐内和罐外消泡。罐内消泡是在搅拌轴上方安装消泡桨，利用消泡桨转动打碎泡沫。罐外消泡则是将泡沫引出罐外，通过喷嘴的加速作用或利用离心力来消除泡沫。这种消泡方法节省原料、染菌机会小，但消泡效果不理想。

消泡剂消泡，常用的消泡剂有天然油脂类、高碳醇、聚醚类和硅酮类等。天然油脂类有玉米油、豆油、棉籽油、菜籽油和猪油等。天然油脂消泡剂效率不高，用量大，成本高，但安全性好。化学消泡剂性能好，添加量小（0.02%～0.035%，体积分数），如果使用品种和方法合适，对菌体生长和产物合成几乎没有影响，目前生产上有逐渐取代天然油脂的趋势。消泡剂作用的发挥主要取决于它的性能和扩散效果。可以借助机械搅拌加速接触，也可以借助载体或分散剂使其更容易扩散。

9.4.4　发酵终点及其控制

发酵终点是结束发酵的时间。控制发酵终点的一般原则是高产量、低成本。可计算相关的参数，如发酵产率、单位发酵液体积、单位发酵时间内的产量［kg/(h·m³)］、发酵转化率或得率、单位发酵基质底物生产的产物量（kg/kg）、发酵系数、单位发酵罐体积、单位发酵周期内的产量［kg产物/(h·m³)］等。

9.4.4.1　经济因素

生产速率较小的情况下，产量增长有限，延长时间使平均生产能力下降，动力消耗、管理费用支出、设备消耗等增加了成本。发酵终点应是最低成本获得最大生产能力的时间。对于分批式发酵，应根据总生产周期求得效益最大化的时间，终止发酵。

9.4.4.2　下游工序

发酵终点还应该考虑下游分离纯化工艺特点及其对发酵液的要求。发酵时间太短，过多营养物质残留在发酵液中，对分离纯化不利。发酵时间太长，菌体自溶，释放出胞内蛋白酶，改变发酵液性质，增加过滤工序的难度，产物被降解破坏。

临近放罐时，补料或消沫剂要慎用，其残留会影响产物的分离，以允许的残量为标准。对于抗生素，放罐前16h停止补料和消泡。

9.4.4.3 其他因素

可考虑生物学、物理学、化学指标的变化以及放罐对"三废"处理的影响，如主要产物浓度、残糖含量、残氮含量、菌体形态、代谢毒物的积累、pH、溶解氧、发酵液外观和黏度等，按照常规经验计划进行。

如遇到染菌、代谢异常等情况，采取相应措施，及时处理。

不同产品的发酵生产，对发酵终点的判断标准也不同。在确定发酵终点时，要同时考虑发酵成本和产物提取分离的需要。

思考题

1. 在发酵生产中，为什么要进行灭菌操作？常用的灭菌方法有哪些？
2. 简述微生物发酵制药的工艺流程。
3. 影响发酵生产的因素有哪些？
4. 发酵过程中引起 pH、温度、溶解氧变化的因素分别有哪些？
5. 溶解氧异常升高或降低的原因有哪些？如何控制？

参考文献

［1］冯美卿.生物技术制药［M］.北京：中国医药科技出版社，2016.

［2］元英进，赵广荣，孙铁民.制药工艺学［M］.2版.北京：化学工业出版社，2017.

［3］王凤山，邹全明.生物技术制药［M］.3版.北京：人民卫生出版社，2016.

第10章　基因工程制药

基因工程制药

10.1　概述

基因工程（genetic engineering）或重组DNA技术（recombinant DNA technology）是对目的基因进行扩增、修饰，与适宜的载体连接，构成完整的基因表达载体，然后导入合适的宿主生物细胞内，整合到宿主基因组或者以质粒的形式存在于宿主细胞质中，从而使宿主细胞表现出新功能或新性状。1982年，美国Lilly公司推出了世界上第一个由基因工程菌生产的重组人体胰岛素优泌林，标志着基因工程药物的诞生。基因工程制药指利用重组DNA技术将生物体内生理活性物质的基因在细菌、酵母、动物细胞或转基因动植物中大量表达，生产的新型药物。目前，基因工程技术不仅可以生产重组治疗性蛋白质、多肽或核酸、疫苗、抗体等生物制品，还可用于抗生素、维生素、氨基酸、辅酶、甾体激素等化学药物的生产。基因工程在制药行业的产业化应用改变了药物市场格局，带动了现代生物技术的实质性发展。

10.1.1　基因工程制药的类型

通过基因工程生产的重组生物制品主要有三类：重组治疗性蛋白质药物、重组疫苗和重组抗体。

治疗性的酶制剂是一种重要的重组蛋白类药物。2009年，美国FDA批准用转基因山羊奶生产的抗血栓药物Atryn上市，用于治疗遗传性抗凝血酶缺乏症。戈谢病由于缺乏葡糖脑苷脂酶的基因，不能合成葡糖脑苷脂酶，导致葡糖脑苷脂无法代谢。2012年，美国FDA批准用转基因胡萝卜细胞系表达生产人葡糖脑苷脂酶上市，用于Ⅰ型戈谢病的长期酶替代治疗。多种重组细胞因子的化学本质是小分子蛋白，可利用基因工程技术生产，包括白介素（白细胞介素）、干扰素（interferon，IFN，表10-1）、集落刺激因子、生长激素、降钙素、胰岛素等多种小分子蛋白。

基因工程技术研制生产的疫苗包括基因工程重组亚单位疫苗、基因缺失活疫苗、基因工程载体疫苗以及核酸疫苗等，各重组疫苗的代表产品见表10-2。

表10-1　全球上市的主要干扰素产品

通用名	商品名	适应症
聚乙二醇干扰素α-2a	派罗欣	成人慢性乙型肝炎，成人慢性丙型肝炎
聚乙二醇干扰素α-2b	佩乐能	≥18岁，肝功能代偿期的HBeAg阳性的慢性乙型肝炎和慢性丙型肝炎
重组人干扰素α-2a	甘乐能	急、慢性病毒性肝炎，带状疱疹，尖锐湿疣，恶性黑色素瘤，淋巴结转移的辅助治疗

续表

通用名	商品名	适应症
重组人干扰素β-1a	利比	急、慢性及复发性病毒感染性疾病，神经系统炎性免疫性疾病，复发型多发性硬化症
重组人干扰素β-1b	倍泰龙	复发缓解型多发性硬化症、继发进展型多发性硬化症

表10-2　重组疫苗的种类及代表产品

类型	代表产品
基因重组亚单位疫苗	甲肝、丙肝、戊肝、出血热、血吸虫和艾滋病等疫苗
基因工程载体疫苗	使用痘苗病毒天坛株制备的甲肝、乙肝和HIV等重组疫苗
核酸疫苗	用编码流感病毒共同的核蛋白抗原的DNA作为疫苗
基因缺失活疫苗	霍乱活菌苗，兽用伪狂犬疫苗

随着分子生物学和结构生物学的发展，抗体的结构和功能关系日益清晰，可通过基因工程技术在基因水平对抗体基因进行修饰，生产重组抗体。1984年，Morrison等科学家将鼠单抗可变区的基因与人免疫球蛋白G(IgG)恒定区的基因连接起来，通过基因工程技术获得人鼠嵌合抗体。随后发展起来的还有单链抗体、改型抗体和小分子抗体等（表10-3）。

除了通过构建基因工程菌或细胞生产重组生物制品外，基因工程在制药工艺中的应用还有以下几方面：

①通过改造生物制品编码基因，研发疗效和安全性更好的新一代产品。

②通过改造生物酶的编码基因，研发高催化活性的新酶和工艺，用于酶工程制药。

③通过改造制药微生物的基因组和代谢途径，开发抗生素、氨基酸、维生素等化学药物的高产、高效的新菌株。

表10-3　全球上市的基因工程重组抗体产品

通用名	商品名	适应症
利妥昔单抗	Rituxan	类风湿性关节炎和非霍奇金淋巴瘤
曲妥珠单抗	Herceptin	转移性乳腺癌
帕利珠单抗	Synagis	呼吸道合胞病毒（RSV）感染及高危婴幼儿因RSV而引起的严重下呼吸道疾病
吉妥珠单抗	Mylotrarg	急性髓性白血病
阿来组单抗	Campath	慢性B淋巴细胞性白血病
阿达木单抗	Humira	中度和严重风湿性关节炎、银屑病关节炎、强直性脊柱炎和克罗恩病
托西莫单抗	Bexxar	非霍奇金淋巴瘤
西妥昔单抗	Erbitux	结肠癌
帕尼单抗	Vectibix	转移性直结肠癌
贝伐珠单抗	Avastin	头颈癌
奥法木单抗	Arzerra	慢性淋巴细胞癌

续表

通用名	商品名	适应症
地诺塞麦单抗	Xgeva	预防实体骨瘤转移
伊匹单抗	Yervoy	转移性黑瘤素
贝伦妥单抗–维多汀	Adcetris	自体干细胞移植后霍奇金淋巴瘤、极其罕见的系统性间变性大细胞淋巴瘤

10.1.2 合成生物学制药

10.1.2.1 合成生物学的概念

基于测序技术飞速发展的基因组学使合成生物学由概念变为现实。合成生物学是综合了科学与工程的一个崭新的生物学研究领域，由分子生物学、基因组学、信息技术和工程学交叉融合而产生的新工具和新方法，可按照人为需求，人工合成有生命功能的生物分子（元件、模块或器件）、系统乃至细胞。它不同于对天然基因克隆改造的基因工程和对代谢途径模拟加工的代谢工程，而是在以基因组解析和生物分子化学合成为核心的现代生物技术基础上，以系统生物学思想和知识为指导，综合生物分子、生物物理和生物信息技术与知识，设计和构建人工生命，使之按照预定的程序和方式运行。目前，合成生物学的研究主要有两方面：一方面是对自然生物的人工改造，使之具有全新的功能；另一方面是对生物元件进行重新设计和组装，创造自然界不存在的生物。合成生物学的核心思想是：生物的所有元件都能化学合成，再通过工程化方式组装成特定功能的生物体。

10.1.2.2 微生物基因组简化

在制药工业环境下，冗余基因是无用的，而且造成生长和繁殖的负担，需要对基因组进行删减，提高微生物的工业化水平。微生物基因组的简化是合成生物学的研究热点之一。基因组的适度精简可以使细胞代谢途径得以优化，改善细胞对底物、能量的利用效率，大大提高细胞生理性能的预测性和可控性。基因组简化细胞将为生物技术的应用提供理想的底盘细胞，为合成生物学研究及应用提供理想的工作平台。

采用大规模删除技术敲除非必需基因可达到缩减基因组的目的。目前，已经获得了大肠埃希菌、芽孢杆菌、链霉菌、酵母等缩减基因组。对大肠埃希菌K–12基因组进行了设计，删除重复基因、转座基因和毒性基因，获得了基因组减少15%的菌株，生长速度不变，转化效率提高，外源质粒遗传稳定，重组蛋白稳定。在缩减基因组的菌株中，表达L–苏氨酸分泌基因和耐受操纵子，L–苏氨酸产量提高了83%。对酿酒酵母基因组进行敲除，提高了乙醇和甘油的含量。对不同链霉菌基因组进行比较分析，设计并敲除了1.7MB阿维链霉菌基因组。阿维链霉菌基因组敲除菌能高效表达氨基糖胺类链霉素、β–内酰胺类头霉素C和青蒿二烯合成基因簇，可作为抗生素等微生物和植物来源次级代谢产物的生产宿主。

10.1.2.3 利用微生物合成天然产物

天然产物药物结构复杂，全化学合成工艺复杂，经济性差。这些天然产物药物的生物合成涉及多个基因，甚至是基因簇，基因工程技术难以操作。合成生物学则提供了方便可行的途径。青蒿素合成途径可分解为多个功能模块，包括合成模块和调控模块，对不同模块进行设计和优化后，合成并构建代谢线路，可得到生产青蒿素的工程菌。经过代谢调控和工艺优化，目前酿酒酵母合成青蒿素的产量最高可达27g/L，为半合成青蒿素及其衍生物提供了廉价的原料药。类似地，在大肠埃希菌中高效合成了抗癌药物紫杉醇的前体——紫杉二烯，在酵母中合成了甾体类药物氢化可的松、中药活性成分次丹参酮二烯、丹参素等。随着合成生物学的发展，其在结构复杂的天然药物及其衍生物的生产工艺开发中发挥重要作用，降低技术成本，解决药源的经济性问题。

10.1.3　基因工程制药的基本过程

基因工程技术制备蛋白类药物基本过程包括基因工程菌的构建、发酵培养、目的蛋白药物的分离纯化和蛋白药物的分批和包装（图10-1）。

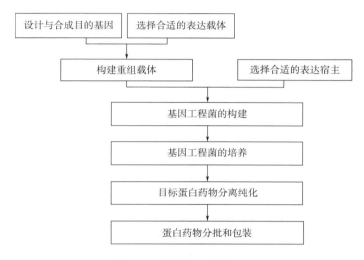

图10-1　基因工程制药过程

10.1.3.1　基因工程菌的构建

基因工程菌是转入了含有目的基因的重组表达载体，能够合成目的蛋白的微生物。克隆获得目的蛋白的编码基因，选择合适的表达载体，利用限制性内切酶对表达载体和目的基因进行酶切，随后用连接酶将目的基因和表达载体连接起来，形成重组载体。将重组载体转入合适的表达宿主，即可获得基因工程菌株。表达载体上往往含有启动子、核糖体结合位点等转录、翻译控制的位点，在合适的培养和诱导条件下，目的基因可转录、翻译，表达出目的蛋白药物。

10.1.3.2　基因工程菌的发酵培养

基因工程菌的发酵培养过程与普通微生物的发酵相似，在发酵罐中进行，需要提供合适发酵培养基，在发酵过程中需要控制温度、pH、溶解氧等参数。对于不同的菌种，具体的培养基种类、发酵条件、控制工艺不同。在基因工程菌发酵过程中需要特别注意两个问题，一是表达载体的丢失和变异的问题，二是要注意控制重组蛋白药物的适时表达。

10.1.3.3　重组蛋白药物的分离纯化

在发酵体系中，重组蛋白药物的含量比小分子发酵药物的更低。要根据重组蛋白药物的结构、活性等特点，选择特异性的方法，建立适宜的分离和纯化工艺，并对原液进行质量控制。对于胞内形成的包涵体，则要采用变性和复性工艺，重折叠为有生物活性的产品。

在洁净度、温度和湿度等符合GMP要求的车间内，以菌体或培养液为中间体，按照批准工艺进行初级分离和精制纯化等单元操作，获得重组蛋白药物的原液。原液经过稀释、配制和除菌过滤，成为半成品。

10.1.3.4　蛋白药物的分批和包装

半成品分装、密封在最终容器后，经过目检、贴签、包装，并经过全面检定合格的产品为成品。按照生物制品分装和冻干规程制成注射剂。按照制剂通则制成其他剂型。按照生物制品包装规程进行包装。在生产、待检、待销售和分发过程中，按照生物制品贮藏和运输规程要求，以最快速度、最短时间和低温（2~8℃）下进行贮运，以保证产品质量稳定。

对重组蛋白药物的检定与化学药品完全不同，以生物分析方法为主，对原液、半成品和成品进行检验和质量控制。

10.2　基因工程菌的构建

10.2.1　基因工程制药微生物表达系统

根据需要重组表达的蛋白特性，选择合适的表达系统，对于实现重组蛋白的稳定表达至关重要。基因工程生物的表达系统由外源基因表达质粒和宿主生物两者组成。一个优秀的表达系统，往往是表达质粒和宿主的最佳遗传适配。虽然目前已有细菌、酵母、丝状真菌、动物细胞等被用于基因工程表达宿主的研究与开发，但没有一种适合所有蛋白表达的通用宿主细胞。因此，要根据不同的目的蛋白质，以效率和质量为判别标准，选择适宜的表达系统。需考虑蛋白质的天然宿主、存在场所和结构特征等，与相似的成功案例进行比较，推测适宜的氧化还原环境。充分了解和深入研究目的蛋白的特征和表达系统的特征，才能合理选择，构建出最佳的基因工程菌。

原核生物一般用于表达先翻译后修饰的功能蛋白质，而真核生物表达系统可用于表达糖基化、酰基化等修饰的蛋白质。大肠杆菌和酵母表达系统分别是原核和真核表达系统的典型代表，也被广泛用于生产蛋白药物，本书对这两种表达系统进行介绍。

10.2.1.1　大肠杆菌系统

（1）生物学特性

大肠杆菌（*Escherichia coli*，也称为大肠埃希菌）是*Escherich*在1885年发现的，是最简单的原核细胞生物，属于革兰氏阴性菌（*Gram-negative bacterium*，G⁻），杆状，大小为（2~4）μm×（0.4~0.1）μm。大肠杆菌是单细胞微生物，分裂方式是裂殖在37℃下17min繁殖一代。在平板上形成白色至黄白色的菌落，光滑，直径2~3mm。

大肠杆菌细胞由细胞壁、细胞膜、拟核和细胞质等构成。细胞核无核膜，一条环状双链DNA浓缩成团，形成拟核区。细胞质呈溶胶状态，含有酶、mRNA、tRNA、核糖体，是代谢的主要场所。细胞膜由磷脂双分子层组成，具有信号传导、物质运输、交换、分泌等功能。细胞膜向内折叠形成间体，扩大了生化反应的内表面积。细胞外有鞭毛，较长，使细胞游动。有些菌株有菌毛或纤毛，较细而且短，使细胞附着在其他物体上。无芽孢，一般无荚膜。

革兰氏阴性菌的细胞壁较薄，约3nm。细胞壁由肽聚糖和脂多糖构成。在细胞壁外还有一层外膜，为双层磷脂，细胞壁与外膜之间的部分为周质，常为细胞分泌的蛋白质所占据。基因工程表达的外源蛋白质，有时分泌到周质而不释放到胞外。

在基因工程研究中，最广泛使用的菌株是无致病性的大肠杆菌B菌株和K-12菌株及它们的衍生菌株。1997年，首次完成K-12MG1655菌株基因组的测序，大小为4.64Mb，鸟嘌呤和胞嘧啶（G+C）含量为50.8%，约4500个基因，编码4100多种蛋白质。目前已完成了K-12DH10B、K-12W3110、BL21（DE3）、B REL606等多个工业应用和研究的大肠杆菌基因组的测序，基因组大小、基因数和编码蛋白质数目与MG1655菌株接近。已经构建了大肠杆菌（BW25113）的单基因敲除库和必需基因数据库、全基因组的代谢网，可作为菌株遗传改造的参考。

BL21及其改进的衍生菌株是最常用的表达外源基因的宿主，具有ATP依赖的Lon和外膜OmpT蛋白酶缺陷，能有效减少异源蛋白质的降解，提高表达量。BL21（DE3）是BL21菌株基因组中插入了溶源噬菌体DE3序列，它含有lac UV5启动子控制的T7 RNA聚合酶基因。在该宿主菌中，T7 RNA聚合酶基因和外源基因的表达同步受到IPTG诱导与调控。常用外源基因表达的大肠杆菌宿主菌株及其遗传特点见表10-4，可根据需要表达的蛋白质的特点选择使用。

表10-4　常用大肠杆菌表达宿主及特点

菌株	遗传特点	表达特点
BL21（DE3）	具有溶源噬菌体DE3序列，ATP依赖的Lon和外膜OmpT蛋白酶缺陷	减少异源蛋白质的降解，提高表达量
BL21（DE3）pLysS	来源于BL21（DE3），含有pLyss质粒，能够产生T7溶菌酶	降低异源基因的背景表达，有利于毒性蛋白合成
BL21 codonplus（DE3）RIPL	含有表达5个稀有密码子的tRNA基因（［argUproLCam^r］［argUileYleuW Strep/Spec^r］）	利于含有稀有密码子的外源蛋白的表达
BLR（DE3）	BLR是BL衍生菌株，是RecA（重组酶A缺陷）型菌株	有助于质粒稳定性
Origami 2（DE3）	K-12衍生菌株，在硫氧化还原酶基因（trxB）和谷胱甘肽还原酶（gor）基因上同时含有突变	增加细胞质中外源蛋白质二硫键的形成，减少包涵体
Rosetta 2（DE3）	含有pRARE2质粒，能够提供AUA，AGG，AGA，CUA，CCC，GGA，CGG七个稀有密码子的tRNA基因	利于含有稀有密码子的外源蛋白的表达
Rosetta-gami2（DE3）	结合BL21，Origami和Rosetta菌株的优点，含有pRARE（Cam^r，Kan^r，Tet^r）	增强了细胞内二硫键的形成，通过提供原本在大肠杆菌中稀少的真核细胞密码子，增加真核来源蛋白在大肠杆菌中的表达水平
Tuner（DE3）	是LacZY基因去除的BL21突变菌株	通过IPTG诱导浓度较好地控制蛋白表达水平，具有严格的浓度依赖性
C41（DE3），C43（DE3）	BL21（DE3）衍生菌株，降低了乳糖透过酶（LacY）的表达水平	可用于表达膜蛋白

（2）大肠杆菌表达系统的载体

外源DNA（目的基因）不易直接进入受体细胞，要把目的基因通过基因工程手段送到生物细胞（受体细胞），需要运载工具（交通工具）携带外源基因进入受体细胞，这种运载工具就叫作载体。

质粒（plasmid）是一类存在于细菌细胞质中，独立于染色体DNA而自主复制的共价、封闭、环状双链DNA分子。基因工程操作中常用载体是对细菌原始质粒进行删减、去除非必需序列后，形成的3~5kb小质粒，一般可承载10~20kb的外源基因。用于基因工程技术的质粒由复制子、抗性标记基因和多克隆位点三部分组成。具有以下的基本特征：

①自主复制性。指质粒不依赖于宿主染色体的复制调控系统，能进行自主复制，这是由复制子或复制原点决定的。它是控制复制频率的调控元件，决定着质粒在细胞内的拷贝数和稳定性。根据在细胞内的拷贝数，质粒分为严紧型和松弛型。严紧型质粒在细胞内只有少数几个拷贝，如pSC101及其衍生质粒。松弛型质粒在细胞内有几十至数百个拷贝数，含有p15A等复制子的质粒pBR322、pET、pACYC等有15~25个拷贝数，而pUC系列质粒则有500个拷贝数以上。

②选择标记基因。是指编码一种选择标记酶或蛋白质，产生一种新的表型，可用于筛选转化细胞。在细菌中，最常用的选择标记是抗生素抗性基因，在培养基中添加相应的抗生素，筛选工程菌，排除不含有转化载体的宿主菌。

③多克隆位点（multiple cloning site，MCS）。MCS是由常见的多种Ⅱ型限制性内切酶位点序列构成的一段DNA序列。可通过酶切和连接将外源基因克隆到载体上。

④转移性。是指质粒可以从一个细胞转到另一个细胞，甚至另一种宿主菌。

⑤不相容性。是指具有相同或相似复制子结构、不同抗性基因的质粒不能稳定地存在于同一宿主细胞内。

根据其功能和用途，大肠杆菌的质粒可分为克隆载体、表达载体、穿梭载体和整合载体等。

克隆载体是指专门用于基因的克隆和测序的载体。其特征是具有松弛型复制子。T载体是一种特殊的5'-端含有一个突出T的线性克隆载体。与Taq聚合酶的PCR产物3'-端突出A形成T＝A碱基配对，连接效率高，能节省基因克隆的时间。

表达载体是指在宿主细胞内能表达外源基因的质粒，不仅具有克隆载体的基本元件，还具有转录/翻译所必须的DNA序列。商业化的表达质粒在多克隆位点的内部已经设计有启动子（含核糖体结合位点）和终止子，只需通过酶切和连接把外源基因克隆到该位点上，就构成了完整的外源基因表达盒。

穿梭载体是指能在两种不同种属的细胞中复制并遗传的表达载体，如大肠杆菌—链霉菌穿梭载体、大肠杆菌—酵母菌穿梭载体等。这类载体具有两套亲缘关系不同的复制子及相应的选择性标记基因，以适应不同宿主对载体复制和外源基因表达的要求。如大肠杆菌—酵母菌穿梭载体，具有大肠杆菌和酵母菌中复制和筛选的标记，在大肠杆菌中完成外源基因表达构建，在酵母菌中实现外源基因的功能表达。

整合载体是指能整合在基因组染色体上的表达载体，一般含有整合酶编码基因以及特异性的位点序列。不过在大肠杆菌中很少用，常用于酵母菌、链霉菌等微生物。对于大肠杆菌，有成熟的重组系统，如red重组系统、CRISPR/Cas系统，可将外源基因准确地整合到染色体DNA的特定位点上。

（3）表达特点

大肠杆菌表达系统的遗传背景清楚，目的基因表达水平高，一般可占总蛋白质的20%以上。培养周期短，抗污染能力强。美国礼来公司早期采用大肠杆菌表达人胰岛素A链和B链，再在体外连接成胰岛素。大量的外源基因在大肠杆菌中都实现了过表达。目前，已有四十余种蛋白质药物和疫苗通过大肠杆菌系统生产而上市。

在大肠杆菌中外源基因表达产物的存在形式有可溶性蛋白质和不溶性蛋白质两种。不溶性蛋白质是以包涵体的形式存在于细胞质中。包涵体是由目的蛋白质的非正确折叠所形成的微小颗粒，虽然容易分离，但没有生物活性。要获得活性产物，还必须经过变性、复性等过程，不仅增加了工艺的难度，而且不是所有的产物都能完全恢复到一致的活性，产品质量不易控制。可溶性蛋白质可以存在于细胞质，也可能经过加工并运输分泌到周质，甚至是胞外。周质表达有利于分离纯化和减少蛋白酶的降解，避免N-端附加蛋氨酸（由起始密码ATG编码），需要与信号肽和跨膜蛋白基因一起构建表达载体，但不是对任何蛋白质都有效。大肠杆菌自身向胞外分泌蛋白少，如果能将目的蛋白质分泌到胞外，不仅实现了可溶性表达，分离纯化更加简单和方便，是最理想的表达形式。已有报道称，将外源基因与分泌蛋白融合表达或与膜透性蛋白共表达，能表达胞外分泌的蛋白质，并已实现商业化应用。

大肠杆菌细胞没有内质网、高尔基体等蛋白质翻译后修饰加工的亚细胞器，合成的外源重组蛋白质不能进一步被加工修饰，表达的产物缺乏糖基化、酰胺化等，因此大肠杆菌表达系统不能用于加工修饰化蛋白的表达。此外，大肠杆菌会产生具有热源性的脂多糖和内毒素，有些蛋白质的N-端增加的蛋氨酸也容易引起免疫反应。这些缺点限制了大肠杆菌系统的应用。从工艺研究的角度，目前的研究重点是解决包涵体、提高分泌表达效率、实现产物的定位表达和修饰加工等问题。

10.2.1.2　酵母系统

（1）生物学特性

酿酒酵母（*Saccharomyces cerevisiae*）形态为椭圆形，大小为（3~6）μm×（5~10）μm，细胞壁由甘露聚糖（占40%~45%）、葡聚糖（占35%~45%）、蛋白质（占5%~10%）及少量脂类和几丁质组成。细胞质是进行生化反应的场所。酿酒酵母有两种繁殖方式。一种是无性繁殖方式，酿酒酵母的单倍体和二倍体都能进行芽殖。另一种是有性繁殖方式，二倍体细胞在特定条件下产生子囊孢子，孢子萌发产生单倍体细胞，两个性别不同的单倍体细胞接合，形成二倍体细胞。

酿酒酵母生长繁殖快，倍增期约2h。能发酵葡萄糖、蔗糖、麦芽糖、半乳糖等，在固体培养基上生长2~4d，形成菌落乳白色，有光泽，边沿整齐。酿酒酵母有16条染色体，遗传背景较清楚，1996年完成其全基因组测序，基因组约为12.16Mb，G+C含量38.2%，6349个基因，编码5900个蛋白质。酿酒酵母的基因密度为1/2kb，只有4%的编码基因有内含子。

（2）表达质粒

1974年，Clarck Walker和Miklos发现酵母中存在质粒，1978年，Hinnen把*LEU2*基因转入亮氨酸缺陷型酵母，互补恢复了突变，重组酵母能够自主合成亮氨酸，说明可以利用营养缺陷性对宿主中是否转入外源载体进行筛选，这标志着酵母表达系统的建立。酵母表达载体一般是穿梭载体，可在大肠杆菌中简单快速地构建表达载体，然后在酵母中进行外源基因的产物表达。一般有复制起始序列或整合序列、选择标记以及由启动子、终止子和信号肽序列构成的表达盒序列，遗传操作容易。目前已形成四种类型的酵母表达载体。

①酵母整合载体，含有选择标记和多克隆位点。无自主复制序列，有整合序列。通过酵母细胞内的同源重组系统，可将载体整合到酵母染色体中，同染色体一起复制和稳定遗传。

②酵母附加载体，含有2μm质粒的复制子（2μm *ori*），能在酵母细胞内自主复制，转化频率很高。使用*LEU2-d*突变体作为宿主，拷贝数可达到200~300个/细胞。在含有亮氨酸的培养基中，无须选择压就能高拷贝稳定分配，在大规模无选择培养中是非常有用的，用于过表达外源基因。

③酵母着丝粒载体，含有着丝粒序列和自主复制序列，能在酵母细胞内独立自主复制。但拷贝数很低，只有1~3个/细胞，无选择压，极易丢失，主要用于文库构建和基因克隆。

④酵母复制质粒，含有酵母基因组DNA复制序列，在细胞中能独立自主复制。转化效率高，拷贝数高达上百个。但存在分配不均一性，母细胞中远远多于子细胞中。无选择压，容易丢失。常用于试验研究，很难工业化应用。

酿酒酵母表达系统由缺陷型宿主细胞和互补的表达质粒组成。最常用表达质粒的遗传标记是脲和氨基酸合成基因，如*URA*3、*HIS*3、*LEU*2、*TRP*1和*LYS*2，分别互补酵母菌的特异性营养缺陷型*URA*3-52、*HIS*3-△1、*LEU*2-△1，*TRP*1-△1和*LYS*2-201。通常用醋酸锂处理、电转化、原生质体转化，将外源质粒导入酿酒酵母。转化后的酵母，涂布在营养缺陷的培养基上，30℃下生长，筛选转化细胞，一般需要2~4d。

（3）表达特点

酿酒酵母是GRAS（generally regarded as safe）微生物，其表达系统具有安全、无毒的特点。酿酒酵母的培养条件简单，而且大规模培养技术成熟。酵母具有亚细胞器分化，能进行蛋白质翻译后的修饰和加工，类似于高等真核生物，并具有蛋白质分泌能力。1981年，Hitzman等在酵母中实现了人干扰素的表达，美国FDA批准的酿酒酵母表达的第一个基因工程疫苗就是乙肝疫苗。

除了酿酒酵母外，在其他酵母中也建立了表达系统，如毕赤酵母（*Pichia pastoris*）、多孔汉逊酵母（*Hansenula polymorpha*）、裂殖酵母（*Schizosaccharomyces probe*）等。可根据表达产物的特性，选择使用。

虽然酿酒酵母表达系统在制药领域已有成功案例，但该系统并非尽善尽美。其主要缺点是，酿酒酵母发酵产生乙醇，制约了高密度发酵；蛋白质糖基化修饰的侧链过长，过度糖基化会引起副作用；表达质粒不稳定性，表达产物主要在胞内，分泌能力弱。

毕赤酵母可克服酿酒酵母的过度糖基化、低密度的缺陷，外源蛋白表达水平已经在克级以上，具有较好的分泌能力，目前研究开发较多。毕赤酵母能在甲醇为唯一碳源的培养基中快速生长，糖基化功能更接近高等真核生物。毕赤酵母表达质粒为整合质粒，含甲醇氧化酶-1（alcohol oxidase 1，AOX1）基因的启动子和转录终止子，在多克隆位点处插入外源基因，组氨酸脱氢酶基因（*HIS*4）为选择标记。整合型质粒转化宿主细胞后，它的5'-AOX1和3'-AOX1能与染色体上的同源基因重组，从而使整个质粒连同外源基因插入宿主染色体上，外源基因在AOX1启动子控制下表达。使用其他碳源，外源基因不表达，培养液中添加甲醇，诱导外源基因表达。

10.2.2 目的基因的克隆

目的基因的正确克隆在整个构建中至关重要，只要有一个碱基发生错义突变或移码突变，就导致编码氨基酸的变化，从而影响产物蛋白质的功能和生物学活性。即使发生同义突变，也可能会影响基因的转录和翻译效率，从而影响蛋白质的表达量。用于目的蛋白重组表达的基因，原核生物一般是含有目的基因的DNA片段，真核生物一般则是mRNA逆转录的cDNA。

10.2.2.1 目的基因的获得

目前，有多种方法获得目的基因，如采用化学方法人工合成基因，从构建的基因文库获取目的基因等。要根据目的基因的来源和宿主细胞的密码子使用特性选择适宜策略，获取目的基因。常见的获取目的基因的策略及其特点见表10-5。

表10-5 几种基因获得方法的比较

方法	优点	缺点
化学合成	完全已知序列，可对序列进行设计	受DNA合成仪性能限制，基因长度很短；对于长基因的合成，需要先合成一系列短片段，组装成全长基因；成本较高
文库筛选	可获得很长片段，无碱基错误，适用于未知序列基因克隆	烦琐，过程复杂，耗时，昂贵
PCR扩增	简便快速，高效，特异性强，长度可达数kb	仅适用于完全已知序列或知道两端序列的目的基因扩增；需要模板DNA

（1）化学合成法

自从1983年，美国ABI公司研制的DNA自动合成仪投放市场以来，通过化学合成寡核苷酸链获得蛋白或者多肽的编码基因成为一种重要的基因克隆手段。最初，人工化学合成寡核苷酸片段只有15bp，现在通过DNA自动合成仪，能合成200bp寡核苷酸片段。但是绝大多数基因的DNA序列超过了这个范围。因此，在基因的化学合成中，首先要合成出有一定长度的、具有特定序列结构的寡核苷酸序列，然后再按照一定的顺序对这些片段进行组装，获得完整的基因。

化学合成DNA的重要优势是可对目的基因进行优化和设计，例如，可以做密码子优化、消除序列内部限制性核酸内切酶酶切位点等，实现目的蛋白的高效表达。近年来，随着生物信息学的发展，越来越多的基因信息可免费从NCBI等数据库获取。同时，随着DNA合成技术的发展，化学合成DNA的成本大大降低，通过化学合成获得目的蛋白的基因已经成为一种重要的目的基因获取策略。

（2）建立基因文库筛选获得目的基因

要想从生物材料，特别是高等真核生物的基因组中分离特定目的基因，就像大海捞针一样困难。基因文库是指某一生物类型全部基因的集合。基因文库就像图书馆库存的万卷书一样，涵盖了基因组全部基因信息，当然也包括我们感兴趣的基因。与一般图书馆不同的是，基因文库没有图书目录，建立基因文库后需要结合适当的筛选方法从众多转化子菌落中选出含有某一基因的菌落，再进行扩增，将重组DNA分离、回收，获得目的基因。根据基因类型，基因文库可分为基因组文库和cDNA文库。

基因组文库是指某一特定生物体全部基因组的克隆集合，构建方法为"鸟枪法"，就是将生物体全部基因组通过酶切分成不同的DNA片段，与载体连接构建重组子，转化宿主细胞，从而形成含有生物体全部基因组的DNA片段的库。利用探针原位杂交法等方法筛选含有目的基因的重组克隆。一般构建基因组文库进行筛选，可用于获取原核生物的目的基因。

cDNA文库，一般是指提取生物体总mRNA，并以mRNA作为模板，在逆转录酶的催化下，合成cDNA的一条链，再在DNA聚合酶的作用下合成双链cDNA，将全部cDNA都克隆至宿主细胞构建cDNA文库。cDNA文库覆盖了细胞或组织所表达全部蛋白质的基因，从中获取的基因序列也都是直接编码蛋白质的序列。真核生物由于基因中存在内含子，往往需要构建cDNA文库进行筛选，获得目的蛋白的编码基因。

（3）聚合酶链式反应扩增目的基因

1985年，年轻的美国科学家Kary Mullis发明了PCR技术，于1993年获得诺贝尔化学奖。PCR也称聚合酶链式反应（polymerase chain reaction，PCR），本质是根据生物体的DNA复制原理在体外合成DNA。PCR是一个重复性的循环过程，其中每一循环包括3个基本步骤：第一步是变性，在高温下双链模板DNA变性解链，形成单链；第二步是退火，在低温下寡核苷酸引物与单链模板配对，形成局部双链；第三步是链延伸，在DNA聚合酶催化下以A-T和G-C碱基配对的原则，沿模板链，在引物的3'-OH端逐个添加脱氧核糖核苷酸，延伸合成完整的目标片段。随着循环的进行，新合成的目的基因可以作为下一轮循环的模板，参与变性、退火、延伸等反应过程。每一个循环结束，目的基因的数量约增加一倍，即呈几何级数增加，经过25~30个循环后，目的片段的DNA量即可达到10^6。PCR技术原理示意如图10-2所示。

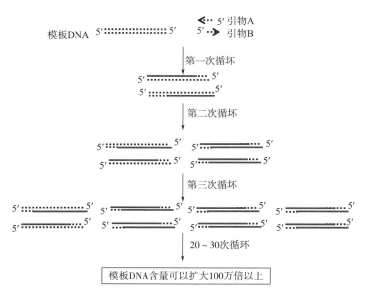

图10-2　PCR技术原理示意图

对于原核生物，如果目的基因序列已知，可直接用PCR方法从染色体上克隆目的基因。但是，对于真核生物的断裂基因，由于基因结构通常被多个内含子间隔，因此不能直接从基因组上通过PCR技术获得目的基因。可采用反转录PCR（reverse transcription PCR，RT-PCR）技术进行基因克隆。RT-PCR的原理是从细胞、组织等样品中分离纯化获得mRNA后，以其为模板，在逆转录酶的催化下在体外合成cDNA，再以cDNA作为模板，通过PCR扩增获得目的基因。

PCR技术是生物技术革命性的象征，使目的基因的获得摆脱了烦琐的文库构建和筛选，变得相对容易和简单，并衍生了很多PCR相关技术。PCR技术是目前获得目的基因的一种主要方法。

10.2.2.2 目的基因与载体连接

通过不同途径获得目的基因，下一步是将外源DNA与克隆载体DNA分子连接在一起，即DNA的体外重组。外源DNA片段同载体分子的连接主要依赖于限制性核酸内切酶和DNA连接酶。一般选择DNA同载体连接的方法时，需要考虑以下三个因素：试验步骤尽可能简单易行；连接形成的"接点"序列应能够被一定的核酸内切酶重新切割，以便回收插入的外源DNA片段；对转录和转译过程中密码子的阅读不发生干扰。

限制性核酸内切酶是一类能够识别双链DNA分子中某种特定的核苷酸序列，并由此切割DNA双链结构的核酸内切酶。在基因工程操作中，常用Ⅱ型限制性内切酶，它识别4~6个碱基组成的回文对称结构，即以识别序列的中心为假想轴心，识别序列呈反向重复，双链的切口是对称的。

$$
\begin{array}{ccc}
\text{A B C } | \text{ C' B'A'} & \text{A B } \rtimes \text{ B'A'} & \text{A B } | \text{ B'A'} \\
\text{A' B'C' } | \text{ C B A} & \text{A' B' } \rtimes \text{ B A} & \text{A' B' } | \text{ B A}
\end{array}
$$

限制性内切酶对双链DNA的识别位点的3,5-磷酸二酯键进行特异性切割，形成3'-端的游离羟基和5'-端的游离磷酸基。切割后，产生三种末端类型，5'-突出端、平端和3'-突出端。

①形成平头末端。这类酶在其识别序列的对称轴上对双链DNA同时切割，如*Sma* I等。

$$
\begin{array}{ccc}
\text{-T C}|\text{G A-} & \text{-T C 3'} & \text{5' G A-} \\
\text{-A G}|\text{C T-} & \text{-A G 5'} + & \text{3' C T-}
\end{array}
$$

②形成5'-突出端。这类酶在其识别序列的对称轴两侧的5'-末端切割双链DNA的两条链，产生5'-核苷酸末端，如*EcoR* I。

$$
\begin{array}{ccc}
\text{5' GAATCC} & \text{5' G 3'} & \text{5' AATCC 3'} \\
\text{3' CTTAAG} & \text{3' CTTAA 5'} + & \text{3' G 5'}
\end{array}
$$

③形成3'-突出端。这类酶在其识别序列的对称轴两侧的3'-末端切割双链DNA的两条链，产生3'-核苷酸末端。如*Pst* I。

$$
\begin{array}{ccc}
\text{5' CTGCAG} & \text{5' CTGCA 3'} & \text{5' G3'} \\
\text{3' GACGTC} & \text{3' G5'} + & \text{3' ACGTG 5'}
\end{array}
$$

不同来源的DNA，只要由同一种限制性内切酶切割，产生的黏性末端是互补的，彼此可以连接，这是重组DNA技术的基础。

DNA连接反应是在连接酶（ligase）的催化下，将DNA链上相邻的3'-羟基和5'-磷酸基团共价结合，形成3,5-磷酸二酯键，使两条断开的DNA链重新连接起来。DNA连接反应可看成是DNA酶切反应的逆反应。常用的连接酶有大肠杆菌DNA连接酶、T4 DNA连接酶。前者只能对突出（或黏性）末端连接，而后者对突出端和平端都能连接。

大多数的限制性核酸内切酶能够切割DNA分子，形成黏性末端。当载体和外源DNA用同样的限制性内切酶，或能够产生相同的黏性末端的限制性内切酶切割时，所形成的DNA末端就能彼此通过互补碱基退火，并进一步通过DNA连接酶共价连接起来，形成重组DNA分子（图10-3）。

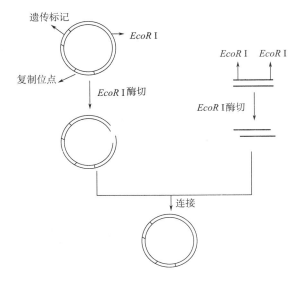

图10-3　DNA重组过程示意图

10.2.2.3　重组DNA分子导入受体细胞

带有外源DNA片段的重组分子在体外构成之后，需要导入适当的宿主细胞进行繁殖，才能够获得大量纯的重组DNA分子。由此可知，选定的寄主细胞必须具有使外源DNA复制的能力，还能够表达由导入的重组体分子所提供的某种表型特征，这样才有利于转化子细胞的选择与鉴定。

将外源重组体分子导入受体细胞的途径有转化、转染、显微注射和电穿孔等。转染和转化主要适用于细菌等原核细胞和酵母等低等真核细胞，而显微注射和电穿孔则主要应用于高等动植物的真核细胞。

转化方法有物理方法、化学方法、生物学方法等。对于大肠杆菌，最常用$CaCl_2$法制备感受态，热击实现转化。细胞的感受态是指细胞处于容易吸收获取外源DNA的一种生理状态。用冷$CaCl_2$处理大肠杆菌，就能使细胞进入感受态。热击转化的基本过程是，将连接反应产物加入含有感受态细胞的溶液中，轻轻混匀，置冰上30min。在42℃下热击处理90s。立即置冰上冷却1～2min。加入4倍体积的LB液体培养基，在37℃培养45min～1h，完成一个分裂周期。取一定体积的转化后细胞，涂布在有相应筛选抗性的LB固体培养基上。倒置平板，在37℃下培养过夜，使单细胞生长形成可见的单菌落。

酵母经过处理后，也像大肠杆菌一样能够接受外源重组体的导入。酵母的转化过程一般是先用酶消化细胞壁形成原生质体，经过氯化钙和聚乙二醇处理，使质粒DNA进入细胞，然后在允许细胞壁再生的选择培养基中培养。

10.2.2.4 筛选与鉴定

在DNA体外重组试验中，外源DNA片段与载体DNA的连接反应物一般不经分离直接用于转化。由于连接效率和转化率都很低，因而最后生长繁殖出来的细胞并不都带有目的基因。一般一个载体只携带某一段外源DNA，一个细胞只接受一个重组DNA分子。最后培养出来的细胞群中只有一部分甚至是很小一部分是含有目的基因的重组体。因此，必须使用适宜的方法，筛选与鉴定转化子（含有质粒或重组分子的转化细胞）或重组子（含有重组DNA分子的转化细胞）与非转化子（无载体或重组分子的宿主细胞）或非重组子（仅含有质粒分子的转化细胞），以及期望重组子（含有目的基因的正确重组子）与非期望重组子（不正确的重组子）。将目的重组体筛选出来就等于获得了目的基因的克隆，所以筛选是基因克隆的重要步骤。在构建载体、选择宿主细胞、设计分子克隆方案时都必须考虑筛选的问题。

可采用菌落杂交、抗生素筛选、营养缺陷型、蓝白斑筛选等对单菌落初步筛选，然后用菌落PCR、酶切、基因测序等方法鉴定。常见的转化细胞的筛选与鉴定方法及其原理见表10-6，可根据具体情况选择使用。

表10-6 转化细胞筛选与鉴定的方法及其原理

方法	原理	特点
菌落杂交	核酸的分子杂交	费时，筛选量大
抗生素筛选	质粒有抗性标记基因，培养基中添加相应抗生素	方便，快速，筛选量大，能确定转化细胞，主要用于细菌
营养缺陷筛选	质粒有氨基酸或核苷酸的生物合成基因，培养基中缺陷相应氨基酸、核苷酸基因	方便，快速，筛选量大，能确定转化细胞，有一定假阳性
蓝白斑筛选	外源基因插入质粒的*lac Z*基因内，菌落呈白斑。反之，菌落呈蓝斑	方便，快速，筛选量大，有较高的假阳性
PCR	扩增出目的基因	较快，能确定基因大小，但不能确定连接方向
限制性酶切图谱	限制性内切酶消化，根据电泳图谱分析质粒分子的大小	较快，能确定基因大小和连接方向，但不能确认序列
DNA序列分析	DNA序列测定	相对费时，能确定基因的边界，确认目的基因序列的正确性

10.2.3 目的基因的表达

经过克隆扩增的目的基因需要进一步与表达载体重组后，导入合适的受体细胞，并能在其中有效表达，产生目的基因产物。基因工程的表达系统包括原核和真核表达系统。在表达某一目的基因时，首先要弄清楚它是原核基因还是真核基因。一般来说，原核基因选择在原核细胞中表达，真核基因选择在真核细胞中表达，也可选择在原核细胞中表达。表达体系的构建过程所使用的技术与基因克隆相似，包括目的基因的酶切、连接、转化等共性技术。

10.2.3.1 表达载体的构建

基因工程的载体有克隆载体和表达载体之分。表达载体是适合受体细胞中表达外源基因的载体。外源基因表达的设计是基于生物体内的基因表达结构，在大肠杆菌中，是以操纵子模型为基础的改进和发展。外源基因表达盒由启动子、功能目的基因和终止子组成（图10-4）。需要转录效率较高的启动子及其调控序列、合适的核糖体结合位点以及强有力的终止子结构，才能使外源基因在宿主细胞中得以高效表达。

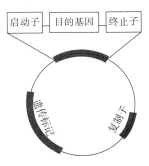

图10-4　基因工程表达载体的结构

表达质粒构建的重点是把外源目的基因与启动子、终止子正确连接，形成完整的开放阅读框架。启动子是最关键的转录调控元件，决定着外源基因表达的类型和产量。由于原核生物的转录和翻译是同步进行的，所以启动子序列之后是核糖体结合位点，它与16S rRNA的部分序列（CCUCC）互补。大肠杆菌中表达外源基因主要使用两类启动子：一类来源于大肠杆菌的基因，另一类来源于噬菌体。

最常见的大肠杆菌来源的启动子有 *Lac*、*Tac*、*Trc* 等。*Lac* 启动子是由 lac 操纵子调控机理发展而来的，该启动子受 *Lac*I 负调控和cAMP激活蛋白（cAMP activating protein，CAP）的正调控。*Lac*I 形成四聚体，与操纵基因 *Lac*O 结合，阻止转录起始。IPTG（isopropyl-β-D-thiogalactoside，异丙基-β-D-硫代半乳糖苷）是乳糖类似物，它与 *Lac*I 结合，解除 lacI 的阻遏作用，激活基因转录。IPTG无须 *Lac*Y 转运蛋白的跨膜运输就能进入细胞，基因的转录与IPTG的浓度正相关。因此，通过使用不同浓度IPTG，调控外源基因的表达强度。CAP-cAMP复合物与操纵子结合后，促进了RNA聚合酶与启动子结合，使基因转录效率提高几十倍。*Tac* 启动子仅受 *Lac*I 调控，不受CAP调控，基因表达水平比 *Lac* 启动子更高。*Lac*I^q 产生更多 *Lac*I，能有效地降低高拷贝质粒的背景表达。

IPTG本身具有一定的毒性，从安全角度，对表达和制备用于医疗目的的重组蛋白并不合适。一种解除方法是，使用 *Lac*I 温度敏感突变体 *Lac*I（ts）、*Lac*I^q（ts）插入表达载体或整合到宿主DNA后，可使 *Lac* 启动子成为温度敏感型，在低温（30℃）下抑制表达，高温（42℃）下启动基因表达，实现温敏控制，而不使用IPTG。另一种解决方法是用乳糖替代IPTG诱导，乳糖在 β-半乳糖苷酶的作用下生成异乳糖，异乳糖具有诱导剂的作用。该过程涉及乳糖的转运和转化，其效率受到多种因素的影响和制约。乳糖诱导的有效剂量大大高于IPTG。

在大肠杆菌中表达外源基因，还可使用噬菌体的启动子。T7噬菌体启动子很短，只被T7 RNA聚合酶识别和结合，比大肠杆菌RNA聚合酶的转录效率高数倍。通常将T7启动 *Lac*O 结合起来，组成T7/*Lac*O启动子，目的基因受到双重调控：被T7 RNA聚合酶转录，但受 *Lac*I 阻遏；能被IPTG诱导表达。如宿主菌BL21（DE3），它的染色体含有T7 RNA聚合酶基因，该基因由 *Lac*UV5 启动子控制，受IPTG诱导。T7启动子具有诸多优点，比如，T7 RNA聚合酶只识别染色体外的T7启动子；T7 RNA聚合酶活性高，其合成mRNA的速度比大肠杆菌RNA聚合酶快5倍左右；并且能转录大肠杆菌RNA聚合酶不能有效转录的基因。

P_L，P_R 启动子是 λ 噬菌体启动子，它受温度敏感型阻遏物 c*Its*-857 调控。在较低温度（30℃）下阻遏物有活性，抑制基因转录，而高温（42℃）下阻遏物失活，驱动基因转录。对宿主菌有毒性产物的表达非常有利。

相对于化学诱导，温度诱导的成本较低，但也诱导了热激基因，包括部分蛋白质水解酶，可能水解目的蛋白产物。同时，高温使目的蛋白热变性，聚集形成包涵体。

在目的基因的下游是转录终止子，由一个反向重复序列和T串组成。反向重复序列使转录物形成发卡结构，转录物与非模板链T串形成弱rU-dA碱基对，使RNA聚合酶停止移动，基因转录终止，释放转录物。常用T7终止子或*rrn*B终止子。

生物体有三个终止密码子：TAA、TGA和TAG，其中TAA是真核和原核中高效终止密码子。在目的基因设计中，应该优先选择使用TAA。为了防止通读，可使用双终止密码子。也可在终止密码子之后增加一个碱基，成为四联终止密码子，如TAAT、TAAG、TAAA和TAAC，从而加强终止。

在选择或设计构建合适表达质粒的基础上，通过目的基因两端设计合适的酶切位点把目的基因准确地引入表达质粒，必须保证目的基因被插入载体后，有完整的阅读框架，否则无法翻译出正确的蛋白质。通过合适的酶切位点将目的基因从克隆载体上切割下来并与表达载体连接，形成重组表达质粒。或者根据表达质粒多克隆位点及目的基因序列，设计上下游引物。引物序列包括酶切位点序列6bp，酶切位点外2～3bp的保护碱基，12～15bp的目的基因序列。通过PCR技术对目的基因特异性扩增，回收扩增产物并酶切，与质粒骨架片段连接，转化筛选。特别要鉴定目的基因连接的方向是否正确，序列是否准确无误。提取重组质粒后，可用酶切反应，鉴定连接的方向最后用测序方法确证目的基因的序列是否正确，阅读框架通读。至此，才得到表达质粒。

10.2.3.2　重组蛋白质的表达

将重组表达载体转化到宿主菌中，筛选获得阳性克隆，即获得了基因工程菌，但是该工程菌只是具有表达外源基因的潜力，能否表达、表达条件及产品特性仍然需要试验确定。

（1）基因工程菌的表达

挑取转化后的单菌落至含相应抗生素的液体LB培养基中培养过夜。将培养物以1∶100的比例接种于新鲜培养基中扩大培养，至OD_{600}[1]=0.5～1.0时，向培养物中加入诱导剂或调整培养条件，以诱导重组蛋白的表达。继续培养一定时间后，对培养物离心，弃上清液，收集菌体。分析目的蛋白是否表达，表达量如何以及以何种形式表达。

（2）目的蛋白表达情况分析

在表达分析中，一般比较关注蛋白是否表达，表达部位（即在胞外、周质或胞内）及存在形式（包涵体或可溶性蛋白质），可通过聚丙烯酰胺凝胶电泳（SDS-polyacrylamide electrophoresis，SDS-PAGE）分析。SDS-PAGE的分离介质包括上层的浓缩胶和下层的分离胶（浓度依赖于目的蛋白质分子量）。待分析样品用上样缓冲液混合重悬，沸水浴中煮5min，离心，取上清液上样。采用恒压电泳，当溴酚蓝接近底部时，结束电泳。凝胶经考马斯亮蓝R-250染色，用凝胶成像仪照相，得到电泳图谱（图10-5）。

取工程菌诱导培养物，离心收获菌体。菌体用一定体积

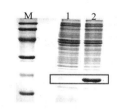

图10-5　SDS-PAGE示意图
M—标准大小的蛋白Marker　1—转化了空质粒的大肠杆菌　2—转化了含有目的蛋白基因的重组表达质粒的大肠杆菌

---

[1]　OD_{600}指细菌培养液在600nm处的吸光值。

的裂解液重悬，置于冰浴，超声裂解。超声处理中要避免发热使蛋白质降解破坏。然后高速4℃离心20min，收集上清液（含有可溶性蛋白质），将沉淀部分用超声裂解液重悬（含有包涵体）。用SDS-PAGE检测所收集的上清液和沉淀，就可以确定重组蛋白质在工程菌中是以可溶性蛋白质还是以包涵体的形式存在。如果重组蛋白在上清液中，则为可溶性表达；如果重组蛋白在沉淀中，则为包涵体的形式表达。一种重组蛋白，可能同时存在两种表达形式，只是相对量不同而已。可用相关软件分析，计算重组蛋白质的分子量及在各部分的相对含量。

（3）表达产物的结构与活性分析

在SDS-PAGE检测可溶性表达的基础上进一步进行免疫杂交、末端测序以及生理活性等分析，鉴定表达产物是否正确，是否与目的产物具有同一性。

（4）基因工程菌表达筛选

不同宿主菌的表达能力不同，即使同一宿主菌，不同转化细胞之间也可能存在差异。同时选择数个宿主菌，转化表达质粒后，进行摇瓶培养，诱导表达。制备表达产物，进行SDS-PAGE电泳和活性分析，筛选高表达宿主菌和相应的工程菌株。

此外，最佳表达条件筛选时，由于细胞生长速率影响目的蛋白的表达，因此工程菌构建中，必须对接种量、诱导条件、诱导前细胞生长时间、诱导后细胞密度等进行试验，甚至包括培养基组成及其添加物等的优化。一般在对数期中期进行诱导，取不同诱导剂浓度、不同表达时间、不同温度的样品，通过SDS-PAGE检查目的蛋白的表达量，确定表达的最佳条件。

10.2.4 基因工程菌构建的质量控制与菌种保藏

10.2.4.1 基因工程菌构建的质量控制

为了确保基因工程菌构建的有效性，必须遵循GMP及有关生物制品研究技术指导原则，做好菌种的记录和管理。以下几点对于构建工程动物细胞系同样适用。

（1）表达质粒

详细记录表达质粒，包括基因的来源、克隆和鉴定，表达质粒的构建、结构和遗传特性。各部分的来源和功能，如复制子、启动子和终止子的来源以及抗生素抗性标记等，载体中的酶切位点及其限制性内切酶图谱。

必要时，对DNA质粒的安全性进行研究和分析，尤其对病毒性启动子、哺乳动物细胞或病毒终止子的安全性进行分析。

（2）宿主细胞

详细记录宿主细胞的资料，包括细胞株系名称、来源、传代历史、鉴定结果及基本生物学特性等。转化方法及质粒在宿主细胞内的状态及其拷贝数，工程菌的遗传稳定性及目的基因的表达方法和表达水平。宿主细胞株由国家检定机构认可，并建立原始细胞库。

（3）目的基因序列

目的基因的序列包括插入基因和表达质粒两端控制区的核苷酸序列，以及所有与表达有关的序列，做到序列清楚。基因序列与蛋白质的氨基酸序列一一对应，没有任何差错。详细记录目的基因的来源及其克隆过程，用酶切图谱和DNA序列分析确认基因序列正确。对于PCR技术，记录扩增的模板、引物、酶及反应条件等。对基因改造，记录修改的密码子、被切除的肽段及拼接方式等。

10.2.4.2 工程菌建库与保存

（1）菌种库建立

在实验室选育获得优质高产菌种（包括基因工程和动物细胞系）后，按照GMP对药品生产的有关要求和规定，及时建立各级种子细胞库，实施种子批系统管理，并进行验证，确保菌种的稳定、无污染，保证生产正常有序的进行。

①主菌种库或主细胞库。源于原始菌种或细胞培养物，一般在10～200份以上。原始菌种或细胞3～5份。

②工作菌种库或工作细胞库。由主菌种库或主细胞库繁殖而来，一般在40～1000份以上。

建立菌种库是相当费时间和昂贵的，要制定相应的操作规程，对实验室、人员及环境提出严格要求，进行质量控制，做好相关记录和文件处理。工作菌种库必须与主菌种库完全一致。

（2）菌种保藏

菌种经过多次传代，会发生遗传变异，导致退化，从而丧失生产能力甚至菌株死亡。因此，必须妥善保存，保持长期存活，不退化。菌种的保存原理是使其代谢处于不活跃状态，即生长繁殖受到抑制的休眠状态，可保持原有特性，延长生命时限。具体保存方法参加第9章关于菌种保藏的内容。

10.2.5 基因工程菌的遗传稳定性

在发酵过程中特别要注意的是基因工程菌的遗传是否稳定。工程菌的遗传不稳定不仅使目标产物的产量下降，甚至使产物的结构改变，从而直接影响药品的质量。

（1）基因工程菌遗传不稳定性表现

①表达质粒的不稳定性，表达质粒逐渐减少甚至完全丢失或发生部分DNA片段缺失。

②宿主菌染色体DNA的不稳定性，整合到染色体的外源DNA在分裂期间发生重组、丢失或表达沉默。

③表达产物的不稳定性。

目前，基因工程菌主要是含有表达质粒的重组菌，本书重点探讨表达质粒不稳定性引发的遗传不稳定性及其对策。

（2）表达质粒稳定性及其测定

表达质粒不稳定性主要是由于表达质粒复制不稳定或在细胞分裂时候表达质粒分配不稳定，导致部分细胞完全丢失表达质粒，结果产生无表达质粒的细胞；还有一种情况是表达质粒结构不稳定性，由于缺失、插入、突变或重排等使表达质粒DNA的序列结构发生变化，引起复制和表达的不稳定。

通常采用平板稀释计数和平板点种法，以菌种的选择性是否存在来判断表达质粒的分配稳定性。

平板计数法是把基因工程菌在有选择剂的培养液中生长到对数期，然后在非选择性培养液中连续培养。在不同时间（即繁殖一定代数），取菌液、离心、稀释后，涂布在固体选择性和非选择性培养基上，倒置培养，菌落计数。选择性培养基上的菌落数除以非选择性培养基上的菌落数，计算出表达质粒的丢失率，评价表达质粒的稳定性。

平板点种法是将菌液涂布在非选择性培养基上，长出菌落后，再接种到选择性培养基上，验证表达质粒的丢失。平板点种法是《中国药典》规定的质粒丢失率检查方法，可用于研发和生产过程中定期对发酵液取样，评价表达质粒的稳定性。

对于结构稳定性的判断，需要进一步从单菌落中提取表达质粒，进行DNA测序，分析结构是否发生变化。

（3）表达质粒稳定性影响因素

基因工程菌的表达质粒稳定性受多种因素影响，如宿主细胞的特性、表达质粒的类型和发酵工艺等。从本质上讲，基因工程菌稳定性是表达质粒、宿主菌与培养环境三者之间相互作用的结果，各种影响因素的作用不同。可以通过基因操作策略构建高稳定性宿主菌和表达质粒，并通过优化发酵工艺及过程控制而提高表达质粒稳定性。

（4）针对遗传不稳定性的策略

为了构建稳定性的基因工程菌，需对宿主菌进行遗传改造，敲除基因组中不稳定的遗传元件，如转座序列、插入序列、重组酶基因等。例如，使用重组缺陷（Rec^-）菌株作为宿主菌，由于染色体突变使之失去了基因重组的功能，有外源质粒存在时，表现遗传稳定性。表达质粒也必须不能含有转座子序列，否则会整合在染色体上，引起不稳定性。对于大质粒，使用Par基因将极大地改善质粒稳定性。

表达质粒作为一种核外遗传物质，发酵培养基成分以及工艺参数如温度、溶解氧、pH等对表达质粒稳定性有很大影响。复合培养基营养较丰富时，表达质粒稳定性一般高于合成培养基。培养基中添加酵母提取物和谷氨酸等有利于提高表达质粒的稳定性。营养不足时，会引起多拷贝表达质粒稳定性的下降。一般而言，大肠杆菌对葡萄糖和磷酸盐限制易发生表达质粒不稳定，有一些表达质粒对氮源、钾、硫等表现不稳定。对于酵母，极限培养基比丰富培养基更有利于维持质粒稳定性。

大多数的基因工程菌，在一定的温度范围内，随着温度升高，表达质粒的稳定性下降，高温培养往往引起表达质粒的丢失。提高氧压力或增加氧浓度能引起细胞内氧化性胁迫，表达质粒稳定性差，可能是氧限制了能量的供应。搅拌强度明显影响表达质粒丢失速率。随搅拌强度提高，质粒稳定性下降，温和的搅拌速率有利于保持表达质粒的稳定性。基因工程菌的生长和表达质粒稳定性的最适pH可能不一致，需要控制pH在合适的范围内，确保表达质粒的稳定性。

不同培养操作方式对表达质粒稳定性的影响不同。分批操作的培养时间较短，细胞传代次数低，因此表达质粒相对稳定。在长期的连续操作中，特别是非选择性培养基中，质粒很不稳定，可采用两段培养以克服表达质粒不稳定性。可先在选择性培养基中间歇培养，再在非选择性培养基中培养，适时间歇流加底物，形成周期性的饥饿期，保持质粒的稳定性。培养基的流加方式对于质粒的稳定性影响很大。改恒速流加为变速流加，能提高大肠杆菌在非选择性条件下的表达质粒稳定性。

与游离悬浮培养相比，固定化基因工程菌在连续操作条件下，能较长时间地保持较高的质粒稳定性，特别是在非选择性条件下培养时。因此对于连续操作，固定化提供了一种很有吸引力的生产技术。

10.3　基因工程菌的发酵培养与控制

基因工程菌的发酵培养方法和工艺控制原理与宿主菌发酵基本相同，都涉及培养基制备与灭菌、接种与扩大培养、工艺参数的控制。在工程菌的发酵工艺研发过程中，不仅要检测细胞生长和产物合成，同时还要检测、分析表达质粒的稳定性，建立优化的发酵工艺。本节就基因工程菌的特殊性，分析培养基、关键工艺参数与控制策略。

10.3.1　基因工程菌发酵培养基组成

基因工程菌发酵培养基应该具备三个基本作用：满足工程菌生长的营养和环境；维持目的基因持续稳定表达，合成目的蛋白；稳定发酵过程。培养基成分包括碳源、氮源、无机盐三类营养和环境要素，也包括选择剂和诱导剂以及消沫剂。选择不同来源的营养要素，设计培养基的配方，进行多因素发酵试验，研究对工程菌生长、表达质粒稳定性、产物合成的影响，计算原料利用率和产率，特别关注对产品质量的影响以及作为原料来源杂质的残留情况。根据适宜的成分和浓度，确定最佳培养基配方。

（1）**营养成分**

①碳源。与宿主菌相同，基因工程菌可利用的碳源包括糖类、脂类和蛋白质类。酪蛋白水解产生的脂肪酸，在培养基中充当碳源与能源时，是一种迟效碳源。大肠杆菌能利用蛋白胨、酵母粉等蛋白质的降解物作为碳源。酵母只能利用葡萄糖、半乳糖等单糖类物质。在大肠杆菌等以蛋白胨为碳源的基因工程菌发酵中，添加低浓度的单糖（如葡萄糖、果糖、半乳糖）和双糖（如蔗糖、乳糖、麦芽糖）及其他有机物如甘油等对菌体生长具有一定的促进作用。

②氮源。与宿主菌相同，基因工程菌可直接很好地吸收利用铵盐等，硝态氮利用能力较弱。几乎都能利用有机氮源，如蛋白胨、酵母粉、牛肉膏、黄豆饼粉、尿素等。不同工程菌对氮源利用能力差异很大，具有很高的选择性。有机氮源的利用程度与细胞是否分泌相应的降解酶有关，能分泌大量的蛋白酶、降解蛋白胨等，就能吸收利用。大肠杆菌、酵母等能利用大分子有机氮源，常用蛋白胨、酵母粉等作为培养基的成分。工程菌能利用氨基酸，但增加发酵成本，一般不使用。

③无机盐。无机盐包括磷、硫、钾、钙、镁、钠等大量元素和铁、铜、锌、锰、钼等微量元素的盐离子，为基因工程菌生长提供必需的矿物质、稳定渗透压和pH。

④培养基物料的选择。一般选择化学结构明确的成分作为营养要素，如葡萄糖为碳源，铵盐为氮源。不使用农副产品来源的碳源和氮源，以免其中的蛋白质、多肽等的残留对后续分离纯化产生影响。按照规定的质量标准及生物制品检定规程购进培养基原料，并按规定检查合格后才能使用。

（2）**选择剂**

基因工程菌往往具有营养缺陷或携带选择性标记基因，这些特性保证了基因工程菌的纯正性和表达质粒的稳定性。含有抗生素抗性基因的基因工程大肠杆菌，在培养基中添加使用相应的抗生素作为选择剂。但要有相应的去除抗生素的下游工艺。对于氨基酸营养缺陷型的基因工程酵母菌，在极限培养基必须缺失相应的氨基酸成分。在维持工程菌稳定性的前提下，尽可能使用低浓度（10~100mg/L）的选择剂。

（3）**诱导剂**

对于诱导表达型的基因工程菌，当菌体达到一定密度时，必须添加诱导剂（inducer），以解除目的基因的抑制状态，活化基因，进行转录和翻译，生成产物。使用*Lac*启动子的表达系统，在基因表达阶段需要IPTG诱导，一般使用浓度为0.1~2.0mmol/L。对于甲醇营养型酵母，需要加入甲醇进行诱导。诱导剂是产物表达必不可少的，但较高浓度的诱导剂对细胞生长往往有毒性，影响蛋白质产物的表达形式，需要经过试验研究，才能确定适宜的诱导剂浓度。

10.3.2 基因工程菌发酵的工艺控制

进行工程菌发酵工艺的研究，其目的在于确定参数及其控制范围。对不同的工艺参数，设计出参数范围，进行正交试验，研究发酵动力学。具体试验设计见第9章。

表达质粒对工程菌是一种额外遗传负担，会引起生长速率下降，有些重组蛋白质产物可能对菌体还有毒性。在多数情况下，较常采用两段工艺进行工程菌的发酵控制。针对每个发酵阶段，控制的重点不同。第一阶段是以促进工程菌生长为基础，重点评价对表达质粒稳定性的影响，防止丢失。第二阶段是以促进产物积累为基础，重点评价对产量和质量（包括效价、活性和均一性）的影响。既要提高重组蛋白质的合成能力，也要降低或防止被蛋白酶降解。尽量避免产生不均一性的产物，同时兼顾产物的积累形式。通过两阶段工艺研究，达到协调菌体生长和质粒表达产物合成之间的关系，综合评判，确定适宜的工艺参数控制范围。

（1）**温度影响的分析与控制**

温度对工程菌的影响要从对宿主菌、表达质粒和产物积累三个方面考虑。大肠杆菌和酿酒酵母生长的最低温度为10℃。大肠杆菌生长的最适温度为37℃，最高温度为45℃。酿酒酵母生长的最适温度为30℃，最高温度为40℃。基因工程菌生长的最适温度往往与发酵温度不一致，这是因为发酵过程中，不仅要考虑生长速率，还有考虑发酵速率、产物生成速率等因素。特别是外源蛋白质表达时，在较高温度下形成包涵体的菌种，常常在较低温度下有利于表达可溶性蛋白质。对于热敏感的蛋白质，恒温、高温发酵往往引起蛋白质的大量降解。生产期可采用先高温诱导，然后降低温度，进行变温表达，避免蛋白质不稳定性降解。

对于大多数基因工程菌，在一定的温度范围内，随着温度升高，表达质粒的稳定性下降。对于大肠杆菌，往往在30℃左右表达质粒稳定性最好。对于温度诱导的大肠杆菌表达系统，可以建立基于温度变化的分步连续培养。在第一个反应器中细胞进行生长，30℃下培养，增加质粒稳定性，获得生物量。然后流入第二个反应器中，提高温度，在42℃下诱导，实现产物的最大限度表达。温度的控制相当重要，必须选择适当的诱导时期和适宜的诱导温度。

（2）**溶解氧影响的分析与控制**

基因工程菌是好氧微生物，发酵过程需要适宜浓度的供氧。在无氧条件下，大肠杆菌生长缓慢。在低氧浓度条件下，大肠杆菌发酵产生有机酸，如乙酸积累。酵母则进入无氧呼吸，导致大量的能量消耗，同时产生乙醇。无论是乙酸还是乙醇，都抑制细胞生长，对蛋白质产物也不利。低溶解氧环境中，质粒稳定性差。

高氧浓度条件下，细胞代谢旺盛，碳源不完全利用，短时间内产生大量有机酸。同时高氧浓度引起细胞内氧化性胁迫，对细胞和表达质粒造成氧化损伤，引起质粒不稳定性。与供氧相联系，搅拌强度明显影响质粒丢失速率，质粒稳定性都随搅拌强度提高而下降，温和的搅拌速率有利于保持质粒的稳定性。

发酵过程中保证充分供氧显得十分重要，要保持需氧与供氧之间平衡。通过通气和搅拌的级联控制，使供氧在临界氧浓度以上。

（3）pH影响的分析与控制

不同生物生长的最适pH是不同的。细菌喜欢偏碱性环境，如大肠杆菌适宜pH为6.5～7.5。酿酒酵母的适宜pH为5.0～6.0，pH高于10.0和低于3.0不能生长。以葡萄糖为主要碳源的基因工程菌发酵培养过程常常产酸，使培养液pH不断下降，所以生产中要采用有效措施控制pH的变化。

与常规微生物发酵相似，基因工程菌的生长和生产期的pH不同。基因工程菌的生长和质粒稳定性的最适pH也不一致。设计不同的pH试验，研究对生长、表达质粒稳定性和产物合成的影响。获得发酵过程中各个阶段的适宜pH后，采用酸碱流加方式进行控制。

10.3.3　产物的表达诱导与发酵终点控制

基因工程菌发酵的进程是营养要素和工艺参数的综合结果。工艺参数作为外部因素，控制生长状态、代谢过程及其强度。工程菌发酵常用条件诱导表达外源基因，生产目标重组蛋白质。在工程菌构建阶段，表达载体的启动子的类型和调控模式决定了发酵生产目的基因产物的表达方式。几类常见用于药物生产的启动子与表达控制特点见表10-7。

表10-7　启动子类型与工程菌表达特点

工程菌	启动子	表达特点	诱导条件
大肠杆菌	Lac启动子	高度严谨控制蛋白质的转录与表达	IPTG
大肠杆菌	T7启动子	高度严谨控制无毒蛋白质的高水平表达	IPTG
大肠杆菌	P_L、P_R启动子	高度严谨转录控制有毒蛋白质的表达	高温（42℃）
大肠杆菌	PhoA启动子	与信号肽序列融合	组成性分泌表达，无须诱导
酿酒酵母	GAL启动子	高拷贝附加质粒，严谨控制，可分泌表达	半乳糖
毕赤酵母	AOX1启动子	整合到染色体中，严谨控制，可分泌表达	甲醇
毕赤酵母	GAP启动子	组成性分泌表达	无须诱导

对于Lac、Tac、T7等化学诱导型启动子，进入对数期之后开始诱导表达。葡萄糖对Lac启动子的诱导表达有负作用，不使用葡萄糖以提高诱导效果。对于P_L、P_R等温度诱导型启动子，则在稳定期后，升高温度进行诱导。当蛋白质药物产率达到最大时，即可结束发酵。

发酵结束后，收集菌体，进行菌种检查，监控发酵过程。主要检测项目包括平板划线、显微镜检查、电镜检查、抗生素的抗性、生化反应等，控制菌种真实性和发酵污染情况；进行质粒及其稳定性、表达量、目的基因的核苷酸序列检查等，控制工程菌的特性。

思考题

1. 基因工程技术可用于哪些药物的生产？
2. 基因工程菌构建的流程是什么
3. 获取目的基因的方法有哪些？分析不同方法的特点及适用范围。
4. 比较大肠杆菌和酵母表达系统的优缺点及适用范围。
5. 如何检测基因工程菌质粒不稳定性？
6. 影响基因工程菌发酵工艺的主要参数是什么？

参考文献

［1］赵临襄. 化学制药工艺学［M］. 4版. 北京：中国医药科技出版社，2015.

［2］元英进，赵广荣，孙铁民. 制药工艺学［M］. 2版. 北京：化学工业出版社，2017.

［3］张秋荣，施秀芳. 制药工艺学［M］. 郑州：郑州大学出版社，2018.

［4］陶兴无. 生物工程概论［M］. 北京：化学工业出版社，2015.

［5］Awan A R, Shaw W M, Ellis T. Biosynthesis of therapeutic natural products using synthetic biology ［J］. Advanced Drug Delivery Reviews，2016：96-106.

［6］Lange C, Rudolph R. Production of Recombinant Proteins for Therapy, Diagnostics, and Industrial Research by in Vitro Folding ［M］. Wiley-VCH Verlag GmbH，2008.

［7］Zhang W, Sinha J, Smith L A, et al. Maximization of production of secreted recombinant proteins in *pichia pastoris* fed-batch fermentation ［J］. Biotechnology Progress，2010（21）：386-393.

［8］Yao D B, Zhang K, Wu J. Available strategies for improved expression of recombinant proteins in *Brevibacillus* expression system：a review ［J］. Critical Reviews in Biotechnology，2020（40）：1044-1058.

［9］Zhou Y, Lu Z, Wang X, et al. Genetic engineering modification and fermentation optimization for extracellular production of recombinant proteins using *Escherichia coli* ［J］. Appl Microbiol Biotechnol，2018（102）：1545-1556.

第11章 抗体药物制备工艺

抗体药物制备工艺

11.1 概述

抗体药家族成员多，主要为单克隆抗体，其他还包括抗体偶联药物、双特异性抗体、Fc融合蛋白、抗体片段、多克隆抗体等。单克隆抗体药物是抗体类药物中最重要的一类，每个B淋巴细胞株只能产生一种它专有的、针对一种特异性抗原决定簇的抗体。这种从一株单一细胞系产生的抗体就叫单克隆抗体（monoclonal antibody，McAb），简称单抗。按照人源化程度的不同，单抗药物可以分为鼠源单抗、嵌合单抗、人源化单抗和全人源单抗。

目前，抗体类药物所占市场比例越来越大，占整个制药工业产值比重日益增加。2021年，国家食品药品监督管理局批准了17个抗体新药，其中，单克隆抗体生物类似药有10个，涉及曲妥珠单抗、贝伐单抗、英夫利昔单抗和阿达木单抗。已获批的国产单克隆抗体新品种有7个，分别是维迪单抗、匹安单抗、赛帕珠单抗、恩沃利单抗、安巴韦单抗、罗密斯维珠单抗和舒格利单抗。该年全球抗体药物销售额达1800亿美元，药物公司方面罗氏、艾伯维、强生位列前三。抗体药物中排名前10位的分别是阿达木单抗、派姆单抗、优特克单抗、阿柏西普、纳武单抗、杜匹鲁单抗、达雷木单抗、依那西普、地诺单抗和奥瑞珠单抗。

11.1.1 抗体和抗原

（1）抗体

抗体（antiboday）是能与相应抗原特异性结合的具有特定功能的免疫球蛋白（immunoglobulin，Ig），它与免疫球蛋白的区别在于，抗体都是免疫球蛋白，但免疫球蛋白不一定都具有抗体活性功能。所以抗体是一个生物学和功能性概念，而免疫球蛋白是一个结构性概念。除抗体之外，还包括正常天然存在的免疫球蛋白和病理条件下的免疫球蛋白及其亚单位。

（2）抗原

抗原（antigen）是能与抗体结合的物质，可分为蛋白抗原和非蛋白抗原。对于蛋白抗原，在缺乏T淋巴细胞时，不能引起抗体产生反应，称T依赖性抗原。非蛋白抗原在无T细胞时，也能产生抗体，如多糖、脂类及核酸等，也称非T依赖性抗原。蛋白抗原与b淋巴细胞表面的受体结合后，通过内化加工，形成小肽与MHC n类分子复合物，向T细胞提呈，T细胞通过膜相关的分子接触识别及分泌多种淋巴因子，刺激B细胞增殖和分化，并分泌抗体。

抗原分子中与抗体结合的部位为抗原决定簇（determinant）或表位（epitope），蛋白性抗原有多个决定簇，互不相同，为非多价抗原。而多糖、核酸具有多个相同决定簇，为多价抗原。蛋白性抗原的决定簇可分为线性决定簇和构象决定簇两种。线性决定簇由相邻的氨基酸残基组成，一般包括6个氨基酸残基。而构象决定簇由空间相互靠近的氨基酸残基组成。

11.1.2 抗体的结构

抗体分子的特点是功能和结构的双重性。为了识别不同抗原，需要数量巨大的结构多样性；但在发挥体内效应时，需要结构的稳定性。虽然抗体分子是体内最复杂的分子，但具有相似的基本结构，其单体是由2条相同的重链（heavy chain，H链）和2条相同的轻链（light chain，L链）组成的四聚体（图11-1）。

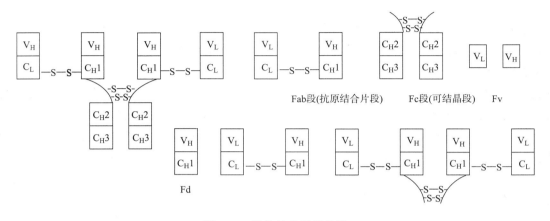

图11-1 抗体结构及其片段

每条链分为两个区：可变区（variabl region，V区）和恒定区（constant region，C区）。V区从多肽的N端起，包括轻链的1/2和重链的1/4，其氨基酸的序列变化较大，随抗体的特异性不同而不同，其中高可变区（hypervariable region，HV区）或互补决定区（complementary determining region，CDR）是抗原特异结合部位。C区从多肽的C端起，包括轻链的1/2和重链的3/4，同类抗体这部分氨基酸序列变化不大。重链约由450个氨基酸残基（IgG、IgA、IgD）或570个氨基酸残基（IgM、IgE）组成，分子量50~75kDa，重链糖基化。轻链由214个氨基酸残基组成，分子量25kDa，轻链无糖基化。抗体对称结构，轻重链之间和重链之间以二硫键连接，形成"Y"字形结构。

有些抗体由多个单体连接起来形成多聚体，如IgM为5聚体，IgA为2聚体。根据V区抗原性的不同，重链分为γ、α、μ、δ、ε五种，对应的抗体是IgG、IgA、IgM、IgD、IgE。轻链有κ和λ两类。

11.1.3 抗体的生成

在抗原的刺激下，淋巴细胞增殖和分化，并分泌抗体。抗体通过三种方式中和、除去有害物质：直接使抗原失活；免疫效应细胞将其吞噬并加以破坏；抗原表面弱化，从而易受补体破坏。

B淋巴细胞源于骨髓干细胞，并在骨髓中成熟，是抗体的生成细胞。在前B淋巴细胞阶段，胞浆中合成μ链，在非成熟B淋巴细胞阶段合成κ和λ轻链，与μ链组装形成IgM，表达于细胞表面，形成特异的抗原受体，并与Igα和Igβ形成复合物。在成熟B淋巴细胞阶段，表达IgM和IgD，μ链和δ链具有相同V区。成熟B淋巴细胞离开骨髓，进入血液循环和周围淋巴组织。抗原经血或淋巴进入周围淋巴组织，与成熟的B淋巴细胞相遇，B淋巴细胞表达IgM和IgD，可作为特异抗原的受体。抗原和膜型IgM和IgD结合，立即启动B淋巴细胞的活化，使其增殖并分化成为具有典型形态特征的细胞即浆细胞，分泌型Ig增多，膜型Ig减少，最终分泌抗体。每一个B淋巴细胞仅表达对其某一个抗原决定簇专一的Ig，具有等位基因排斥和轻链同种型排斥性。

11.1.4　抗体的制备技术

根据抗体生产技术的发展，可把抗体分为三代，分别是多克隆抗体、单克隆抗体和基因工程抗体。

（1）多克隆抗体

第一代抗体为多克隆抗体（polyclonal antibody），也称为常规抗体（conventional antibody），是天然抗原经各种途径免疫动物，抽取免疫血清，分离提取制备的抗体，是多种抗体的混合物。1890年，Behring和北里柴三郎等发现了白喉抗毒素（diphtheria antitoxin），并建立了血清治疗法，开始了第一代抗体药物，如破伤风抗毒素血清仍然在使用。由于多克隆抗体的不均一，在使用中经常发生非特异性交叉反应而导致假阳性结果，临床应用受到限制。

（2）单克隆抗体

第二代抗体为单克隆抗体（monoclonal antibody，McAb），是由识别一种抗原决定簇的细胞克隆所产生的均一抗体。1975年，Georges Kohler和Osar Mihtein成功地将骨髓瘤细胞和B细胞融合，创造了杂交瘤细胞，通过离体培养就能产生单一抗体，也称为鼠源单克隆抗体。由此开创单克隆抗体生产和使用的新纪元。与多克隆抗体相比，单克隆抗体具有特异性高、亲和力强、效价高、血清交叉反应少的优点，而且来源稳定，可大量生产，应用于临床的抗肿瘤、抗感染、解毒、抗器官移植排斥反应等。其缺点是有鼠源性，对人体有较强的免疫原性（immunogenicity）；半衰期短，靶向吸收差，全抗体分子量大，很难通过血管进入细胞，特别是肿瘤等部位含量低。

（3）基因工程抗体

第三代抗体是基因工程抗体，用基因工程方法对鼠源全抗体的基因进行重组、缺失、修饰改型等，构建载体，在原核微生物、昆虫细胞和哺乳动物细胞中表达，获得的抗体。包括鼠源抗体的人源化（humanized antibody）、人鼠嵌合抗体（chimeric antibody）、改型抗体（reshaping antibody）、完全人源化抗体和小分子抗体（minimal antibody）。在20世纪80年代中期开始了基因工程人源化抗体的研究，产生了在基因水平对抗体结构进行改造的学科，即抗体工程。1988年，Greg Winter实现了单克隆抗体的人源化，消除鼠源的免疫反应。20世纪90年代，开始用抗体库技术、核糖体展示库技术筛选小分子抗体，并用原核细胞表达抗体。抗体与其他蛋白融合，可形成多种具有生物活性的融合抗体。

11.2 鼠源单克隆抗体的制备

鼠源单克隆抗体是用动物鼠来生产的，先制备鼠杂交瘤细胞系，然后在体内或体外培养生产抗体（图11-2）。杂交瘤细胞系的制备工艺包括免疫动物、亲本细胞的制备、细胞融合、培养筛选与鉴定、克隆化等过程。

免疫的B淋巴细胞分化为浆细胞，是产生特异性抗体的细胞。但浆细胞还不能在体外培养基中成功生长，因而不能成为体外生产抗体的来源。骨髓瘤细胞（myeloma cell）虽然能在培养基中生长且比正常细胞生长繁殖速度快，但不能产生抗体。将这两种不同功能细胞进行融合，得到杂交瘤细胞，既具有体外长期迅速增殖的能力，又能持续产生和分泌特定单一成分的特异性抗体。

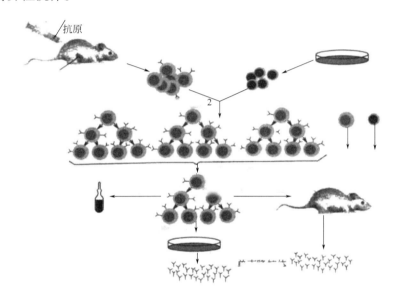

图11-2　单克隆抗体的制备过程

11.2.1 杂交瘤细胞系的建立

11.2.1.1 制备亲本细胞

（1）淋巴细胞制备

用特异抗原，按照免疫程序，对纯系健康8周龄的BALB/c小白鼠进行免疫，分离B淋巴细胞。用RPMI-1640培养基或DMEM（一种含各种氨基酸和葡萄糖的培养基）培养液洗涤脾脏后，将淋巴细胞轻轻挤压到培养液中，细胞计数，置于冰箱备用。一般每只小鼠收集到10^8个细胞，大鼠2×10^8个细胞。

（2）骨髓瘤细胞制备

骨髓瘤细胞应该在完全培养基中生长良好。有遗传标记，丧失了嘌呤或嘧啶核苷酸合成的补救途径，是核酸代谢旁路酶缺陷型，如次黄嘌呤—鸟嘌呤磷酸核糖转移酶激酶缺陷型（hypoxanthine guanine phosphoribosyltransferase，HGPRT⁻）或胸腺嘧啶核苷酸激酶缺陷型（thymidine kinase，TK⁻）。常用的小鼠骨髓瘤细胞系有$X_{63}Ag8-653$，SP2/0-Agl4，F0，NSI-Ag4-l。两类亲本细胞的动物种系要一致或近源，才能使杂交瘤在同种异体内生长。远源杂交瘤细胞系不稳定，分泌抗体能力也很差。

11.2.1.2　原生质体融合

采用聚乙二醇（PEG，1000～4000）为细胞融合诱导剂。取生长旺盛、形态良好、处于对数生长期的小鼠骨髓瘤细胞悬液与新鲜制备的BALB/c淋巴细胞悬液，在离心管中以1∶（2～10）的比例混合，1000r/min离心10min，弃上清液。轻轻弹击管壁，使细胞松动，置于37℃水浴中。摇动离心管，在1min内逐滴加入1mL 50% PEG（pH7.2～7.4），继续摇动1～2min。在30s内沿管壁加入10mL DMEM或RPMI-1640培养液，不能冲散细胞，转动离心管，使PEG稀释，终止其诱导作用。1000r/min离心1min，弃上清液。分配到加有饲养细胞的96孔细胞培养板中，在HAT培养基中进行选择培养。

11.2.1.3　杂交瘤筛选与克隆化

在两类细胞的融合混合物中存在五种细胞，未融合的单核亲本细胞、未融合的骨髓瘤细胞同型融合多核细胞、异型融合的双核和多核杂交瘤细胞。筛选的目标是获得异型融合的双核杂交瘤细胞。未融合的淋巴细胞在培养过程6～10d会自行死亡。异型融合的多核细胞由于其核分裂不正常，在培养过程中也会死亡，对杂交瘤细胞影响不大。但未融合的骨髓瘤细胞因其生长快而不利于杂交瘤细胞生长和分离。因此，要对亲本细胞、培养基等进行选择和处理，设计合理特异性的选择系统，获得目标杂交瘤细胞系。

为了除去未融合的骨髓瘤细胞，在培养基中加入次黄嘌呤（hypoxanthine，H）、氨基蝶呤（aminopterin，A）及胸腺嘧啶核苷（thymidine，T）进行缺陷筛选。正常细胞的DNA合成有两条途径：主路和旁路。主路途径为全合成途径，利用糖和氨基酸合成嘌呤和嘧啶，生物合成途径需要叶酸作为氢的来源。氨基蝶呤抑制了从二氢叶酸到四氢叶酸的合成，从而阻断主路DNA的合成。由于未融合的骨髓瘤细胞是HGPRT⁻或TK⁻，因此只有主路DNA合成途径，被氨基蝶呤阻断后，无法合成DNA而死亡。B淋巴细胞具有旁路合成途径，通过HGPRT酶和胸苷激酶（TK），即可利用HAT培养基中的次黄嘌呤和胸腺嘧啶核苷来合成DNA。杂交瘤细胞由于有B淋巴细胞的遗传物质，HGPRT⁺将次黄嘌呤转换成嘌呤，TK⁺将胸腺嘧啶核苷转换成胸腺嘧啶，可以通过旁路补救途径合成DNA，得以生存。在HAT培养基中，淋巴细胞及其自身融合体，虽有HGPRT酶，却不能长期生长，一般在2周内自然死亡。这样，只有真正的融合的杂交瘤细胞才能正常生长，被筛选分离出来。

将细胞悬浮在HAT培养液［20%胎牛血清，10mmol/L HEPES（4-羟乙基哌嗪乙磺酸），10µmol/L巯基乙醇，100U/mL青霉素，100U/mL链霉素，0.25µg/mL抗真菌素Fungizone，加入DMEM或RPMI-1640中制成D15培养液，再加入100µmol/L次黄嘌呤，0.4mol/L氨基蝶呤，100µmol/L胸腺嘧啶核苷］中，细胞浓度为2×10^6个/mL。

在96孔培养板中，每孔加入0.1mL细胞悬浮液，或在24孔板上每孔加入1mL细胞悬浮液。如果必要，在小孔中预先加入饲养细胞，促进融合细胞的生长。同时设置对照试验。加盖并密封培养板边沿后，在5% CO_2培养箱中37℃培养。次日检查是否污染，如果无污染，吸出一半培养液，补充等体积的HAT培养液，以后隔日换液一次。两周后改用HT培养液，以消耗氨基蝶呤，换液3~5次，集落直径1~2mm后，改用D15培养液，进行保存。一般5~6d后新的融合细胞克隆出现，未融合的细胞5~7d后死亡。

杂交瘤细胞在HAT培养液中持续培养10d，能生长并形成集落，其中仅少数是分泌预定抗原的特异性单克隆抗体的细胞，甚至培养孔中生长有多个细胞集落。当细胞集落在培养孔中生长到1/10~1/3底孔面积时，用快速方便、敏感性高、特异性强、稳定性好的方法筛选单克隆抗体，检测孔中上清液是否含有所需的单克隆抗体。对目标杂交瘤细胞，及时有针对性地进行细胞克隆化。一般需要至少2次以上重复的克隆化过程才能得到纯的杂交瘤细胞系。

经反复克隆化培养获得抗体阳性杂交瘤细胞株后，应立即扩大培养，建立细胞库，进行冷冻保存。

11.2.2 杂交瘤细胞的培养工艺

11.2.2.1 体内培养工艺（in vivo）

体内培养是利用生物体作为反应器，主要是在小鼠或大鼠的腹腔内，杂交瘤细胞生长并分泌单克隆抗体。由于杂交瘤细胞与骨髓瘤细胞同源，具有组织相容性一致，可在鼠体内形成腹腔肿瘤和诱生腹水，产生稳定效价的单克隆抗体。生产规模小，常用于诊断试剂和生物学研究中所需抗体的制备。

先给BALB/c小鼠或与BALB/c小鼠杂交的F1小鼠注射0.5mL异十八烷或液体石蜡使之致敏，8~10d后，向腹腔接种10^6~10^7个杂交瘤细胞。2~4d后腹部涨大。1~2周时开始抽取腹水，隔日采集3~5mL抽取腹水，直至动物死亡。也可在最大腹水时处死动物，一次性抽取腹水。

还可用血清来生产单克隆抗体，将杂交瘤细胞皮下植入动物体内，一段时间后，出现肿瘤，采集血清制备单克隆抗体。一般血清中抗体的含量为1~10mg/mL，但血清非常有限。体内法所产生的抗体滴度比体外悬浮细胞培养高1000倍，每毫升腹水含单克隆抗体1~26mg，一只小鼠可得10mL腹水，而大鼠可得50mL腹水。

11.2.2.2 体外培养工艺

体外培养就是对杂交瘤细胞进行悬浮培养和微囊化培养等，小规模生产采用转瓶，大规模采用生物反应器。转瓶培养时，先进行种子培养，逐级放大，但抗体浓度低，一般5~10μg/mL。反应器培养时，细胞密度增加。杂交瘤细胞的悬浮培养产生的抗体浓度较低，一般为5~100μg/mL。微囊化是适合于抗体生产的技术，抗体被截留在微囊内，有利于分离纯化。细胞经过增殖期生长之后进入稳定期，细胞密度为6×10^7个/mL，可生产抗体0.5~1g/L，微囊内抗体纯度约50%。

11.2.3 单克隆抗体的分离纯化工艺

收集到腹水或培养液上清液，离心去除细胞等杂质，对上清液进一步分离和纯化。通过离子交换、凝胶过滤、亲和色谱等方法获得纯化的单克隆抗体。

（1）离心

对于腹水，将红细胞、细胞碎片及其他脂类等分离除去，澄清溶液。对于培养液，离心除去杂交瘤细胞。加入硅胶及其他吸附剂有利于分离。还可加入助滤剂，或切向流过滤。

（2）沉淀

对于上清液，用硫酸盐沉淀，获得粗品。使用饱和浓度50%的硫酸铵，90%的单克隆抗体被沉淀出来，对单克隆抗体浓缩和分离非常有效。可采用辛酸—硫酸铵沉淀或硫酸铵—DEAE离子交换色谱获得单克隆抗体。还可使用超滤的方法。

（3）纯化

根据抗体的亚型选用离子交换、Protein A-sephrose 4B和Protein G-se-phrose 4B亲和色谱，羟基磷灰石分离、疏水色谱。离子交换色谱后抗体浓度达99%，用凝胶过滤法等进一步纯化，可用于制备相应的剂型。

11.3　基因工程抗体

从鼠源抗体出发，经过基因工程技术改造，然后在杂交瘤、骨髓瘤、酵母甚至在大肠杆菌中表达，从而制备相应的基因工程抗体。各种基因工程抗体的结构如图11-3所示。以下主要介绍基因工程抗体研发的策略。

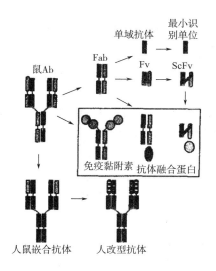

图11-3　基因工程抗体结构

11.3.1　鼠源抗体的人源化

（1）人鼠嵌合抗体

人鼠嵌合抗体（chimeric antibody）是由鼠抗体的可变区和人抗体的稳定区组成的抗体。主要是针对鼠源性而进行的基因改造，降低免疫原性，保持或提高亲和力和特异性是改造抗体的两个基本原则。由于恒定区与抗原结合无关，但又是抗体免疫性的主要部位，所以用人恒定区取代鼠恒定区进行人源化，消除大部分异源性，保留鼠源的抗原结合的特异性和亲和力。人鼠嵌合抗体是最早研究出来的，已批准应用于临床治疗。实现人鼠嵌合抗体的过程是可变区基因的克隆、表达载体的构建、嵌合抗体的表达。

（2）改型抗体

改型抗体（reshaping antibody）是把鼠单克隆抗体的CDR移植到人单克隆抗体的骨架区，使人单克隆抗体获得同鼠单抗一样的抗原特异性，因此也称CDR移植抗体（CDR grafting antibody）。可变区序列的CDR设计与克隆是改型抗体的关键，合理保留CDR两侧的骨架区序列，可将N端数个氨基酸与CDR一起移植。

（3）人源抗体

人—人杂交瘤融合率低、不稳定，用传统杂交瘤技术制备高亲和力的、稳定的人抗体克隆十分困难。但可以用噬菌体抗体库技术、基因敲除技术、置换技术制备完整全人源抗体片段及全抗体。

11.3.2　小分子抗体

小分子抗体是分子量较小的、具有抗原结合功能的抗体片段。根据抗体的各个结构域功能进行构建，可分为Fab抗体、单链抗体、单域抗体和超变区抗体。小分子抗体具有以下优点：可以在大肠杆菌等细胞中表达，生产成本低；容易穿透血管壁或组织屏障，进入病灶部位，有利于治疗肿瘤等；不含有Fc片段，不与Fc受体结合；有利于进一步进行基因工程改造。

小分子抗体的构建可采用常规基因工程的方法和程序，从杂交瘤细胞中分离RNA，纯化mRNA、RT–PCR，克隆相应片段的基因，连接并构建在载体上，在宿主细胞中表达。

11.3.3　融合抗体

融合抗体是抗体与其他蛋白融合表达的产物，结合了抗体和其他蛋白的双重功能，形成新的生物活性。利用抗体的同源性识别功能将靶蛋白引导至特定部位，起靶向治疗作用。

思考题

1. 分析近年来抗体药物市场情况及其发展状况。
2. 从抗体生物活性出发，分析抗体药物的治疗领域。
3. 简述抗原与抗体的概念及相互关系。
4. 抗体制备的工艺路线有哪些？简述鼠源单克隆抗体的制备工艺路线。

参考文献

［1］甄永苏，邵荣光.抗体药物工程［M］. 北京：化学工业出版社，2002.

［2］元英进，赵广荣，孙铁民. 制药工艺学［M］. 1版. 北京：化学工业出版社，2006.

［3］Al–Qodah Z，Lafi W. Modeling of antibiotics production in magneto three–phase airlift fermenter〔J〕. Bio-chem Eng J, 2001（1）: 7-16.

〔4〕Baker M. Upping the ante on antibodies〔J〕. Nat Biotechnol, 2005（23）: 1065-1072.

〔5〕Carson K L. Flexibility-the guiding principle for antibody manufacturing〔J〕. Nat Biotechnol, 2005（23）: 1054-1058.

〔6〕Holliger P, Hudson P J. Engineered antibody fragments and the rise of single domains〔J〕. Nat Eiotechnol, 2005（23）: 1126-1136.

〔7〕Hoogenboom H R. Selecting and screening recombinant antibody libraries〔J〕. Nat BiotechnoL, 2005（23）: 1105-1116.

〔8〕Idusogie E E, et al. Mapping of the Clq binding site on rituxan, a chimeric antibody with a human IgGl Fc〔J〕. J Immunol, 2000（164）: 4178-4184.

〔9〕Jurado P, et al. Production of functional single-chain Fv antibodies in the cytoplasm of *Escherichia coli*〔J〕. J Mol Biol, 2002（320）: 1-10.

第12章 中药制药工艺学

中药制药工艺学

12.1 概述

12.1.1 中药制药与现代化发展

医药产业对于经济发展和社会进步具有重要的影响。现代医药产业是高技术、高投入、高风险、高回报的技术和知识密集型产业，在国内外均保持了持续高速增长的势头，成为众所周知的"朝阳产业"。现在的任务是要立足国情、抓住机遇，进一步加强国家药物创新体系建设，提高自主创新能力，研究开发具有自主知识产权的创新药物，推进我国药物研究和医药产业由仿制为主到创新为主的历史性转变，促进我国医药产业结构的优化，转变医药经济增长模式，增强我国新药研究和医药产业的国际竞争力，从而保障我国医药产业跨越式、可持续发展。

世界回归自然的潮流给我国中药制药行业的发展提供了前所未有的机遇和挑战，竞争的焦点集中在中药的创新性研发与技术的迅速转化方面。我国中药行业的整体发展还处在比较低的起点。研发投入严重不足成为制约中药制药行业发展的瓶颈，而缺乏合理的管理和运行机制和体系又进一步降低了有限资金的使用效率。我国采取了一系列举措推动中药的国际化进程，国际化的前提和基础首先是实现中药的现代化。通过提升行业的整体创新性、开发水平和新技术转化能力，提高中药制剂在国际市场的竞争力。提供量化的试验和临床数据，阐明药理机制，建立国内和国际社会承认的标准化体系。针对中药这个具有战略意义的朝阳产业，中国必须动员并整合全社会的有限资源，探索建立中药研发战略联盟机制与科技创新平台，在国家层面引导并推动资源与技术的整合，有可能走出一条符合中国国情的发展道路。

12.1.2 中药现代化及其制药技术

我国中药制药工业经过多年的快速发展，经历了从传统的膏、丹、丸、散的制备到现代制药技术的过渡，中药现代化在其发展中发挥了关键作用，可以说，现代中药制药工艺已成为中药现代化的一个重要组成部分。中药现代化就是以传统中药的优势和特色为基础，广泛运用现代制药技术，按照国际认可的标准规范对中药进行研究、生产和应用，以适应当代社会医疗需求的过程。中药现代化涉及中药材种植产业、中药药品的制造业和医疗卫生服务业（包括中药营销业）三个主要产业。有两个主要评价指标：一是能生产出符合医疗临床需求、可被国际社会认可的现代化的中药品种；二是建立能阐明中药本质和用药规律的现代中药学的理论知识体系。中药现代化是一个系统工程，主要包括中医药基础理论研究的现代化和中药制药的现代化，二者互相促进，但其关键是中药制药现代化。只有生产出质量稳定、疗效高、毒副作用小的现代中药，才能满足当代医疗保健的需要，才能保证基础研究的可靠性、科学性和重现性。

中药现代化是指在继承和发扬我国中医药优势和特色的前提下，综合运用现代制药技术和手段，研究、开发、管理和生产出"安全、有效、稳定、可控"的中药产品，使我国的中药产业实现与国际接轨，成为具有国际竞争力的现代化产业和国民经济新的增长点。现代中药制药包括一系列药物的生产加工工艺过程，如提取、浓缩、分离、干燥、药物成型等单元操作，因此，中药的现代化生产所应用的现代关键技术很多，其中，相对成熟而且比较常用的中药现代化生产关键技术主要有：超临界萃取技术、膜分离技术、蒸馏技术、树脂吸附分离技术、微波协助萃取技术、液固分离技术、中药颗粒剂的干燥制粒技术、气液固三相流化床蒸发浓缩强化和防垢除垢新技术、制备色谱技术、细胞级微粒粉碎与细胞级微粉中药技术、纳米制药技术、透皮吸收制剂技术、植物细胞大规模培养技术等。

现代化制药技术对于实现中药的现代化具有举足轻重的作用。众所周知，为提升我国新药研发整体水平，解决企业所需的关键技术，有针对性地提供系统集成的工程化研究环境和手段，国家通过建立多个制药关键技术的工程研究中心平台，集成国内外最新药物研究和生产中的核心关键技术以及学科人才队伍，针对制药工艺和技术中的共性问题联合攻关，旨在提升企业主动参与市场竞争的研发能力，逐步推动企业成为创新主体。把中药产业作为重大战略性产业加以扶持和发展，例如树脂吸附分离技术，就是采用特殊的吸附式离子交换剂，从中药提取的混合物中选择性地吸附或交换其中的有效成分、去除无效部分的一种提取精制技术，可以达到分离、富集中药有效部位（群）或有效成分（群）的目的。这项技术作为我国中药制药工业目前广泛推广的高新技术之一，其推广应用将有利于解决中药及其复方提取、分离与纯化中长期以来存在的诸多技术问题，加快中药产业现代化的进程。大大提升了中药企业的自主研发能力，同时也提高了企业技术创新能力和核心竞争力。例如，制药工程技术在中药材前处理过程中的应用，由于中药药效物质的溶出速率及其生物利用度与中药材的粉碎度有关，因此，在不破坏药效组分的前提下，能减小中药材的粒径，成为中药制药工艺中的关键环节。传统粉碎机械在粉末的粒度、出粉率、收粉率以及有效成分的保存等方面均具有一定的局限性，对热敏性高、有效成分易破坏的药材显得无计可施。近年来，运用气流粉碎技术进行中药材的超细加工。

中药提取是中成药生产的主要环节，直接关系到后续工序的效果。传统的提取工艺提取率低、药材浪费大、提取时长、能耗较高、药物批次间差异较大，超临界流体萃取、半仿生提取以及酶法提取等技术的应用减少了中药有效物质的破坏和无效成分的溶出。中药的浓缩和干燥技术的现代化研究解决了中药易糊化、易吸潮等工艺问题。目前，在中药制药的实际操作单元中，薄膜技术已广泛应用，其中刮膜式蒸发器可处理部分热敏性物料。近年来，现代膜分离技术因其高效节能等优势，正广泛地应用于中药制药中。

12.1.3　中药自主创新

要彻底扭转我国医药产业长期依赖仿制的被动局面，实现我国医药制造产业逐步向高科技产业的跨越式发展，研究和开发具有自主知识产权的创新药物和建立企业自主创新体系已不仅仅是科学工作者研究追求的目标，更是我国制药行业整体发展的需求，也应成为我国新医药产业转变经济新的增长模式。建设国家和企业共同发展的药物创新体系，进一步提高我国创新药物研究参与国际竞争的能力，是实现企业自主和创新跨越的重要基础，也是引领我国制药行业未来发展的迫切需求。"九五"以来，我国已经陆续建立了一批新药筛选、药效评价、药物代谢研究、药物安全评价、新药临床试验，以及生物技术药物和多肽药物规模化生产、中药质量控制和现代化研究的技术平台，完善了部分技术先进的新药发现研究技术平台，建成了一批与国际规范接轨的新药开发研究平台。

目前，我国新药开发技术平台建设的重点任务应是尽快实现与国际药物研究的规范和标准接轨。我国企业要建立自主创新的平台，加大以企业为核心的自主创新的关键在于要集中一切力量，整合社会资源，紧紧围绕创新药物研究这一核心任务开展工作。

中药是我国人民应用了 2000 多年的药物，研究开发中药新药在我国具有特殊的意义，特别是加快研制具有自主创新知识产权的现代化中药新药更是目前我国实施中药现代化的主要任务。由于传统的中药存在有效成分质量控制标准缺乏、制剂工艺落后、临床疗效不确切等一系列的问题，因此中药现代化的实施已成为现代中药制药发展的主要任务。中药创新药物的开发就是要针对临床疗效确切的中药单方或复方开发具有自主知识产权的中药新药；针对已经上市的中成药大品种进行二次开发研究，在中药的制备工艺、制剂的质量标准控制、药物的安全性及临床疗效的准确性等方面全面提升原有中药的研究水平。

在中药现代化的发展进程中，首先要建立中药新药研究及相关现代制药共性技术的研究平台，提高新药先导化合物和候选化合物的选择性、高效性、成药性。中药创新药物的研究是多种学科紧密结合的成果，具有多学科交叉的特点。在创新药物的研究中，要注重吸收现代生命科学的新技术、新方法、新成果，不断发展创新药物筛选的新靶点、新技术和新方法，从而全面提升我国创新药物的研究开发能力。

以企业为主体的药物技术创新是推进药物创新成果转化、支撑产业发展的基本保证，企业参与创新药物的研究可以做到保证药物安全、有效、稳定、可控；以企业为主体的药物创新有利于社会创新资源的整合，有利于应用市场机制加快药物创新成果的转化，有利于建立科学的药物创新评估机制，有利于扩大药物创新研究的成果；以企业为主体的药物技术创新是药物源头创新的延伸，有利于运用企业机制加快药物开发研究；以企业为主体的药物技术创新着力支撑企业在成果转化中的再创造，产生新的经济和社会价值。

要尽快加强我国创新药物研究中产学研结合的发展模式，促进企业成为药物技术创新的主体。目前我国制药企业创新能力较薄弱，必须通过政府的引导和扶持，通过产学研的合作共同开展药物创新研究，要有计划、有步骤地建立以企业投入为主、政府扶持为辅、科研单位积极支持的创新药物研究模式。通过优势集成，着力提升企业技术创新能力，推进我国医药研究从仿制为主到创新为主的历史性转变，逐步实现我国医药产业从生产主导型产业向研发主导型高科技产业的战略转轨。形成以科技为先导，开辟我国医药产业强劲发展、参与国际主流竞争的新局面。我们正面临着医药产业发展的历史性机遇，紧紧抓住这一战略机遇期，实现我国医药研究和医药产业后来居上的跨越性发展，是一项影响深远的国家目标。

12.2　中药制药工艺的研究内容、理论基础及发展趋势

12.2.1　中药制药工艺的研究内容

现代中药制药工艺学研究的对象是中药及天然药物，主要研究内容包括中药及天然药物的前处理工艺、中药有效成分的提取工艺、分离纯化工艺、浓缩工艺、干燥工艺。主要涉及中药学、生物制药学、药用植物学、中药炮制学、天然药物化学、中药制药工程学等多门专业课程的综合理论知识。

中药制药工艺学的特点是以中医药理论为核心，综合运用现代制药的技术和手段，对传统方剂、天然药物进行分析研究后，根据药物中活性成分的性质和临床需要确定药物的剂型，开展工艺筛选和优化，使制药工艺达到安全科学、合理可行，研制出的新药达到安全、有效、稳定和可控的最终目的。制药工艺决定了中药制药生产的工程技术和工业化生产的系列问题，也是传统中药行业走向世界与国际接轨的关键所在，制药工艺的创新和技术更新是中药制药行业发展的最终趋势所在，加大中药的创新研究及现代高新技术与手段在制药生产中的应用是中药制药工艺学研究的新内容之一。现代中药制药工艺研究应采用现代制药领域中的新技术、新工艺、新辅料和新设备，以进一步提升中药制药行业的技术水平。

中药制药工艺是研究中药工业生产的过程规律和解决单元工艺技术问题的一门综合性的专业领域，现代化的中药制药工艺研究的内容包括了中药制备过程的质量可控性研究、工艺规范化研究、制药设备的标准化研究等。

12.2.2　中药制药工艺的理论基础

中药制药工艺的理论基础是传统的中医药理论，有着其独特的理论体系和药物应用的规律，其制药的原料来自于植物、动物及矿物。由于原料来源不同，作为制药的原料其质地有着本质的差异，即使为同一来源的药物原料，由于每一种药中所含的有效成分的含量和理化性质的不一，均给制药工艺的选择、新药的研制、产品工业化和标准化生产、质量标准的控制带来了较大的困难，制约了中药制药工艺的现代化和与国际接轨。现代中药制药工艺的评价标准一般是由三个前提和三个结果来评定。三个前提为主治病症、处方组成及选择剂型，即围绕要研制药物主要的治疗病证和处方中各类药物的理化性质，结合市场分析和调研，初步确定要研制的药物剂型，围绕剂型的要求，进行工艺路线的确定、工艺条件的评价和优化工作。三个结果是药品质量检验标准、药物的药理作用与临床应用疗效，即在确定了药品生产工艺和条件后，就要制定药品质量控制标准和检验方法、药理活性的评价指标来选择最佳工艺。药品经过中试生产和制剂成型工艺后，形成了成型产品，必须通过临床观察来最终评价药品的质量和工艺，为新药的工业化生产提供理论依据。

中药制药工艺研究的对象是中药制药过程中的工程技术问题，中药制药的生产过程必须遵循中医药理论。也就是说，中药制药的工艺路线设计、工程技术参数设计以及质量控制的指标选择等都必须依据中药制剂处方药材所含活性成分的性质和特点。只有深刻领会中医药理论对中药制剂处方的论述，明确处方中药物的"君""臣""佐""使"的配伍关系和特

点，在制药工艺及过程设计过程中才能优先考虑"君臣药"的重要地位，确保原处方的质量和临床疗效。

现代药学为进一步阐明中药制药过程的合理性奠定了坚实的基础。中药化学、中药药理学的最新研究成果不断阐明了中药治疗疾病的物质基础。随着中药活性成分的不断阐明，为中药制药工艺设计和工程设计提供了合理性评价指标和质量跟踪检测方法。

中药制药工艺正是基于中医药理论和现代药学理论的结合和发展，从理论高度全面探讨中药制药的工艺和工程技术问题。中药制药工艺也是传统中医药理论和现代药学理论相结合的产物。

12.2.3　中药制药工艺的发展趋势

中药制药原料的特殊性导致了中药制药是一个十分复杂的工艺过程，它涉及现代药学、医学、化学、生物学以及工程学、管理学等多学科。近年来，中药制药工艺的新技术、新方法层出不穷，发展极快，已成为我国中药产业现代化发展的重要组成部分。中药制药的现代化发展离不开多学科的支撑，中药制药的单元过程管理、工厂生产的现代化、制药过程中智能化技术与应用体现了中药制药生产工艺与现代工程技术和相关学科的有机结合，将现代制药工程技术的理论和技术有机溶入中药制药的全过程中，以现代制药的技术和方法逐步取代传统的中药制药的技术与方法，再注重吸收和引进多学科的技术与方法，不断完善和逐步形成现代的中药制药工艺的理论体系和技术平台。

计算机信息、管理学技术的广泛应用使中药制药工艺现代化成为了可能，中药制药技术和工艺的现代化发展要应用各种基础自然科学和相关工程学科的理论，在掌握中药制药单元物理操作和单元化学过程的基础上，采用多学科的高新技术，使中药制药工艺技术规范化、标准化、科学化和体系化。目前，在发达国家药品生产过程中已广泛采用了适合现代化生产的设备和检测装置，实现了生产程控化、检测自动化、输送管道化、包装机电化。而我国现阶段使用的中药生产设备大多是企业自行研制的，达不到工艺工程化的水平，中药制药还处于从经验开发到工程化生产的过渡阶段，在工艺方法和生产技术上与先进国家还存在着很大的差距。因此，需加强对适合中药生产特点，符合GMP要求的先进的、合理的工艺进行研究；对成熟的、先进的中药生产工艺进行推广；制定相关的工程化标准；明确企业工艺工程化的内涵，使中药生产技术及工艺逐渐标准化，以提高中药生产工艺工程化水平。

中药制药技术和工艺工程化的进程是影响中药大规模产业化的关键因素，必须重视如下几个方面的工作：

①加强对典型中药制药装备的基础研究及应用研究，积极使用新装备和新生产线。

②制定中药生产技术和工艺工程化标准。

③采用并引进先进检测仪器，加强对原材料、半成品和成品的质量控制，建立生产工艺的优化和工程化的量化标准。

④加强对中药制药新工艺、新技术的研究。

近年来，随着化学制药领域整体工程技术的飞速发展，加上新技术革命所带来的更为广泛的多学科渗透和交融，许多高新技术都在中药研发、生产、质控等领域表现出较好的应用前景。

12.3　现代中药制药的关键技术

12.3.1　超临界流体萃取技术

处于临界温度（T_c）和临界压力（p_c）以上的单一相态物质称为超临界流体（supercritical fluid，SF）。在一定温度条件下，应用超临界流体作为萃取溶剂，利用程序升压对不同成分进行分步萃取的技术，称为超临界流体萃取技术。超临界流体具有近乎液体的高密度，对溶质的溶解度大；又有近乎气体的低黏度，易于扩散，传质速率高的两个主要性质。超临界流体的溶解能力与其密度呈正相关。在临界点附近，当温度一定时，压力的微小增加会导致超临界流体密度的大幅增加，从而使溶解能力大幅增加。CO_2的临界温度（T_c）为31.06℃，接近室温，临界压力（p_c）为7.39MPa，比较适中，其临界密度为0.448g/cm^3，在超临界溶剂中属较高的，而且CO_2性质稳定、无毒、不易燃易爆、价廉。

12.3.1.1　原理

利用在超临界状态下，超临界流体具有气液两相的双重特点，并且体系温度和压力的微小变化可导致溶解度发生几个数量级突变的特性，从而实现不同极性物质的分离，提取完毕后恢复到常压和常温，溶解在超临界流体中的成分立即以溶于吸收液的液体状态与气态的超临界流体分开，从而达到萃取的目的。

12.3.1.2　优点

①萃取效率高，无溶剂残留。

②萃取过程接近室温，尤其适用于热敏、光敏物质及芳香性物质。

③通过压力条件的控制及夹带剂的加入，可进行高选择性提取。

④萃取操作完全，有利于中药资源的充分利用。

12.3.1.3　应用

超临界流体萃取技术（SFE）适用于低极性、低沸点、低分子量成分的提取，使用夹带剂（如乙醇等）可拓宽其应用范围。超临界流体萃取技术可直接与色谱技术及光谱技术联用，同步进行分析样品的制备、预分离及样品中成分的定性定量。

超临界流体色谱（SFC）是采用超临界流体为流动相的新色谱技术，能分析气相色谱（GC）难分析的非挥发性和热不稳定性组分、HPLC难以分析的大分子组分。

超临界流体萃取技术与分子蒸馏联用，特别适用于挥发性成分的提取与分离。与传统的萃取方法相比，此法具有能同时完成萃取和蒸馏两步操作、分离效率高、操作范围广、便于调控、选择性好、传导速率快、操作温度低、不发生氧化变质等优点，尤其适合于提取中药中的挥发性成分。现有研究表明，该法与其他技术联用，能更有效地提取挥发性成分。例如，采用超临界CO_2流体萃取技术（SFE-CO_2）提取川芎的挥发性成分，再将所得到的挥发性成分进行分子蒸馏，以气相色谱（GC）—质谱（MS）技术分别测定萃取物和蒸馏物的化学成分，并对成分种类及其相对含量的变化进行比较。结果发现，单用超临界CO_2流体萃取法共鉴定了45种成分，而与分子蒸馏技术联用，所得蒸馏物的成分种类减少为39种，且2,3-丁二醇等挥发性成分的相对含量也有明显提高，因而两法联用有利于挥发性成分的提取、分离和纯化。目前，越来越多的研究表明，该法不仅适用于含有挥发油等挥发性成分中草药的提取，也可用于含有苷类、酚类、酮类、生物碱类、酯类、萜类成分的单味中草药以及一些复方中草药有效成分的提取。如采用SFE—CO₂从黄山药中萃取薯蓣皂苷，与传统法比较，收率提高1.5倍，大大缩短了生产周期。用SFE- CO₂技术萃取甘草中的甘草次酸，并与索氏提取法、超声法进行了比较，提取率是索氏提取法的13倍、超声法的5倍，且溶剂用量小、周期短。

超临界萃取技术在中药的工业化生产中已有应用，但设备投入大，运行成本高。目前，SFE在中药新药的研发方面也具有优势，可从单一中草药或复方中药中提取有效成分和有效部位进行新药开发。由此可见，SFE技术的应用前景广阔。但SFE-CO₂作为一项新技术也有一定的局限性。首先，此法较适用于亲脂性、分子量较小物质的萃取，对极性大、分子量过大的物质，如苷类、多糖类成分等则需添加夹带剂，并在很高的压力下萃取，给工业化带来一定难度。其次，一次性投资较大，也给普及推广带来一定限制。最后，SFE技术的基础研究仍很薄弱，例如，对所提取化合物的蒸气压、黏度、表面张力等物理参数积累甚少，物系的溶解度曲线、状态方程及高压下的相平衡图等也尚待建立，因而要发展SFE技术，对其局限性必须予以充分重视。超声提取技术能避免高温高压对有效成分的破坏，但它对容器壁的厚度及容器放置位置要求较高，否则会影响药材浸出效果，而且目前仍处于较小规模的试验研究阶段，要用于大规模生产，还有待于进一步解决有关工程设备的放大问题。

12.3.2 超声提取技术

超声提取技术是利用超声波（频率>20kHz）具有的机械效应、空化效应及热效应，通过增大介质分子的运动速度、增大介质的穿透力以提取中药有效成分的一种技术。

12.3.2.1 原理

利用超声波的空化作用加速植物有效成分的溶出，同时超声波的次级效应，如机械振动、乳化、扩散、击碎、化学效应等也能加速要被提取化合物的扩散释放，并加快与溶剂的充分混合，从而提高提取物的得率。

12.3.2.2 优点

①提取过程不需要加热，节省能源，适用于热敏物质的提取。

②提取过程为物理过程，不影响有效成分的生理活性。

③提取物有效成分含量高。

④溶剂用量少。

12.3.2.3 应用

①替代现有的水提取和乙醇提取方法。

②超临界提取物的水提取。

③与膜分离技术结合的低温提取浓缩技术。

④双频和可调频超声技术在中药复方的提取中有一定的发展潜力。

例如，将超声波应用于山楂中总黄酮的提取，以芦丁为提取指标，与热提取法进行比较分析，对山楂总黄酮提取工艺进行了系统的研究。结果表明，热提取的提取率为7.64%，而超声提取法的提取率为7.13%，两者相差不大，但热提取法提取时间长、乙醇消耗大、操作烦琐，不适于工业化的推广应用。在综合考虑成本等因素下，超声波法明显优于热提取法，提取时间大大缩短，提取物的产率较高，且试验可在室温下进行，设备简单，操作方便。在一项研究中，以超声和常规两种提取方法对黄柏等三种中药的碱类成分进行提取，比较了有效成分的提取率和核磁共振、红外光谱等图谱。证明了超声提取具有省时、节能、提取率高等优点，是一种快速、高效的提取新方法。

超声提取的效果不仅取决于超声波的强度和频率，而且与被破碎物质的结构功能有一定关系。计算表明，在水中当超声波辐射面上强度达到 $3000W/m^2$ 时就会产生空化，气泡在瞬间闭合，闭合时产生的压力脉冲形成瞬间的球形冲击波，从而导致被破碎生物体及细胞的完全破裂。从理论上确定被破碎物所处介质中气泡大小后即可选择适宜的超声波频率。由于提取介质中气泡尺寸存在一个分布范围，所以超声波频率应有一定范围的变化，即有一个带宽。

12.3.3　微波技术

微波是一种频率在300MHz～300GHz的电磁波，它具有波动性、高频性、热特性和非热特性四大基本特性，微波萃取是一种新型的萃取技术。

12.3.3.1　原理

微波技术是利用微波场中介质的极子转向极化与界面极化的时间与微波频率吻合的特点，促使介质转动能跃迁，加剧热运动，将电能转化为热能。在萃取物质时，在微波场中，吸收微波能力的差异使基本物质的某些区域萃取体系中的某些组分被选择性加热，从而使被萃取物质从基体或体系中分离，进入介电常数较小、吸收能力相对差的萃取剂中。从细胞破碎的微观角度看微波萃取是高频电磁波穿透萃取媒质，到达被萃取物质的内部，微波能迅速转化为热能使细胞内部温度快速上升，当细胞内部的压力超过细胞壁承受能力，细胞破裂，细胞内有效成分自由流出，在较低的温度下溶解于萃取媒质，再通过进一步过滤和分离，获得萃取物。

12.3.3.2　优点

与传统的加热法相比，微波加热是能量直接作用于被加热物质，空气及容器对微波基本上不吸收和反射，可从根本上保证能量的快速传导和充分利用，具有选择性高、操作时间短、溶剂耗量少、有效成分得率高的特点。

12.3.3.3　应用

微波萃取技术已应用于生物碱类、蒽醌类、黄酮类、皂苷类、多糖、挥发油、色素等成分的提取。一项研究通过采用分光光度法测定大黄提取液中总蒽醌的含量，以比较微波萃取法与常用提取方法（索氏提取法、超声提取法、水煎法）的提取效率，并用显微照相技术对大黄石蜡切片的细胞组织进行了观察。研究结果表明，微波萃取法的提取率最高，是超声提取法的3.5倍、索氏提取法的1.5倍、水煎法的1.5倍，且提取速度最快。而显微观察表明，微波可直接造成细胞组织的破坏，因此微波萃取法用于中药大黄的提取具有高效、省时的特点，这进一步为微波萃取法在中药提取中的推广应用提供了科学依据。

有人选取葛根、罗布麻叶、紫花地丁等含黄酮类的中药，对微波萃取与水煎提取后黄酮类成分进行HPLC指纹图谱及薄层色谱的比较。结果均表明，微波萃取比水煎提取快速、效率高，其中微波提取20min左右的提取效果与水煎1h相当，并且薄层色谱与指纹图谱都显示两种方法的提取物成分一致，各提取物中黄酮类成分比例也基本一致。说明微波照射在加快黄酮类成分溶出的同时，并不影响提取物化学组成。因此，微波萃取技术是一种提取中药中黄酮成分的有效方法，可以用来代替常规水煎。目前，微波萃取技术在中药提取中还刚刚起步，微波对各种类型成分的选择性以及微波萃取用于中药提取的工业化前景等还有待进一步研究。

12.3.4　酶法

由于大部分中药材有效成分包裹在由纤维素、半纤维素、果胶质、木质素等物质构成的细胞壁内，因此，在药用植物有效成分提取过程中，当存在于细胞原生质体中的有效成分向提取介质扩散时，必须克服细胞壁及细胞间质的双重阻力。而选用适当的酶（如水解纤维素的纤维素酶、水解果胶质的果胶酶等）作用于药用植物材料，可以使细胞壁及细胞间质中的纤维素、半纤维素、果胶质等物质降解，破坏细胞壁的致密构造，减小细胞壁、细胞间质等传导屏障，从而减少有效成分从胞内向提取介质扩散的传导阻力，有利于有效成分的溶出。并且对于中药制剂中的淀粉、果胶、蛋白质等杂质，也可针对性地选用合适的酶分解除去。因此，酶法不仅能有效地使中药材中的有效成分溶出，而且能有效除去杂质。

在提取金银花绿原酸时，通过增加纤维素酶解工艺，能显著提高金银花提取物得率和绿原酸得率，最大可使绿原酸得率提高25.97%。将纤维素酶用于黄连小檗碱、穿心莲内酯的预处理，黄连小檗碱的收率可从2.5148%提高到4.2336%，穿心莲内酯的收率则可从0.252%提高到0.321%。此外，在对纤维素酶的作用机制、影响酶促反应的因素进行的研究中发现，海洋细菌极具多样性，其产纤维素酶的潜在菌源很值得发掘，是获得多功能纤维素酶的一个重要来源。

此外，在酶法的应用中应注意，由于中药材的品种不同，其有效成分有很大的差异，不同的中药材需按提取物的理化性质选择不同种类的酶来进行提取。同时，在应用的过程中还应注意酶的活性受pH、温度、酶的浓度及酶解作用时间等诸多因素的影响，应根据试验数据和结果来确定其最佳工艺参数。要拓宽生物酶技术在中药成分提取中的应用，还需要进一步深入探讨酶的浓度、底物的浓度、温度、pH、抑制剂、激动剂和不同的酶制剂对提取物的影响。

12.3.5　半仿生提取技术

半仿生提取法（SBE法）是将整体药物研究法与分子药物研究法相结合，从生物药剂学角度，模拟口服给药及药物经胃肠道转运的原理，为经消化道给药的中药制剂设计的一种新的提取工艺。具体做法是，先将药材用一定pH的酸水提取，再以一定pH的碱水提取，提取液分别过滤、浓缩，制成制剂。这种提取方法可以提取和保留更多的有效成分，缩短生产周期，降低成本。

目前，这种提取方法在中药饮片颗粒化的研究中正逐渐显示出其广阔的应用前景。例如，以甘草次酸、甘草总黄酮的浸膏量为指标，对半仿生提取法和水提取法（WE法）进行比较，以进行甘草"饮片颗粒化"的研究。结果表明，SBE法优于WE法，因此，甘草饮片颗粒化以采用SBE法为佳。

张学兰等以小檗碱、总生物碱、干浸膏量为指标，对黄柏的半仿生提取法和水提取法进行比较，结果表明，半仿生提取法在有效成分的提取率、液相色谱相关物质吸收峰信号、干浸膏得率等方面明显优于水提取法，因此半仿生提取法在中药饮片颗粒化的研究中，也有着广阔的应用前景。

半仿生提取法符合口服给药经胃肠道转运吸收的原理，能体现中医临床用药的综合作用特点。但目前该方法仍沿袭高温煎煮法，长时间高温煎煮会影响许多有效活性成分，降低药效。因此，将提取温度改为接近人体的温度，同时引进酶催化，使药物转化成易于吸收的综合活性混合物是其应用的一个研究发展方向。

12.3.6　超微粉碎技术

超微粉碎是指用特殊的制药器械将中药粉碎成超细粉末的技术。评价指标是药粉的粒径大小和细胞破壁率。目前应用较多的有：

①中药细胞级的粉碎工艺，是以细胞破壁为目的的粉碎技术。

②低温超微粉碎，是将药材通过冷冻使其成为脆性状态，然后进行粉碎使其超细化的技术。

对于以粉体为原料的中药制剂而言，超微粉碎技术的应用还可以达到以下多种目的：增强药效、提高药物的生物利用度；提高制剂质量，促进中药剂型的多样化；降低服用量，节约中药资源。其中低温超微粉碎技术尤其适用于资源匮乏、珍贵以及有热敏成分的药材。

在实际应用中，判断超细粉原有性质是否发生改变的鉴定方法以及如何防止超细粉发生聚集等稳定性问题尚需进一步研究。超微粉碎技术的设备，按工作原理分为振动磨、气流粉碎等类型。由于中药组成复杂，一般的粉碎方法难以达到微粉的粒度，因此要求多处环节、多种设备联用。由于该技术单位耗能高，目前主要用于高附加值的中药制剂的制备。

12.3.7　分子蒸馏技术

分子蒸馏（molecular distillation，MD），又称短程蒸（shot-path distillation），是一种利用不同物质分子的平均自由程的差别，在高真空度下，在远低于其沸点的情况下进行分离精制的连续蒸馏过程的技术。

12.3.7.1　优点

①适用于高沸点、热敏性、易氧化物料（蒸馏温度低）。

②可有选择性地蒸出目的产物（利用多级分子蒸馏同时分离两种以上物质）。

③节约溶剂，减少污染。

12.3.7.2　局限性

①单纯的分离技术，不具备提取功能。

②进样物料及分离后的组分必须为低极性液态。

③设备、技术要求高，生产能力有限，初期投入较大。

12.3.8　大孔树脂吸附技术

大孔树脂吸附技术是利用大孔树脂通过物理吸附从水溶液中有选择地吸附，从而实现分离提纯的技术。大孔树脂为一类不含交换基团的大孔结构的高分子吸附剂，具有很好的网状结构和很高的比表面积。有机化合物根据吸附力的不同及分子量的大小，在树脂的吸附机理和筛分原理作用下实现分离。其应用范围广，使用方便，溶剂用量少，可重复使用，同时理化性质稳定，分离性能优良，在我国制药行业和新药研究开发中广泛使用。

12.3.9 膜分离技术

膜分离技术是利用膜的选择性、分离特征，达到浓缩、澄清、分级、纯化、富集等目的的技术。

12.3.9.1 分类

①微孔滤膜（空气过滤、无菌过滤、预过滤等）。

②超滤膜（中药注射液、精制中药提取液等）。

③纳滤膜（工业流体的分离纯化，如食品、制药、水处理、生物化工等）。

④反渗透膜（双蒸水的制备等）。

12.3.9.2 优点

①常温操作，不使用有机溶剂及化学处理。

②膜滤过程可同时进行分离、提纯和浓缩。

③设备简单、操作方便、流程短、耗能低。

12.3.9.3 应用

在中药有效成分提取中能去除杂质，提高产品纯度，减少固形物量，增大固体制剂的剂型选择灵活度。在液体制剂中有提高澄清度、增加稳定性的作用，在中药注射剂中还能去除热原。推广应用时应加强对超滤液预处理和适用于中药系统超滤操作工艺相应的配套装置的研究。

思考题

1. 简述超临界流体萃取技术的原理及主要特点。
2. 简述超声提取技术的原理及主要特点。
3. 简述超微粉碎技术在中药制药中的主要应用及优势。
4. 简述中药现代化所涉及的产业及主要评价指标。
5. 简述中药制药工艺研究的主要内容及特点。

参考文献

［1］国家药典委员会编．中华人民共和国药典（2020年版）：一部［M］．北京：中国医药科技出版社，2020.

［2］陈平．中药制药与工艺设计［M］．北京：化学工业出版社，2009.

［3］万海同. 中药制药工程学［M］. 北京：化学工业出版社，2019.

［4］王沛. 中药制药工程原理与设备［M］. 9版. 北京：中国中医药出版社，2013.

［5］徐琦，张子龙. 中药制药与现代化科技的统一分析［J］. 产业科技创新，2020，2（10）：32-33.

［6］程翼宇，张伯礼，方同华，等. 智慧精益制药工程理论及其中药工业转化研究［J］. 中国中药杂志，2019，44（23）：5017-5021.

［7］朱璇. 中药制药工艺及设备使用分析［J］. 黑龙江科技信息，2016（21）：118.

［8］冯玉林，陈艳红. 中药制药的前处理工艺技术［J］. 中国社区医师(医学专业)，2013，15（4）：239-240.

［9］程翼宇，瞿海斌，张伯礼. 论中药制药工程科技创新方略及其工业转化［J］. 中国中药杂志，2013，38（1）：3-5.

［10］贾树田. 以膜分离技术构建中药制药工艺技术创新能力平台［C］. //第五届全国医药行业膜分离技术应用研讨会论文集. 2012.

［11］张学兰，张兆旺，徐霞，王英姿. 黄柏SBE法与WE法的成分比较［J］. 中国中药杂志，1999（10）：600-602，638.